高职高专土建类"十二五"规划教材

建设工程招投标与合同管理
（第二版）

Construction Project Bidding and Contract Management

本 书 主 编　赵来彬
本书副主编　刘　欣
本书编写委员会
赵来彬　刘　欣　韩建军　高红孝

华中科技大学出版社
中国·武汉

图书在版编目(CIP)数据

建设工程招投标与合同管理(第二版)/赵来彬　主编. —武汉:华中科技大学出版社,2010.9(2022.8重印)

(高职高专土建类"十二五"规划教材)

ISBN 978-7-5609-6246-7

Ⅰ.①建… Ⅱ.①赵… Ⅲ.①建筑工程－招标－高等学校:技术学校－教材 ②建筑工程－投标－高等学校:技术学校－教材 ③建筑工程－合同－管理－高等学校:技术学校－教材　Ⅳ.①TU723

中国版本图书馆 CIP 数据核字(2010)第 091875 号

建设工程招投标与合同管理(第二版)　　　　　　　　　　　　赵来彬　主编

责任编辑:金　紫
封面设计:张　璐
责任监印:张贵君

出版发行:华中科技大学出版社(中国·武汉)　　电话:(027)81321913
　　　　　武汉市东湖新技术开发区华工科技园　　邮编:430223

录　　排:武汉楚海文化传播有限公司
印　　刷:武汉邮科印务有限公司
开　　本:850mm×1060mm　1/16
印　　张:24.75
版　　次:2022 年 8 月第 2 版第 7 次印刷
字　　数:557 千字
定　　价:49.80 元

本书若有印装质量问题,请向出版社营销中心调换
全国免费服务热线:400-6679-118　竭诚为您服务
版权所有　侵权必究

内 容 提 要

　　本书分为两部分，即建设工程招投标与建设工程合同管理，共 11 章。工程招标投标部分，主要介绍国内建设工程施工招标、投标。建设工程合同管理部分，又分为施工合同与施工合同管理两部分。施工合同部分，首先介绍了建设工程合同、国际工程合同基本知识，其后对《中华人民共和国标准施工招标文件》(2007 年版)的第四章合同条款及格式内容进行了较为详尽的介绍、说明；施工合同管理部分，分别介绍了施工合同管理概述、合同风险管理、施工合同签订、施工合同履约管理及施工索赔管理。本书在介绍相关内容时，穿插了一些近年在国家大中型基础设施及普通工业与民用建筑建设项目实施中所出现的有代表性的案例，同时，作者进行了客观剖析、点评，使得教材中所介绍的内容鲜活起来，也拉近教学与实践之间的距离。

　　本书可作为土建类高职院校建筑工程技术、道路与桥梁工程技术、市政工程、工程造价、项目管理等专业开设"工程招投标与合同管理"课程的指定教材，也可作为工程招投标人员、合同管理人员、工程施工技术人员、建设监理从业人员等施工管理人员的参考用书。

第二版前言

业主责任制、工程招标投标制、工程建设监理制及合同管理制等四项基本制度构建起我国工程建设领域的基本制度框架。加入 WTO 之后，我国从事工程施工的各企业，面对着国内外建筑市场不断发展变化的新形势，构建工程项目招标投标与合同管理的理论和方法体系，培养具有较强的合同意识和管理能力的工程项目管理人才成为一项长期而艰巨的任务。工程招标投标与合同管理已经成为工程建设项目管理活动中的一个有机组成部分。

根据全国高校土建学科教学指导委员会高职教育专业委员会制定的建筑工程专业培养方案和课程教学大纲，工程招标投标与合同管理是该专业主干课程。其他土建类专业，近几年也将工程招标投标与合同管理作为一门必修课程，以弥补传统教学计划中管理类学科的缺失。工程招标投标与合同管理主要研究工程项目招标投标程序以及工程建设合同管理方面的课题。通过本课程的学习，学生应了解工程招标投标制度和程序、方法，熟悉国内建设工程施工合同的基本内容，熟悉施工合同的索赔理论和索赔惯例。本书可作为高等职业技术专科教育、成人高等教育等建筑工程专业、道路与桥梁工程技术专业、建设监理专业及工程造价专业的教材，也可作为工程技术、管理人员业务学习的参考用书。

本书在对工程招标投标与合同管理基本知识介绍的同时，不时穿插一些近年在国家大中型基础设施建设项目中及普通工业与民用建筑中有代表性的案例，并进行剖析、点评，令所介绍的理论知识鲜活起来，也拉近了教学与实践之间的距离。

本书由工程招标投标和工程施工合同管理两部分共 11 章构成。山西建筑职业技术学院赵来彬任本书主编，编写第 3、5、6 章；山西晋利审计事务所（原山西省第二审计事务所）刘欣任副主编，编写第 2、10、11 章，河南工业大学韩建军编写第 7、8 章，北京农业职业学院高红孝编写第 1、4、9 章。

为了便于学习，本书在编排体例设置上，每章开始都设有内容提要及学习指导，每章结束都编写了本章总结和思考题。同时每章末附有古人名言、现代名言及哲语，作为作者贯穿教材的管理思想的一个诠释。

由于编者水平有限，本书如有不当和错误之处，敬请广大读者、同行和专家批评指正。

编者
2013 年 12 月

目 录

第1章 绪论 ·· (1)
  1.1 概述 ·· (1)
    1.1.1 工程建设活动 ·· (1)
    1.1.2 工程建设的参与者 ·· (3)
  1.2 建设工程项目管理 ·· (5)
    1.2.1 概述 ·· (5)
    1.2.2 工程项目管理模式的发展 ·· (7)
  1.3 关于工程项目招投标及合同管理相关法律规章 ·· (11)
    1.3.1 有关法律 ·· (11)
    1.3.2 有关行政法规 ·· (13)
    1.3.3 有关部门规章 ·· (14)
  1.4 工程招投标制的推行 ·· (15)
    1.4.1 鲁布革引水工程招标投标情况简介 ·· (15)
    1.4.2 鲁布革工程项目的管理经验 ·· (18)

第2章 建筑工程招投标概述 ·· (20)
  2.1 建设工程招投标法律制度 ·· (20)
    2.1.1 建设工程招投标的概念及意义 ·· (20)
    2.1.2 建设工程招投标法律制度 ·· (24)
  2.2 建设工程招投标的方式和程序 ·· (28)
    2.2.1 建设工程招投标种类 ·· (28)
    2.2.2 建设项目招标方式 ·· (28)
    2.2.3 建设项目招标程序 ·· (29)

第3章 国内工程项目施工招标 ·· (38)
  3.1 工程项目施工招标程序 ·· (38)
    3.1.1 工程项目施工招标条件 ·· (38)
    3.1.2 工程项目施工招标程序 ·· (39)
  3.2 工程项目施工招标文件的编制 ·· (42)
    3.2.1 投标须知 ·· (43)
    3.2.2 合同条款 ·· (56)
    3.2.3 合同文件格式 ·· (56)
    3.2.4 工程建设标准 ·· (62)

3.2.5　图纸 …………………………………………………………………… (62)
　　3.2.6　工程量清单 ………………………………………………………… (63)
　　3.2.7　投标文件投标函部分格式 ………………………………………… (65)
　　3.2.8　投标文件商务部分格式 …………………………………………… (68)
　　3.2.9　投标文件技术部分格式 …………………………………………… (76)
　　3.2.10　资格审查申请书格式 ……………………………………………… (76)
　3.3　工程项目施工招标其他相关内容 ………………………………………… (83)
　　3.3.1　招标公告 …………………………………………………………… (83)
　　3.3.2　投标邀请书 ………………………………………………………… (87)
　　3.3.3　资格预审 …………………………………………………………… (88)
　　3.3.4　工程标底 …………………………………………………………… (96)

第4章　国内工程项目施工投标 ……………………………………………… (100)
　4.1　工程项目施工投标概述 …………………………………………………… (100)
　　4.1.1　工程项目施工投标的概念 …………………………………………… (100)
　　4.1.2　工程项目施工投标的程序 …………………………………………… (101)
　　4.1.3　投标文件的组成 ……………………………………………………… (103)
　4.2　施工投标决策与投标技巧 ………………………………………………… (103)
　　4.2.1　投标决策的概念 ……………………………………………………… (103)
　　4.2.2　投标决策应遵循的原则 ……………………………………………… (104)
　　4.2.3　投标类型 ……………………………………………………………… (105)
　4.3　工程项目施工投标商务标的编制 ………………………………………… (106)
　　4.3.1　投标文件中商务标的内容 …………………………………………… (106)
　　4.3.2　投标文件的编制要求 ………………………………………………… (106)
　　4.3.3　商务标内容的相关格式 ……………………………………………… (110)
　4.4　工程项目施工投标技术标的编制 ………………………………………… (115)
　　4.4.1　概述 …………………………………………………………………… (115)
　　4.4.2　施工组织设计 ………………………………………………………… (117)
　　4.4.3　标前施工组织设计的编制实例 ……………………………………… (120)
　4.5　投标报价的确定 …………………………………………………………… (129)
　　4.5.1　投标报价的原则 ……………………………………………………… (129)
　　4.5.2　投标报价的计算依据 ………………………………………………… (130)
　　4.5.3　投标报价的编制方法 ………………………………………………… (130)
　　4.5.4　投标报价的编制程序 ………………………………………………… (130)
　　4.5.5　建筑安装工程费用项目组成 ………………………………………… (132)
　　4.5.6　建筑安装工程费用项目计算 ………………………………………… (136)
　　4.5.7　建筑安装工程发包与承包计价程序 ………………………………… (140)

4.5.8　投标报价实例……………………………………………………(143)

第5章　国内建设工程施工合同……………………………………………(154)

5.1　概　述………………………………………………………………(154)

　　5.1.1　建设工程施工合同概念………………………………………(154)

　　5.1.2　建设工程施工合同特点………………………………………(155)

　　5.1.3　标准施工合同文件简介………………………………………(155)

5.2　《标准文件》(2007版)中合同条款主要内容………………………(157)

　　5.2.1　合同文件的组成及解释顺序…………………………………(157)

　　5.2.2　各方责任………………………………………………………(158)

　　5.2.3　测量放线、交通运输、施工安保及环境保护…………………(166)

　　5.2.4　工程进度………………………………………………………(169)

　　5.2.5　工程质量………………………………………………………(174)

　　5.2.6　合同价格(价款)………………………………………………(180)

　　5.2.7　不可抗力、保险…………………………………………………(188)

　　5.2.8　违约及索赔……………………………………………………(191)

　　5.2.9　合同争议………………………………………………………(194)

第6章　国际工程合同条件……………………………………………………(197)

6.1　概　述………………………………………………………………(197)

　　6.1.1　国际工程的概念和特点………………………………………(197)

　　6.1.2　国际工程合同的概念…………………………………………(199)

　　6.1.3　国际工程合同条件……………………………………………(200)

　　6.1.4　FIDIC组织简介………………………………………………(202)

6.2　FIDIC《施工合同条件》内容简介……………………………………(203)

　　6.2.1　合同的法律基础、合同语言、合同文件………………………(203)

　　6.2.2　合同中部分主要用词的定义…………………………………(204)

　　6.2.3　风险责任的划分………………………………………………(209)

　　6.2.4　颁发证书程序…………………………………………………(210)

　　6.2.5　对工程质量的控制……………………………………………(211)

　　6.2.6　支付结算………………………………………………………(212)

　　6.2.7　对施工进度的控制……………………………………………(216)

　　6.2.8　争端的解决……………………………………………………(217)

　　6.2.9　其他规定………………………………………………………(219)

第7章　施工合同管理概述……………………………………………………(223)

7.1　施工合同行政监管…………………………………………………(223)

　　7.1.1　施工合同行政监管的主体……………………………………(223)

　　7.1.2　施工合同行政监管的客体……………………………………(224)

7.1.3 施工合同行政监管的内容 …………………………………… (224)
 7.2 业主的合同总体策划 ……………………………………………… (225)
  7.2.1 合同总体策划 …………………………………………………… (225)
  7.2.2 业主的合同总体策划 …………………………………………… (226)
 7.3 承包商的合同总体策划 …………………………………………… (235)
  7.3.1 投标方向的选择 ………………………………………………… (235)
  7.3.2 合同风险的评价 ………………………………………………… (236)
  7.3.3 合作方式的选择 ………………………………………………… (236)
  7.3.4 在投标报价和合同谈判中一些重要问题的确定 ……………… (239)
  7.3.5 合同执行战略 …………………………………………………… (239)
 7.4 建筑工程合同体系的协调 ………………………………………… (240)

第8章 合同风险管理 ……………………………………………………… (244)
 8.1 风险概述 …………………………………………………………… (244)
  8.1.1 风险的定义 ……………………………………………………… (244)
  8.1.2 与风险相关的概念 ……………………………………………… (245)
  8.1.3 风险的分类 ……………………………………………………… (245)
  8.1.4 风险的基本特征 ………………………………………………… (246)
  8.1.5 建设工程风险 …………………………………………………… (247)
  8.1.6 建设工程风险损失 ……………………………………………… (248)
  8.1.7 风险分担的基本原则 …………………………………………… (249)
 8.2 风险管理 …………………………………………………………… (250)
  8.2.1 风险管理概念、任务和方法 …………………………………… (250)
  8.2.2 业主和承包商的合同风险防范 ………………………………… (259)

第9章 建设工程施工合同签订 …………………………………………… (263)
 9.1 合同的签订 ………………………………………………………… (263)
  9.1.1 合同订立的原则 ………………………………………………… (263)
  9.1.2 建设工程合同签订的方式 ……………………………………… (264)
  9.1.3 建设工程合同订立的程序 ……………………………………… (264)
 9.2 建设工程施工合同签订前的审查分析 …………………………… (265)
  9.2.1 建设工程施工合同签订前的审查内容 ………………………… (265)
  9.2.2 合同内容审查分析整理 ………………………………………… (270)
 9.3 建设工程施工合同的谈判 ………………………………………… (270)
  9.3.1 建设工程施工合同的谈判依据 ………………………………… (270)
  9.3.2 谈判的准备工作 ………………………………………………… (271)
  9.3.3 合同实质性谈判阶段的谈判策略和技巧 ……………………… (273)

第10章 建筑工程合同履行管理 …………………………………………… (277)

10.1 概述 …………………………………………………………… (277)
　　10.1.1 合同履行概念 ………………………………………… (277)
　　10.1.2 建筑工程合同履行原则 ……………………………… (277)
10.2 合同分析 ………………………………………………………… (279)
　　10.2.1 概述 …………………………………………………… (279)
　　10.2.2 合同分析的内容 ……………………………………… (280)
10.3 合同实施控制 …………………………………………………… (287)
　　10.3.1 概述 …………………………………………………… (287)
　　10.3.2 合同实施控制 ………………………………………… (290)
10.4 工程变更管理 …………………………………………………… (297)
　　10.4.1 概述 …………………………………………………… (297)
　　10.4.2 工程变更的程序 ……………………………………… (298)
　　10.4.3 工程变更价格调整 …………………………………… (299)

第11章 工程施工索赔管理 …………………………………………… (303)

11.1 概述 …………………………………………………………… (303)
　　11.1.1 索赔含义及分类 ……………………………………… (303)
　　11.1.2 索赔的特点和原则 …………………………………… (308)
11.2 索赔事件及索赔处理程序 …………………………………… (309)
　　11.2.1 索赔事件 ……………………………………………… (309)
　　11.2.2 索赔的依据及证据 …………………………………… (315)
　　11.2.3 索赔事件的分析方法 ………………………………… (321)
　　11.2.4 索赔程序 ……………………………………………… (325)
　　11.2.5 索赔报告 ……………………………………………… (326)
11.3 工期索赔 ………………………………………………………… (329)
　　11.3.1 概述 …………………………………………………… (329)
　　11.3.2 工期延误的分类与处理原则 ………………………… (329)
　　11.3.3 工期索赔的分析和计算方法 ………………………… (334)
11.4 费用索赔 ………………………………………………………… (336)
　　11.4.1 概述 …………………………………………………… (336)
　　11.4.2 费用索赔计算原则及方法 …………………………… (339)
　　11.4.3 工期拖延的费用索赔 ………………………………… (342)
　　11.4.4 工程变更 ……………………………………………… (347)
　　11.4.5 加速施工 ……………………………………………… (350)
　　11.4.6 索赔其他情况 ………………………………………… (351)
　　11.4.7 关于利润的索赔 ……………………………………… (354)
11.5 索赔策略 ………………………………………………………… (354)

11.5.1　承包商基本方针 …………………………………………………………（354）
11.5.2　索赔策略 ……………………………………………………………………（360）
11.5.3　索赔艺术与技巧 ……………………………………………………………（363）
11.6　工程量清单计价模式下的索赔管理 …………………………………………………（366）
11.6.1　工程量清单计价概述 ………………………………………………………（366）
11.6.2　工程量清单计价模式下合同管理的意义 …………………………………（367）
11.6.3　工程量清单计价模式下索赔的特点及注意的问题 ………………………（368）
11.7　国际工程施工索赔综合案例 …………………………………………………………（377）
11.7.1　工程项目概况 …………………………………………………………………（377）
11.7.2　争议与DRB建议 ………………………………………………………………（380）
11.7.3　争议解决 ………………………………………………………………………（381）
11.7.4　业主对谈判结果的评价 ………………………………………………………（383）

参考文献 ……………………………………………………………………………………（386）

第 1 章 绪 论

内容提要

本章在简要介绍了工程建设活动及其参与主体之后,介绍了工程建设项目的招投标活动(微观管理)及其工程建设法规(宏观管理)。在此基础上,将项目的招投标活动与合同管理的内在联系统一在工程项目管理的概念之下。

学习指导

工程建设活动是伴随着人类生存与发展而存在的一门古老学科。工程建设活动,消耗并占用了人类大量的物质财富,也是人类文明的一个有形载体。如何在资源有限(工期限制、投资限制)的条件下完成既定的工程,如何才能缩短工期、减少消耗,这是千百年来人类孜孜以求的一个目标。

正是基于上述理念,现代社会的工程建设活动的主体已高度专业化、社会化,从最初的勘察、设计、施工,发展到现在的建筑总承包、咨询(监理)、房地产投资开发商等。

也正是为了实现既定的投资意图,为了国家及建设工程主体利益,工程建设活动逐渐发展并形成了既定的建设程序。

在工程项目建设过程中,工程招投标制度、合同管理制度与业主负责制、建设监理制也应运而生。

1.1 概述

1.1.1 工程建设活动

1.1.1.1 工程建设的概念

土木工程,又称为工程建设,是一门伴随着人类生存、发展的古老而又在发展中的学科。国务院学位委员会在学科简介中为土木工程所下的定义为:土木工程(Civil Engineering)是建造各类工程设施的科学技术的统称。它既指工程建设的对象,即建造在地上、地下、水中的各种工程设施,也指所应用的材料、设备和所进行的勘测、设计、施工、保养、维护等专业技术。

随着科学技术的进步和时代的发展,土木工程技术不断创新,土木工程显示出勃勃生机。不仅如此,土木工程技术与管理科学的紧密结合使得土木工程的发展日益显示出潜在的活力,对人类社会的物质生产活动的影响也越来越大。

1.1.1.2 工程建设活动的特殊性

工程建设活动的特殊性主要从建设产品和建设过程这两个方面来体现。

1. 建设产品的特殊性

(1) 综合性。建设产品是由许多材料、制品经施工装配而组成的综合体,是由许多个人和单位分工协作、共同劳动的总成果,往往也是由许多具有不同功能的建(构)筑物有机结合成的完整体系。

(2) 固定性。一般的工农业产品可以流动,消费使用空间不受限制,而建设产品只能固定在建设场址使用,不能移动。

(3) 多样性和个体性。建设产品的每个生产对象的使用功能和建筑类型都不相同,建设产品的平面组合、立面造型、建筑结构也各不相同。即使以上这些特点都完全一致,也因其施工的自然条件和社会条件不同,使两个建设产品的使用功能和价值有所区别。

2. 建设的特殊性

(1) 生产周期长。工程建设周期通常需要几年至十几年。在如此长的建设周期中,如果不能提供完整产品,不能发挥完全效益,就会造成大量的人力、物力和资金的长期占用。同时,由于建设周期长,受政治、社会、经济、自然等因素影响大。

(2) 建设过程的连续性和协作性。工程建设的各阶段、各环节、各协作单位及各项工作,必须按照统一的建设计划有机地组织起来,在时间上不间断,在空间上不脱节,使建设工作有条不紊地顺利进行。如果某个环节的工作遭到中断,有可能波及相关工作,造成人力、物力、财力的积压,并可能导致工期拖延,不能按时投产使用。

(3) 施工的流动性。建设产品的固定性决定了施工的流动性,施工人员及机械必然要随建设对象的不同而经常流动、转移。

(4) 受自然和社会条件的制约性强。一方面,由于建设产品的固定性,工程施工多为露天作业,另一方面,在建设过程中,需要投入大量的人力和物资,因而,工程建设受地形、地质、水文、气象等自然因素以及材料、水电、交通、生活等社会条件的影响很大。

1.1.1.3 建设程序

建设程序是指由法律、行政法规所规定的,进行工程建设活动所必须遵循的阶段及其先后顺序。它反映了工程建设所固有的客观规律和经济规律,体现了现行建设管理体制的特点,是建设项目科学决策和顺利进行的重要保证。建设程序既是工程建设应遵循的准则,也是国家对工程建设进行监督管理的手段之一。依据我国现行工程建设程序法规的规定,工程建设程序可分为下述三大阶段,每个阶段又各包含若干环节。

(1) 工程建设前期阶段,包括项目建议书、可行性研究、立项(项目评估)、报建、项目发包与承包、初步设计等环节。

(2) 工程建设实施阶段,包括勘察设计、设计文件审查、施工准备、工程施工、生产准备与试生产、竣工验收等环节。

(3) 生产运营阶段,包括生产运营或交付使用、投资后评价等。

1.1.2 工程建设的参与者

工程建设活动是一项系统性的工作,根据我国现行法规,除了政府的管理部门(如行政管理、质量监督等部门)、金融机构及建筑材料、设备供应商之外,我国从事建设活动的单位主要有业主、建筑企业和工程咨询服务单位。

1.1.2.1 建设单位

建设单位是指拥有相应的建设资金、办妥工程建设手续、以建成该项目达到其经营使用目的的政府部门、事业单位、企业单位或个人。所有的建设单位都有一个共同的特点,那就是需要建筑产品。要将这种需要尽快付诸行动或收到效益,建设单位就要聘请设计单位(或咨询单位)将自己的设想逐步向前推进,或者聘请建筑师把自己的设想逐步变成设计图纸;然后聘请施工单位按照设计图纸,将设想变成实际的工程产品。

在国际上,通常使用业主(owner)一词,也有一些国家和地区使用雇主(employer)一词,其含义是一样的。在我国国内建筑市场上,建设单位实际上就是类似于业主的角色。过去在某些大中型项目中,工程指挥部行使了业主的权利。国家发改委规定自1992年起,新开工的大中型基本建设项目原则上都要实行项目业主责任制(1996年改成项目法人责任制),以促使我国的投资效益有一个根本的改观。

1.1.2.2 房地产开发企业

房地产开发企业是指在城市及村镇从事土地开发、房屋及基础设施和配套设施开发经营业务,依法取得相应资质等级证书,具有企业法人资格的经济实体。未取得房地产开发资质等级证书(简称资质证书)的企业,不得从事房地产开发经营业务。

在工程建设中,房地产开发企业的角色与一般建设单位相似。

1.1.2.3 总承包及工程项目管理企业

总承包及工程项目管理企业是指对项目从立项到交付使用的全过程进行承包的企业。在我国,总承包企业包括两种:一种是设计单位(或以设计单位为主体的设计工程公司），另一种是工程总承包企业。

总承包企业可以实行项目建设全过程的总承包，也可进行分阶段的承包；可独立进行总承包，也可与其他单位联合总承包。

1.1.2.4 工程勘察设计企业

工程勘察设计企业是指依法取得资格，从事工程勘察、工程设计活动的单位。一般情况下，工程勘察和工程设计是业务各自独立的企业。

建设工程勘察，是指根据建设工程的要求，查明、分析、评价建设场地的地质地理环境特征和岩土工程条件，编制建设工程勘察文件的活动。一般包括初步勘察和详细勘察两个阶段。

建设工程设计，是指根据建设工程的要求，对建设工程所需的技术、经济、资源、环境等条件进行综合分析、论证，编制建设工程设计文件的活动。

1.1.2.5 工程监理单位

工程监理单位，是指取得监理资质证书、具有法人资格的单位。从性质上讲，监理单位属于工程咨询类企业。"监理"是我国特有的称呼，西方国家承担监理任务的是工程咨询公司、工程顾问公司、建筑师事务所等。但是，在我国，建设监理是一项工程建设领域的基本制度，对监理单位的资格管理和行业管理与一般的工程咨询有所区别。

工程建设中，监理单位接受业主的委托和授权，根据有关工程建设法律法规，经建设主管部门批准的工程项目建设文件、监理合同和其他工程建设合同，对工程建设项目实施阶段进行专业化监督与管理，业主和承包者之间与建设合同有关的联系活动要通过监理单位进行。

1.1.2.6 建筑业企业

建筑业企业，也称工程施工企业，是指从事土木工程、建筑工程、线路管道设备安装工程，以及装饰工程的新建、扩建、改建活动的企业。在国际上一般称为承包商。

1.1.2.7 工程咨询和服务单位

工程咨询和服务单位主要向业主提供工程咨询和管理等智力型服务。除了勘察设计单位和监理单位外，从事工程咨询和服务的单位还很多，如工程咨询、信息咨询、工程造价咨询、工程质量检测、工程招标代理、房地产中介（包括咨询、价格评估、经纪等）、房地产测绘等单位。

1.2 建设工程项目管理

1.2.1 概述

1.2.1.1 工程项目的含义和特点

1. 项目

项目是在一定时间内,满足一系列特定目标的多项相关工作的总称。项目的定义包含三层含义:第一,项目是一项有待完成的任务,且有特定的环境与要求;第二,在一定的组织机构内,利用有限资源(人力、物力、财力等)在规定的时间内完成任务;第三,任务要满足一定性能、质量、数量、技术指标等要求。这三层含义对应项目的三重约束——时间、费用和性能(质量),如图 1-1 所示。

项目作为一个专门术语,它具有如下几个基本特点:

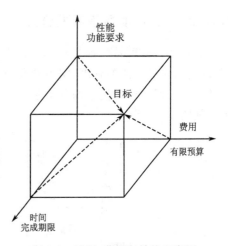

图 1-1 时间、费用与性能示意图

(1) 项目是一次性的任务,由于目标、环境、条件、组织和过程等方面的特殊性,不存在两个完全相同的项目,即项目不可能重复;

(2) 项目必须有明确的目标;

(3) 项目都是在一定的限制条件下进行的,包括资源条件的约束和人为的约束,其中质量(工作标准)、进度、费用目标是项目普遍存在的三个主要约束条件;

(4) 项目都有其明确的起点时间和终点时间,它是在一段有限的时间内存在的;

(5) 多数项目在其进行过程中,往往有许多不确定的因素。

2. 工程项目

工程项目是指为某个特定的目的而进行投资建设并含有一定建筑或建筑安装工程的建设项目。建设项目是指在一定条件约束下,以形成固定资产为目标的一次性事业。一个建设项目必须在一个总体设计或初步设计范围内,由一个或若干个互有内在联系的单项工程所组成,经济上实行统一核算,行政上实行统一管理。建设项目也称为投资建设项目(也称工程项目),其内涵包括如下几个方面。

(1) 工程项目是将投资转化为固定资产的经济活动过程。它是一种既有投资行为又有建设行为的项目,其目标是形成固定资产。

(2) "一次性事业"即一次性任务,表示项目的一次性特征。

（3）"经济上实行统一核算，行政上实行统一管理"表示项目是在一定的组织机构内进行，项目一般由一个组织或几个组织联合完成。

（4）对一个工程项目范围的认定标准，是具有一个总体设计或初步总体设计或初步设计的项目。不论是同期建设还是分期建设，或由一个还是几个施工单位施工，都视为一个工程项目。

工程项目除了具有一般项目的基本特点外，还有自身的特点，如一个建设项目总是与一个固定地点或区域相联系。

1.2.1.2 工程项目管理的含义

工程项目管理是工程管理的一部分。工程管理涉及工程项目整个寿命期的管理，即包括决策阶段的管理、实施阶段的管理和使用阶段（或称运营阶段）的管理，并涉及参与工程建设及使用的各个单位（建设单位、投资单位、设计单位和承包商）的管理。如图1-2所示。

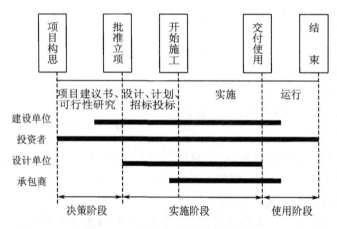

图1-2 工程建设项目的阶段划分

工程项目管理的含义有多种表述，英国皇家特许建造学会（CIOB）对其作了如下表述：自项目开始至项目完成，通过项目策划和项目控制，使项目的费用目标、进度目标和质量目标得以实现。此解释得到许多国家建造师组织的认可，在工程管理业界有相当的权威性。在上述表述中，"自项目开始至项目完成"指的是项目的实施期；"项目策划"指的是目标控制前的一系列筹划和准备工作；"费用目标"对业主而言是投资目标，对承包商而言是成本目标。项目决策管理工作的主要任务是确定项目的定义，而项目实施阶段管理工作的主要任务是通过管理使项目的目标得以实现。

1.2.1.3 工程项目管理的类型和任务

一个工程项目往往由许多参与单位承担不同的建设任务，而各参与单位的工作性质、工作任务和利益不同，因此就形成了不同类型的项目管理。

1. 工程项目管理的类型

按工程项目不同参与方的工作性质和组织特征划分,工程项目管理有业主方(包括投资者、咨询公司)的项目管理,设计方的项目管理,承包方的项目管理和建设项目总承包方的项目管理。

2. 工程项目管理的目标与任务

(1) 业主方项目管理的目标和任务。业主方项目管理服务于业主的利益,其项目管理的目标包括项目的投资目标、进度目标和质量目标。

业主方的项目管理工作涉及项目实施阶段的全过程,即设计前的准备阶段、设计阶段、施工阶段、试运行阶段和保修期,基本内容为投资控制、进度控制、质量控制、安全管理、合同管理、信息管理和组织与协调。

(2) 设计方项目管理的目标和任务。设计方项目管理的目标包括设计的成本目标、进度目标和质量目标以及项目的投资目标。

(3) 承包方项目管理的目标和任务。施工方项目管理的目标包括施工的成本目标、进度目标和质量目标。

施工方项目管理的任务包括:施工成本控制、施工进度控制、施工质量控制、施工安全管理、施工合同管理、施工信息管理、与施工有关的组织和协调。

(4) 建设项目工程总承包方项目管理的目标和任务。建设项目工程总承包方作为项目建设的一个参与方,其项目管理主要服务于项目的利益和建设项目总承包方本身的利益。因此建设项目总承包方项目管理的目标包括项目的总投资目标和总承包方的成本目标、项目的进度目标和项目的质量目标。

建设项目总承包方项目管理的任务包括:投资控制和总承包方的成本控制、进度控制、质量控制、安全管理、合同管理、信息管理、与项目总承包方有关的组织和协调。

1.2.2 工程项目管理模式的发展

1.2.2.1 传统模式

传统模式,又称通用模式,该模式是世界银行和亚洲开发银行及国内外很多工程都采用的模式。这种模式一般是由业主、工程师和(或)建造师、承包商(总包商)三方组成。工程师和(或)建造师相当于我国的监理工程师。承包商主要承担工程施工。有时承包商还与一个或多个分包商签订合同,业主、承包商和(或)分包商与供应商签订合同,业主与金融机构签订贷款协议。传统项目管理模式如图1-3所示。

采用传统模式时,业主须先完成工程项目的勘察、设计活动,之后再通过施工招投标完成施工承包单位的选择,此后再进行工程施工建设及竣工验收等活动。采用传统模式时,由于勘察设计与施工分别由不同单位承包,且先后次序固定,因而项目的建设周期往往比较长。目前我国的工程建设大部分还是采用这种模式。

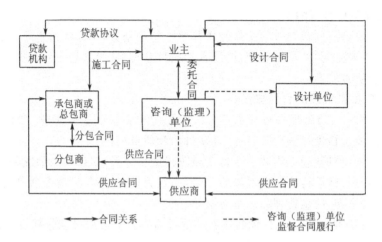

图 1-3 传统项目管理模式示意图

1.2.2.2 工程总承包模式

为了克服传统模式的上述缺点,业主可以把建设工程项目的勘察、设计、施工和物资采购等综合委托一个承包单位,这就是工程总承包方式。我国《建筑法》规定:"建筑工程发包单位可以将建筑工程的勘察、设计、施工、设备采购一并发包给一个工程总承包单位,也可以将建筑工程勘察、设计、施工、设备采购的一项或多项发包给一个工程总承包单位,但是,不得将应由一个承包单位完成的建筑工程肢解成若干部分发包给几个承包单位。"

建设工程项目总承包有以下几种方式。

1. 建筑工程管理模式(Construction Management Approach,简称 CM 模式)

这种方式于 20 世纪 70 年代发源于美国。CM 的应用模式多种多样,业主委托工程项目管理公司(以下简称 CM 公司)承担的职责范围非常广泛也非常灵活。根据工作范围和角色,可将 CM 模式分为代理型建筑工程管理模式("Agency" CM)和风险型建筑工程管理模式("At Risk" CM)两种方式。

2. 设计-建造模式及"交钥匙"模式

(1) 设计-建造模式(Design-Build,简称 DB 模式)是近年来在国际工程中常用的现代项目管理模式,如图 1-4 所示。在项目原则确定之后,业主只需选定一家公司负责项目的设计和施工。这种模式在投标和订合同时是以总价合同为基础的,总承包商对整个项目的成本负责。他首先选择一家咨询设计公司进行设计,然后采用竞争性招标方式选择分包商,当然也可以利用本公司的设计和施工力量完成一部分工程。

DB 模式是一种项目组织方式,业主和 DB 承包商密切合作,完成项目的规划、设计、成本控制、进度安排等工作,甚至负责土地购买、项目融资和设备采购安装。由一

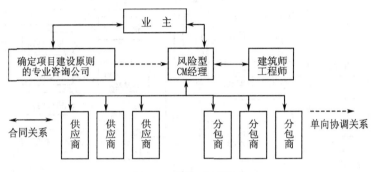

图 1-4 设计-建造模式

个承包商对整个项目负责,避免了设计和施工之间的矛盾,可以显著减少项目的工期。同时,在选定承包商时,把设计方案的优劣作为主要的评标因素,可保证业主得到高质量的工程项目。

DB 模式的主要优点是,在项目前期选一个专业咨询公司制定项目建设原则(包括建设投资概算),可以采用 CM 模式,加快施工进度,从而减少建设单位管理费用和贷款利息以及物价、工资等上涨的风险;减少设计错误和遗漏造成的费用增加。缺点是,因为由 DB 承包商选定建筑师和(或)工程师来协调和监督各分包商的工作,业主不参与建筑师和(或)工程师的选择,会降低业主对设计的控制能力,因而承包商所做的设计可能损害业主的利益。

(2)"交钥匙"模式。如果业主把项目的前期工作、设计、施工、设备采购、安装、试车、调试和生产准备都交给一个有能力的大型公司来管理,这就是"交钥匙"模式。交钥匙项目一般是大型、复杂、科技含量高的工程,因而往往是由资金雄厚、技术水平很高的大型公司来做。国际上目前还没有公认的"交钥匙"模式的定义,一般将"交钥匙"模式视为设计-建造模式的延伸。FIDIC(国际咨询工程师联合会)的"设计-建造与交钥匙工程合同条件"(1995 年版)和"设计采购施工/交钥匙工程合同条件"(1999 年第一版)均把二者归为同一类型。

3. 建造-运营-移交模式(Build-Operate-Transfer,简称 BOT **模式**)

BOT 模式是 20 世纪 80 年代在国外兴起的一种依靠国外私人资本进行基础设施建设的融资和建造的项目管理方式,或者说是基础设施国有项目民营化。它是指东道国政府开放本国基础设施建设和运营市场,吸收国外资金,授给项目公司以特许权,由该公司负责融资和组织建设,建成后负责运营及偿还贷款,在特许期届满时将工程移交给东道国政府。其典型结构框架如图 1-5 所示。

BOT 模式广泛应用于一些国家的交通运输、自来水管网、发电、垃圾处理等服务性或生产性基础设施的建设中,显示出了旺盛的生命力。

BOT 模式优点如下。

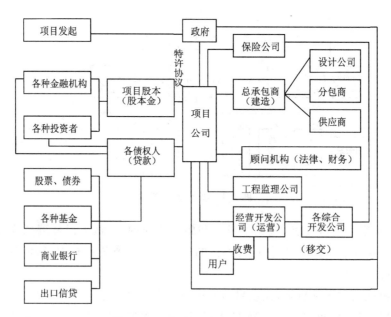

图 1-5 BOT 模式典型结构框架

（1）降低政府财政负担。通过采取民间资本筹措、建设、经营的方式，吸引各种资金参与基础设施项目建设，项目融资的所有责任都转移给投资者，减少了政府借债和还本付息的责任。

（2）政府可以避免大量的项目风险。

（3）组织机构简单，政府部门和投资者协调容易。

（4）项目回报率明确，政府和投资者之间利益纠纷少。

（5）有利于提高项目的运作效率。

（6）BOT 项目通常都由外国的公司来承包，这会给项目所在国带来先进的技术和管理经验，既给本国的承包商带来较多的发展机会，也促进了国际经济的融合。

4. 项目管理模式（Project Management，简称 PM 模式）

PM 模式是指项目业主聘请一家公司（一般为具备相当实力的工程公司或咨询公司）代表业主进行整个项目过程的管理，这家公司在项目中被称作"项目管理承包商"（Project Management Contractor，简称为 PMC）。PM 模式的 PMC 受业主的委托，从项目的策划、定义、设计到竣工投产全过程为业主提供项目管理承包服务。选用该种模式管理项目时，业主方面仅需保留很小部分的基建管理力量对一些关键问题进行决策，而绝大部分的项目管理工作都由项目管理承包商来承担。PM 模式的各方关系如图 1-6 所示。

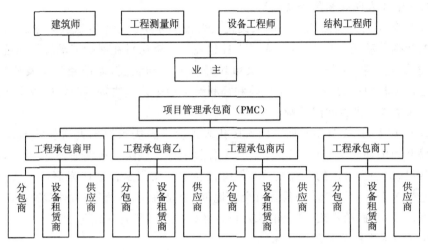

图 1-6 PM 模式的组织关系

1.3 关于工程项目招投标及合同管理相关法律规章

1.3.1 有关法律

1.《中华人民共和国民法通则》

1986 年 4 月 12 日第七届全国人民代表大会第四次会议通过了《中华人民共和国民法通则》(简称《民法通则》),同日以中华人民共和国主席令第 37 号公布,并即日生效。

《民法通则》旨在调整平等主体的公民之间、法人之间、公民和法人之间的财产关系和人身关系。它是订立和履行合同以及处理合同纠纷的法律基础。

2.《中华人民共和国环境保护法》

1989 年 12 月 26 日第七届全国人民代表大会常务委员会第十一次会议通过了《中华人民共和国环境保护法》,自即日起施行。该法旨在保护和改善生活环境与生态环境,防止污染和其他公害,保障人体健康,促进社会主义现代化的发展。建设项目的选址、规划、勘察、设计、施工、使用和维修均应遵循该法。

3.《中华人民共和国民事诉讼法》

1991 年 4 月 9 日第七届全国人民代表大会第四次会议通过了《中华人民共和国民事诉讼法》,同日以中华人民共和国主席令第 44 号公布,并从该日起施行。该法的宗旨是,保障当事人行使诉讼权利,保证人民法院查明事实,正确运用法律,及时审理民事案件,确认民事权利义务关系,制裁民事违法行为,保护当事人的合法利益,维护社会和经济秩序,保障社会主义建设事业顺利进行。

4. 《中华人民共和国劳动法》

1994年7月5日第八届全国人民代表大会常务委员会第八次会议通过了《中华人民共和国劳动法》,自1995年1月1日起施行。该法旨在保护劳动者的利益,调整劳动关系,建立和维护适应社会主义市场经济的劳动制度,促进经济发展和社会进步。建设工程中有关培训、社会保险和福利及劳动争议解决等事项均应遵循该法。

5. 《中华人民共和国仲裁法》

1994年8月31日第八届全国人民代表大会常务委员会第九次会议通过了《中华人民共和国仲裁法》,自1995年9月1日起施行。该法旨在保证公正、及时地仲裁经济纠纷,保护当事人的合法权益及保障社会主义市场经济健康发展。该法的主要内容包括关于仲裁协会及仲裁委员会的规定,仲裁协议,仲裁程序,仲裁庭的组成、开庭和裁决,申请撤销裁决,裁决的执行以及涉外仲裁的特殊规定等。

6. 《中华人民共和国担保法》

1995年6月30日第八届全国人民代表大会常务委员会第十四次会议通过了《中华人民共和国担保法》,自1995年10月1日起施行。该法旨在促进资金融通和商品流通,保障债权的实现,并规定了保证、抵押、质押、留置和定金等担保方式。建设工程合同管理中的有关各种担保金及争端的处理适用该法。

7. 《中华人民共和国保险法》

1995年6月30日第八届全国人民代表大会常务委员会第十四次会议通过了《中华人民共和国保险法》,自1995年10月1日起施行。该法旨在规范保险活动,保护保险活动当事人的合法权益,加强对保险业的监督管理,促进保险业的健康发展,并对保险合同,包括财产保险合同和人身保险合同作了规定。

8. 《中华人民共和国建筑法》

1997年11月1日全国人民代表大会常委会通过了《中华人民共和国建筑法》,自1998年3月1日起施行。该法是建筑业的基本法律,其制定的主要目的在于:加强对建筑业活动的监督管理,维护建筑市场秩序,保障建筑工程的质量和安全,促进建筑业健康发展等。

9. 《中华人民共和国合同法》

1999年3月15日第九届全国人民代表大会第二次会议通过了《中华人民共和国合同法》,1999年10月1日起施行,并从即日起,原《中华人民共和国经济合同法》《中华人民共和国涉外经济合同法》《中华人民共和国技术合同法》同时废止。该法除对合同的订立、效力、履行、变更和转让,合同的权利义务终止、违约责任等有规定外,还对买卖合同,供用电、水、气、热力合同,赠与合同,信贷合同,租赁合同,融资租赁合同,承揽合同,建设工程合同,运输合同,技术合同,保管合同,仓储合同,委托合同,行纪合同和居间合同等作出了具体规定。

10. 《中华人民共和国招标投标法》

1999年8月30日第九届全国人民代表大会常务委员会第十一次会议通过了

《中华人民共和国招标投标法》,2000 年 1 月 1 日施行。制定该法的目的在于规范招标投标活动,保护国家利益、社会公共利益和招标投标活动当事人的合法权益,提高经济效益及保证工程项目质量等。该法包括招标、投标、开标、评标和中标等内容。

11.《中华人民共和国安全生产法》

2002 年 6 月 29 日第九届全国人民代表大会常务委员会第二十八次会议通过了《中华人民共和国安全生产法》,自 2002 年 11 月 1 日起施行。该法旨在加强安全生产监督管理,防止和减少生产安全事故,保障人民群众生命和财产安全,促进经济发展。对生产经营单位的安全生产保障、从业人员的权利和义务、安全生产的监督管理、生产安全事故的应急救援与调查处理以及相关的法律责任等作了规定。

12.《中华人民共和国环境影响评价法》

2002 年 10 月 28 日第九届全国人民代表大会常务委员会第三十次会议通过了《中华人民共和国环境影响评价法》,自 2002 年 11 月 1 日起施行。该法旨在实施可持续发展战略,预防因规划和建设项目实施后对环境造成不良影响,以促进经济、社会和环境的协调发展。内容包括规划的环境影响评价、建设项目的环境影响评价及相关的法律责任等。

1.3.2 有关行政法规

除全国人民代表大会通过和颁布施行的上述法律外,国务院还发布施行了若干行政法规,其中与建设业有关的法规如下。

1.《中华人民共和国公证条例》

1982 年 4 月 13 日国务院发布了《中华人民共和国公证条例》。公证是指国家公证机关根据当事人的申请,依法证明法律行为的真实性、合法性,出具有法律效力的文书,以保护当事人的合法利益。

2.《建设工程质量管理条例》

2000 年 1 月 10 日国务院第二十五次常务会议通过了《建设工程质量管理条例》,自 2000 年 1 月 30 日起施行。该条例旨在加强对建设工程质量的管理,保证建设工程质量,保护人民生命和财产安全。内容包括建设单位、勘察设计单位、施工单位及工程监理单位的质量责任和义务,建设工程质量保修和监督管理、罚则等。

3.《建设工程勘察设计管理条例》

2000 年 9 月 20 日国务院第三十一次常务会议通过了《建设工程勘察设计管理条例》,自 2000 年 9 月 25 日起施行。该条例旨在加强对建设工程勘察、设计活动的管理,保证建设工程勘察、设计质量,保护人民生命和财产安全。内容包括资质资格管理、建设工程勘察设计发包与承包、建设工程勘察设计文件的编制与实施、建设工程勘察设计活动的监督管理与罚则等。

4.《建设工程安全生产管理条例》

2003 年 11 月 12 日国务院第二十八次常务会议通过了《建设工程安全生产管理

条例》,自 2004 年 2 月 1 日起施行。该条例旨在加强建设工程安全生产监督管理,保障人民群众生命和财产安全。内容包括建设单位的安全责任,勘察、设计、工程监理及其他有关单位的安全责任,施工单位的安全责任,建设工程安全生产的监督管理,生产安全事故的应急救援和调查处理、法律责任等。

5.《建设项目环境保护管理条例》

1998 年 11 月 18 日,国务院第十次常务会议通过了《建设项目环境保护管理条例》,自 1998 年 11 月 29 日起施行。该条例旨在防止建设项目产生新的污染,破坏生态环境。内容包括环境影响评价、环境保护设施建设、法律责任等。

6.《生产安全事故报告和调查处理条例》

2007 年 3 月 28 日,国务院第 172 次常务会议通过了《生产安全事故报告和调查处理条例》,自 2007 年 6 月 1 日起施行。该条例首次将我国不同行业、不同行政区域关于生产安全事故报告和调查处理相关事项作出统一规定。

1.3.3 有关部门规章

为了贯彻上述法律和行政法规,近十年来,国务院相关部委通过并发布了与建设工程有关的部门规章,如表 1-1 所示。

表 1-1 部门规章

名称	发布部委	发布或施行日期
合同鉴证办法	国家工商行政管理局	1997 年 11 月 3 日第 80 号令公布
工程建设项目招标范围和规模标准规定	国家发展计划委员会	2000 年 5 月 1 日第 3 号令公布
工程建设项目招标代理机构资格认定办法	建设部	2000 年 6 月 30 日第 79 号令公布
工程建设项目自行招标试行办法	国家发展计划委员会	2000 年 7 月 1 日第 5 号令公布
实施工程建设强制性标准监督规定	建设部	2000 年 8 月 25 日第 81 号令公布
房屋建筑和市政基础设施工程施工招标投标管理办法	建设部	2001 年 6 月 1 日第 89 号令公布
评标委员会和评标方法暂行规定	国家发展计划委员会、国家经济贸易委员会、建设部、铁道部、交通部、信息产业部、水利部	2001 年 7 月 5 日第 12 号令公布
建筑工程施工发包与承包计价管理暂行办法	建设部	2001 年 12 月 1 日第 107 号令公布
评标专家和评标专家库管理暂行办法	国家发展计划委员会	2003 年 2 月 22 日第 29 号令公布

续表

名称	发布部委	发布或施行日期
工程建设项目施工招标投标办法	国家发展计划委员会、建设部、铁道部、交通部、信息产业部、水利部、民用航空总局	2003年3月8日第30号令公布
标准施工招标文件	国家发展和改革委员会、财政部、建设部、铁道部、交通部、信息产业部、水利部、民用航空总局、广播电影电视总局	2007年11月1日第56号令公布

1.4 工程招投标制的推行

新中国建筑行业的招投标开始于20世纪的改革开放。1980年在上海、广东、福建、吉林等省市开始试行建设工程项目的招标投标。1982年开始的鲁布革引水工程国际招投标的冲击,促使我国从1992年通过试点后大力推行招标投标制。1992年至今,立法建制逐步完善,特别是1999年8月30日颁布的《中华人民共和国招标投标法》,标志着我国招标投标制进入了全面实施的新阶段。

下文就鲁布革引水工程采取国际招投标的经验作简要介绍。

1.4.1 鲁布革引水工程招标投标情况简介

鲁布革水电站位于云南罗平和贵州兴义交界的黄泥河下游,整个工程由首部枢纽拦河大坝、引水系统和厂房枢纽三部分组成。首部枢纽工程,包括101 m高的堆石坝,左右岸泄洪洞,左岸溢洪道、排砂洞及引水隧洞进水口。地下厂房工程,包括长125 m、宽18 m、高38.4 m的地下厂房,变压器室,开关站及四条尾水洞等。引水系统工程,包括一条内径8 m、长9.4 km的引水隧洞,一座带有上室的差动式调压井,两条内径4.6 m、倾角48°、长468 m的压力钢管斜井及四条内径362 m的压力支管。

工程施工:首部枢纽采用围堰一次断流、隧洞导流、基坑全年施工方式。引水隧洞采用钻爆法、光面爆破开挖,平均月进尺230 m。混凝土衬砌采用针梁式钢模浇筑。地下厂房开挖亦采用钻爆法、光面爆破施工。除尾水洞外,厂区洞室的永久支护均采用锚喷支护。主副厂房、主变压器室(包括GIS)及尾水闸门室的吊车梁均为岩壁式。

总工程量:土石方明挖152万立方米,石方洞挖140万立方米,土石方填筑223万立方米,混凝土浇筑72万立方米,金属结构安装5 578 t。

1981年6月经国家批准,鲁布革水电站列为重点建设工程,总投资8.9亿美元,总工期53个月,要求1990年全部建成。1982年7月国家决定将鲁布革水电站的引水工程作为水利电力部第一个对外开放、利用世界银行贷款的工程,使工程出现转机。引水系统工程的施工,按世界银行规定,实行新中国成立以来第一次按照国际咨询工程师联合会(FIDIC)推荐的程序进行的国际公开(竞争性)招标。枢纽拦河大坝和厂房枢纽部分的施工由中国水电十四局承担。项目建设多渠道利用外资,包括:世界银行贷款1.454亿美元(信贷期20年),挪威政府赠款9000万挪威克朗,澳大利亚政府赠款790万澳元。

为了适应外资项目管理的需要,国家经贸部与水电部组成协调小组作为项目的决策单位,下设水电总局为工作机构,水电部组建了鲁布革工程管理局承担项目业主代表和工程师(监理)的建设管理职能。昆明水电勘测设计院承担项目的设计。

招标工作由水电部委托中国进出口公司进行。此外,由世界银行推荐澳大利亚SMEC公司和挪威AGN公司作为咨询单位,分别对枢纽工程、引水系统工程和厂房工程提供咨询服务。咨询费用由澳大利亚开发援助局和挪威政府赠款资助。

1982年9月,刊登招标公告,编制招标文件和标底。根据世界银行规定,采用了国际咨询工程师联合会的《土木工程施工国际通用合同条件》(1977年第三版)。引水系统工程原设计概算为1.8亿元,评标标底为14 958万元。

1982年9月至1983年6月进行资格预审。本工程的资格预审分两个阶段进行。招标公告发布之后,13个国家的32家承包商提出了投标意向。第一阶段资格预审(1982年9月—12月),招标人经过对承包商的施工经历、财务实力、法律地位、施工设备、技术水平和人才实力的初步审查,淘汰了其中的12家。其余20家(包括我国公司3家)取得了投标资格。第二阶段资格预审(1983年2月—6月),主要是与世界银行磋商第一阶段预审结果,中外公司为组成联合投标公司进行谈判。各承包商分别根据各自特长和劣势进一步寻找联营伙伴,中国3家公司分别与14家外商进行联营会谈,最后闽昆公司和挪威FHS公司联营,贵华公司和前联邦德国霍尔兹曼公司联营,江南公司不联营。这次国际竞争性招标,按照世界银行的有关规定,我国公司享受7.5%的国内优惠。

1983年6月15日,发售招标文件。15家取得投标资格的中外承包商购买了招标文件,8家投了标。

经过5个月的投标准备,1983年11月8日,开标大会在北京正式举行。开标仪式按照国际惯例,公开当众开标。开标时对各投标人的投标文件进行开封和宣读。共8家公司投标,其中前联邦德国霍克蒂夫公司未按照招标文件要求投送投标文件而成为无效标。从投标报价(根据当日的官方汇率,将外币换算成人民币)可以看出,最高价法国SBTP公司(1.79亿元),与最低价日本大成公司(8 463万元)相比,报价竟相差1倍之多,使中外厂商大吃一惊,在国内外引起不小震动。各投标人的折算报价见表1-2。

表 1-2　鲁布革水电站引水工程国际公开招标评标折算报价一览表

公司	折算报价/元	公司	折算报价/元
日本大成公司	84 630 590.97	中国闽昆与挪威FHS联合公司	121 327 425.30
日本前田公司	87 964 864.29	南斯拉夫能源工程有限公司	132 234 146.30
英波吉洛公司（意美联合公司）	92 820 660.50	法国SBTP联合公司	179 393 719.20
中国贵华与前联邦德国霍尔兹曼联合公司	119 947 489.60	前联邦德国霍克蒂夫公司	废标

1983年11月至1984年4月进行评标、定标。按照国际惯例，只有报价最低的前三标能进入最终评标阶段，因此确定大成、前田和英波吉洛公司三家为评标对象。评标工作由鲁布革工程局、昆明水电勘测设计院、水电总局及澳大利亚等中外专家组成的评标小组负责，按照既定的评标办法进行，并互相监督、严格保密，禁止评标人同外界接触。在评标过程中，评标小组还分别与三家承包商进行了澄清会谈。4月13日评标工作结束。

经各方专家多次评议讨论，最后确定标价最低的日本大成公司中标，并与之签订合同，合同价8 463万元，合同工期1 597天。4月17日，我国有关部门正式将定标结果通知世界银行。世界银行于6月9日回复无异议。

部分投标人的主要指标比较见表1-3。

表 1-3　部分投标人的主要指标对比

项目	单位	大成公司	前田公司	意美联合公司	闽挪联合公司	标底
隧洞开挖	元/m³	37	35	26	56	79
隧洞衬砌	元/m³	200	218	269	291	444
混凝土衬砌水泥单方用量	元/m³	270	308	—	360	320～350
水泥总用量	t	52 500	65 500	64 000	92 400	77 890
月劳动量	工日/月	22 490	19 250	19 520	28 970	—
隧洞超挖（截面）	cm	12～15（圆形）	12～15（圆形）	10（圆形）	20（马蹄形）	20（马蹄形）
隧洞开挖月进尺	m/月	190	220	140	180	—

引水工程于1984年6月15日发出中标通知书，7月14日签订合同。1984年7月31日发布开工令，1984年11月24日正式开工。1988年8月13日正式竣工，工程

师签署了工程竣工移交证书。合同工期为 1 597 天,实际工期为 1 475 天,提前 122 天。

大成公司采用施工总承包制,在现场的日本管理及技术人员仅 30 人左右,雇用我国的公司分包,雇用的 400 多人都是我国水电十四局的职工,中国工人在中国工长的带领下,创造了 $\phi 8.8$ m 隧洞独头月进尺 373.5 m 的优异成绩,超过了日本大成公司历史的最高纪录,达到世界先进水平。工程质量综合评价为优良。包括除汇率风险以外的设计变更、物价涨落、索赔及附加工程量等增加费用在内的工程结算为 9 100 万元,仅为标底 14 958 万元的 60.8%,比合同价仅增加了 7.53%。

1.4.2 鲁布革工程项目的管理经验

鲁布革引水系统工程进行国际招标和实行国际合同管理,在当时具有很强的超前性。鲁布革工程管理局作为既是"代理业主"又是"监理工程师"的机构设置,按合同进行项目管理的实践,使人耳目一新。所以当时到鲁布革参观考察被称为"不出国的出国考察"。这是在 20 世纪 80 年代初我国计划经济体制还没有根本改变,建筑市场还没有形成,外部条件尚未充分具备的情况下进行的,而且只是电站引水系统进行国际招标,首部大坝枢纽和地下厂房工程以及机电安装仍由水电十四局负责施工。因此形成了一个工程两种管理体制并存的状况。这正好给了人们一个充分比较、研究、分析两种管理体制差异的极好机会。鲁布革的国际招标实践和一个工程两种体制的鲜明对比,在中国工程界引起了强烈的反响。到鲁布革参观考察的人员几乎遍及全国各省市,鲁布革的实践激发了人们对基本建设管理体制改革的强烈愿望。

鲁布革工程的管理经验主要有以下几点。

(1) 最核心的经验是把竞争机制引入工程建设领域,实行铁面无私的招标投标制,评标工作认真细致。

(2) 实行国际评标低价中标惯例,即评标时标底只起参考作用,不考虑投标报价金额高于或低于标底的百分率,超过规定幅度时即作为废标的国内评标规定。

(3) 工程施工采用全过程承包方式和科学的项目管理。

(4) 严格的合同管理和工程监理制,实施费用调整、工程变更及索赔,谋求综合经济效益。

在中国工程建设发展和改革过程中,鲁布革水电站的建设都占有一定的历史地位,发挥了其重要的历史作用。通过以中外合作方式建设鲁布革水电站,中国建设者了解了国际合同编标、招标、评标的程序和方法,运用了 FIDIC 合同管理机制,熟悉了处理变更、索赔等合同管理业务知识,还引进了先进的国外技术规范和施工控制方法。可以说,这是一次共享经验,完成大型水电工程项目的成功实践。在总结鲁布革工程管理经验的基础上,中国建设系统结合中国国情,逐步推行引进了建设领域的三项基本制度,即建设项目的业主责任制、工程建设监理制和工程招标投标及合同管理制。

小知识

鲁布革 的由来

20世纪80年代,中国政府开始开发利用我国西南边陲丰富的水利资源,决定在水量丰沛的云(南)贵(州)两省界河黄泥河上建设一座水电站。在项目建设的初期,工程勘察技术人员踏遍了黄泥河流域可能布置水电站大坝的每一处地方。当他们最终选定了坝址之后,遇到了一个给这个坝址命名的问题,就询问当地土著这个地方的地名。一位当地布依族长老环视了这个山清水秀的地方之后,用方言回答"鲁布革(不知道)"。

就这样,鲁布革成为这个不仅中国有名,甚至在世界上也有一定知名度的水电站名称,并一直沿用至今。

本章总结

土木工程,又称为工程建设,是人类在地上、地下、水中建造各种建筑物、人工构筑物活动的总称,也包括在工程建设活动中所用的材料、设备和所进行的勘察、设计、施工、保养和维护等专业技术。

工程建设活动的参与者有建设单位、房地产开发企业、总承包及工程项目管理企业、工程勘察设计企业、工程监理单位、建筑业企业、工程咨询和服务单位。

工程建设程序分为三个阶段:工程建设前期阶段(包括项目建议书、可行性研究、立项评估、报建、项目发包与承包、初步设计)、工程建设实施阶段(包括勘察设计、设计文件审查、施工准备、工程施工、生产准备与试生产、竣工验收)及生产运营阶段(生产运营及投资后评价)。

工程招投标及合同管理制是我国改革开放以后,在工程建设领域所推行的包括业主负责制、建设监理制度等在内的几项基本制度之一。

【思考题】

1. 叙述建设工程(土木工程)的特征及建设程序。
2. 叙述建设工程活动的参与者及其基本职能。
3. 叙述工程项目及工程项目管理的概念。
4. 在地图上查找云南鲁布革水电站的位置,并搜集云南鲁布革水电站建设的相关背景资料。

第 2 章 建筑工程招投标概述

内容提要

本章在简要介绍项目招标投标的概念、招标投标制度的产生背景和未来发展前景之后,对建筑工程招标投标的监督管理机构、建设工程交易中心的性质、职能及我国现行建设工程招标投标法律制度、建设工程招标投标的方式和程序作了简要介绍。

学习指导

业主,即工程建设项目的出资者和拥有者,也是工程建设项目的收益者和投资风险的最终承担者。业主之所以为业主,在于他拥有投资的项目及所需要的资金。

现代社会发展的特征之一就是专业、行业的高度分化、细化。工程项目业主为了使自己的投资目的得以实现,需要社会上高度专业化的部门、组织去落实。如何在市场环境下运用市场机制去寻找、选择专业组织,进而与对方签署具有约束力的契约(合同),这就是本章所要论述的内容。

鉴于工程建设在中国的特殊性,我国工程建设法规中关于工程建设招标投标具有一系列的规定,这些规定既具有普适性,又具有一定的特殊性。

2.1 建设工程招投标法律制度

2.1.1 建设工程招投标的概念及意义

2.1.1.1 概念

1. 建设工程招投标的概念

标,本义为树木的末梢,引申为表面的、非根本的部分,在这里指经济活动过程中双方谈判、合作所指的对象,即标的。招标,是指在经济合作之前,合作一方给愿意为自己提供货物、服务的另一方提出要求和条件。招标者通过发布广告或发出邀请函等形式,召集自愿参加竞争者投标,并根据事前宣布的评选办法对投标人进行审查、评比,最后选定中意的合作伙伴。

建设工程招标是建设工程项目招标人公开招标或邀请工程建设投标人,招标人通过对投标人的投标书进行开标、评标程序,择优选定中标人的一种经济活动。

建设工程投标与建设工程招标相对应,是指具有合法资格和能力的投标人根据项目建设招标条件,经过研究和分析,编写投标文件、争取中标的经济活动。

2. 招标投标的性质

招标文件是工程项目建设招标人在项目招标时所公开发布的一个文件。招标文件对工程项目建设的基本概况、对投标人的基本要求以及对招投标活动的相关细节都有详细的要求、说明。招标文件是投标人编写投标文件、进行投标活动的指南。投标人要根据工程的要求、投标人自己的具体情况编写工程建设方案,并提出自己所能够接受的最低价格。从合同成立的必备要件来看,招标文件缺少合同中的一个核心内容——价格,从这个意义上来说,招标不是要约,它是邀请投标人来对其提出要约(报价),是一种要约邀请。而投标则是要约,招标人经过对投标人的投标书进行评标,最后所发出的中标通知书是承诺。

2.1.1.2 招投标的特点

1. 平等性

招标投标是独立法人之间的经济交易活动,它按照平等、自愿、互利的原则和相应的程序进行。招标人和投标人在招投标活动中均享有相应的权利和义务,受法律的保护和约束。同时,招标人提出的条件和要求对所有潜在的投标人都是同等有效的。因此,投标人之间的竞争地位平等。

2. 竞争性

招投标本身具有竞争性。而工程项目招标,将众多工程承包商集中到一个工程项目上,展开相互竞争,更能体现竞争性。竞争是优胜劣汰的过程,通过竞争,能够消除平均主义,节约能耗,降低成本,采用先进技术、工艺,促进社会进步和发展。

3. 开放性

开放性是招投标的本质属性。开放,一方面打破地区、行业和部门的封锁,允许自由买卖和竞争,反对歧视;另一方面要求招标投标活动具有较高的透明度,实行招标信息和程序公开。

4. 科学性

要体现招投标的公平合理,则招标文件内容需公正合理,招标程序需严谨合理,评标办法需操作准确。

2.1.1.3 招投标制的产生与发展

招标投标是国际上通用的工程承发包方式。招标投标制伴随着商品经济的产生而产生,伴随着商品经济的发展而发展,是商品经济高度发展的产物。英国早在18世纪就制定了有关政府部门公共用品招标采购法律,至今已有200多年的历史。我国随着市场经济体制的逐步发展,招标投标已逐渐成为建设市场的主要交易方式。

目前,我国在招投标市场中存在的问题有如下几点。

(1) 推行招投标制度的力度不够,一些建设单位想方设法规避招标。

(2) 招投标程序各行业、各地区规定不统一。

(3) 权钱交易、腐败现象较为严重。招标人虚假招标,私泄标底,投标人串通投标,投标人与招标人之间行贿受贿,中标人擅自切割标段、分包、转包、吃回扣等违法犯罪行为时有发生。

(4) 行政干预过多。在建设工程的实际操作中,有的政府部门随意改变招标结果,指定招标代理机构或者中标人,人情工程、关系工程时有出现,行政力量对建筑活动的干预太多,难以实现公平竞争。

为了使招投标制度在我国有效地贯彻和实施,发挥招投标的积极作用,1999年8月30日第九届全国人大常委会第十一次会议审议通过《招标投标法》,并于2000年1月1日起施行。它的出台体现了我国交易方式的重大改革,是深化投资体制改革的一项重大举措,是将我国市场竞争规则与国际接轨的重要步骤,是政府在投资管理上迈向市场经济的又一里程碑。针对目前招标市场中存在的问题,相关部门需要加大监督和惩处力度。

2.1.1.4 招投标制度的意义

1. 有利于规范招标投标活动

改革开放以来,随着与招标投标相关的各项法规的健全与完善、执法力度的加强、投资体制改革的深化、多元化投资格局的出现,政府对工程建设单位投资行为的管理将逐渐进入科学、规范的轨道。公平竞争、优胜劣汰的市场法则,迫使施工企业必须通过各种措施提高其竞争能力,在质量、工期、成本等诸多方面创造企业生存与发展的空间。

2. 有利于保护国家利益、社会公共利益以及招标投标活动当事人的合法权益

在招标投标法的68个条文中,法律责任占25条。《招标投标法》针对招标投标中的多种违法行为作出了追究相应法律责任的规定,追究的法律责任分为民事责任、行政责任、刑事责任,某些违法只承担其中的一种责任,某些则要同时承担几种责任。《招标投标法》对规避招标、串通投标、转让中标项目等各种非法行为作出了处罚规定,并通过行政监督部门依法实施监督,允许当事人提出异议或投诉,来保障国家利益、社会公共利益和招标投标活动当事人的合法权益。

3. 有利于承包商不断提高企业的管理水平

激烈的市场竞争,迫使承包商努力降低成本,提高质量,缩短工期,这就要求承包商提高管理水平,增强市场竞争能力。

4. 有利于促进市场经济体制的进一步完善

推行招标投标制度,涉及计划、价格、物资供应、劳动工资等各个方面,客观上要求有与其相匹配的体制。对不适应招标投标的内容必须进行配套改革,从而有利于加快市场体制改革的步伐。

5. 有利于促进我国建筑业与国际接轨

随着国际建筑市场竞争日趋激烈,建筑业正在逐渐与国际接轨,建筑企业将面临国内、国际两个市场的挑战与竞争。通过招投标制可使建筑企业逐渐认识、了解和掌握国际通行做法，寻找差距，不断提高自身素质与竞争能力，为进入国际市场奠定基础。

2.1.1.5 建设工程交易中心与工程项目招投标的关系

为了强化对工程建设的集中统一管理，规范市场主体行为，建立公开、公平、公正的市场竞争环境，促进工程建设水平的提高和建筑业的健康发展，一些中心城市设立了建设工程交易中心。

1. 建设工程交易中心的性质

建设工程交易中心是建设工程招标投标管理部门或由政府建设行政主管部门批准建立的、自收自支的非赢利性事业法人。根据政府建设行政主管部门委托，建设工程交易中心负责实施对市场主体的服务、监督和管理。

2. 建设工程交易中心的基本功能

（1）信息服务功能。包括收集、存储和发布各类工程信息、法律法规、造价信息、建材价格、承包商信息、咨询信息和专业人士信息等。在设施上配备有大型电子墙、计算机网络工作站，为承发包交易提供广泛的信息服务。工程建筑交易中心一般要定期公布工程造价指数和建筑材料价格、人工费、机械租赁费、工程咨询费以及各类工程指导价等，指导业主和承包商、咨询单位进行投资和投标报价。但在市场经济条件下，工程建设交易中心公布的价格指数仅是一种参考，投标最终报价还是需要依靠承包商根据本企业的经验或"企业定额"、企业机械装备和生产效率、管理能力和市场竞争需要来决定。

（2）场所服务功能。对于政府部门、国有企业、事业单位的投资项目，法律明确规定，一般情况下都必须进行公开招标，只有在法律规定的几种情况下才允许采用邀请招标和议标。建设部《建设工程交易中心管理办法》规定，建设工程交易中心应具备信息发布大厅、洽谈室、开标室、会议室及相关设施以满足业主和承包商、分包商、设备材料供应商之间的交易需要。同时，要为政府有关管理部门进驻集中办公、办理有关手续和依法监督招标投标活动提供场所服务。

（3）集中办公功能。由于众多建设项目要进入有形建筑市场进行报建、招投标交易和办理有关批准手续，这样就要求政府有关建设管理部门进驻工程交易中心集中办理有关审批手续和进行管理，建设行政主管部门的各职能部门进驻建设工程交易中心。受理申报的内容一般包括：工程报建、招标登记、承包商资质审核、合同登记、质量报检、施工许可证发放等。此外还需要工商、税务、人防、绿化、环卫等管理部门进驻中心，方便建设单位办理基本建设的相关手续。

进驻建设工程交易中心的相关管理部门集中办公，实行"窗口化"服务，公布各自的办事制度和程序，既能按照各自的职责依法对建设工程交易活动实施有力监督，也方便当事人办事，有利于提高办公效率。

建设工程交易中心自建立以来,很好地解决了工程发包承包中信息渠道不畅、交易透明度不高等问题,为建筑市场主体提供一个集中与公开交易的场所,使建设工程交易由无形到有形、由隐蔽到公开、由分散到集中、由无序到有序,从而有效地促进了建筑市场的规范运作。

2.1.2 建设工程招投标法律制度

建设工程招标投标法律制度是规范建设工程招标投标活动、调整在招标投标过程中产生的各种关系的法律法规的总称。狭义的招标投标法律制度指《中华人民共和国招标投标法》,已由第九届全国人大常委会第十一次会议于1999年8月30日通过,自2000年1月1日起施行。广义的招标投标法律制度则包括所有调整招标投标活动的法律规范。除《招标投标法》外,还包括《中华人民共和国合同法》《中华人民共和国反不正当竞争法》《中华人民共和国刑法》《中华人民共和国建筑法》等法律中有关招标投标的规定,还包括国务院及国务院各部门或地方政府发布的招标投标法规等。

2.1.2.1 建设工程招标的范围

1. 工程建设项目招标范围

我国《招标投标法》指出,凡在我国境内进行下列工程建设项目,包括项目的勘察、设计、施工、监理以及与工程建设有关的重要设备、材料等的采购,必须进行招标:大型基础设施、公用事业等关系社会公共利益、公众安全的项目;全部或者部分使用国有资金投资或者国家融资的项目;使用国际组织或者外国政府贷款、援助资金的项目。

前款所列项目的具体范围和规模标准,由国务院发展计划部门会同国务院有关部门制订,报国务院批准。法律或者国务院对必须进行招标的其他项目的范围有规定的,依照其规定。

凡政府和公有制企事业单位投资的新建、改建、扩建和技术改造工程项目的施工,除某些不适宜招标的特殊工程外,均应实行招标投标。根据2000年5月1日国家计委发布的《工程建设项目招标范围和规模标准化规定》,必须进行招标的工程建设的具体范围如下所述。

(1) 关系社会公共利益、公共安全的基础设施项目的范围:
① 煤炭、石油、天然气、电力、新能源等能源项目;
② 铁路、公路、管道、水运、航空以及其他运输业等交通运输项目;
③ 邮政、电信枢纽、通信、信息网络等邮电通信项目;
④ 防洪、灌溉、排涝、引(供)水、滩涂治理、水土保持、水利枢纽等水利项目;
⑤ 道路、桥梁、地铁和轻轨交通、污水排放及处理、垃圾处理、地下管道、公共停车场等城市设施项目;

⑥ 生态环境保护项目；
⑦ 其他基础设施项目。
(2) 关系社会公共利益、公共安全的公用事业项目的范围：
① 供水、供电、供气、供热等市政工程项目；
② 科技、教育、文化等项目；
③ 体育、旅游等项目；
④ 卫生、社会、福利等项目；
⑤ 商品住宅，包括经济适用房；
⑥ 其他公用事业项目。
(3) 使用国有资金投资项目范围：
① 使用各级财政预算资金的项目；
② 使用纳入财政管理的各种政府专项建设基金的项目；
③ 使用国有企事业单位自有资金，并且国有资产投资者实际是拥有控股权的项目。
(4) 国家融资项目的范围：
① 使用国家发行债券所筹资金的项目；
② 使用国家对外借款或者担保所筹资金的项目；
③ 使用国家政策性贷款的项目；
④ 国家授权投资主体融资的项目；
⑤ 国家特许的独资项目。
(5) 使用国际组织或者外国政府资金的项目范围：
① 使用世界银行、亚洲开发银行等国际组织贷款资金的项目；
② 使用外国政府及其机构贷款资金的项目；
③ 使用国际组织或者外国政府援助资金的项目。

2. 工程建设项目招标规模标准

《工程建设项目招标范围和规模标准规定》规定的上述各类工程建设项目，达到下列标准之一的，必须进行招标：

(1) 施工单项合同估算价在 200 万元人民币以上的；
(2) 重要设备、材料等货物的采购，单项合同估算价在 100 万元人民币以上的；
(3) 勘察、设计、监理等服务的采购，单项合同估算价在 50 万元人民币以上的；
(4) 单项合同估算价低于(1)、(2)、(3)项规定的标准，但项目总投资额在 3000 万元人民币以上的。

凡具备条件的建设单位和相应资质的施工企业均可参加施工招标投标。施工招标可对项目的全部工程进行招标，也可以对项目中的单位工程或特殊专业工程进行招标，但不得对单位工程的分部分项工程进行单独招标。

对于涉及国家安全、国家秘密、抢险救灾或者属于利用扶贫资金实行以工代赈、需要使用农民工等非法律规定必须招标的项目,建设单位可自主决定是否进行招标。同时单位自愿要求招标的,招投标管理机构应予以支持。

2.1.2.2 招标代理

建设工程招标代理,是指工程建设单位将建设工程招标事务委托给具有相应资质的中介服务机构,再由该中介服务机构在建设单位委托授权的范围内,以建设单位的名义,独立组织建设工程招标活动,并由建设单位接受招标活动的法律效果的一种制度。代替他人进行建设工程招标活动的中介服务机构,称为招标代理机构。

招标代理机构是自主经营、自负盈亏,依法在建设主管部门取得工程招标代理资质证书,在资质证书许可的范围内从事工程招标代理业务并提供相关服务,享有民事权力、承担民事责任的社会中介组织。

招标代理机构受招标人委托代理招标,必须签订书面委托代理合同,并在合同委托的范围内办理招标事宜。

招标代理机构应维护招标人的合法利益,对提供的工程招标方案、招标文件、工程标底等的科学性、准确性负责,并不得向外泄露可能影响公正、公平竞争的任何招投标信息。招标代理机构不应同时接受同一招标工程的投标代理和投标咨询业务;招标代理机构与被代理工程的投标人不应有隶属关系或者其他利害关系。

政府招标主管部门对招标代理机构实行资质管理。招标代理机构必须在资质证书许可的范围内开展业务活动。超越自己业务范围进行代理行为,不受法律保护。

按照法律规定,招标人不具备自行招标条件的,招标人应该委托具有相应资质的招标代理机构代理招标。

2.1.2.3 招标投标活动的基本原则

1. 公开原则

招标投标活动的公开原则就是要求招标投标活动具有高度的透明性,招标信息、招标程序必须公开,即采用公开招标方式的,应当发布招标公告。依法必须进行招标的项目的招标公告,必须通过国家指定的报刊、信息网络或者其他公共媒介发布。无论是招标公告、资格预审公告,还是投标邀请书,都应当载明能初步满足潜在投标人决定是否参加投标竞争所需要的基本信息。另外,开标的程序、评标的标准和程序、中标的结果等都应当公开。

2. 公平原则

公平原则要求给予所有投标人以完全平等的机会,使每一个投标人享有同等的权利并承担同等的义务,招标文件和招标程序不得含有任何对某一方歧视的要求或规定。

3. 公正原则

公正原则就是要求在选定中标人的过程中,评标标准应当明确、严格,评标机构的组成必须避免任何倾向性,招标人与投标人双方在招标投标活动中的地位平等,任何一方不得向另一方提出不合理的要求,不得将自己的意志强加给对方。

4. 诚实信用原则

诚实信用原则要求招标投标当事人应以诚实、守信的态度行使权利、履行义务,以维护双方的利益平衡,以及自身利益和社会利益的平衡。招标投标双方不得有串通投标、泄漏标底、骗取中标、非法转包等行为。

2.1.2.4 法律责任

《招标投标法》规定招投标双方必须遵守法律、行政法规,尊重社会公德,不得扰乱社会经济秩序。在招投标过程中一些人为牟取私利,损害他人利益、损害社会公共利益,其中较为突出的违法行为如下。

1. 投标人之间串通投标

投标人不得相互串通投标报价,不得排挤其他投标人的公平竞争,损害招标人或者其他投标人的合法权益。串通投标主要有以下几种表现形式:

(1) 投标者之间相互约定,一致抬高或者压低投标价;

(2) 投标者之间相互约定,在招标项目中轮流以高、中、低价位报价;

(3) 投标者之间进行内部竞价,内定中标人,然后再参加投标;

(4) 投标者之间其他串通投标行为。

2. 投标人与招标人之间串通投标

投标人不得与招标人串通投标,损害国家利益、社会公共利益或者他人的合法权益。串通投标主要有以下几种表现形式:

(1) 招标人在公开开标前,开启标书,并将投标情况告知其他投标者,或者协助投标者撤换标书,更改报价;

(2) 招标人向投标人泄漏标底;

(3) 投标人与招标人私下商定,在投标时压低或者抬高标价,中标后再给投标者或者招标者额外补偿;

(4) 招标人预先内定中标人;

(5) 招标人和投标人之间其他串通招标投标行为。

3. 投标人以非法手段谋取中标

(1) 投标人以他人名义投标或者以其他方式弄虚作假、骗取中标:

① 非法挂靠或借用其他企业的资质证书参加投标;

② 投标时递交虚假业绩证明、资格文件;

③ 假冒法定代表人签名、私刻公章,递交虚假委托书。

(2) 通过向招标人或者评标委员会成员行贿的手段谋取中标。

4. 招标代理机构的违法行为

泄漏应当保密的、与招标投标活动有关的情况和资料,或者与招标人、投标人串通损害国家利益、社会公共利益或者他人合法权益。

2.2 建设工程招投标的方式和程序

2.2.1 建设工程招投标种类

建设工程招投标可分为建设项目总承包招投标、工程施工招投标、工程勘察设计招投标和设备材料招投标等。

建设项目总承包招投标又叫建设项目全过程招投标,在国外称之为"交钥匙"工程招投标,它是指从项目建议书开始,包括可行性研究报告、勘察设计、设备材料询价与采购、工程施工、生产准备、投料试车,直至竣工投产、交付使用全面实行招投标。

我国由于长期采取设计与施工分开的管理体制,目前具备设计、施工双重能力的施工企业为数较少,因而国内工程项目承包往往是指就一个建设项目施工阶段开展的招投标,即工程施工招投标。当然根据工程施工范围的大小及专业不同,工程施工招投标又可分为全部工程招投标、单项工程招投标和专业工程招投标等。

工程勘察设计招投标是指根据批准的可行性研究报告,对承担项目勘察、方案设计或扩大初步设计、施工图设计的单位进行招投标。勘察和设计可由勘察单位和设计单位分别完成,也可由具有同时具备勘察、设计资质的承包商单独承担。

设备材料招投标是针对设备、材料供应及设备安装调试等工作进行的招投标。单独对设备进行招投标主要适用于大型工业与民用建筑项目。在大型工业与民用建筑项目中,设备投资往往占据项目总投资的一半以上。项目能否发挥其应有的功能,设备起决定性作用。

2.2.2 建设项目招标方式

《招标投标法》明确规定招标方式有两种,即公开招标与邀请招标。但在国际招标中,不仅有以上两种方式,还存在议标方式。

1. 公开招标

公开招标是指招标人以招标公告的方式邀请不特定的法人或者其他组织投标。公开招标是一种无限制的竞争方式,优点是招标人有较大的选择范围,可在众多的投标人中选定报价合理、工期较短、信誉良好的承包商,有助于打破垄断,实行公平竞争。其缺点是招标工作量大,组织工作复杂,需投入较多的人力、物力、财力,招标过程所需时间较长。在我国目前的建设工程承发包市场中主要采用公开招标方式。

国际上,公开招标按照竞争的广度可分为国际竞争性招标和国内竞争性招标。

国际竞争性招标是指在世界范围内进行招标。其优点是可以引进先进的技术、设备和管理经验,提高产品的质量,保证采购工作根据已定的程序和标准公开进行,减少采购中作弊的可能。缺点是由于国际竞争性招标有一套周密而复杂的程序,因而所需费用多,时间长,所需文件多,文件翻译任务重。

国内竞争性招标是指在国内媒体上登出广告,并公开出售招标文件,公开开标。它适用于合同金额较小、采购品种比较分散、交货时间长、劳动密集、商品成本低等采购。

2. 邀请招标

邀请招标是指招标人以投标邀请书的方式邀请三个及其以上具备承担招标项目的能力、资信良好的特定的法人或者其他组织投标。邀请招标又称有限竞争性招标,优点是目标集中,招标组织工作容易,工作量较小。其缺点是竞争范围有所限制,可能会失去技术上和报价上有竞争力的投标者。

有下列情形之一的,经批准可以进行邀请招标:

(1) 项目技术复杂或有特殊要求,只有少量几家潜在投标人可供选择的;
(2) 受自然地域环境限制的;
(3) 涉及国家安全、国家秘密或抢险救灾、适宜招标但不宜公开招标的;
(4) 拟公开招标的费用与项目的价值相比不值得的;
(5) 法律、法规规定不宜公开招标的。

国家重点建设项目的邀请招标,应当经国务院发展计划部门批准;地方重点建设项目的邀请招标,应当经各省、自治区、直辖市人民政府批准。

3. 议标

议标是国际上常用的招标方式,这种招标方式是建设单位邀请不少于两家(含两家)的承包商,通过直接协商谈判选择承包商的招标方式。

议标主要适用于不宜公开招标或邀请招标的特殊工程,按照联合国贸易法委员会《货物、工程和服务采购示范法》的规定,下列情况可以采用议标:

(1) 不可预见的紧迫情况下的急需货物、工程或服务;
(2) 由于灾难性事件的急需;
(3) 保密的需要。

议标的优点是可以节省时间,容易达成协议,迅速展开工作,保密性良好;缺点是竞争力差,无法获得有竞争力的报价。

2.2.3　建设项目招标程序

建设工程施工招标在建设项目招标中具有代表性,其一般程序如下:

(1) 报建工程项目;
(2) 招标人自行办理招标或委托招标备案;
(3) 编制招标文件;
(4) 编制工程标底价格(设有标底的);
(5) 发布招标公告或发出投标邀请书;
(6) 对投标人进行资格审查;

(7) 发售招标文件；
(8) 组织勘察现场；
(9) 召开标前会：对招标文件进行澄清、修改、答疑；
(10) 编制与递交投标者的投标文件；
(11) 开标；
(12) 评标；
(13) 确定中标单位；
(14) 发出中标通知书；
(15) 中标者与项目业主签订承发包合同。

1. 报建工程项目

工程项目报建是实施施工项目招投标的重要前提条件。它是指建设单位在工程施工开工前一定期限内向建设主管部门或招投标管理机构依法办理项目登记手续。凡未办理施工报建的建设项目，不予办理招投标的相关手续和发放施工许可证。

工程项目的立项批准文件或年度投资计划下达后，规划与设计审批完毕，建设单位应按规定向招投标管理机构或招投标交易中心履行工程项目报建。报建内容主要包括：① 工程名称；② 建设地点；③ 投资规模；④ 资金来源；⑤ 当年投资额；⑥ 工程规模；⑦ 结构类型；⑧ 发包方式；⑨ 计划开竣工日期；⑩ 工程筹建情况等。

建设单位报建时应填写建设工程报建登记表，连同应交验的立项批文、建设资金证明、规划许可证、土地使用权证等文件资料一并报招投标管理机构审批。

2. 招标人自行办理招标或委托招标备案

建设单位自行组织招标必须具备一定条件，不具备实施条件的可委托招标代理机构实施招标。

3. 编制招标文件

招标文件应当根据项目的特点和需要编制，内容包括招标项目的技术要求、投标报价要求和评标标准等所有实质性要求以及拟签订合同的主要条款，但不得要求或者标明特定的生产供应者以及含有倾向性或者排斥潜在投标人的其他内容。

4. 编制工程标底价格

招标工程设有标底的，其标底的编制工作应按规定进行。标底价格由具有资质的招标人自行编制或委托具有相应资质的工程造价咨询单位、招标代理单位编制。标底应控制在批准的总概算（或修正概算）及投资包干的限额内，由成本、利润、税金等组成，一个工程只能编制一个标底。

编制人员须持有执业注册造价师资格证书，并严格在保密环境中按照国家的有关政策、规定，科学公正地编制标底价格。标底编制完毕后，在标底文件上应注明单位名称、执业人员的姓名和证书号码，并加盖编制单位公章，密封直到开标。开标前，所有接触过标底的人员均有保密责任，不得泄漏。

5. 发布招标公告或递送投标邀请书

实行公开招标的，招标人通过国家指定的报刊、信息网络或者其他媒介发布工程

"招标公告",也可以在中国工程建设和建筑业信息网络上以及有形建筑市场发布。发布的时间应达到规定要求,如有些地方规定在建设网上发布的时间不得少于 72 小时。

符合招标公告要求的施工单位都可以报名并索取资格审查文件,招标人不应以任何借口拒绝符合条件的投标人报名。

采用邀请招标的,招标人应当向 3 个及以上具备承担招标工程的能力、资信良好的施工单位发出投标邀请书。

招标公告和投标邀请书均应载明招标人的名称和地址,招标工程的性质、规模、地点、质量要求、开工竣工日期、对投标人的要求、投标报名时间和报名截止时间,以及获取资格预审文件、招标文件的办法等事项。

招标公告的一般格式如下所示。

招 标 公 告

1. ＿＿＿＿＿＿（建设单位名称）的＿＿＿＿＿工程,建设地点在＿＿＿＿,结构类型为＿＿＿＿,建设规模为＿＿＿＿＿。招标报建和申请已得到建设管理部门批准,现通过公开招标选定承包单位。

2. 工程质量要求达到国家施工验收规范(优良、合格)标准。计划开工日期为＿＿＿年＿＿＿月＿＿＿日,计划竣工日期为＿＿＿年＿＿＿月＿＿＿日,工期＿＿＿天(日历日)。

3. ＿＿＿＿＿＿＿＿＿受建设单位的委托作为招标单位,现邀请合格的投标单位进行密封投标,以得到必要的劳动力、材料、设备和服务,建设和完成＿＿＿＿＿＿工程。

4. 投标单位的施工资质等级须是＿＿＿＿级以上的施工企业,愿意参加投标的施工单位,可携带营业执照、施工资质登记证书向招标单位领取招标文件。同时交纳押金＿＿＿＿＿＿元。

5. 该工程的发包方式为＿＿＿＿＿?(包工包料或包工不包料)。招标范围为＿＿＿＿＿。

6. 招标工作安排。

(1) 发放招标文件单位:＿＿＿＿＿＿＿＿＿＿＿;

(2) 发放招标文件时间:＿＿年＿＿月＿＿日起至＿＿年＿＿月＿＿日,每天上午＿＿＿＿＿＿,下午＿＿＿＿＿＿(公休日、节假日除外);

(3) 投标地点及时间:

(4) 现场勘察时间:

(5) 投标预备会时间:

(6) 投标截止时间:＿＿年＿＿月＿＿日＿＿时;

(7) 开标时间:＿＿年＿＿月＿＿日＿＿时;

(8) 开标地点:＿＿＿＿＿＿＿＿＿＿＿＿。

招标单位：(盖章)

法定代表人：(签字、盖章)

　　地址：　　　　　　　　　　　邮政编码：

　　联系人：　　　　　　　　　　电话：

　　　　　　　　　　　　　　　　日期：　　年　　月　　日

6. 对投标人资格审查

对投标人的资格审查可以分为资格预审与资格后审两种方式，资格预审在投标之前进行，资格后审在开标后进行。我国大多数地方采用的是资格预审方式。

招标人可以根据招标工程的需要，对投标申请人进行资格预审，也可以委托工程招标代理机构对投标申请人进行资格预审。

资格审查时，招标人不得以不合理的条件限制、排斥潜在的投标人，不得有对潜在的投标人实行歧视性待遇。任何单位和个人不得以行政手段或其他不合理的方式限制投标人的数量。

实行资格预审，招标人应当在招标公告或投标邀请书中明确对投标人资格预审的条件和获取资格预审文件的办法，并按照规定的条件和办法对报名或邀请投标人进行资格预审。

对投标人的资格预审有两种方式。

(1) 在交易中心由计算机在数据库中查询投标申请人的营业执照、资质等级、项目经理资质证书等资料，选出合格申请人。当资格预审合格的申请人过多时，由招标人采用抽签的方式确定不少于七家资格预审合格的申请人。

(2) 招标人对投标人提供的资格预审文件进行综合分析评价，从中选取不少于七家的投标申请人。

从上述两种方式看，第二种方式对建设单位选择投标人较为有利。

资格预审审查的内容包括：投标单位组织与机构和企业概况；近三年完成工程的情况；目前正在履行的合同情况；资源方面，如财务、管理、技术、劳力、设备等方面的情况；其他资料（如各种奖励或处罚等）。

经资格预审后，招标人应当向资格预审合格的投标申请人发出资格预审合格通知书，告知获取招标文件的时间、地点和方法，并同时向资格预审不合格的投标申请人告知资格预审结果。在资格预审合格的投标申请人过多时，可以由招标人综合考虑投标申请人工程建设业绩和获奖情况，按照择优的原则，从中选择不少于7家资格预审合格的投标申请人参加投标竞争。

7. 发售招标文件

招标文件、图纸和有关技术资料发给通过资格预审获得投标资格的投标单位。投标单位收到招标文件、图纸和有关资料后，应认真核对，核对无误后应以书面形式予以确认。

招标人不得向他人透露已获取招标文件的潜在投标人的名称、数量以及可能影响公平竞争的有关招标投标的其他情况。

招标人对已发出招标文件进行必要的澄清或者修改的,应当在招标文件要求提交投标文件截止时间至少 15 日前,以书面形式通知所有招标文件收受人。该澄清或者修改的内容为招标文件的组成部分。

8. 组织勘察现场

招标人根据项目具体情况可以安排投标人和标底编制人员勘察现场。勘察现场的目的在于了解工程场地和周围环境情况,以获取投标人认为有价值的信息,并据此作出关于投标策略和投标报价的决定。勘察现场费用由各单位自行承担。

现场勘察主要了解、收集以下资料:
(1) 现场是否达到招标文件规定的条件;
(2) 现场的地理位置和地形、地貌;
(3) 现场的地质、土质、地下水位、水文等情况;
(4) 现场气候条件,如气温、湿度、风力、年雨雪量等;
(5) 施工现场基础设施情况,如道路交通、供水、供电、通信设施条件等;
(6) 工程在施工现场的位置或布置;
(7) 临时用地、临时设施搭建等;
(8) 施工所在地材料、劳动力等供应条件。

招标人向投标人提供的有关现场的资料和数据,是招标人现有的能供投标人利用的资料。按照惯例,招标人要对所提供资料的真实性负责,但招标人对投标人由此而作出的推论、理解和结论概不负责任。

如果投标人认为需要再次进行现场勘察,招标人应当予以支持,费用由投标人自理。

9. 召开答疑会

答疑会是在投标单位审查施工图纸和编制投标报价进行一段时间后,由建设单位组织,要求所有的投标人参加的投标事项解答会。会议的主要目的是澄清图纸中的错误、完善招标文件、规范投标人的投标报价行为,以及其他需要在投标前明确、统一的事项等。

10. 编写与递交投标文件

投标人编写完投标文件之后,投标人应将投标文件的正本和所有副本按照招标文件的规定进行密封和标记,并在投标截止时间前按规定递交至招标文件规定的地点。

在投标截止时间前,招标人应做好投标文件的接收工作和保密保管工作,在接收中应注意核对投标文件是否按招标文件的规定进行密封和标志,作好接收时间的记录并出具收条等工作。

投标单位在递送投标文件时,应递交招标文件规定的投标保证金,作为有效投标的一个组成部分。对于未能按要求提交投标保证金的投标,招标单位将视为没有实质响应招标文件而予以拒绝。

投标人在递交投标文件以后,在规定的投标截止时间之前,可以以书面形式补充、修改或撤回已提交的投标文件,并通知招标人。补充、修改的内容为投标文件的组成部分。递交的补充、修改必须按招标文件的规定进行编制并予以密封。

在开标前,招标人应妥善保管好投标文件、投标文件的补充修改和撤回通知等投标资料。投标截止时间之后至投标有效期满之前,投标人不得补充、修改或撤回投标文件,否则招标人将没收其投标保证金。在招标文件要求提交投标文件截止时间后送达的投标文件,招标人应当拒收。

11. 开标、评标与定标

1) 开标

开标会议程序如下:

(1) 主持人宣布开标会议开始;
(2) 介绍参加开标会议的单位和人员名单;
(3) 宣布监标、唱标、记录人员名单;
(4) 重申评标原则、评标办法;
(5) 检查投标人提交的投标文件的密封情况,并宣读核查结果;
(6) 宣读投标人投标报价、工期、质量、主要材料用量、投标保证金或者投标保函、优惠条件等;
(7) 宣布评标期间的有关事项;
(8) 监标人宣布工程标底价格(设有标底的);
(9) 宣布开标会结束,转入评标阶段。

开标应当在招标文件规定的提交投标文件截止时间的同一时间或之后一定时间公开进行,开标时间及地点应当在招标文件中预先确定。开标会议由招标人主持,邀请所有投标人参加。投标人或其委托代理人未按时参加开标会议的,作为弃权处理。参加会议的投标人或其委托代理人应携带本人身份证,委托代理人还应携带参加开标会议的授权委托书(原件),以证明其身份。

开标时,招标人在招标文件要求提交投标文件的截止时间前收到的所有投标文件,由投标单位代表确认其密封完整性后,当众予以拆封、宣读。招标人应对开标过程进行记录,以存档备查。

唱标内容包括投标单位名称、投标报价、工期、质量、主要材料用量、修改或撤回通知、投标保证金、优惠条件,以及招标单位认为有必要的内容。唱标内容应作好记录,并须投标人或其委托代理人签字确认。

当投标文件出现下列情形之一的,应作为无效投标文件处理:

(1) 投标文件未按规定标志、密封、盖章的;
(2) 投标文件未按招标文件的规定加盖投标人印章或未经法定代表人或其委托代理人签字或盖章,委托代表人签字或盖章未提供有效的"授权委托书"原件的;

(3) 投标文件未按招标文件规定的格式、内容和要求填报,投标文件的关键内容字迹模糊,无法辨认的;

(4) 投标人在投标文件中,对同一招标项目有两个或多个报价,且未书面声明以哪个报价为准的;

(5) 投标人未按照招标文件的要求提供投标保证金或者投标保函的;

(6) 组成联合体投标的,投标文件未附联合体各方共同投标协议的;

(7) 投标人与通过资格审查的投标申请人在名称上和法人地位上发生实质性改变的;

(8) 投标截止时间以后送达的投标文件。

2) 评标

评标由招标人依法组建的评标委员会负责。评标委员会总人数应为不少于 5 人的单数,其中,招标人、招标代理机构以外的技术、经济等方面的专家不得少于评标委员会总人数的 2/3,建设单位推荐的专家不得超过 1/3。

技术、经济等专家应当从事相关领域工作满 8 年并具有高级职称或者具有同等专业水平,由招标人从国务院和省、自治区、直辖市人民政府有关部门提供的专家名册或者招标代理机构的专家库内的相关专业的专家名单中确定。一般招标项目可以采取随机抽取方式,特殊招标项目可以由招标人直接确定。

评标委员会应当本着公正、科学、合理、竞争、择优的原则,按照招标文件确定的评标标准和办法,对实质上响应招标文件要求的投标文件的报价、工期、质量、主要材料用量、施工方案或施工组织设计、投标人以往业绩、社会信誉及以往履行合同情况、优惠条件等方面进行综合评审和比较,并对评标结果签字确认。

在评标过程中,若发生下列情况之一,经招标管理机构同意可以拒绝所有投标,宣布招标失败:

(1) 最低投标报价高于或者低于一定幅度时;

(2) 所有投标单位的投标文件均实质上不符合招标文件要求。

若发生招标失败,招标单位应认真审查招标文件及工程标底,作出合理修改后经招标管理机构同意方可重新办理招标。

3) 定标

我国《招标投标法》规定,中标人的投标应当符合下列条件之一:

(1) 能够最大限度地满足招标文件规定的各项综合评价标准;

(2) 能够满足招标文件的实质性要求,并且经评审的投标价格最低,但是投标价格低于成本的除外。

招标人根据评标委员会提出的书面评标报告,对评标委员会推荐的中标候选人按以上条件进行比较,从中择优确定中标人。如果该建设工程为国有资金投资或者国家融资项目,招标人应当按照中标候选人的排序确定中标人。

当确定中标的中标人放弃中标或者因不可抗力提出不能履行合同的,招标人可以依序确定其他中标候选人为中标人。在确定中标人前,招标人不得与投标人就投标价格、投标方案等实质性内容进行谈判。

招标人应当自确定中标人之日起15日内,向招投标管理机构提交施工招标投标情况的书面报告。

招投标管理机构自收到书面报告之日起5日内未通知招标人在招标投标活动中有违法行为的,招标人可以向中标人发出中标通知书,并将中标结果通知所有未中标的投标人。中标通知书的实质性内容应当与中标人的投标文件的内容相一致。

中标通知书发出后,招标人改变中标结果,或者中标人放弃中标项目,均应当依法承担法律责任。

招标人应当自中标通知书发出之日起30日内,与中标人在约定的时间,依据招标文件、中标人的投标文件订立书面合同;招标人和中标人不得再行订立背离合同实质性内容的其他协议。订立书面合同7日内,将合同报招投标管理机构备案。

古人论信用

子贡问政。子曰:"足食,足兵,民信之矣。"子贡曰:"必不得已而去,于斯三者何先?"曰:"去兵。"子贡曰:"必不得已而去,于斯二者何先?"曰:"去食。自古皆有死,民无信不立。"

《论语·颜渊篇》

本章总结

标,是指在经济合作过程中,双方谈判、合作所指的对象,即标的。招标,是指在经济合作之前,合作一方给愿意为自己提供货物、服务的另外一方提出要求和条件。建设工程招标,其标的是建设工程活动。投标是与招标相对应,是通过编写投标文件、争取让招标人选中自己而中标的活动。

因为招标活动本质上来说不具有排他性,因而招标活动具有平等性、竞争性、开放性和科学性。

2000年1月1日起施行的《中华人民共和国招标投标法》具有强制性。另外,涉及工程招投标活动的法律及配套规章,对于工程招投标活动都有一些规定,工程建设招投标活动受此约束。

进行工程招投标活动,需遵循公开、公平、公正及诚实、守信原则。

我国《招标投标法》所明确规定的招标方式有两种,即公开招标和邀请招标。但在实践中,满足一定条件,在一些领域还可以以议标方式进行。

建设工程项目施工招标在建设工程招标中具有代表性,它已经形成既定的程序。

【思考题】

1. 请简述建筑工程招投标的概念。

2. 请简述推行招投标制度的意义。
3. 建设工程交易中心有哪些基本功能？
4. 法律规定哪些项目发包必须进行招标？
5. 项目进行招标必须满足哪些条件？
6. 请简述招标代理机构。
7. 哪些项目可以实行邀请招标，其优缺点有哪些？
8. 请简述建设工程施工招标程序。
9. 请简述现场勘察的意义。
10. 哪些文件为无效投标文件？
11. 开标会议程序是怎样的？

第3章 国内工程项目施工招标

内容提要

本章在介绍了国内工程建设项目的施工招标条件、程序之后,详细介绍了施工招标文件内容及其编写注意事项。

学习指导

工程施工是工程建设从施工蓝图变成物质实体的形成阶段,耗时长、投资多,所遇到的设计问题、与周围环境协调问题、有关参与方协调等问题历来为工程建设项目业主、承包商所重视。工程施工招投标最具有代表性。

工程项目施工招标程序的规定,是为了切实落实招标意图、选择合适的承包商所要经历的阶段,是工程招投标活动近 200 年来(西方资本主义国家市场经济活动有 200 余年的历史)的经验总结;在进行工程施工招投标活动时所应具备的条件和相关规定,是保证国家、社会及公共利益,稳定市场经济秩序的需要。

不同行业各有特点,因此,不同行业、专业的招标文件的格式也略有不同。国家有关部委,根据其行业、专业的特点,编写了适用于特定行业、专业的招标文件示范文本,供工程招标实践选用。

招标文件格式,在招标文件中有规定。

3.1 工程项目施工招标程序

3.1.1 工程项目施工招标条件

2003 年 5 月 1 日开始实施的《工程建设项目施工招标投标办法》对建设单位及建设项目的招标条件作了明确规定,其目的在于规范招标单位的行为,确保招标工作有条不紊地进行,稳定招标投标市场的秩序。

3.1.1.1 建设单位招标应具备的条件

建设单位招标应具备的条件如下:
(1) 招标单位是法人或依法成立的其他组织;
(2) 有与招标工程相适应的经济、技术、管理人员;
(3) 有组织编制招标文件的能力;

(4) 有审查投标单位资质的能力；
(5) 有组织开标、评标、定标的能力。

不具备上述(2)～(5)项条件的,须委托具有相应资质的咨询、监理等单位代理招标。上述五条中,(1)、(2)两条是对单位资格的规定,后三条则是对招标人能力的要求。

3.1.1.2 依法必须招标的工程建设项目应具备的条件

具备以下条件时,工程建设项目依法必须进行施工招标：
(1) 招标人已经依法成立；
(2) 初步设计及概算应当履行审批手续的,已经批准；
(3) 招标范围、招标方式和招标组织形式等应当履行核准手续的,已经核准；
(4) 有相应的资金且资金来源已经落实；
(5) 有招标所需的设计图纸及技术资料。

上述规定的主要目的在于促使建设单位严格按基本建设程序办事,防止"三边"工程的现象发生,并确保招标工作的顺利进行。

3.1.1.3 可不进行施工招标工程建设项目应具备的条件

具备以下条件之一时,工程建设项目可不进行施工招标：
(1) 涉及国家安全、国家秘密或者抢险救灾而不适宜招标的；
(2) 属于利用扶贫资金实行以工代赈需要使用农民工的；
(3) 施工主要技术采用特定的专利或者专有技术的；
(4) 施工企业自建自用工程,且该施工企业资质等级符合工程要求的；
(5) 在建工程追加的附属小型工程或者主体加层工程；
(6) 法律、行政法规规定的其他情形。

3.1.2 工程项目施工招标程序

3.1.2.1 工程项目施工公开招标程序

招投标是一个整体活动,涉及业主和承包商两个方面,招标作为整体活动的一部分,主要是从业主的角度揭示其工作内容,但同时又须注意到招标与投标活动的关联性,不能将两者割裂开来。所谓招标程序是指招标活动内容的逻辑关系,不同的招标方式,具有不同的活动内容。

国务院发展计划部门规定的国家重点建设项目和各省、自治区、直辖市人民政府确定的地方重点建设项目,以及全部使用国有资产投资或者国有资金投资占控股或者主导地位的工程建设项目,应当公开招标。公开招标的程序分为：报建建设项目,编制招标文件,预审投标者资格,发放招标文件,开标、评标与定标,签订合同。具体步骤见图 3-1。

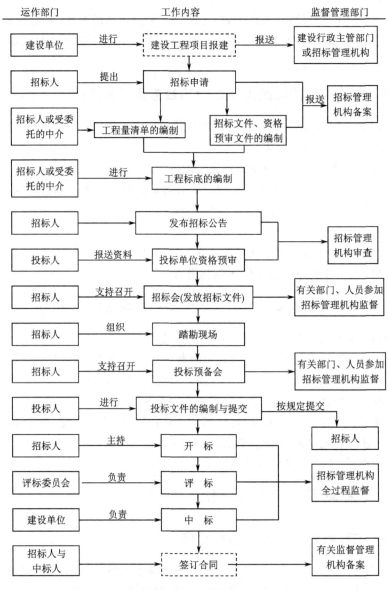

图 3-1 公开招标程序

1. 报建建设工程项目

根据《工程建设项目报建管理办法》的规定,凡在我国境内投资兴建的工程建设项目,都必须实行报建制度,接受当地建设行政主管部门的监督管理。

建设工程项目报建,是建设单位招标活动的前提,报建范围包括:各类房屋建筑(包括新建、改建、扩建、翻修等)、土木工程(包括道路、桥梁、房屋基础打桩等)、设备安装、管道线路铺设和装修等建设工程。报建的内容主要包括:工程名称、建设地点、投资规模、资金投资额、工程规模、发包方式、计划开竣工日期和工程筹建情况等。

在建设工程项目的立项批准文件或投资计划下达后,建设单位根据《工程建设项目报建管理办法》规定的要求进行报建,并由建设行政主管部门审批。具备招标条件的,可开始办理建设单位资质审查。

2. 审查建设单位资质

审查建设单位资质即审查建设单位是否具备招标条件,不具备有关条件的建设单位,须委托具有相应资质的中介机构代理招标,建设单位与中介机构签订委托代理招标的协议,并报招标管理机构备案。

审查建设单位是否具备招标条件,由政府建设职能部门来完成。

3. 招标申请

招标人填写"建设工程招标申请表",并经上级主管部门批准后,连同"工程建设项目报建审查登记表"报招标管理机构审批。

申请表的主要内容包括:工程名称、建设地点、招标建设规模、结构类型、招标范围、招标方式、要求投标申请人资质等级、投标前期准备情况、招标机构组织情况等。

4. 对资格预审文件、招标文件进行编制与备案

公开招标时,要求进行资格预审的只有通过资格预审的投标人才可以参加投标。资格预审文件和招标文件需在招标管理机构备案,然后才可刊登资格预审通告、招标通告。

5. 编制工程标底

招标文件的商务条款一经确定,即可进入标底编制阶段。

6. 发布招标公告

公开招标可通过报刊、广播、电视等或者信息网上发布"招标公告",包括以下主要内容:

(1) 招标采购单位的名称、地址和联系方法;

(2) 招标项目的名称、数量或者招标项目的性质;

(3) 投标人的资格要求;

(4) 获取招标文件的时间、地点、方式及招标文件售价;

(5) 投标截止时间、开标时间及地点。

7. 资格预审

对申请资格预审的投标人送交填报的资格预审文件和资料进行评比分析,确定出合格的投标人的名单,并报招标管理机构核准。

8. 发放招标文件

将招标文件、图纸和有关技术资料发放给通过资格预审获得投标资格的投标人。投标人收到招标文件、图纸和有关资料后,应认真核对,核对无误后,应以书面形式予以确认。

9. 勘察现场

招标人组织投标人踏勘现场的目的在于了解工程场地和周围环境状况,以获取投标人认为有必要的信息。

10. 召开投标预备会

投标预备会的目的在于澄清招标文件中的疑问,解答投标人对招标文件和勘察现场中所提出的疑问和问题。

11. 提交投标文件

投标人根据招标文件的要求编制投标文件,并进行密封和标志,在投标截止时间前按规定地点提交至招标人。招标人接收投标文件并将其密封封存。

12. 开标

在投标截止日期即开标日期,按规定地点,在投标人或授权人在场情况下举行开标会议,按规定的议程进行开标。

13. 评标

由招标人按有关规定成立评标委员会,在招标管理机构的监督下,依据评标原则、评标方法,对投标人的报价、工期、质量、主要材料用量、施工方案或施工组织设计、以往业绩、社会信誉、优惠条件等方面进行综合评价,公正合理地确定中标人。

14. 中标

中标人选定后由招标管理机构核准,获准后招标人发出"中标通知书"。

15. 签订合同

招标人与中标人在规定的期限内签订工程承包合同。

3.1.2.2 工程项目施工邀请招标程序

邀请招标程序是直接向适于本工程施工的单位发出邀请,其程序与公开招标基本相同。其不同点主要是没有资格预审的环节,但增加了发出投标邀请书的环节。

发出投标邀请书是指招标人可直接向有能力承担本工程的施工单位发出投标邀请书。

3.2 工程项目施工招标文件的编制

根据建设部 2003 年 1 月 1 日实施的《房屋建筑和市政基础设施工程施工招标文件范本》(简称《施工招标文件范本》)的规定,对于公开招标的招标文件,共十章,其内容目录如下:

第一章　投标须知及投标须知前附表
第二章　合同条款
第三章　合同文件格式
第四章　工程建设标准

第五章　图纸
第六章　工程量清单
第七章　投标文件投标函部分格式
第八章　投标文件商务部分格式
第九章　投标文件技术部分格式
第十章　资格审查申请书格式

而2004年9月11日施行的《政府采购货物和服务招标投标管理办法》对招标文件内容要求如下：

(一)投标邀请；
(二)投标人须知(包括密封、签署、盖章要求等)；
(三)投标人应当提交的资格、资信证明文件；
(四)投标报价要求、投标文件编制要求和投标保证金交纳方式；
(五)投标项目的技术规格、要求和数量,包括附件、图纸等；
(六)合同主要条款及合同签订方式；
(七)交货和提供服务的时间；
(八)评标方法、评标标准和废标条款；
(九)投标截止时间、开标时间及地点；
(十)省级以上财政部门规定的其他事项。

招标人应当在招标文件中规定并表明实质性要求和条件。

现将《施工招标文件范本》的规定内容做如下说明。

3.2.1　投标须知

投标须知是招标文件中很重要的一部分内容,投标者在投标时必须仔细阅读和理解,按投标须知中的要求进行投标,其内容包括：总则、招标文件、投标文件的编制、投标文件提交、开标、评标、合同的授予等七项内容。一般在投标须知前有一张"投标须知前附表"。

"投标须知前附表"是将投标须知中重要条款规定的内容用一个表格的形式列出来,以使投标者在整个投标过程中必须严格遵守和深入了解。投标须知前附表的格式和内容如表3-1所示。

表3-1　投标须知前附表

项号	条款号	内容	说明与要求
1	1.1	工程名称	(招标工程项目名称)
2	1.1	建设地点	(工程建设地点)
3	1.1	建设规模	

续表

项号	条款号	内容	说明与要求
4	1.1	承包方式	
5	1.1	质量标准	（工程质量标准）
6	2.1	招标范围	
7	2.2	工期要求	(开工年)年(开工月)月(开工日)日计划开工，_____(竣工年)年(竣工月)月(竣工年)日计划竣工，施工总工期：_____(工期)日历天
8	3.1	资金来源	
9	4.1	投标人资质等级要求	（行业类别）（资质类别）（资质等级）
10	4.2	资格审查方式	
11	13.1	工程计价方式	
12	15.1	投标有效期	为：_____日历天（从投标截止之日算起）
13	16.1	投标担保金额	不少于投标总价的_____%或_____元；
14	5.1	踏勘现场	集合时间：____年____月____日____时____分 集合地点：_____
15	17.1	投标人的替代方案	
16	18.1	投标文件份数	一份正本，_____份副本
17	21.1	投标文件提交地点及截止时间	收件人：_____ 地点：（提交投标文件地址） 时间：(投标文件提交截止年)年(投标文件提交截止月)月(投标文件提交截止日)日(投标文件提交截止时)时(投标文件提交截止分)分
18	25.1	开标	开始时间：____年____月____日____时____分 地点：_____
19	33.4	评标方法及标准	
20	38.3	履约担保金额	投标人提供的履约担保金额为(合同价款的____%或_____万元) 招标人提供的支付担保金额为(合同价款的____%或_____万元)

注：招标人根据需要填写"说明与要求"的具体内容，对相应的竖向栏可根据需要扩展。

3.2.1.1 总则

在总则中要说明工程说明和招标范围及工期、合格的招标人、资金的来源、踏勘现场及投标费用等问题。

1. 工程说明

(1) 招标工程项目说明详见"投标须知前附表"第1~5项；

(2) 招标工程项目按照《中华人民共和国招标投标法》等有关法律、法规和规章，通过招标方式选定承包人。

2. 招标范围及工期

(1) 招标工程项目的范围详见"投标须知前附表"第6项。

(2) 招标工程项目的工期要求详见"投标须知前附表"第7项。

3. 资金来源

招标工程项目资金来源详见"投标须知前附表"第8项，其中部分资金用于本工程项目施工合同项下的合格支付。

4. 合格的投标人

(1) 投标人资质等级要求详见"投标须知前附表"第9项。

(2) 投标人合格条件详见招标工程施工招标公告。

(3) 招标工程项目采用"投标须知前附表"第10项所述的资格审查方式确定合格投标人。

(4) 由两个以上的施工企业组成一个联合体以一个投标人身份共同投标时，除符合第(1)、(2)款的要求外，还应符合下列要求：

① 投标人的投标文件及中标后签署的合同协议书对联合体各方均具法律约束力；

② 联合体各方应签订共同投标协议，明确约定各方拟承担的工作和责任，并将该共同投标协议随投标文件一并提交招标人；

③ 联合体各方不得再以自己的名义单独投标，也不得同时参加两个或两个以上的联合体投标，出现上述情况者，其投标和与此有关的联合体的投标将被拒绝；

④ 联合体中标后，联合体各方应当共同与招标人签订合同，为履行合同向招标人承担连带责任；

⑤ 联合体的各方应共同推荐一名联合体主办人，由联合体各方提交一份授权书，证明其主办人资格，该授权书作为投标文件的组成部分一并提交招标人；

⑥ 联合体的主办人应被授权作为联合体各方的代表，承担责任和接受指令，并负责整个合同的全面履行和接受本工程款的支付；

⑦ 除非另有规定或说明，"投标须知前附表"中"投标人"一词也包括联合体各方成员。

5. 踏勘现场

(1) 招标人将按投标须知前附表第14项所述时间，组织投标人对工程现场及周围环境进行踏勘，以便投标人获取有关编制投标文件和签署合同所涉及现场的资料。投标人承担踏勘现场所发生的自身费用。

(2) 招标人向投标人提供的有关现场的数据和资料,是招标人现有的能被投标人利用的资料,招标人对投标人作出的任何推论、理解和结论均不负责任。

(3) 经招标人允许,投标人可为踏勘目的进入招标人的项目现场,但投标人不得因此使招标人承担有关的责任和蒙受损失。投标人应承担踏勘现场的责任和风险。

6. 投标费用

投标人应承担其参加本招标活动自身所发生的费用。

3.2.1.2 招标文件

1. 招标文件的组成

招标文件除了在投标须知写明的招标文件的内容外,对招标文件的澄清、修改和补充内容也是招标文件的组成部分。投标人应对组成招标文件的内容全面阅读。若投标人的投标文件没有按招标文件要求提交全部资料或投标文件没有对招标文件作出实质上响应,其风险由投标人自行承担,并且该投标将有可能被拒绝。

2. 招标文件的澄清

投标人在得到招标文件后,若有问题需要澄清,应以书面形式向招标单位提出,招标人应以通信的形式或投标预备会的形式予以解答,但不说明其问题的来源,答复将以书面形式送交所有的投标人。

3. 招标文件的修改

在投标截止日期前,招标人可以补充通知形式修改招标文件。为使投标人有时间考虑招标文件的修改,招标人有权延长递交投标文件的截止日期,具体时间须在招标文件的修改、补充通知中予以明确。

3.2.1.3 投标文件的编制

投标文件的编制主要说明投标文件的语言及度量衡单位、投标文件的组成、投标文件格式、投标报价、投标货币、投标有效期、投标担保、投标文件的份数和签署等内容。

1. 投标文件的语言及度量衡单位

投标文件及投标人与招标人之间的来往通知、函件应采用中文。在少数民族聚居的地区也可使用该少数民族的语言文字。投标文件的度量衡单位均应采用国家法定计量单位。

2. 投标文件的组成

投标文件一般由下列内容组成:投标函部分、商务标部分、技术标部分。采用资格后审的还应包括资格审查文件。对投标文件中的以上内容通常都在招标文件中提供统一的格式,投标人按招标文件的统一规定和要求进行填报。

3. 投标报价

(1) 投标人的投标报价应以合同条款上所列招标工程范围及工期的全部为依

据,不得以任何理由予以重复,作为投标人计算单价或总价的依据。

(2) 采用综合单价报价的,投标人应按照招标人提供的工程量清单中列出的工程项目和工程量填报单价和合价(除非招标人对招标文件予以修改)。一个项目只允许有一个报价。任何有选择的报价将不予接受。投标人未填单价或合价的工程项目,实施后,招标人将不予支付,并视为该项目费用已包括在其他价款的单价或合价内。

(3) 采用工料单价报价的,应按招标文件要求,依据相应的工程量计算规则和定额等计价依据计算报价。

(4) 采用综合单价报价的,除非合同中另有规定,投标人在标价中所标的单价和合价应包括完成该工程项目的成本、利润、风险费。投标报价汇总表中的价格应包括分部分项工程费、措施项目费、其他项目费、规费和税金。

(5) 投标人可先到工地踏勘,以充分了解工地位置、情况、道路、储存空间、装卸限制及任何其他足以影响承包价的情况,任何因忽视或误解工地情况而导致的索赔或工期延长申请将不被批准。

案例

华北某引水项目隧道开挖工程的"招标文件"对投标者的投标报价有如下规定。

1. 工程量报价表中的"单价"与"合价"由投标单位填写。工程量报价表中的金额,应视为投标单位为实施和完成并在竣工验收前维护工程和在保修期内保修工程所必需的全部开支,包括必须的利税。

2. 工程量报价表中的单价与合价,除非另有规定,均包括所有直接费、间接费、摊入(销)费、维护费、利润、保险税金以及合同内指明承担的风险、义务和责任。

3. 本工程造价采用投标书报价表中的单价与施工图纸工程量的合价及标书报价表中规定的费、税之和,再加或减工程调差价款构成工程造价。

4. 除非合同中另有规定,工程量应根据图纸计算净量,不考虑其胀大、收缩和损耗。工程量按四舍五入取整。

5. 本合同价格调整条件。

(1) 范围:只限于部分材料价格及设计变更(包括地质条件变化)。

(2) 材料:只限于主体工程由甲方供应及甲方指定厂家或地点由乙方自行采购的钢材、木材、水泥、油料(不包括非施工用油料)、炸药、碎石、砂子、止水带以及水、电、导爆管。每季度按甲方承认的价格调整一次。

(3) 设计变更:设计变更(包括地质条件变化)引起主体工程的工程量增减时,变更后分项工程的工程量与施工图纸中所列的工程量的增减,经工程师核定后,其增减在5%以内时不做变更,在5%以外时超过部分进行增减,单价按××条执行。

分析

本案例所涉及的合同是单价合同,在"招标文件"中对投标者的投标报价的规定比较严密:

(1) 所报单价为完全价,即价格组成中的所有价格都包括进去;

(2) 工程款支付、结算时,工程量以图纸工程量(净量)为准,不包括隧道开挖过程中的超挖部分的计量;

(3) 合同价格调整仅限于所列明的部分材料价格及设计变更(包括地质条件变化);

(4) 当设计变更(包括地质条件变化)引起的工程量增减在5%以外时超过部分才进行计量、计价。

据了解,在合同的实施过程中,承包商有提出如下两种与合同文件理解有关的索赔。

(1) 在工程计量上,承包商主张将在隧道开挖施工过程中必然发生的"超挖"部分的工程量考虑进去,理由是,这是我国水利工程界的惯例,并且在我国水利施工规范及定额中都有这样规定。但监理工程师以本项目为国际工程合同,有相应的规范,索赔无合同依据为由予以拒绝,索赔不成功。

(2) 对于"在当设计变更(包括地质条件变化)引起的工程量增减在5%以外时超出部分才进行计量、计价"的规定,实际上存在对"工程量"的理解的问题,是工程量清单中的某一个细目,还是整个工程量清单中的量?承包商主张按照前者理解。监理工程师认可承包商的主张。结果,在施工过程中出现的设计变更,基本上都予以计量、计价。

在本案例中,承包商失误于惯性思维,没有对招标文件进行详细的阅读、研究;业主失误于合同条款拟订的不严谨。

4. 投标有效期

(1) 投标有效期一般是指从投标截止日起算至公布中标的一段时间。一般在投标须知的前附表中规定投标有效期的时间,例如28天,那么投标文件在投标截止日期后的28天内有效。

(2) 招标人在原定投标有效期满之前,如因特殊情况,招标人可以向投标人书面提出延长投标有效期的要求。此时,投标人须以书面的形式予以答复。对于不同意延长投标有效期的,招标人不能因此而没收其投标保证金。对于同意延长投标有效期的,不得要求在此期间修改其投标文件,而且应相应延长其投标保证金的有效期,对投标保证金的各种有关规定在延长期内同样有效。

5. 投标担保

(1) 投标人在提交投标文件的同时,按投标须知前附表中规定的数额提交投标担保。

(2) 投标人应按要求提交投标担保,并采用下列任何一种形式。

① 投标保函应为在中国境内注册并经招标人认可的银行出具的银行保函,或具有担保资格和能力的担保机构出具的担保书。银行保函的格式,应按照担保银行提供的格式提供;担保书的格式,应按照招标文件中所附格式提供。银行保函或担保书

的有效期应在投标有效期满后 28 天内继续有效。

② 投标保证金:银行汇票、支票、现金。

(3) 未中标的投标人的投标担保,招标人应按招标单位规定的投标有效期或经投标人同意延长的投标有效期满后的规定日期内将其退还(不计利息)。

(4) 中标的投标人的投标担保,在按要求提交履约担保并签署合同后三日内予以退还(不计利息)。

(5) 对于经评标委员会对投标文件计算错误的修正,投标单位不接受或在中标后未能按规定提交履约担保或签署合同者将没收其投标担保金。

6. 投标文件的份数和签署

投标文件应明确标明"投标文件正本"和"投标文件副本",其份数按前附表规定的份数提交。若投标文件的正本与副本有不一致时,以正本为准。投标文件均应使用不褪色的蓝黑墨水打印和书写,字迹应清晰易于辨认,由投标人法定代表人亲自签署并加盖法人公章和法定代表人印鉴。

全套投标文件应无涂改和行间插字,若有涂改和行间插字处,应由投标文件签字人签字并加盖印鉴。

3.2.1.4 投标文件的提交

1. 投标文件的密封与标志

(1) 投标人应将投标文件的正本和副本分别密封在内层包封内,再密封在一个外层包封内,并在内包封上注明"投标文件正本"或"投标文件副本"。

(2) 外层和内层包封都应写明招标人和地址、招标工程项目编号、工程名称并注明开标时间以前不得开封。在内层包封上还应写明投标人的邮政编码、地址和名称,以便投标出现逾期送达时能原封退回。

(3) 如果内层包封未按上述规定密封并加写标志,招标人将不承担投标文件错放或提前开封的责任,由此造成的提前开封的投标文件将予以拒绝,并退回投标人。

(4) 所有内层包封的封口处应加盖投标单位印章,所有投标文件外层包封的封口处加盖签封章。

2. 投标文件的提交

投标人应按投标须知前附表所规定的地点,于截止时间前提交投标文件。

3. 投标文件提交的截止日期

(1) 投标人应按投标须知前附表规定的投标截止日期的时间之前递交投标文件。

(2) 招标人因补充通知修改招标文件而酌情延长投标截止日期的,招标和投标人在投标截止日期方面的全部权力、责任和义务,将适用延长后新的投标截止期。

(3) 到投标截止时间止,招标人收到投标文件少于 3 个的,招标人将依法重新组织招标。

4. 迟交的投标文件

招标人在规定的投标截止时间以后收到的投标文件,将被拒绝并返回投标人。

5. 投标文件的补充、修改与撤回

(1) 投标人在递交投标文件后,可以在规定的投标截止时间之前以书面形式向招标人递交补充修改或撤回其递交投标文件通知。在投标截止时间之后,投标人不能修改投标文件。

(2) 投标人对投标文件的补充、修改,应按规定密封、标记、提交,并在内外层包封的密封袋上标明"补充、修改"或"撤回"字样。

3.2.1.5 开标

在招标过程中,出现下列情形之一的,应予废标:

(1) 符合专业条件投标商或者对招标文件作实质响应的投标商不足三家的;
(2) 出现影响采购公正的违法、违规行为的;
(3) 投标人的报价均超过了概算,招标人无力支付的;
(4) 因重大变故,招标人取消招标任务的。

废标后,采购人应当将废标理由通知所有投标人。

若在招投标过程中无废标情况发生,在约定的时间内就可以开标。所谓开标,就是投标人提交投标文件截止时间后,招标人依据招标文件规定的时间和地点,开启投标人提交的投标文件,公开宣布投标人的名称、投标价格及投标文件中的其他主要内容。开标在招标文件确定的提交投标文件截止时间的同一时间或之后的某一个时间公开进行。

开标由招标单位主持,招标人、投标人和有关方面代表参加。

开标时,首先应当众宣读有关无效标和弃权标的规定,然后核查投标申请人提交的各种证件,并宣布核查结果,由投标申请人或者其推选的代表检查投标文件的密封情况,并予以确认。招标人委托公证机构的,可由公证机构检查投标文件的密封情况并进行公证。

所有投标文件(指在招标文件要求提交投标文件的截止时间前收到的投标文件)的密封情况被确定无误后,应将投标文件中投标申请人的名称、投标报价、工期、质量、主要材料用量以及招标人认为有必要宣读的内容当场公开宣布,还需将开标的整个过程记录在案,并存档备查。开标记录一般应记载下列事项,由主持人和所有参加开标的投标人以及其他工作人员签字确认:

(1) 有案号的,记录其案号;
(2) 招标项目的名称及数量摘要;
(3) 投标人的名称;
(4) 投标报价;
(5) 开标日期;

(6) 其他必要的事项。

启封投标文件后,应按报送投标文件时间先后的逆顺序进行唱标。唱标即当众宣读有效投标的投标申请人的名称。

招标人应对唱标内容作好记录,并请投标申请人的法定代表人或授权代理人签字确认。

未宣读的投标价格、价格折扣和招标文件允许提供的备选投标方案等实质内容,评标时不予承认。

在开标时,投标文件出现下列情形之一的,应当作为无效投标文件,不得进入评标:

(1) 投标文件未按照招标文件的要求予以密封的;

(2) 投标文件中的投标函未加盖投标人的企业及企业法定代表人印章的,或者企业法定代表人委托代理人没有合法、有效的委托书(原件)及委托代理人印章的;

(3) 投标文件的关键内容字迹模糊、无法辨认的;

(4) 投标人未按照招标文件的要求提供投标保函或者投标保证金的;

(5) 组成联合体投标的,投标文件未附联合体各方共同投标协议的。

3.2.1.6 评标

所谓评标,是依据招标文件的规定和要求,对投标文件所进行的审查、评审和比较。评标的过程一般如下。

1. 评标组织

评标是审查确定中标人的必经程序,是保证招标成功的重要环节。因此,为了确保评标的公正性,评标不能由招标人或其代理机构独自承担,应依法组成一个评标组织。评标委员会由招标人负责组织。

评标委员会由招标人或其委托的招标代理机构熟悉相关业务的代表,以及有关技术、经济等方面的专家组成,成员人数为5人以上单数,其中技术、经济等方面的专家不得少于成员总数的2/3。在专家成员中,技术专家主要负责对投标中的技术部分进行评审;经济专家主要负责对投标中的商务部分进行评审。

评标委员会应该有回避更换制度。所谓回避更换制度,指与投标人有利害关系的人应当回避,不得进入评标委员会;已经进入的,应予以更换。如评标委员会成员有前款规定情形之一的,应当主动提出回避。评标委员会成员的名单应于开标前确定。评标委员会成员的名单,在中标结果确定前属于保密的内容,不得泄露。

评标委员会成员履行下列义务:

(1) 遵纪守法,客观、公正、廉洁地履行职责;

(2) 按照招标文件规定的评标方法和评标标准进行评标,对评审意见承担个人责任;

(3) 对评标过错和结果以及供应商的商业秘密保密;

(4) 参与评标报告的起草；
(5) 配合有关部门处理投诉工作；
(6) 配合招标采购单位答复投标供应商提出的质疑。

2. 评标原则和纪律

评标应遵循下列原则：
(1) 竞争择优；
(2) 公平、公正、科学合理；
(3) 质量好，履约率高，价格、工期合理，施工方法先进；
(4) 反对不正当竞争。

评标应该遵循如下纪律：
(1) 评标活动由评标委员会依法进行，任何单位和个人不得非法干预或者影响评标过程和结果；
(2) 评标委员会成员应当客观、公正地履行职责，遵守职业道德，对所提出的评审意见承担个人责任；
(3) 评标委员会成员不得与任何投标人或者招标结果有利害关系的人进行私下接触，不得收受投标人、中介人以及其他利害关系人的财物或者其他好处；
(4) 评标委员会成员和参与评标活动的所有工作人员不得透露对投标文件的评审和比较、中标候选人的推荐情况以及与评标有关的其他情况；
(5) 招标人应当采取有效措施，保证评标活动在严格保密的情况下进行。

3. 评标的方法

评标方法分为最低评标价法、综合评分法和性价比法。

1) 最低评标价法

最低评标价法是指以价格为主要因素确定中标候选供应商的评标方法，即在全部满足招标文件实质性要求前提下，依据统一的价格要素评定最低报价，以提出最低报价的投标人作为中标候选供应商或者中标供应商的评标方法。

最低评标价法适用于标准定制商品及通用服务项目，在建筑工程中主要适用于施工技术普及、图纸完备、不可预见的风险少的工程项目。

2) 综合评分法

综合评分法是指在最大限度地满足招标文件实质性要求前提下，按照招标文件中规定的各项因素进行综合评审后，以评标总得分最高的投标人作为中标候选供应商或者中标供应商的评标方法。

综合评分的主要因素是：报价、施工组织设计（施工方案）、质量保证、工期保证、业绩与信誉以及相应的比重或者权值等。上述因素应当在招标文件中事先规定。

评标时，评标委员会各成员应当独立对每个有效投标人的标书进行评价、打分，然后汇总每个投标人每项评分因素的得分。

$$评标总得分 = F_1 \times A_1 + F_2 \times A_2 + \cdots + F_n \times A_n$$

$F_1, F_2, \cdots, F_n$ 分别为各项评分因素的汇总得分;

$A_1, A_2, \cdots, A_n$ 分别为各项评分因素所占的权重($A_1+A_2+\cdots+A_n=1$)。

3) 性价比法

性价比法的操作办法是:按照要求对投标文件进行评审后,计算出每个有效投标人除价格因素以外的其他各项评分因素(包括技术、财务状况、信誉、业绩、服务、对投标文件的相应程度等)的汇总得分,并除以该投标人的投标报价,以商数(评分总得分)最高的投标人为中标候选人。

$$评分总得分 = B/N$$

B 为投标人的综合得分,$B = F_1 \times A_1 + F_2 \times A_2 + \cdots + F_n \times A_n$

其中:$F_1, F_2, \cdots, F_n$ 分别为除价格因素以外的其他各项评分因素的汇总得分;

$A_1, A_2, \cdots, A_n$ 分别为除价格因素以外的其他各项评分因素所占的权重($A_1+A_2+\cdots+A_n=1$)。

N 为投标人的投标报价。

在评标中,不得改变招标文件中规定的评标标准、方法和中标条件。

4. 评标程序

1) 投标文件初审

评标委员会应当根据招标文件规定的评标标准和方法,对投标文件进行系统的评审和比较。招标文件中没有规定的标准和方法不得作为评标的依据。初审分为资格性检查和符合性检查。

资格性检查是指,依据法律法规和招标文件的规定,对投标文件中的资格证明、投标保证金等进行审查,以确定投标供应商是否具有投标资格。

符合性检查是指,依据招标文件的规定,从投标文件的有效性、完整性和对招标文件的响应程度进行审查,以确定是否对招标文件的实质性作出响应。

投标文件属下列情形之一的,应当在资格性、符合性检查时按照无效投标处理:

(1) 应交而未交投标保证金,或交纳投标保证金不足的;

(2) 未按照招标文件规定要求密封、签署、盖章的;

(3) 不具备招标文件中规定资格要求的;

(4) 不符合法律、法规和招标文件中规定的其他实质性要求的。

2) 澄清有关问题

提交投标截止时间以后,投标文件即不得被补充、修改,这是一条基本原则。但评标时,若发现投标文件的内容有含义不明确、不一致或明显打字(书写)错误或纯属计算上的错误的情形,则评标委员会应通知投标人作出澄清或说明,以确保其正确的内容。

对于明显打字(书写)错误或纯属计算上的错误,评标委员会应允许投标人补正。澄清的要求和投标的答复均应采取书面的形式。投标人的答复必须经法定代表人或授权代理人签字,作为投标文件的组成部分,并不得超出投标文件的范围或者改变投标文件的实质性内容。

3）评审

经初步评审合格的投标文件，评标委员会应当根据招标文件确定的评标标准和方法，对其技术部分和商务部分作进一步评审、比较。

（1）商务部分评审。评标委员会可以采取经评审的最低投标价法、综合评估法或者法律、行政法规允许的其他评标方法，对确定为实质上响应招标文件要求的投标进行投标报价的评审。审查内容包括：其投标报价是否按招标文件要求的计价依据进行报价；其报价是否合理，是否低于工程成本；对具有投标报价的工程量清单表中的单价和合价进行校核，看其是否有计算或累计上的算术错误。如有计算或累计上的算术错误，按修正错误的方法调整其投标报价，经投标申请人代表确认同意后，调整后的投标报价对投标申请人起约束作用。如果投标申请人不接受修正后的投标报价，则其投标将被否决。

（2）技术部分评审。对投标人的技术评估应包括以下内容：施工方案或施工组织设计、施工进度计划是否合理；施工技术管理人员和施工机械设备的配备、劳动力、材料计划、材料来源、临时用地、临时设施布置是否合理可行；投标人的综合施工技术能力、以往履约、业绩和分包情况等。

4）推选中标候选人名单

采用最低评标价法的，按投标报价由低到高顺序排列。投标报价相同的，按技术指标优劣顺序排列。评标委员会认为，排在前面的中标候选人的最低投标价或者某些分项报价明显不合理或者低于成本，有可能影响工程质量或不能诚信履约的，应当要求其在规定的期限内提供书面文件予以解释说明，并提交相关证明材料；否则，评标委员会可能取消该投标人的中标候选资格，按顺序由排在后面的中标候选人递补，以此类推。

采用综合评分法的，按评审后得分由高到低顺序排列。得分相同的，按投标报价由低到高顺序排列。得分且投标报价相同的，按技术指标优劣顺序排列。

采用性价比法的，按商数得分由高到低顺序排列。商数得分相同的，按投标报价由低到高顺序排列。商数得分且投标报价相同的，按技术指标优劣顺序排列。

5）资格后审

（1）未进行资格预审的招标项目，在确定中标候选人前，评标委员会须对投标人的资格进行审查；投标人只有符合招标文件要求的评审标准的，方可被确定为中标候选人或中标人。

（2）进行资格预审的招标项目，评标委员会应就投标人资格预审所报的有关内容是否改变进行审查。如有改变，看其是否按照招标文件的规定将所改变的内容随同投标文件一并递交；内容发生变化后，看其是否仍符合招标文件要求的评审标准。评审标准符合招标文件要求的，方可被确定为中标候选人或中标人；否则，其投标将被否决。

5. 评标报告

评标报告是评标委员会评标结束后提交给招标人的一份重要文件,是评标委员会根据全体评标成员签字的原始评标记录和评标结果编写的报告,其主要内容包括:

(1) 招标公告刊登的媒体名称、开标日期和地点;

(2) 购买招标文件的投标人名单和评标委员会成员名单;

(3) 评标方法和标准;

(4) 开标记录和评标情况及说明,包括投标无效投标人名单及原因;

(5) 评标结果和中标候选供应商排列表;

(6) 评标委员会的授标建议。

3.2.1.7 合同的授予

1. 合同授予

招标代理机构应当在评标结束后五个工作日内将评标报告送达招标人。

招标人应当在收到评标报告后五个工作日内,按照评标报告中推荐的中标候选承包商顺序确定中标候选承包商;也可以事先授权评标委员会直接确定中标承包商。

招标人自行组织招标的,应当在评标结束后五个工作日内确定中标承包商。

中标承包商因不可抗力或者自身原因不能履行合同的,招标人可以与排位在中标承包商之后第一位的中标候选承包商签订承包合同,以此类推。

在确定中标承包商前,招标人不得与投标承包商就投标价格、投标方案等实质性内容进行谈判。

2. 中标通知书

中标承包商确定后,招标采购单位应当向中标承包商发出中标通知书,中标通知书对招标人和中标承包商具有同等法律效力。

招标人应将中标结果以书面形式通知所有未中标的投标人。

中标通知书发出后,招标人改变中标结果,或者中标承包商放弃中标,应当承担相应的法律责任。

3. 合同协议书的签订

投标承包商对中标结果有异议的,应当在中标结果发布之日起七个工作日内,以书面形式向招标单位提出质疑。招标人应当在收到投标人书面质疑后七个工作日内,对质疑内容作出答复。

质疑承包商对招标人的答复不满意或者招标人未在规定时间内答复的,可以在答复期满后十五个工作日内,按规定向同级人民政府建设行政主管部门投诉。

招标人不得向中标承包商提出任何不合理的要求,作为签订合同的条件,不得与中标承包商私下订立背离合同实质性内容的协议。

4. 履约担保

合同协议书签署后约定的日期内,中标人应按投标须知前附表所规定的金额向招标人提交履约担保,履约担保须使用招标文件中所提供的格式。

若中标人不能按投标须知的规定执行,招标人将有充分的理由解除合同,并没收其投标保证金,给招标人造成的损失超过投标担保数额的,还应当对超过部分予以赔偿。

招标人要求中标人提交履约担保时,招标人也将在中标人提交履约担保的同时,按投标须知前附表所规定的金额向中标人提供同等数额的工程款支付担保。支付担保可使用招标文件中所提供的格式。

3.2.2 合同条款

2003年1月1日实施的《施工招标文件范本》中,对招标文件的合同条件规定采用1999年由国家工商行政管理局和建设部颁布的《建设工程施工合同(示范文本)》(GF—1999—0201)。该施工合同文本由《协议书》《通用条款》《专用条款》三部分组成,可在招标文件中采用。具体详见第7章有关内容。

3.2.3 合同文件格式

合同文件格式包括以下内容,即合同协议书、房屋建筑工程质量保修书、承包人银行履约保函、承包人履约担保、承包人预付款银行保函、发包人支付担保银行保函和发包人支付担保书。为了便于投标和评标,在招标文件中一般采用统一的格式。可参考选用以下格式进行编写。

合同协议书

发包人:(全称)＿＿＿＿＿＿＿＿＿＿＿＿＿＿＿＿＿＿

承包人:(全称)＿＿＿＿＿＿＿＿＿＿＿＿＿＿＿＿＿＿

依照《中华人民共和国合同法》《中华人民共和国建筑法》及其他有关法律、行政法规,遵循平等、自愿、公平和诚实信用的原则,双方就本建设工程施工事项协商一致,订立本合同。

1. 工程概况

工程名称:＿＿＿＿＿＿＿＿＿＿＿＿＿＿＿＿＿＿＿＿＿

工程地点:＿＿＿＿＿＿＿＿＿＿＿＿＿＿＿＿＿＿＿＿＿

工程内容:＿＿＿＿＿＿＿＿＿＿＿＿＿＿＿＿＿＿＿＿＿

群体工程应附承包人承揽工程项目一览表(附件1)

工程立项批准文号:＿＿＿＿＿＿＿＿＿＿＿＿＿＿＿＿

资金来源:＿＿＿＿＿＿＿＿＿＿＿＿＿＿＿＿＿＿＿＿

2. 工程承包范围

承包范围:＿＿＿＿＿＿＿＿＿＿＿＿＿＿＿＿＿＿＿＿

3. 合同工期

开工日期：_____年_____月_____日

竣工日期：_____年_____月_____日

合同工期总日历天数_____天。

4. 质量标准

工程质量标准：_____

5. 合同价款

金额(大写)：_____元(人民币)

¥：_____元

6. 组成合同的文件

(1) 组成本合同的文件包括：

1) 本合同协议书

2) 中标通知书

3) 投标书及其附件

4) 本合同专用条款

5) 本合同通用条款

6) 标准、规范及有关技术文件

7) 图纸

8) 工程量清单(如有时)

9) 工程报价单或预算书

(2) 双方有关工程的洽商、变更等书面协议或文件视为本合同的组成部分。

7. 本协议书中有关词语含义与本合同《通用条款》中的定义相同。

8. 承包人向发包人承诺按照合同约定施工、竣工并在质量保修期内承担工程质量保修责任。

9. 发包人向承包人承诺按照合同约定的期限和方式支付合同价款及其他应当支付的款项。

10. 合同生效

(1) 合同订立时间：_____年_____月_____日

(2) 合同订立地点：_____

(3) 本合同双方约定_____后生效。

发包人：(公章)   承包人：(公章)

地　　址：   地　　址：

法定代表人：(签字)   法定代表人：(签字)

委托代理人：(签字)   委托代理人：(签字)

电　　　话：　　　　　　　　　　　　　电　　　话：
传　　　真：　　　　　　　　　　　　　传　　　真：
开户银行：　　　　　　　　　　　　　　开户银行：
帐　　　号：　　　　　　　　　　　　　帐　　　号：
邮政编码：　　　　　　　　　　　　　　邮政编码：

<h2 style="text-align:center">房屋建筑工程质量保修书</h2>

发包人(全称)：＿＿＿＿＿＿＿＿＿＿＿＿＿＿＿＿＿＿
承包人(全称)：＿＿＿＿＿＿＿＿＿＿＿＿＿＿＿＿＿＿
发包人、承包人根据《中华人民共和国建筑法》、《建设工程质量管理条例》和《房屋建筑工程质量保修办法》，经协商一致，对＿＿＿＿＿＿＿＿＿＿（工程名称）签订工程质量保修书。

1. 工程质量保修范围和内容

承包人在质量保修期内，按照有关法律、法规、规章规定和双方约定，承担本工程质量保修责任。

质量保修范围包括地基基础工程，主体结构工程，屋面防水工程，有防水要求的卫生间、房间和外墙面的防渗漏，供热与供冷系统，电气管线，给排水管道，设备安装和装修工程以及双方约定的其他项目。具体保修的内容，双方约定如下：
＿＿＿＿＿＿＿＿＿＿＿＿＿＿＿＿＿＿＿＿＿＿＿＿＿＿＿＿＿＿＿＿＿＿＿＿＿
＿＿＿＿＿＿＿＿＿＿＿＿＿＿＿＿＿＿＿＿＿＿＿＿＿＿＿＿＿＿＿＿＿＿＿＿＿
＿＿＿＿＿＿＿＿＿＿＿＿＿＿＿＿＿＿＿＿＿＿＿＿＿＿＿＿＿＿＿＿＿＿＿＿。

2. 质量保修期

(1) 双方根据《建设工程质量管理条例》及有关规定，约定本工程的质量保修期如下：

1) 地基基础工程和主体结构工程为设计文件规定的该工程合理使用年限；
2) 屋面防水工程，有防水要求的卫生间、房间和外墙面的防渗漏为＿＿＿＿＿年；
3) 装修工程为＿＿＿＿＿年；
4) 电气管线、给排水管道、设备安装工程为＿＿＿＿＿年；
5) 供热与供冷系统为＿＿＿＿＿个采暖期、供冷期；
6) 住宅小区内的给排水设施、道路等配套工程为＿＿＿＿＿年；
7) 其他项目保修期限约定如下：
＿＿＿＿＿＿＿＿＿＿＿＿＿＿＿＿＿＿＿＿＿＿＿＿＿＿＿＿＿＿＿＿＿＿＿＿＿
＿＿＿＿＿＿＿＿＿＿＿＿＿＿＿＿＿＿＿＿＿＿＿＿＿＿＿＿＿＿＿＿＿＿＿＿＿
＿＿＿＿＿＿＿＿＿＿＿＿＿＿＿＿＿＿＿＿＿＿＿＿＿＿＿＿＿＿＿＿＿＿＿＿。

(2) 质量保修期自工程竣工验收合格之日起计算。

3. 质量保修责任

(1) 属于保修范围、内容的项目,承包人应当在接到保修通知之日起7天内派人保修。承包人不在约定期限内派人保修的,发包人可以委托他人修理。

(2) 发生紧急抢修事故的,承包人在接到事故通知后,应当立即到达事故现场抢修。

(3) 对于涉及结构安全的质量问题,应当按照《房屋建筑工程质量保修办法》的规定,立即向当地建设行政主管部门报告,采取安全防范措施;由原设计单位或者具有相应资质等级的设计单位提出保修方案,承包人实施保修。

(4) 质量保修完成后,由发包人组织验收。

4. 保修费用

(1) 保修费用由造成质量缺陷的责任方承担。

5. 其他

(1) 双方约定的其他工程质量保修事项:
_____
_____
_____。

(2) 本工程质量保修书,由施工合同发包人、承包人双方在竣工验收前共同签署,作为施工合同附件,其有效期限至保修期满。

发 包 人(公章):　　　　　　　承 包 人(公章):
法定代表人(签字):　　　　　　法定代表人(签字):
____年____月____日　　　　　　____年____月____日

承包人银行履约保函

致:(发包人名称)_____

鉴于(承包人名称)_____(以下简称"承包人")已与(招标人名称)_____(以下简称"发包人")就(招标工程项目名称)_____签订了合同(下称"合同");

鉴于你方在合同中要求承包人向你方提交下述金额的银行开具的履约保函,作为承包人履行本合同责任的保证,本银行同意为承包人出具本保函。

根据本保函,本银行向你方承担支付人民币(大写)_____元(RMB ¥_____元)的责任,并无条件受本担保书的约束。

承包人在合同履行过程中,由于资金、技术、质量或非不可抗力等原因给你方造成经济损失时,在你方以书面形式提出要求得到上述金额内的任何付款时,本银行于____日内给予支付,不挑剔、不争辩,也不要求你方出具证明或说明背景、理由。

本银行放弃你方应先向承包人要求赔偿上述金额然后再向本银行提出要求的权力。

本银行还同意在你方和承包人之间的合同条款、合同项下的工程或合同文件发生变化、补充或修改后,本银行承担本保函的责任也不改变,有关上述变化、补充和修改也无须通知本银行。

本保函直至工程竣工验收合格后28天内一直有效。

银行名称:_____(盖章)
银行法定代表人或负责人:_____(签字或盖章)
地　　址:_____
邮政编码:_____
日　　期:____年____月____日

承包人预付款银行保函

致:(招标人名称)_____

根据(招标工程项目名称)_____工程施工合同专用条款第____条的约定,(承包人名称)_____(以下称"承包人")应向你方提交人民币(大写)_____元(RMB￥_____元)的预付款银行保函,以保证其履行合同的上述条款。

本银行受承包人委托,作为保证人,当你方以书面形式提出要求得到上述金额内的任何付款时,就无条件地、不可撤销地于_____日内予以支付,以保证在承包人没有履行或部分履行合同专用条款第____条的责任时,你方可以向承包人收回全部或部分预付款。

本银行还同意:在你方和承包人之间的合同条款、合同项下的工程或合同文件发生变化、补充或修改后,我行承担本保函的责任也不改变,有关上述变化、补充或修改也无须通知本银行。

本保函的有效期从预付款支付之日起至你方向承包人收回全部预付款之日期止。

银行名称:_____(盖章)
银行法定代表人或负责人:_____(签字或盖章)

地　　址：_____
邮政编码：_____
日　　期：____年_____月_____日

发包人支付担保银行保函

致:(承包人名称)_____

　　鉴于(承包人名称)_____(以下简称"承包人")已与(招标人名称)_____(以下简称"发包人")就(招标工程项目名称)_____签订了合同(下称"合同");

　　鉴于你方在上述合同中要求发包人向你方提交下述金额的银行开具的支付担保保函,作为发包人履行本合同责任的保证金;

　　本银行同意为发包人出具本担保保函。

　　本银行在此代表发包人向你方承担支付人民币(大写)_____元(RMB￥____元)的责任,发包人在履行合同过程中,由于资金不足或非不可抗力等原因给你方造成经济损失或不按合同约定付款时,在你方以书面形式提出要求得到上述金额内的任何付款时,本银行于____日内给予支付,不挑剔、不争辩,也不要求你方出具证明或说明背景、理由。

　　本银行放弃你方应先向发包人要求赔偿上述金额然后再向本银行提出要求的权力。

　　本银行还同意在你方和发包人之间的合同条款、合同项下的工程或合同文件发生变化、补充或修改后,本银行承担本保函的责任也不改变,有关上述变化、补充和修改也无须通知本银行。

　　本保函直至发包人依据合同付清应付给你方按合同约定的一切款项后28天内一直有效。

银行名称：_____(盖章)
银行法定代表人或负责人：_____(签字或盖章)
地　　址：_____
邮政编码：_____
日　　期：____年_____月_____日

银行履约保函格式

致:(建设单位名称)_____

　　鉴于_____(下称"承包单位")已保证按_____(下称"建设单

位")_____工程合同施工、竣工和保修该工程(下称"合同")。

鉴于你方在上述合同中要求承包单位向你方提供下述金额的银行开具的保函,作为承包单位履行本合同责任的保证金;本银行同意为承包单位出具本保函;本银行在此代表承包单位向你方承担支付人民币_____元(大写)的责任,承包单位在履行合同中,由于资金、技术、质量或非不可抗力等原因给发包单位造成经济损失时,在你方以书面提出要求上述金额内的任何付款时,本银行即予支付,不挑剔、不争辩,也不要求你方出具证明或说明背景、理由。

本银行放弃你方应先向承包单位要求赔偿上述金额然后再向本银行提出要求的权力。本银行进一步同意在你方和承包单位之间的合同条件、合同项下的工程或合同发生变化、补充或修改后,本银行承担保函的责任也不改变,有关上述变化、补充和修改也无须通知本银行。

本保函直至保修责任证书发出后28天内一直有效。

银行名称:_____(盖章)
银行法定代表人或负责人:_____(签字、盖章)
地　　址:_____
邮政编码:_____
日　　期:____年____月____日

3.2.4　工程建设标准

工程建设标准是由政府颁布的对新建工程项目所作最低限度技术要求的规定,是建设法律、法规体系的重要组成部分。工程建设标准一般包括两部分的内容。

第一部分是依据设计文件的要求,拟招标工程项目的材料、设备、施工须达到的现行中华人民共和国以及省、自治区、直辖市或行业的工程建设标准、规范的要求。招标人在编制招标文件时,根据招标工程的性质、设计施工图纸、技术文件,提出使用国家或行业标准、规范的具体要求,如涉及的规范的名称、编号等。

第二部分是根据工程设计要求,拟招标工程的材料、施工除必须达到第一部分规定的标准外,还应满足的标准要求。国内没有相应标准、规范的项目,由招标人在本章内提出施工工艺要求及验收标准,由投标人在中标后,提出具体的施工工艺和做法,经招标人(发包人)批准执行。

3.2.5　图纸

图纸是招标文件的重要组成部分。图纸是指用于招标工程施工用的全部图纸,是进行施工的依据,也是进行工程管理的基础,招标人应将全部施工图纸编入招标文件,供投标申请人全面了解招标工程情况,以便编制投标文件。为便于投标申请人查阅,招标人应按图纸内容编制图纸目录。

图纸是招标人编制工程量清单的依据,也是投标人编制招标文件商务部分和技术部分的依据。建筑工程施工图纸一般包括：图纸目录、设计总说明、建筑施工图、结构施工图、给排水施工图、采暖通风施工图和电气施工图等。

投标申请人为编好投标文件，应详细了解工程情况。所以招标人应详细审查全部施工图纸，确认图纸无误后，编制图纸清单，连同图纸一起作为招标文件的组成部分。

3.2.6 工程量清单

3.2.6.1 工程量清单的概念

工程量清单是招标工程的分部分项工程项目、措施项目、其他项目名称和相应数量明细清单，包括分部分项工程清单、措施项目清单、其他项目清单。一经中标且签订施工合同，工程量清单即成为合同的组成部分。工程量清单应与投标须知、合同条件、合同协议条款、工程规范和图纸一起使用。

3.2.6.2 工程量清单的作用

工程量清单的工程量是编制招标工程标底和投标报价的依据，也是支付工程进度款和竣工结算时调整工程量的依据。它供建设各方计价时使用，并为投标人提供一个公开、公平、公正的竞争环境，是评标的基础，也为竣工时调整工程量、办理工程结算及工程索赔提供重要依据。具体如下。

（1）为投标申请人提供一个公开、公平、公正的竞争环境。工程量清单由招标人统一提供，统一的工程量避免了由于计算不准确、项目不一致等人为因素造成的不公正影响，为投标申请人创造一个公平的竞争环境。

（2）是编制标底与投标报价的依据，也是评标的基础。工程量清单由招标人提供，无论是标底的编制还是投标报价，都必须以清单为依据。工程量清单还为评标工作奠定了基础。当然，如果发现清单有计算错误或是漏项，也可按招标文件的有关要求在中标后进行修正。

（3）为施工过程中支付工程进度款提供依据。与合同结合，工程量清单为施工过程中的进度款支付提供了依据。

（4）为办理竣工结算、办理工程结算及工程索赔提供依据。

（5）设有标底价格的招标工程，招标人利用工程量清单编制标底价格，供评标时参考。

3.2.6.3 工程量清单的编制原则和依据

工程量清单由招标人自行编制，也可委托有相应资质的招标代理机构或工程造价咨询单位编制。对于招标人来讲，工程量清单是进行投资控制的前提和基础，工程量清单编制的质量直接关系和影响到工程建设的最终结果。

1. 工程量清单的编制原则

(1) 遵守有关的法律、法规。工程量清单的编制应遵循国家有关的法律、法规和相关政策。

(2) 遵照"四统一"的规定。工程量清单应当依据招标文件、施工设计图纸、施工现场条件和国家制定的统一项目编码、项目名称、计量单位和工程量计算规则进行编制。

(3) 遵守招标文件的相关要求。工程量清单作为招标文件的组成部分,必须与招标文件的原则保持一致,与招标须知、合同条款、技术规范等相协调,正确反映工程的信息。

(4) 编制力求准确合理。工程量的计算应力求准确,清单项目的设置力求合理、不漏不重。还应建立、健全工程量清单编制审查制度,确保工程量清单编制的全面性、准确性和合理性,提高清单编制质量和服务质量。

2. 工程量清单的编制依据

(1) 国家关于工程量清单的项目划分、计量单位、计算规则和计价办法;

(2) 招标文件的有关要求;

(3) 施工设计图纸及相关资料;

(4) 工程所在地的地理环境包括地质资料、现场状况、道路状况等。

案例

华北某大型水利项目隧道开挖工程的"招标文件"关于工程量清单及投标报价有如下规定。

1. 除合同另有规定外,本工程量清单中的单价和总价,均应包括承包人的所有设备、劳务、材料、安转、监督、维护、运输、保险、税金以及合同中明确书明的或隐含的风险、义务和责任。

2. 不管这些工程量是否已载明,工程量清单中的每一项目必须填报单价或细目总价。如果投标人对某些项目没有填报单价或细目总价,则认为这些费用已包含在合同的其他价格中。

3. 依从本合同规定的所有费用应计入报价的工程量清单各项目中,如果工程量清单中没有相应项目,则应将费用摊入相关工程项目的单价和细目总价中。

分析

本案例中"招标文件"关于工程量清单及投标报价规定中的第3条是一个特殊的规定,理解为:

1. 本工程量清单中的细目不可更改,即使是经过核对图纸,发现工程量清单中有漏项;

2. 当发现工程量清单中有漏项时,显然在工程施工时必然会发生相关费用(图纸中有此项工作),在计量计价时不予考虑,要将此工程的费用在报价时分摊到相关工程项目的单价和细目总价中去。

项目业主这样做,使得承包商在报价时要考虑进去的风险增加了。如果承包商在报价时没有核对图纸工程量,就有可能掉到业主有意无意设置的陷阱中去。

3.2.7 投标文件投标函部分格式

投标函部分是招标人提出要求,由投标人表示参与该招标工程投标的意思表示的文件,由投标人按照招标人提出的格式无条件地填写。投标函格式包括下列内容:法定代表人身份证明书、投标文件签署授权委托书、投标函、投标函附录、投标担保银行保函、招标文件要求投标人提交的其他投标资料。具体可参考以下格式编写。

法定代表人身份证明书

单位名称:_____
单位性质:_____
地　　址:_____
成立时间:_____年_____月_____日
经营期限:_____
姓　　名:_____ 性别:_____ 年龄:_____ 职务:_____
系(投标人单位名称)_____的法定代表人。
特此证明。

投　标　人:_____(盖公章)
日　　　期:_____年_____月_____日

投标文件签署授权委托书

本授权委托书声明:我(姓名)_____系(投标人名称)_____的法定代表人,现授权委托(单位名称)_____的(姓名)_____为我公司签署本工程的投标文件的法定代表人授权委托代理人,我承认代理人全权代表我所签署的本工程的投标文件的内容。

代理人无转委托权,特此委托。

代理人:(签字)_____ 性别:_____ 年龄:_____
身份证号码:_____ 职务:_____
投标人:(盖章)_____

法定代表人:(签字或盖章)＿＿＿＿＿＿＿
授权委托日期:＿＿＿年＿＿＿月＿＿＿日

投 标 函

致:(招标人名称)＿＿＿＿＿＿＿

1. 根据你方招标工程项目编号为(项目编号)＿＿＿＿＿的(招标工程项目名称)＿＿＿＿＿＿工程招标文件,遵照《中华人民共和国招标投标法》等有关规定,经踏勘项目现场和研究上述招标文件的投标须知、合同条款、图纸、工程建设标准和工程量清单及其他有关文件后,我方愿以人民币(大写)＿＿＿＿＿元(RMB￥＿＿＿＿元)的投标报价并按上述图纸、合同条款、工程建设标准和工程量清单(如有时)的条件要求承包上述工程的施工、竣工,并承担任何质量缺陷保修责任。

2. 我方已详细审核全部招标文件,包括修改文件(如有时)及有关附件。

3. 我方承认投标函附录是我方投标函的组成部分。

4. 一旦我方中标,我方保证按合同协议书中规定的工期(工期)＿＿＿＿日历天内完成并移交全部工程。

5. 如果我方中标,我方将按照规定提交上述总价＿＿＿＿＿%的银行保函或上述总价＿＿＿＿＿%的由具有担保资格和能力的担保机构出具的履约担保书作为履约担保。

6. 我方同意所提交的投标文件在招标文件的投标须知中规定的投标有效期内有效,在此期间内如果中标,我方将受此约束。

7. 除非另外达成协议并生效,你方的中标通知书和本投标文件将成为约束双方的合同文件的组成部分。

8. 我方将与本投标函一起,提交人民币＿＿＿＿＿＿元作为投标担保。

投 标 人:(盖章)＿＿＿＿＿＿＿＿＿＿＿＿＿＿＿＿＿
单位地址:＿＿＿＿＿＿＿＿＿＿＿＿＿＿＿＿＿＿＿＿
法定代表人或其委托代理人:(签字或盖章)＿＿＿＿＿＿
邮政编码:＿＿＿＿＿＿ 电话:＿＿＿＿＿ 传真:＿＿＿＿＿
开户银行名称:＿＿＿＿＿＿＿＿＿＿＿＿＿＿＿＿＿
开户银行账号:＿＿＿＿＿＿＿＿＿＿＿＿＿＿＿＿＿
开户银行地址:＿＿＿＿＿＿＿＿＿＿＿＿＿＿＿＿＿
开户银行电话:＿＿＿＿＿＿＿＿＿＿＿＿＿＿＿＿＿
日　　　期:＿＿＿＿年＿＿＿月＿＿＿日

投标函附录

序号	项目内容	合同条款号	约定内容	备注
1	履约保证金 银行保函金额 履约担保书金额		合同价款的（　）% 合同价款的（　）%	
2	施工准备时间		签订合同后（　）天	
3	误期违约金额		（　）元/天	
4	误期赔偿费限额		合同价款（　）%	
5	提前工期奖		（　）元/天	
6	施工总工期		（　）日历天	
7	质量标准			
8	工程质量违约金最高限额		（　）元	
9	预付款金额		合同价款的（　）%	
10	预付款保函金额		合同价款的（　）%	
11	进度款付款时间		签发月付款凭证后（　）天	
12	竣工结算款付款时间		签发竣工结算付款凭证后（　）天	
13	保修期		依据保修书约定的期限	

投标担保银行保函

致：(招标人名称)＿＿＿＿＿＿

鉴于(投标人名称)＿＿＿＿＿＿＿(下列称"投标人")于＿＿＿年＿＿月＿＿日参加(招标人名称)＿＿＿＿＿＿招标工程项目编号为(项目编号)＿＿＿＿＿＿的(招标工程项目名称)＿＿＿＿＿＿工程的投标；

本银行受投标人委托，承担向你方支付总金额为＿＿＿＿＿＿元(小写)的责任。

本责任的条件是：如果投标人在投标有效期内收到你方的中标通知书后：

1. 不能或拒绝按投标须知的要求签署合同协议书；
2. 不能或拒绝按投标须知的规定提交履约保证金。

只要你方指明产生上述任何一种情况的条件时，则本银行在接到你方以书面形式的要求后，即向你方支付上述全部款额，无须你方提出充分证据证明其要求。

本保函在投标有效期后或招标人在这段时间内延长的投标有效期后 28 天内保持有效，若延长投标有效期无须通知本银行，但任何索款要求应在上述投标有效期内送达本银行。

本银行不承担支付下述金额的责任:

大于本保函规定的金额;

大于投标人投标价与招标人中标价之间的差额的金额。

本银行在此确认,本保函责任在投标有效期或延长的投标有效期满后28天内有效,若延长投标有效期无须通知本担保人,但任何索款要求应在上述投标有效期内送达本银行。

银行名称:(盖章)＿＿＿＿＿＿＿＿＿＿＿＿＿＿＿＿
银行法定代表人或负责人:(签字或盖章)＿＿＿＿＿＿
地　　　址:＿＿＿＿＿＿＿＿＿＿＿＿＿＿＿＿＿＿
邮政编码:＿＿＿＿＿＿＿＿＿＿＿＿＿＿
日　　　期:＿＿＿＿＿年＿＿＿＿＿月＿＿＿＿＿日

3.2.8　投标文件商务部分格式

3.2.8.1　采用综合单价形式的商务部分内容

1. 投标报价说明

(1) 投标报价依据工程投标须知和合同文件的有关条款进行编制。

(2) 工程量清单计价表应采用综合单价的形式,包括人工费、材料费、机械费、管理费、利润及所测算的风险费等费用。

(3) 措施项目清单计价表中所填入的措施项目报价,包括环境保护费、文明施工费、临时设施费、二次搬运费、夜间施工费、大型机械设备进出场及安拆费、混凝土钢筋混凝土模板机支架费、脚手架费和已完工程及设备保护费等费用。

(4) 其他项目清单计价表中所填入的其他项目报价,包括预留金、材料购置费、总承包费和零星工作项目等费用。零星工作项目应根据拟建工程的具体情况,详细列出人工、材料、机械的名称、计量单位和相应数量,并随工程量清单发至投标人。

(5) 工程量清单计价表中的每一单项均应填写单价和合价,对没有填写单价和合价的项目费用,视为已包括在工程量清单的其他单价或合价之中。

(6) 本报价的币种为＿＿＿＿＿＿＿＿＿。

(7) 投标人应将投标报价需要说明的事项,用文字书写与投标报价表一并报送。

2. 工程量清单报价表格式

工程项目总价表

工程名称：＿＿＿＿＿＿＿＿＿＿＿＿＿＿　　第　页　共　页

序号	单项工程名称	金额/元
	合　　计	

单项工程费汇总表

工程名称：＿＿＿＿＿＿＿＿＿＿＿＿＿＿　　第　页　共　页

序号	单位工程名称	金额/元
	合　　计	

单位工程费汇总表

工程名称：＿＿＿＿＿＿＿＿＿＿＿＿＿＿　　第　页　共　页

序号	项目名称	金额/元
1	分部分项工程量清单计价合计	
2	措施项目清单计价合计	
3	其他项目清单计价合计	
4	规费	
5	税金	
	合　　计	

分部分项工程量清单计价表

工程名称：_____   第　页　共　页

序号	项目编码	金额/元	计量单位	工程数量	金额/元	
					综合单价	合　价
		本页小计				
		合　　计				

措施项目清单计价表

工程名称：_____   第　页　共　页

序　号	项目名称	金额/元
	合　　计	

其他项目清单计价表

工程名称：_____   第　页　共　页

序　号	单项工程名称	金额/元
1	招标人部分	
	小　　计	
2	投标人部分	
	小　　计	
	合　　计	

零星工作项目计价表

工程名称：_____　　　　　　　　　第　页　共　页

序号	名称	计量单位	数量	金额/元	
				综合单价	合价
1	人工				
	小计				
2	材料				
	小计				
3	机械				
	小计				
	合计				

分部分项工程量清单综合单价分析表

工程名称：_____　　　　　　　　　第　页　共　页

序号	项目编码	项目名称	工程内容	综合单价组成					小计
				人工费	材料费	机械使用费	管理费	利润	

措施项目费分析表

工程名称：_____   第 页 共 页

序号	措施项目名称	单位	数量	金额/元					
				人工费	材料费	机械使用费	管理费	利润	小计
	合 计								

主要材料价格表

工程名称：_____   第 页 共 页

序号	材料编码	材料名称	规格、型号等特殊要求	单位	单价/元

3.2.8.2 采用工料单价形式的商务部分内容

1. 投标报价说明

(1) 本报价依据本工程投标须知和合同文件的有关条款进行编制。

(2) 分部工程工料价格计算表中所填入的工料单价和合价，为分部工程所涉及的全部项目的价格，是按照有关定额的人工、材料、机械消耗量标准及市场价格计算、确定的直接费。其他直接费、间接费、利润、税金和有关文件规定的调价、材料差价、设备价格、现场因素费用、施工技术措施费以及采用固定价格的工程所测算的风险金等按现行的计算方法计取，计入分部工程费用计算表中。

(3) 本报价中没有填写的项目的费用，视为已包括在其他项目之中。

(4) 本报价的币种为_____。

(5) 投标人应将投标价需要说明的事项，用文字书写与投标报价表一并报送。

2. 工料单价报价表格式

投标报价汇总表

工程名称：_____　　　　　共　　页　　第　　页

序号	表号	工程项目名称	合计/万元	备注
一		土建工程分部工程量清单项目		
1				
2				
3				
⋮				
二		安装工程分部工程量清单项目		
1				
2				
3				
⋮				
三		设备费用		
四		其他		
五		总计		

投标总报价（大写）：_____元

主要材料清单报价表

工程名称：_____　　　　　共　　页　　第　　页

序号	材料名称及规格	计量单位	数量	报价/元		备注
				单价	合价	
1	2	3	4	5	6	7

设备清单报价表

工程名称_____　　　　　　　　共　页　第　页

序号	设备名称	规格型号	单位	数量	单价/元				合价/元				备注
					出厂价	运杂费	税金	单价	出厂价	运杂费	税金	合价	
1	2	3	4	5	6	7	8	9	10	11	12	13	14

小计：_____元(其中设备出厂价_____元;运杂费_____元;税金_____元)

设备报价(含运杂费、税金)合计_____元

分部工程工料价格计算表

工程名称_____　　　　　　　　共　页　第　页

序号	编号	项目名称	计量单位	工程量	工料单价				工料合价				备注
					单价	其中			合价	其中			
						人工费	材料费	机械费		人工费	材料费	机械费	
1	2	3	4	5	6	7	8	9	10	11	12	13	14

工料合价合计：_____元,人工费合计：_____元

分部工程费用计算表

工程名称：_____   共　　页　　第　　页

代码	序号	费用名称	单位	费率标准	金额	计算公式
	一	直接工程费	元			
	1	直接费				
	2	其他直接费合计				
	3	现场经费				
	二	间接费				
	三	利润				
	四	其他				
	五	税金				
	六	总计				A＋B＋C＋…＋E

合计：_____元

3.2.9 投标文件技术部分格式

为进一步了解投标单位对工程施工人员、机械和各项工作的安排情况,便于评标时进行比较,在招标文件中统一拟定各类表格或提出具体要求让投标单位填写和说明。一般包括施工组织设计部分和机构配备情况部分。

具体内容详见第4章。

3.2.10 资格审查申请书格式

对于一些工期要求比较紧,工程技术、结构不复杂的项目,为了争取早日开工,可不进行资格预审,而进行资格后审。资格后审即在招标文件中加入资格审查的内容,投标者在报送投标文件的同时还应报送资格审查资料。评标委员会在正式评标前先对投标人进行资格审查。对资格审查合格的投标人的投标文件进行评审,淘汰资格不合格的投标者,并对其投标文件不予评审。

资格后审的内容与资格预审的内容大致相同。主要包括:投标者的组织机构、财务报表、人员情况、设备情况、施工经验及其他情况。详细图表如下所示。

3.2.10.1 资格审查申请书

资格审查申请书

致:_____

1. 经授权作为代表,并以(投标人名称)(以下简称"投标人")的名义,在充分理解投标人资格审查文件的基础上,本申请书签字人在此以(招标工程项目名称)中下列标段的投标人身份,向你方提出资格审查申请。

项目名称	标段号

2. 本申请书附有下列内容的正本文件的复印件:
(1) 投标人的法人营业执照;
(2) 投标人的(施工资质等级)证书;
(3) 总公司所在地(适用于投标人是集团公司的情形),或所有者的注册地(适用于投标人是合伙或独资公司的情形)。

3. 你方授权代表可调查、审核我方提交的与本申请书相关的声明、文件和资料,并通过我方的开户银行和客户,澄清申请书中有关财务和技术方面的问题。本申请书还将授权给有关的任何个人或机构及其授权代表,按你方的要求提供必要的相关资料,以核实本申请书中提交的或与本申请人的资金来源、经验和能力有关的声明和资料。

4. 你方授权代表可通过下列人员得到进一步的资料:

一般咨询和管理方面的质询	
联系人1:	电话:
联系人2:	电话:

有关人员方面的质询	
联系人1:	电话:
联系人2:	电话:

有关技术方面的质询	
联系人1:	电话:
联系人2:	电话:

有关财务方面的质询	
联系人1:	电话:
联系人2:	电话:

5. 本申请充分理解下列情况:

(1) 资格审查合格的投标人才有可能被授予合同;

(2) 你方保留更改本招标项目的规模和金额的权利。前述情况发生时,投标仅面向资格审查合格且能满足变更后要求的投标人。

6. 如为联合体投标,随本申请,我们提供联合体各方的详细情况,包括资金投入(及其他资源投入)和赢利(亏损)协议。我们还将说明各方在每个合同价中以百分比形式表示的财务方面以及合同执行方面的责任。

7. 我们确认如果我方中标,则我方的投标文件和与之相应的合同将:

(1) 得到签署，从而我方受到法律约束；

(2) 如为联合体中标，则随同提交一份联合体协议，规定如果联合体被授予合同，则联合体各方共同的和分别的责任。

8. 下述签字人在此声明，本申请书中所提交的声明和资料在各方面都是完整、真实和准确的。

签名：	签名：
姓名：	姓名：
兹代表（申请人或联合体主办人）	兹代表（联合体成员1）
申请人或联合体主办人盖章	联合体成员1盖章
签字日期：	签字日期：

签名：	签名：
姓名：	姓名：
兹代表（联合体成员2）	兹代表（联合体成员3）
联合体成员2盖章	联合体成员3盖章
签字日期：	签字日期：

签名：	签名：
姓名：	姓名：
兹代表（联合体成员4）	兹代表（联合体成员5）
联合体成员4盖章	联合体成员5盖章
签字日期：	签字日期：

3.2.10.2 资格审查申请书附表

投标人一般情况

1	企业名称	
2	总部地址	
3	当地代表处地址	
4	电话	联系人
5	传真	电子信箱
6	注册地	注册年份 （请附营业执照复印件）
7	公司资质等级	（请附有关证书复印件）
8	公司(是否通过,何种)质量保证体系认证(如通过请附相关证书复印件,并提供认证机构年审监督报告)	
9	主营范围 1._____ 2._____ 3._____ 4._____ ⋮	
10	作为总承包人经历年数	
11	作为分包人经历年数	
12	其他需要说明的情况	

注：① 独立投标人或联合体各方均须填写此表。
② 投标人拟分包部分工程,则专业分包人或劳务分包人也须填写此表。

近三年类似工程营业额数据表

投标人或联合体成员名称：_____

近三年工程营业额		
财 务 年 度	营 业 额/万元	备 注
第一年(应明确公元纪年)		
第二年(应明确公元纪年)		
第三年(应明确公元纪年)		

注：① 本表内容将通过投标人提供的财务报表进行审核。
② 所填的年营业额为投标人(或联合体每个成员)每年从各招标人那里得到的已完工程收入总额。
③ 所有独立投标人或联合体各成员均须填写此表。

近三年已完工程及目前在建工程一览表

投标人或联合体成员名称：_____

序号	工程名称	合同身份	监理(咨询)单位	合同金额/万元	结算金额/万元	竣工质量标准	竣工日期
1							
2							
3							
4							
5							
⋮							

注：① 对于已完工程，投标人或每个联合体成员都应提供收到的中标通知书或双方签订的承包合同以及工程竣工验收证明。

② 申请人应列出近三年已完类似工程情况(包括总工程和分包工程)，如有隐瞒，一经查实将导致其投标申请被拒绝。

③ 在建工程投标申请人必须附上工程的合同协议书复印件，不填"竣工质量标准"和"竣工日期"两栏。

财务状况表

一、开户情况

开户银行	银行名称：	
	银行地址：	
	电话：	联系人及职务：
	传真：	电传：

二、近三年每年的资产负债情况

财务状况(单位:元)	近 三 年(应分别明确公元纪年)		
	第一年	第二年	第三年
1. 总资产			
2. 流动资产			
3. 总负债			
4. 流动负债			

续表

财务状况 （单位：元）	近 三 年（应分别明确公元纪年）		
	第一年	第二年	第三年
5. 税前利润			
6. 税后利润			

注：投标人请附最近三年经过审计的财务报表，包括资产负债表、损益表和现金流量表。

三、为达到本项目现金流量需要提出的信贷计划

信贷来源	信贷金额／万元
1.	
2.	
3.	
4.	

注：投标人或联合体每个成员都应提供财务资料，以证明其已达到资格审查的要求。每个投标人或联合体成员都要填写此表。

联合体情况

成员身份	各方名称
1. 主办人	
2. 成员	
3. 成员	
4. 成员	
5. 成员	
6. 成员	
⋮	

类似工程经验

投标人或联合体成员名称：_____

1	合同号
	合同名称
	工程地址
2	发包人名称
3	发包人地址（请详细说明发包人联系电话及联系人）
4	与投标人所申请的合同相类似的工程性质和特点 （请详细说明所承担的合同工程内容，如长度、高度、桩基工程、基层/底基层工程、土方、石方、地下挖方、混凝土浇筑的年完成量等）
5	合同身份（注明其中之一） □ 独立承包人　　□ 分包人　　□ 联合体成员
6	合同总价
7	合同授予时间
8	完工时间
9	合同工期
10	其他要求（如施工经验、技术措施、安全措施等）

注：① 投标人应提供完成的年土石方量和混凝土量等。
② 每个类似工程合同须单独具表，并附中标通知书或合同协议书或工程竣工验收证明，无相关证明的工程在评审时将不予确认。

现场条件类似工程的施工经验

投标人或联合体成员名称：_____

1	合同号
	合同名称
	工程地址
2	发包人名称
3	发包人地址（请详细说明发包人联系电话及联系人）
4	与投标人所申请的合同相类似的工程性质和特点 （请详细说明所承担的合同工程内容中与所投合同相类似的工程，如长度、高度、桩基工程、基层/底基层工程、土方、石方、混凝土浇筑的年完成量及类似现场条件等）

续表

5	合同身份（注明其中之一） □ 独立承包人　　□ 分包人　　□ 联合体成员
6	合同总价
7	合同授予时间
8	完工时间
9	合同工期
10	其他要求（如施工经验、技术措施、安全措施等）

注：① 投标人应提供其在类似现场条件下的施工经验，包括桩基工程、土方工程和构筑物工程等。
② 每个类似工程合同须单独具表，并附中标通知书或合同协议书或工程竣工验收证明，无相关证明的工程在评审时将不予确认。

其 他 资 料

1. 近三年的已完工程和目前在建工程合同履行过程中，投标人所介入的诉讼或仲裁情况。请逐例说明年限、发包人名称、诉讼原因、纠纷事件、纠纷所涉及金额以及最终裁定结果。

2. 近三年中所有发包人对投标人施工的工程的评价意见。

3. 与投标人资格审查申请书评审有关的其他资料。若附其他文件，请详细列出。

投标人不应在其资格审查申请书中附有宣传性材料，这些材料在资格评审时将不被考虑。

注：① 如有必要，以上各表可另加附页，如果表的内容超出了一页的范围，在每个表的每一页的右上角要清楚地注明。
② 有些表要求有一些附件，这些附件上也应清楚地注明。
③ 投标人应使用不褪色的蓝、黑墨水填写或按和附表格式相同的要求打印表格，并按表格要求内容提供资料。
④ 凡表格中涉及金额处，均以_____为单位。

3.3 工程项目施工招标其他相关内容

以上两节对工程施工招标的基本理论原则、基本概念、招标程序和招标文件内容进行了比较全面的阐述。本节就招标中的一些其他实际问题作进一步补充说明，包括招标公告、投标邀请书、资格预审文件、工程标底的编制等，现分述如下。

3.3.1 招标公告

发布招标公告是公开招标最显著的特征之一，也是公开招标的第一个环节。招标公告在何种媒介上发布,直接决定了招标信息的传播范围,进而影响到招标的竞争程度和招标效果。依法必须进行施工公开招标的工程项目,应当在国家或者地方指定的报刊、信息网络或者其他媒介上发布招标公告,并同时在中国工程建设和建筑业信息网上发布招标公告。

招标公告的主要目的是发布招标信息,使那些感兴趣的投标申请人知悉,前来参加资格预审或购买招标文件,编制投标文件并参加投标。因此,招标公告应包括哪些内容,或者至少应包括哪些内容,对潜在的投标申请人来说是至关重要的。一般而言,在招标公告中,主要内容应为对招标人和招标项目的描述,使潜在的投标申请人在掌握这些信息的基础上,根据自身情况,作出是否购买招标文件并投标的决定。所以招标公告应当载明招标人的名称和地址,招标工程的性质、规模、地点以及获取资格预审文件或招标文件的办法等事项。对于要求资格预审的公开招标和进行资格后审的公开招标都应发布招标公告。其格式如下所示。

3.3.1.1 采用资格预审方式的招标公告

招标公告
招标工程项目编号:_____

1. (招标人名称)_____的(招标工程项目名称)_____,已由(项目批准机关名称)_____批准建设。现决定对该项目的工程施工进行公开招标,选定承包人。

2. 本次招标工程项目的概况如下:

2.1 〈说明招标工程项目的性质、规模、结构类型、招标范围、标段及资金来源和落实情况等〉;

2.2 工程建设地点为(工程建设地点)_____;

2.3 计划开工日期为_____年_____月_____日,计划竣工日期为_____年_____月_____日,工期_____日历天;

2.4 工程质量要求符合_____标准。

3. 凡具备承担招标工程项目的能力并具备规定的资格条件的施工企业,均可对上述(一个或多个)_____招标工程项目(标段)向招标人提出资格预审申请,只有资格预审合格的投标申请人才能参加投标。

4. 投标申请人须是具备建设行政主管部门核发的(行业类别、资质类别、资质等级)_____及以上资质的法人或其他组织。自愿组成联合体的各方均应具备承担招标工程项目的相应资质条件;相同专业的施工企业组成的联合体,按照资质等级低的施工企业的业务许可范围承揽工程。

5. 投标申请人可从_____处获取资格预审文件,时间为_____年_____月_____日至_____年_____月_____日,每天上午_____时_____分至_____时_____分,下午_____时_____分至_____时_____分(公休日、节假日除外)。

6. 资格预审文件每套售价为人民币____元,售后不退。如需邮购,可以书面形式通知招标人,并另加邮费每套人民币____元。招标人在收到邮购款后_____日内,以快递方式向投标申请人寄送资格预审文件。

7. 资格预审申请书封面上应清楚地注明"(招标工程项目名称、标段名称)_____投标申请人资格预审申请书"字样。

8. 资格预审申请书须密封后,于_____年_____月_____日_____时以前送至_____处,逾期送达或不符合规定的资格预审申请书将被拒绝。

9. 资格预审结果将及时告知投标申请人,并预计于_____年____月_____日发出资格预审合格通知书。

10. 凡资格预审合格的投标申请人,请按照资格预审合格通知书中确定的时间、地点和方式获取招标文件及有关资料。

招 标 人:_____(盖章)
办公地址:_____
邮政编码:_____ 联系电话:_____
传　　真:_____ 联 系 人:_____
招标代理机构:_____(盖章)
办公地址:_____
邮政编码:_____ 联系电话:_____
传　　真:_____ 联 系 人:_____

日期:_____年_____月_____日

3.3.1.2 采用资格后审方式的招标公告

招标公告

招标工程项目编号:_____

1. (招标人名称)_____的(招标工程项目名称)_____,已由(项目批准机关名称)_____批准建设。现决定对该项目的工程施工进行公开招标,选定承包人。

2. 本次招标工程项目的概况如下:

2.1 〈说明招标工程项目的性质、规模、结构类型、招标范围、标段及资金来源和落实情况等〉;

2.2 工程建设地点为_____;

2.3 计划开工日期为_____年____月_____日,计划竣工日期为____年

_____月_____日,工期_____日历天;

  2.4 工程质量要求符合_____标准。

  3. 凡具备承担招标工程项目的能力并具备规定的资格条件的施工企业,均可参加上述_____招标工程项目(标段)的投标。

  4. 投标申请人须是具备建设行政主管部门核发的(行业类别、资质类别、资质等级)_____及以上资质的法人或其他组织。自愿组成联合体的各方均应具备承担招标工程项目的相应资质条件;相同专业的施工企业组成的联合体,按照资质等级低的施工企业的业务许可范围承揽工程。

  5. 本工程对投标申请人的资格审查采用资格后审方式,主要资格审查标准和内容详见招标文件中的资格审查文件,只有资格审查合格的投标申请人才有可能被授予合同。

  6. 投标申请人可从_____处获取招标文件、资格审查文件和相关资料,时间为_____年_____月_____日至_____年_____月_____日,每天上午_____时_____分至_____时_____分,下午_____时_____分至_____时_____分(公休日、节假日除外)。

  7. 招标文件每套售价为人民币_____元,售后不退。投标人需交纳图纸押金人民币_____元,当投标人退还全部图纸时,该押金将同时退还给投标人(不计利息)。本公告第6条所述的资料如需邮寄,可以书面形式通知招标人,并另加邮费每套_____元。招标人在收到邮购款后_____日内,以快递方式向投标申请人寄送上述资料。

  8. 投标申请人在提交投标文件时,应按照有关规定提供不少于投标总价的_____%或人民币_____元的投标保证金或投标保函。

  9. 投标文件提交的截止时间为_____年_____月_____日_____时_____分,提交到_____。逾期送达的投标文件将被拒绝。

  10. 招标工程项目的开标将于上述投标截止的同一时间在_____公开进行,投标人的法定代表人或其委托代理人应准时参加。

招　标　人:_____(盖章)
办公地址:_____
邮政编码:_____ 联系电话:_____
传　　真:_____ 联系人:_____
招标代理机构:_____(盖章)
办公地址:_____
邮政编码:_____ 联系电话:_____
传　　真:_____ 联系人:_____

日期:_____年_____月_____日

3.3.2 投标邀请书

实行邀请招标的工程项目,招标人可以向三个以上符合资质条件的投标申请人发出投标邀请书。

投标邀请书与招标公告一样,是向作为投标人的法人或其他组织发出的关于招标事宜的初步基本文件。为了提高效率和透明度,投标邀请书必须载明必要的招标信息,使投标人能够确定是否接受所招标的条件。投标邀请书也应当载明招标人的名称和地址,招标工程的性质、规模、地点以及获取资格预审文件和招标文件的办法等事项。投标邀请书的格式如下所示。

投标邀请书
招标工程项目编号:_____

致:(投标人名称)_____

1. (招标人名称)_____的(招标工程项目名称)_____,已由(项目批准机关名称)_____批准建设。现决定对该项目的工程施工进行邀请招标,选定承包人。

2. 本次招标工程项目的概况如下:

2.1 〈说明招标工程项目的性质、规模、结构类型、招标范围、标段及资金来源和落实情况等〉;

2.2 工程建设地点为_____;

2.3 计划开工日期为____年____月____日,计划竣工日期为____年____月____日,工期____日历天;

2.4 工程质量要求符合_____标准。

3. 如你方对本工程上述_____招标工程项目(标段)感兴趣,可向招标人提出资格预审申请,只有资格预审合格的投标申请人才有可能被邀请参加投标。

4. 请你方从_____获取资格预审文件,时间为____年____月____日至____年____月____日,每天上午____时____分至____时____分,下午____时____分至____时____分(公休日、节假日除外)。

5. 资格预审文件每套售价为人民币____元,售后不退。如需邮购,可以书面形式通知招标人,并另加邮费每套人民币____元。招标人在收到邮购款后____日内,以快递方式向投标申请人寄送资格预审文件。

6. 资格预审申请书封面上应清楚地注明"(招标工程项目名称、标段名称)_____投标申请人资格预审申请书"字样。

7. 资格预审申请书须密封后,于____年____月____日____时以前送至_____,逾期送达的或不符合规定的资格预审申请书将被拒绝。

8. 资格预审结果将及时告知投标申请人,并预计于_____年_____月_____日发出资格预审合格通知书。

9. 凡资格预审合格并被邀请参加投标的投标申请人,请按照资格预审合格通知书中确定的时间、地点和方式获取招标文件及有关资料。

招 标 人:(招标人名称)_____(盖章)
办公地址:_____
邮政编码:_____ 联系电话:_____
传　　真:_____ 联 系 人:_____
招标代理机构:(招标代理机构名称)_____(盖章)
办公地址:_____
邮政编码:_____ 联系电话:_____
传　　真:_____ 联 系 人:_____

日期:_____年_____月_____日

3.3.3 资格预审

3.3.3.1 资格审查方式和审查内容

1. 资格审查方式

一般来说,资格审查方式可分为资格预审和资格后审。资格预审是在投标前对投标申请人进行的资格审查;资格后审一般是在评标时对投标申请人进行的资格审查。招标人应根据工程规模、结构复杂程度或技术难度等具体情况,对投标申请人采取资格预审或资格后审。

2. 资格审查内容

无论是资格预审还是后审,都是主要审查投标申请人是否符合下列条件:

(1) 具有独立订立合同的权利;

(2) 具有圆满履行合同的能力,包括:专业、技术资格和能力,资金、设备和其他物质设施状况,管理能力,经验、信誉和相应的工作人员;

(3) 以往承担类似项目的业绩情况;

(4) 没有处于被责令停业,财产被接管、冻结、破产状态;

(5) 在最近几年内(如最近三年内)没有与合同有关的犯罪或严重违约、违法行为。

此外,如果国家对投标申请人的资格条件另有规定的,招标人必须依照其规定,不得与这些规定相冲突或低于这些规定的要求。在不损害商业秘密的前提下,投标申请人应向招标人提交能证明上述有关资质和业绩情况的法定证明文件或其他资料。

是否进行资格审查及资格审查的要求和标准,招标人应在招标公告或投标邀请书中载明。这些要求和标准应平等地适用于所有的投标申请人。招标人不得规定任何并非客观上合理的标准、要求或程序,限制或排斥投标申请人,招标人也不得规定歧视某一投标申请人的标准、要求和程序。

招标人应按照招标公告或投标邀请书中载明的资格审查方式、要求和标准,对提交资格审查证明文件和资料的投标申请人的资格作出审查决定。招标人应告知投标申请人资格审查是否合格。

3.3.3.2 资格预审

1. 资格预审的有关规定

《施工招标投标管理办法》第16条规定:招标人可以根据招标工程的需要,对投标申请人进行资格预审,也可以委托工程招标代理机构对投标申请人进行资格预审。实行资格预审的招标工程,招标人应当在招标公告或者投标邀请书中载明资格预审的条件和获取资格预审文件的办法。目前,在招标实践中,招标人经常采用的是资格预审程序。资格预审的目的是有效地控制招标过程中的投标申请人数量,确保工程招标人选择到满意的投标申请人实施工程建设。实行资格预审方式的工程,招标人应当在招标公告或投标邀请书中载明资格预审的条件和获取资格预审文件的时间、地点等事项。

2. 资格预审的优点

(1) 实行公开招标时,投标者的数量将会很多,大量递交投标书,然而只有少量的投标人能够参加投标,因而将产生大量多余的投标书。而实行资格预审,将那些审查不合格的投标者先行排除,就可以减少这些多余的投标。

(2) 通过对投标人进行资格预审,可以对申请预审的众多投标人的技术水平、财务实力、施工经验和业绩进行调查,从而选择在技术、财务和管理各方面都能满足招标工程需要的投标人参加投标。

(3) 通过对投标人进行资格预审,筛选出确实有实力和信誉的少量投标人,不仅可以减少招标人印制招标文件的数量,而且可以减轻评标的工作量,缩短招标工作周期,同时那些可能不具备承担工程任务的投标人,也节省因投标而投入的人力、财力等投标费用。

3. 资格预审的适用范围

资格预审适用于公开招标或部分邀请招标的土建工程、交钥匙工程、技术复杂的成套设备安装工程、装饰装修工程。

4. 资格预审的程序

招标人可以根据招标工程的需要,自行对投标申请人进行资格预审,也可以委托工程招标代理机构对投标申请人进行资格预审。实行资格预审的招标工程,招标人应当在招标公告或者投标邀请书中载明资格预审的条件和获取资格预审文件的办法。

资格预审的程序为招标人(或招标代理人)编制资格预审文件、发售资格预审文件、制定资格预审的评审标准、接收投标申请人提交的资格预审申请书、对资格预审申请书进行评审并撰写评审报告、将评审结果通知相关申请人。

采取资格预审的工程项目,招标人需编制资格预审文件,向投标申请人发放资格预审文件。投标申请人应按资格预审文件的要求,如实编制资格预审申请书;招标人通过对投标申请人递交的资格预审申请书的内容进行评审,确定符合资质条件、具有能力的投标申请人。

经资格预审后,招标人应当向资格预审合格的投标申请人发出资格预审合格通知书,告知获取招标文件的时间、地点和方法,并同时向资格预审不合格的投标申请人告知资格预审结果。

投标申请人隐瞒事实、弄虚作假、伪造相关资料的,招标人应当拒绝其参加投标。在资格预审合格的投标申请人过多时,可以由招标人从中选择不少于7家资格预审合格的投标申请人参加投标。

5. 资格预审申请书及附表
1) 资格预审申请书

资 格 预 审 申 请 书

致:(招标人名称)_____

1. 经授权作为代表,并以_____(以下简称"投标申请人")的名义,在充分理解《投标申请人资格预审须知》的基础上,本申请书签字人在此以(招标工程项目名称)_____下列标段投标申请人的身份,向你方提出资格预审申请:

项目名称	标段号

2. 本申请书附有下列内容的正本文件的复印件:
2.1 投标申请人的法人营业执照;
2.2 投标申请人的(施工资质等级)_____证书;
3. 按资格预审文件的要求,你方授权代表可调查、审核我方提交的与本申请书相关的声明、文件和资料,并通过我方的开户银行和客户,澄清本申请书中有关财务和技术方面的问题。本申请书还将授权给有关的任何个人或机构及其授权代表,按你方的要求,提供必要的相关资料,以核实本申请书中提交的或与本申请人的资金来源、经验和能力有关的声明和资料。

4. 你方授权代表可通过下列人员得到进一步的资料:

一般质询和管理方面的质询	
联系人1:	电话:
联系人2:	电话:

有关人员方面的质询	
联系人1:	电话:
联系人2:	电话:

有关技术方面的质询	
联系人1:	电话:
联系人2:	电话:

有关财务方面的质询	
联系人1:	电话:
联系人2:	电话:

5. 本申请充分理解下列情况:

5.1 资格预审合格的申请人的投标,须以投标时提供的资格预审申请书主要内容的更新为准;

5.2 你方保留更改本招标项目的规模和金额的权利。前述情况发生时,投标仅面向资格预审合格且能满足变更后要求的投标申请人。

6. 如为联合体投标,随本申请,我们提供联合体各方的详细情况,包括资金投入(及其他资源投入)和赢利(亏损)协议。我们还将说明各方在每个合同价中以百分比形式表示的财务方面以及合同履行方面的责任。

7. 我们确认如果我方中标,则我方的投标文件和与之相应的合同将:

7.1 得到签署,从而使联合体各方共同地和分别地受到法律约束;

7.2 随同提交一份联合体协议,该协议将规定,如果我方被授予合同,联合体各方共同的和分别的责任。

8. 下述签字人在此声明,本申请书中所提交的声明和资料在各方面都是完整的、真实的和准确的:

签名:	签名:
姓名:	姓名:
兹代表(申请人或联合体主办人)	兹代表(联合体成员1)
申请人或联合体主办人盖章	联合体成员1盖章
签字日期:	签字日期:

签名:	签名:
姓名:	姓名:
兹代表(联合体成员2)	兹代表(联合体成员3)
联合体成员2盖章	联合体成员3盖章
签字日期:	签字日期:

签名:	签名:
姓名:	姓名:
兹代表(联合体成员4)	兹代表(联合体成员5)
联合体成员4盖章	联合体成员5盖章
签字日期:	签字日期:

注:① 联合体的资格预审申请,联合体各方应分别提交本申请书第2条要求的文件。

② 联合体各方应按本申请书第4条的规定分别单独具表提供相关资料。

③ 非联合体的申请人无须填写本申请书第6、7条以及第8条有关部分。

④ 联合体的主办人必须明确联合体各方均应在资格预审申请书上签字并加盖公章。

2) 资格预审申请书附表

① 投标人一般情况;

② 近三年类似工程营业额数据表;

③ 近三年已完工程及目前在建工程一览表;

④ 财务状况表;

⑤ 联合体情况;

⑥ 类似工程经验。

公司人员及拟派往本招标工程项目的人员情况

投标申请人或联合体成员名称＿＿＿＿＿＿＿＿＿＿＿＿＿＿＿＿＿＿

1. 公司人员

人员类别 数量	管理人员	工人		其他
		总数	其中技术工人	
总数				
拟为本工程提供的人员总数				

2. 拟派往本招标工程项目的管理人员和技术人员

经历 数量 人员类别	从事本专业工作时间		
	10年以上	5～10年	5年以下
管理人员（如下所列）			
项目经理			
……			
技术人员（如下所列）			
质检人员			
道路人员			
桥涵人员			
试验人员			
机械人员			
……			

注：表内列举的管理人员、技术人员可随项目类型的不同而变化。

拟派往本招标工程项目负责人与主要技术人员情况

投标申请人或联合体成员名称_____

1	职位名称	
	主要候选人姓名	
	替补候选人姓名	
2	职位名称	
	主要候选人姓名	
	替补候选人姓名	
3	职位名称	
	主要候选人姓名	
	替补候选人姓名	
4	职位名称	
	主要候选人姓名	
	替补候选人姓名	

注：① 拟派往本工程的主要技术人员应包括项目技术负责人，相关专业工程师，预算、合同管理人员，质量、安全管理人员，计划统计人员等。
② 对拟派往本工程的项目负责人与主要技术人员，投标申请人应提供至少_____个能满足规定要求的候选人。

拟派往本招标工程项目的负责人与项目技术负责人简历

投标申请人或联合体成员名称_____

职位		候选人	
		主要	替补
候选人资料	候选人姓名	出生年月 年　　　月	
	执业或职业资格		
	学历	职称	
	职务	工作年限	
自	至	公司/项目/职务/有关技术及管理经验	
年　　月	年　　月		
年　　月	年　　月		

续表

年 月	年 月	
年 月	年 月	
年 月	年 月	

注：① 提供主要候选人的专业经验，特别须注明其在技术及管理方面与本工程相类似的特殊经验。
② 投标申请人须提供拟派往本招标工程的项目负责人与项目技术负责人的候选人的技术职称或等级证书复印件。

拟用于本招标工程项目的主要施工设备情况

投标申请人或联合体成员名称＿＿＿＿＿＿＿

	设备名称	
设备资料	1. 制造商名称	2. 型号及额定功率
	3. 生产能力	4. 制造年代
目前状况	5. 目前位置	
	6. 目前及未来工程拟参与情况详述	
来源	7. 注明设备来源　　自有　　购买　　租赁　　专门生产	
所有者	8. 所有者名称	
	9. 所有者地址	
	电话	联系人及职务
	传真	电传
协议	特为本项目所签的购买/租赁/制造协议详述	

注：① 投标申请人应就其提供的每一项设备分别单独具表，且应就关键设备出具所有权证明或租赁协议或购买协议，没有上述证明材料的设备在评审时将不予考虑。
② 若设备为投标申请人或联合体成员自有，则无需填写所有者、协议两栏。

现场组织机构情况

1. 现场组织机构框图（附图）。
2. 现场组织机构框图文字详述。
3. 总部与现场管理部门之间的关系详述。

拟分包企业情况

（招标工程项目名称）_____工程

名　　称	
地　　址	
拟分包工程	
分包理由	

近三年已完成的类似工程

工程名称	地点	总包单位	分包范围	履约情况

注：每个拟分包企业应分别填写本表。

其他资料

1. 近三年的已完和目前在建工程合同履行过程中，投标申请人所介入的诉讼或仲裁情况。请分别说明事件年限、发包人名称、诉讼原因、纠纷事件、纠纷所涉及金额以及最终裁判是否有利于投标申请人。

2. 近三年中所有发包人对投标申请人所施工的类似工程的评价意见。

3. 与资格预审申请书评审有关的其他资料。

投标申请人不应在其资格预审申请书中附有宣传性材料，这些材料在资格评审时将不予考虑。

3.3.4　工程标底

标底是招标人在工程招标前参考国务院和省、自治区、直辖市人民政府建设行政主管部门制定的工程造价计价办法和计价依据以及其他有关规定，根据市场价格信息，由招标单位或委托有相应资质的招标代理机构和工程造价咨询单位以及监理单位等中介组织对所招标的工程进行的价格匡算，是招标人在工程招标前对所招标工程的投资规模的预期，也是投标人作为评判投标者投标价格高低的一个标准。

针对特定的工程，因为不同施工方案的施工费用（工程造价）不同，尤其是一些施工技术不普及的大型公路、铁路、水利、地下设施建设，不同施工方案所对应的工程价格变化更大。这时，标底的制定没有一个公认的施工方案做依据，标底作为评判投标者投标价格高低的标准自然就缺乏合理性。所以,如今在招标时一般不编写标底。

3.3.4.1 标底的编制原则

编制标底一般遵循下列原则。

(1) 根据国家公布的统一工程项目划分、统一计量单位、统一计算规则以及施工图纸、招标文件,并参照国家、行业或地方批准发布的定额和国家、行业、地方规定的技术标准规范以及市场价格确定工程量和编制标底。

(2) 标底作为招标人的期望价格,应力求与市场的实际变化相吻合,要有利于竞争和保证工程质量。

(3) 标底应由工程成本、利润、税金等组成,一般应控制在批准的建设项目投资估算或总概算(修正概算)价格以内。

(4) 标底应考虑人工、材料、设备、机械台班等价格变化因素,还应包括管理费、其他费用、利润、税金,以及不可预见费(特殊情况)、预算包干费、措施费(赶工措施费、施工技术措施费)、现场因素费用、保险等。采用固定价格的还应考虑工程的风险金等。

(5) 一个工程只能编制一个标底。

(6) 标底编制完成后应及时封存,在开标前应严格保密。所有接触过工程标底的人员都有保密责任,不得泄露。

强调标底必须保密,是因为当投标人不了解招标人的标底时,所有投标人都处于平等的竞争地位,各自只能根据自己的情况提出自己的投标报价。而某些投标人一旦掌握了标底,就可以根据情况将报价订得高出标底一个合理的幅度,并仍然能保证很高的中标概率,从而增加投标企业的未来效益。这对其他投标人来说,显然是不公平的。因此,必须强调对标底的保密。招标人履行保密义务应当从标底的编制开始,编制人员应在保密的环境中编制标底,完成之后需送审的,应将其密封送审。标底经审定后应及时封存,直至开标。在整个招标活动过程中所有接触过标底的人员都有对其保密的义务。

若工程招标时设立标底,为防止标底的泄露对招标正常秩序的影响,有时候可以在投标截止日后再编写标底。

3.3.4.2 标底的编制依据

《建筑工程施工发包与承包计价管理办法》(中华人民共和国建设部令第107号)第6条规定,招标标底编制的依据为:国务院和省、自治区、直辖市人民政府建设行政主管部门制定的工程造价计价办法以及其他有关规定,市场价格信息。

根据上述规定,目前我国工程标底的编制主要依据以下基本资料和文件。

(1) 国家的有关法律、法规以及国务院和省、自治区、直辖市人民政府建设行政主管部门制定的有关工程造价的文件、规定。

（2）工程招标文件中确定的计价依据和询价办法，招标文件的商务条款，包括施工合同中规定由工程承包方应承担义务而可能发生的费用，以及招标文件的澄清、答疑等补充文件和资料。在标底计算时，计算口径和取费内容必须与招标文件中有关取费等要求一致。

（3）工程设计文件、图纸、技术说明及招标时的设计交底，施工现场地质、水文、勘探及现场环境等有关资料以及按设计图纸确定的或招标人提供的工程量清单等相关基础资料。

（4）国家、行业、地方的工程建设标准，包括建设工程施工必须执行的建设技术标准、规范和规程。

（5）采用的施工组织设计、施工方案、施工技术措施等。

（6）工程施工现场地质、水文勘探资料，现场环境和条件及反映相应情况的有关资料。

（7）招标时的人工、材料、设备及施工机械台班等的要素市场价格信息以及国家或地方有关政策性调价文件的规定。

3.3.4.3 标底的编制方法

标底的编制，需要根据招标工程的具体情况，如设计文件和图纸的深度、工程的规模和复杂程度、招标人的特殊要求、招标文件对投标报价的规定等，选择合适的类型和编制方法。

《建筑工程施工发包与承包计价管理办法》（中华人民共和国建设部令第107号）第5条规定：施工图预算、招标标底和投标报价由成本（直接费、间接费）、利润和税金构成。其编制可以采用以下计价方法。

（1）工料单价法。分部分项工程量的单价为直接费。直接费以人工、材料、机械的消耗量及其相应价格确定。间接费、利润、税金按照有关规定另行计算。

（2）综合单价法。分部分项工程量清单费用及措施项目费用的单价综合了完成单位工程量或完成具体措施项目的人工费、材料费、机械使用费、管理费和利润，并考虑一定风险因素。规费和税金按有关规定计算。

根据上述规定，同时考虑与国际惯例靠拢，在我国现阶段的招标工程标底的编制中，采用综合单价法和工料单价法两种方法。

招标工程标底和工程量清单由具有编制招标文件能力的招标人自行编制，也可委托具有相应资质和能力的工程造价咨询机构、招标代理机构进行编制。标底的编制要正确处理招标人与投标人的利益关系，坚持公平、公正、公开、客观统一的基本原则。

标底由编制人单位按严格的程序进行审核、盖章和确认。标底审定后必须及时妥善封存，直至开标时所有接触过标底的人员均负有保密责任，任何人不得泄漏标底。

管理箴言

详细易导致烦琐,简单易导致疏漏。就处理一项具体工作来说,若不能判断出两种方法的优劣,则宁简勿繁。

本章总结

国家法律、规章规定,建设单位及建设工程项目进行招标,应具有相应的条件。

工程施工公开招标的程序包括:报建工程项目,政府部门审查建设单位资质,建设单位进行招标申请,编制资格预审文件及招标文件,编制工程标底,发布招标公告,资格预审,发放招标文件,现场踏勘,召开投标预备会(标前会议),对提交的投标文件进行开标、评标,确定中标者及签署施工合同。

施工招标文件的内容,因专业、行业略有不同。《房屋及市政基础设施施工招标文件范本》规定的内容有10章,分别是投标须知及投标须知前附表、合同条款、合同文件格式、工程建设标准、图纸、工程量清单、投招标文件投标函部分格式、投标文件商务部格式、投标文件技术部分格式及资格审查申请书格式等。

评标是建设项目招标人依据招标文件的规定和要求,对投标文件进行审查、评审和比较。它有两个基本方法,最低评价法和综合评分法。另外还有性价比法,但一般较少采用。

【思考题】

1. 工程项目施工招标应具备哪些条件?
2. 简述工程项目施工公开招标的程序。
3. 叙述工程项目招标文件的内容。
4. 叙述资格预审的内容。
5. 论述工程标底的作用、编制的原则和编制方法。

第4章 国内工程项目施工投标

内容提要

本章在简要介绍了国内工程项目施工投标的程序、投标文件内容之后,对投标的实务操作中的投标决策、投标技巧作了论述。

学习指导

工程施工投标,是在市场经济环境下,施工企业承揽施工任务的主要方式。施工企业投标的目的是承揽施工任务,其程序与施工招标的程序基本对应,但不完全相同。施工投标文件是投标者进行施工投标的法律文书,其内容、组成与格式应能与招标文件呼应,即实质上响应招标文件的要求。

招标文件的核心内容有两部分,一部分是技术标,阐述如何完成施工任务,即施工方案或施工组织设计;另一部分是商务标,介绍完成本工程的价格(费用)部分。投标书中的技术标是商务标的前提,也是投标者一旦得到工程以后取得工程费用所必须付出的代价;而利润是承包商承揽工程的真正目的,技术是其实现目的的手段。

4.1 工程项目施工投标概述

4.1.1 工程项目施工投标的概念

工程项目施工投标是指(承包商、施工单位)经过招标人资格审查获得投标资格后,根据招标人的标书条件和要求,在规定的期限内向招标人递交投标书,通过竞争取得承包工程资格的过程。

施工招标的投标人是响应施工招标、参与投标竞争的施工企业。投标人应当具备以下条件。

1. 投标人应当具备承担招标项目的能力

投标人应当具备与投标项目相适应的技术力量、机械设备、人员、资金等方面的能力,具有承担该招标项目的能力。参加投标项目是投标人的营业执照中的经营范围所允许的,并且投标人要具备相应的资质等级。我国现行制度要求,承包建设项目的单位应当持有依法取得的资质证书,并在其资质等级许可的范围内承揽工程,禁止超越本企业资质等级许可的业务范围或者以其他企业的名义承揽建设项目。

2. 投标人应当符合招标文件规定的资格条件

招标人可以在招标文件中对投标人的资格条件作出规定,投标人应当符合招标文件规定的资格条件,如果国家对投标人的资格条件有规定,则依照其规定。对于参加建设项目设计、建筑安装,以及主要设备、材料供应等投标的单位,必须具备下列条件:

(1) 具有招标条件要求的资质证书,并为独立的法人实体;
(2) 承担过类似建设项目的相关工作,并有良好的工作业绩和履约记录;
(3) 财产状况良好,没有处于财产被接管、破产或其他关、停、并、转状态;
(4) 在最近三年没有骗取合同以及其他经济方面的严重违法行为;
(5) 近几年有较好的安全记录,投标当年内没有发生重大质量和特大安全事故。

4.1.2 工程项目施工投标的程序

任何一个施工企业对工程项目进行的投标工作都是一项系统工程,必须遵循一定的程序。

4.1.2.1 投标前期的资料收集

调查研究主要是对投标和中标后履行合同有影响的各种客观因素、招标人和监理工程师的资信以及工程项目的具体情况等进行深入细致的了解和分析。具体包括以下内容。

1. 政治和法律方面

投标人首先应当了解在招标投标活动中以及在合同履行过程中有可能涉及的法律,也应当了解与项目有关的政治形势、国家经济政策走向等。

2. 自然条件

自然条件包括工程所在地的地理位置和地形、地貌;气象状况包括气温、湿度、主导风向、年降水量以及洪水、台风及其他自然灾害状况等。

3. 市场状况

投标人调查市场情况是一项非常艰巨的工作,其内容也非常多,主要包括:建筑材料、施工机械设备、燃料、动力、水和生活用品的供应情况、价格水平,还包括过去几年批发物价和零售物价指数以及今后的变化趋势和预测,劳务市场情况如工人技术水平、工资水平、有关劳动保护和福利待遇的规定等,金融市场情况如银行贷款的难易程度以及银行贷款利率等。

对材料设备的市场情况特别需要详细了解。包括原材料和设备的来源方式、购买的成本、来源国或厂家供货情况;材料、设备购买时的运输、税收、保险等方面的规定、手续、费用;施工设备的租赁、维修费用;使用投标人本地原材料、设备的可能性以及成本比较。

4. 工程项目方面的情况

工程项目方面的情况包括工作性质、规模、发包范围;工程的技术规模和对材料性能及工人技术水平的要求;总工期及分批竣工交付使用的要求;施工场地的地形、地质、地下水位、交通运输、给排水、供电、通信条件的情况;工程项目资金来源;对购买器材和雇佣工人有无限制条件;工程价款的支付方式、外汇所占比例;监理工程师的资历、职业道德和工作作风等。

5. 招标人情况

招标人情况包括招标人的资信情况、履约态度、支付能力、在其他项目上有无拖欠工程款的情况、对实施的工程需求的迫切程度等。

6. 投标人自身情况

投标人对自己内部情况、资料也应当进行归纳管理。这类资料主要用于招标人要求的资格审查和本企业履行项目的可能性。

7. 竞争对手资料

掌握竞争对手的情况,是投标策略中的一个重要环节,也是投标人参加投标能否获胜的重要因素。投标人在制定投标策略时必须考虑到竞争对手的情况。

4.1.2.2 投标决策

投标人在是否参加投标的决策时,应考虑到以下几个方面的问题。

(1) 承包招标项目的可行性与可能性。如:本企业是否有能力(包括技术力量、设备机械等)承包该项目,能否抽调出管理力量、技术力量参加项目承包,竞争对手是否有明显的优势等。

(2) 招标项目的可靠性。如:项目的审批程序是否已经完成,资金是否已经落实等。

(3) 招标项目的承包条件。如果承包条件苛刻,自己无力完成施工,则应放弃投标。

4.1.2.3 研究招标文件并制定施工方案

1. 研究招标文件

投标人报名参加或接受邀请参加某一工程的投标,通过了资格审查,取得招标文件之后,首要的工作就是认真仔细地研究招标文件,充分了解其内容和要求,以便有针对性地安排投标工作。

2. 制定施工方案

施工方案是投标报价的一个前提条件,也是招标人评标时要考虑的因素之一。施工方案应由投标人的技术负责人主持制定,主要应考虑施工方法,施工机具的配置,各公众劳动力的安排及现场施工人员的平衡,施工进度及分批竣工的安排,安全措施等。施工方案的制定应在技术和工期两方面对招标人有吸引力,同时又有助于降低施工成本。

4.1.2.4 投标报价的编制

投标报价的编制主要是投标人对承建招标工程所要发生的各种费用的计算。在进行投标计算时,有必要根据招标文件进行工程量复核或计算。作为投标计算的必要条件,应预先确定施工方案和施工进度。此外,投标计算还必须与采用的合同形式相协调。报价是投标的关键性工作,报价是否合理直接关系到投标的成败。

4.1.2.5 确定投标报价的策略

投标策略是指投标人在投标竞争中的系统工作部署及其参与投标竞争的方式和手段。投标策略作为投标取胜的方式、手段和艺术,贯穿于投标竞争的始终,内容十分丰富。常用的投标策略主要有不平衡报价法、多方案报价法、增加建议方案、无利润报价法等。

4.1.3 投标文件的组成

投标文件应由商务标和技术标两部分组成,根据建设部《招标文件范文》规定,投标文件应完全按照招标文件的各项要求编制。一般投标文件应包括下列内容:
(1) 投标函及投标函附录;
(2) 法定代表人身份证明或附有法定代表人身份证明的授权委托书;
(3) 联合体协议书;
(4) 投标保证金;
(5) 已标价工程量清单(报价书);
(6) 施工组织设计;
(7) 项目管理机构;
(8) 拟分包项目情况表;
(9) 资格审查资料(不采用资格预审的);
(10) 招标文件中规定的其他材料。

4.2 施工投标决策与投标技巧

4.2.1 投标决策的概念

决策是指人们为一定的行为确定目标和制定并选择行动方案的过程。投标决策是承包商选择、确定投标目标和制定投标行动方案的过程。投标决策分为投标机会决策和投标方案决策两阶段的决策。投标机会决策的定量分析方法主要有加权指标分析方法、决策树分析法和线性规划法;投标方案决策的辅助分析方法常见的有系数判断法、层次分析法和概率分析法。

投标决策的正确与否,关系到企业能否中标和中标后能够带来效益问题,关系到施工企业的信誉和发展及职工的切身经济利益,甚至关系到国家的信誉和经济发展问题。

4.2.2 投标决策应遵循的原则

承包商应对投标项目有所选择,特别是投标项目比较多时,投哪个标不投哪个标以及投一个什么样的标,这都关系到中标的可能性和企业的经济效益。因此,投标决策非常重要,通常由企业的主要领导担当此任。要从战略全局全面地权衡得失与利弊,作出正确的决策。进行投标决策实际上是企业的经营决策问题。因此,投标决策时,必须遵循下列原则。

1. 可行性

选择的投标对象是否可行,首先要从本企业的实际情况出发,实事求是,量力而行。以保证企业均衡生产、连续施工为前提,防止出现"窝工"和"赶工"现象。要从企业的施工力量、机械设备、技术能力、施工经验等方面,考虑该招标项目是否比较合适,是否有一定的利润,能否保证工期和满足质量要求。其次,要考虑能否发挥本企业的特点和特长、技术优势和装备优势,要注意扬长避短,选择适合发挥自己优势的项目,发扬长处才能提高利润、创造信誉,避开自己不擅长的项目和缺乏经验的项目。第三,要根据竞争对手的技术经济情报和市场投标报价动向,分析和预测是否有夺标的把握和机会。对于毫无夺标希望的项目,就不宜参加投标,更不能陪标,以免损害本企业的声誉,进而影响未来的中标机会。若明知竞争不过对手,则应退出竞争,减少损失。

2. 可靠性

要了解招标项目是否已经过正式批准,列入国家或地方的建设计划,资金来源是否可靠,主要材料和设备供应是否有保证,设计文件完成的阶段情况,设计深度是否满足要求等。此外,还要了解业主的资信条件及合同条款的宽严程度,有无重大风险性。应当尽早回避那些利润小而风险大的招标项目以及本企业没有条件承担的项目,否则,将会造成不应有的后果。特别是国外的招标项目,更应该注意这个问题。

3. 赢利性

利润是承包商追求的目标之一。保证承包商的利润,既可保证国家财政收入随着经济发展而稳定增长,又可使承包商不断改善技术装备,扩大再生产;同时有利于提高企业职工的收入,改善生活福利设施,从而有助于充分调动职工的积极性和主动性。所以,确定适当的利润率是承包商经营的重要决策。在选取利润率的时候,要分析竞争形势,掌握当时当地的一般利润水平,并综合考虑本企业近期及长远目标,注意近期利润和远期利润的关系。在国内投标中,利润率的选取要根据具体情况适当酌情增减。对竞争很激烈的投标项目,为了夺标,采用的利润率会低于计划利润率。但在以后的施工过程中,注重企业内部革新挖潜,实际的利润率不一定会低于计划利润。

4. 审慎性

参与每次投标,都要花费不少人力、物力,付出一定的代价。如能中标,才可能有利润可言。特别在竞争非常激烈的情况下,承包商赢利甚微。承包商要审慎选择投标对象,除非迫不得已,否则决不能承揽亏本的施工任务。

5. 灵活性

在某些特殊情况下,采用灵活的战略战术。例如,为了在某个地区打开局面,取得立脚点,可以采用让利方针,以薄利优质取胜,为今后的工程投标中标创造机会和条件。

4.2.3 投标类型

投标人要紧紧围绕评标办法,全面考虑自身成本、市场等因素,综合确定投标策略与技巧。承包商决定是否参与某项工程的投标,首先要考虑当前经营状况和长远经营目标,其次要明确参加投标的目的,然后分析中标机会的外部影响因素和投标机会的内在因素。在此可将投标分为以下三种类型。

1. 生存型

投标报价以克服生存危机为目标,争取中标可以不考虑各种利益。社会政治经济环境的变化和承包商自身经营管理不善,都可能造成承包商的生存危机。这种危机首先表现为政治原因,新开工工程减少,所有的承包商都将面临生存危机。其次,政府调整基建投资方向,使某些承包商擅长的工程项目减少,这种危机常常危害营业范围单一的专业工程承包商。第三,如果承包商经营管理不善,投标邀请越来越少,这时承包商应以生存为重,明确不赢利甚至赔本也要夺标的态度,借此暂时维持生存渡过难关,寻求东山再起的机会。

2. 竞争型

投标报价以竞争为手段,以开拓市场、低赢利为目标,在精确计算成本基础上,充分估计各竞争对手的报价目标,以有竞争力的报价达到中标的目的。如果承包商处在经营状况不景气、近期接受的投标邀请较少、竞争对手有威胁性、试图打入新的地区、开拓新的工程施工类型,而且招标项目风险小、施工工艺简单、工程量大、社会效益好的项目和附近有本公司其他在施工的项目,则应压低报价,力争夺标。

3. 赢利型

投标报价充分发挥自身优势,以实现最佳赢利为目标,对效益无吸引力的项目热情不高,对赢利大的项目充满自信。如果承包商在该地区已经打开局面、施工能力饱和、美誉度高、竞争对手少、具有技术优势并对业主有较强的名牌效应,投标目标主要是扩大影响,对施工条件差、难度高、资金支付条件不好、工期质量要求苛刻的项目,则应采用比较高的标价。

在投标决策时应考虑放弃的投标情形:

(1) 本施工企业主营和兼营能力之外的项目；
(2) 工程规模、技术要求超过本施工企业技术等级的项目；
(3) 本施工企业生产任务饱满，而招标工程的赢利水平较低或风险较大的项目；
(4) 本施工企业技术等级、信誉、施工水平明显不如竞争对手的项目。

在进行投标项目的选择时，应考虑本企业工人和技术人员的操作水平、本企业投入本项目所需机械设备的可能性、施工设计能力、对同类工程工艺熟悉程度和管理经验、战胜对手的可能性、承包后对本企业的影响、流动资金周转的可能性等因素。作出正确的投标决策，要考虑的因素很多，需要广泛、深入地调研，系统地积累资料，并作出全面科学的分析，才能保证投标决策的正确性。

4.3 工程项目施工投标商务标的编制

4.3.1 投标文件中商务标的内容

投标文件中商务标应包括下列内容：
(1) 投标函及投标函附录；
(2) 法定代表人身份证明或附有法定代表人身份证明的授权委托书；
(3) 联合体协议书；
(4) 投标保证金；
(5) 投标报价书；
(6) 资格审查资料；
(7) 招标文件中规定的其他材料。

4.3.2 投标文件的编制要求

投标文件应当对招标文件有关工期、投标有效期、质量要求、技术标准和要求、招标范围等实质性内容作出响应。投标时其投标文件应注意以下具体事宜。

1. 投标文件的密封和标记

(1) 投标文件的正本与副本应分开包装，加贴封条，并在封套的封口处加盖投标人单位章。
(2) 投标文件的封套上应清楚地标记"正本"或"副本"字样，封套上应写明其他内容见招标文件中的投标人须知。

2. 投标文件的递交

(1) 在招标文件中规定的投标截止时间前递交投标文件。
(2) 投标人应注意招标文件中规定的投标人递交投标文件的地点。
(3) 投标人所递交的投标文件不予退还。
(4) 招标人收到投标文件后，向投标人出具签收凭证。

(5) 逾期送达的或者未送达指定地点的投标文件,招标人不予受理。

3. 投标文件的修改与撤回

(1) 在招标文件中规定的投标截止时间前,投标人可以修改或撤回已递交的投标文件,但应以书面形式通知招标人。

(2) 投标人修改或撤回已递交投标文件的书面通知应按照招标文件的要求签字或盖章。招标人收到书面通知后,向投标人出具签收凭证。

(3) 修改的内容为投标文件的组成部分。修改的投标文件应按照招标文件的规定进行编制、密封、标记和递交,并标明"修改"字样。

4. 联合体协议书

两个以上法人或者其他组织可以组成一个联合体,以一个投标人的身份共同投标。联合体各方均应当具备承担招标项目的相应能力;国家有关规定或者招标文件对投标人资格条件有规定的,联合体各方均应当具备规定的相应资格条件。由同一专业的单位组成的联合体,按照资质等级较低的单位确定资质等级。

联合体各方应当签订共同投标协议,明确约定各方拟承担的工作和责任,并将共同投标协议连同投标文件一并提交招标人。联合体中标的,联合体各方应当共同与招标人签订合同,就中标项目向招标人承担连带责任。联合体各方不得再以自己名义单独或参加其他联合体在同一标段中投标。

招标人不得强制投标人组成联合体共同投标,不得限制投标人之间的竞争。

5. 投标保证金

招标人可以在招标文件中要求投标人提交投标担保。投标担保可以采用投标保函或者投标保证金的方式。投标保证金可以使用支票、银行汇票等,一般不得超过投标总价的 2%,最高不得超过 50 万元。

投标人应当按照招标文件要求的方式和金额,将投标保函或者投标保证金随投标文件提交招标人。

投标人在递交投标文件的同时,应按招标文件规定的金额、担保形式和招标文件中"投标文件格式"规定的投标保证金格式递交投标保证金,并作为其投标文件的组成部分。联合体投标的,其投标保证金由牵头人递交,并应符合招标文件的规定。

投标人不按招标文件的要求提交投标保证金的,其投标文件作废标处理。招标人与中标人签订合同后 5 个工作日内,向未中标的投标人和中标人退还投标保证金。

有下列情形之一的,投标保证金将不予退还:

(1) 投标人在规定的投标有效期内撤销或修改其投标文件;

(2) 中标人在收到中标通知书后,无正当理由拒签合同协议书或未按招标文件规定提交履约担保。

6. 投标报价书

(详见本章 4.5 节内容)

7. 资格审查资料

1) 适用于已进行资格预审的审查资料

投标人应是收到招标人发出投标邀请书的单位。投标人在编制投标文件时,应按新情况更新或补充其在申请资格预审时提供的资料,以证实其各项资格条件仍能继续满足资格预审文件的要求,具备承担本标段施工的资质条件、能力和信誉。

2) 适用于未进行资格预审的资格审查资料

"投标人基本情况表"应附投标人营业执照副本及其年检合格的证明材料、资质证书副本和安全生产许可证等材料的复印件。

"近年财务状况表"应附经会计师事务所或审计机构审计的财务会计报表,包括资产负债表、现金流量表、利润表和财务情况说明书的复印件,具体年份要求见招标文件的要求。

"近年完成的类似项目情况表"应附中标通知书和(或)合同协议书、工程接收证书(工程竣工验收证书)的复印件,具体年份要求见投标人须知前附表。每张表格只填写一个项目,并标明序号。

"正在施工和新承接的项目情况表"应附中标通知书和(或)合同协议书复印件。每张表格只填写一个项目,并标明序号。

"近年发生的诉讼及仲裁情况"应说明相关情况,并附法院或仲裁机构做出的判决、裁决等有关法律文书复印件,具体年份要求见投标人须知前附表。

招标文件规定接受联合体投标的,应符合招标文件规定的表格和资料要求,应包括联合体各方相关情况。

3) 资格审查资料的表格

投标人基本情况表

投标人名称					
注册地址			邮政编码		
联系方式	联系人			电话	
	传真			网址	
组织结构					
法定代表人	姓名		技术职称	电话	
技术负责人	姓名		技术职称	电话	
成立时间			员工总人数:		

续表

企业资质等级		其中	项目经理	
营业执照号			高级职人员	
注册资金			中级职人员	
开户银行			初级职称员	
账号			技 工	
经营范围				
备注				

近年完成的类似项目情况表

项目名称	
项目所在地	
发包人名称	
发包人地址	
发包人电话	
合同价格	
开工日期	
竣工日期	
承担工作	
工程质量	
项目经理	
技术负责人	
总监理工程师及联系电话	
项目描述	
备注	

正在施工的和新承接的项目情况表

项目名称	
项目所在地	
发包人名称	
发包人地址	
发包人电话	
签约合同价	
开工日期	
计划竣工日期	
承担的工作	
工程质量	
项目经理	
技术负责人	
总监理工程师及联系电话	
项目描述	
备注	

4.3.3 商务标内容的相关格式

4.3.3.1 投标函格式

投 标 函

(招标人名称)：_____

1. 我方已仔细研究了_____(项目名称)标段施工招标文件的全部内容,愿意以人民币(大写)_____元(¥)_____的投标总报价,工期_____日历天,按合同约定实施和完成承包工程,修补工程中的任何缺陷,工程质量达到_____。

2. 我方承诺在投标有效期内不修改、撤销投标文件。

3. 随同本投标函提交投标保证金一份,金额为人民币(大写)_____元(¥)__

_____。

4. 如我方中标：

(1) 我方承诺在收到中标通知书后，在中标通知书规定的期限内与你方签订合同。

(2) 随同本投标函递交的投标函附录属于合同文件的组成部分。

(3) 我方承诺按照招标文件规定向你方递交履约担保。

(4) 我方承诺在合同约定的期限内完成并移交全部合同工程。

5. 我方在此声明，所递交的投标文件及有关资料内容完整、真实和准确，且不存在第二章"投标人须知"第1.4.3项规定的任何一种情形。

6. （其他补充说明）_____。

投 标 人：_____（盖单位章）

法定代表人或其委托代理人：_____（签字）

地址：_____

网址：_____

电话：_____

传真：_____

邮政编码：_____

年　月　日

4.3.3.2 投标函附录格式

投标函附录

序号	条款名称	合同条款号	约定内容	备注
1	项目经理	1.1.2.4	姓名：	
2	工期	1.1.4.3	天数：　　　日	
3	缺陷责任期	1.1.4.5		
4	分包	4.3.4		
⋮				

4.3.3.3 法定代表人身份证明格式

法定代表人身份证明

申请人名称：_____

单位性质：_____

成立时间：_____ 年 ___ 月 ___ 日 经营期限：_____
姓名：_____ 性别：_____ 年龄：_____ 职务：_____
系 _____（申请人名称）的法定代表人。
　　　　　　　　　　　　　　　　特此证明。
　　　　　　　　　　　　　　申请人：_____（盖单位章）

　　　　　　　　　　　　　　　　　　　　　　　年　　月　　日

4.3.3.4 授权委托书格式

授权委托书

本人_____（姓名）系_____（申请人名称）的法定代表人，现委托_____（姓名）为我方代理人。代理人根据授权，以我方名义签署、澄清、递交、撤回、修改_____（项目名称）标段施工招标资格预审申请文件，其法律后果由我方承担。

委托期限：_____
代理人无转委托权。
附：法定代表人身份证明
申请人：_____（盖单位章）
法定代表人：_____（签字）
身份证号码：_____
委托代理人：_____（签字）
身份证号码：_____

　　　　　　　　　　　　　　　　　　　　　　　年　　月　　日

4.3.3.5 联合体协议书格式

联合体协议书

_____（所有成员单位名称）自愿组成_____（联合体名称）联合体，共同参加_____（项目名称）_____标段施工招标资格预审和投标。现就联合体投标事宜订立如下协议。

1. _____（某成员单位名称）为_____（联合体名称）牵头人。
2. 联合体牵头人合法代表联合体各成员负责本标段施工招标项目资格预审申请文件、投标文件编制和合同谈判活动，代表联合体提交和接收相关的资料、信息及指示，处理与之有关的一切事务，并负责合同实施阶段的主办、组织和协调工作。
3. 联合体将严格按照资格预审文件和招标文件的各项要求，递交资格预审申请文件和投标文件,履行合同,并对外承担连带责任。

4. 联合体各成员单位内部的职责分工如下:_____。

5. 本协议书自签署之日起生效,合同履行完毕后自动失效。

6. 本协议书一式____份,联合体成员和招标人各执一份。

注:本协议书由委托代理人签字的,应附法定代表人签字的授权委托书。

牵头人名称:_____(盖单位章)

法定代表人或其委托代理人:_____(签字)

成员一名称:_____(盖单位章)

法定代表人或其委托代理人:_____(签字)

成员二名称:_____(盖单位章)

法定代表人或其委托代理人:_____(签字)

年　　月　　日

4.3.3.6 主要人员简历表格式

主要人员简历表中的项目经理应附项目经理证、身份证、职称证、学历证、养老保险复印件,管理过的项目业绩须附合同协议书复印件;技术负责人应附身份证、职称证、学历证、养老保险复印件,管理过的项目业绩须附证明其所任技术职务的企业文件或用户证明;其他主要人员应附职称证(执业证或上岗证书)、养老保险复印件。

主要人员简历表

姓名		年龄		学历	
职称		职务		拟在本合同任职	
毕业学校	年毕业于		学校		专业
主要工作经历					
时间	参加过的类似项目		担任职务	发包人及联系电话	

4.3.3.7 项目管理机构组成表格式

项目管理机构组成表

职务	姓名	职称	执业或职业资格证明					备注
			证书名称	级别	证号	专业	养老保险	

4.3.3.8 拟分包项目情况表

拟分包项目情况表

分包人名称		地址		
法定代表人		电话		
营业执照号码		资质等级		
拟分包的工程项目	主要内容	预计造价/万元	已经做过的类似工程	

4.3.3.9 投标保证金格式

投标保证金

(招标人名称):_____

鉴于_____(投标人名称)(以下称"投标人")于____年____月____日参加_____(项目名称)标段施工的投标,_____(担保人名称,以下简称"我方")无条件地、不可撤销地保证:投标人在规定的投标文件有效期内撤销或修改其投标文件的,或者投标人在收到中标通知书后无正当理由拒签合同或拒交规定履约担保的,我方承担保证责任。收到你方书面通知后,在 7 日内无条件向你方支付人民币_____(大写)元。

本保函在投标有效期内保持有效。要求我方承担保证责任的通知应在投标有效期内送达我方。

  担保人名称：_____（盖单位章）

  法定代表人或其委托代理人：_____（签字）

  地　址：_____

  邮政编码：_____

  电　话：_____　传　真：_____

年　月　日

4.4　工程项目施工投标技术标的编制

4.4.1　概述

编制技术标首先要遵循"可行、经济、先进"的原则，还应注意与商务标有机衔接；其次，技术标的内容要与招标文件要求的技术标内容逐项对应，防止漏项；第三，招标文件要求提交的技术图纸、检测报告等，要注意其全面性、有效性。

4.4.1.1　投标文件中技术标的内容

投标文件中技术标内容一般包括：施工组织设计、项目管理机构、拟分包项目情况表、招标文件中规定的其他材料等。在工程施工招标实践中，有的招标文件为了提高技术标评审的公正性，要求技术标为"暗标"，即提供统一技术标格式，不在技术标中体现投标人名称。

4.4.1.2　投标人编制施工组织设计的要求

编制技术标的主要工作是编制施工组织设计。投标人编制施工组织设计的要求如下。

（1）编制时应采用文字并结合图表形式说明施工方法；拟投入本标段的主要施工设备情况、拟配备本标段的试验和检测仪器设备情况、劳动力计划等。

（2）编制时应结合工程特点提出切实可行的工程质量、安全生产、文明施工、工程进度、技术组织措施，同时应对关键工序、复杂环节重点提出相应技术措施，如冬雨季施工技术、减少噪声、降低环境污染、地下管线及其他地上地下设施的保护加固措施等。

（3）施工组织设计除采用文字表述外可附以下图表：拟投入本标段的主要施工设备表、拟配备本标段的试验和检测仪器设备表、劳动力计划表、计划开竣工日期和施工进度网络图、施工总平面图、临时用地表。

（4）计划开竣工日期和施工进度网络图的要求：

① 投标人应递交施工进度网络图或施工进度表，说明按招标文件要求的计划工期进行施工的各个关键日期；

② 施工进度表可采用网络图（或横道图）表示。

(5) 施工总平面图的要求。投标人应递交一份施工总平面图，绘出现场临时设施布置图表并附文字说明，说明临时设施、加工车间、现场办公、设备及仓储、供电、供水、卫生、生活、道路、消防等设施的情况和布置。

4.4.1.3 施工组织设计附表的格式

拟投入本标段的主要施工设备表

序号	设备名称	型号规格	数量	国别产地	制造年份	额定功率/kW	生产能力	用于施工部位	备注

拟配备本标段的试验和检测仪器设备表

序号	仪器设备名称	型号规格	数量	国别产地	制造年份	已使用台时数	用途	备注

劳动力计划表　　　　　　　　　（单位：人）

工种	按工程施工阶段投入劳动力情况			

临时用地表

用途	面积/m²	位置	需用时间

4.4.2 施工组织设计

4.4.2.1 施工组织设计概念

施工组织设计是规划和指导拟建工程投标、签订合同、施工准备到竣工验收全过程的全局性的技术经济文件。

4.4.2.2 施工组织设计作用

施工组织设计作为一个全局性、综合性的技术经济文件,是沟通工程设计和施工之间的桥梁。它既要体现拟建工程的设计和使用要求,又要符合工程施工的客观规律,对施工的全过程起着重要的规划和指导作用。主要作用如下。

(1) 指导工程投标与签订工程承包合同,作为投标书的内容和合同文件的一部分。

(2) 指导施工前的一次性准备和工程施工全过程的工作。

(3) 作为项目管理的规划性文件,提出工程施工中进度控制、质量控制、成本控制、安全控制、现场管理、各项生产要素管理的目标及技术组织措施,提高综合效益。

4.4.2.3 施工组织设计的分类

根据工程施工组织设计阶段的不同,施工组织设计可划分为两类:一类是投标前编制的施工组织设计,简称标前设计;另一类是签订工程承包合同后编制的施工组织设计,简称标后设计。按照施工组织设计的工程对象分类,施工组织设计可分为三类:施工组织总设计、单项(或单位)工程施工组织设计和分部分项工程施工组织设计。

1. 施工组织总设计

施工组织总设计是以建设项目或群体工程为对象,规划其施工全过程各项活动的技术、经济的全局性和指导性文件。施工组织总设计一般是在初步设计或扩大设计批准之后,由总承包单位的总工程师负责,会同建设、设计和承包单位的总工程师共同编制的。它是整个建设项目施工的战略部署,涉及范围较广,内容比较概括。它也是施工单位编制年度计划和单位工程施工组织设计的依据。

2. 单项(或单位)工程施工组织设计

单项(或单位)工程施工组织设计是施工组织总设计的具体化,是以单项(或单位)工程为对象编制的。单位工程组织设计是在施工图设计完成后,以施工图为依据,由工程项目的项目经理或主管工程师负责编制的。用以直接指导单项(或单位)工程施工全过程各项活动的技术、经济的局部性和指导性文件。它是在施工组织总设计和施工单位总的施工部署指导下,对人力、物力和安装工程的具体安排,是施工单位编制月旬作业计划的基础性文件。

3. 分部分项工程施工组织设计

分部分项工程施工组织设计是以某些施工难度大(如钢结构安装工程、大型结构构件吊装工程、高级装修工程、大量土石方工程等)或施工技术复杂的大型工业厂房或公共建筑物为对象编制的专门的、详细的专业工程设计文件。一般在编制单项(或单位)工程施工组织设计后,由施工队技术队长负责编制,用以指导各分部工程的施工。因此,分部工程施工组织设计应突出作业性。

4.4.2.4 施工组织设计的编制原则

施工组织设计是根据工程承包组织的需要编制的技术经济文件,更确切地说是技术和经济相结合的文件,既解决技术问题,又考虑经济效果。施工组织设计是全局性的文件。"全局性"是指工程对象是整体的,文件内容是全面的,发挥作用是全方位的。施工组织设计是指导承包全过程的,从投标开始到竣工结束。

在市场经济条件下,应当发挥施工组织设计在投标和签订承包合同中的作用,使工程施工组织设计不但在管理中发挥作用,在经营中也发挥作用。所以施工组织设计的编制应遵循以下原则。

(1)严格遵守工期定额和合同规定的工程竣工及交付使用期限编制的原则。

(2)遵循科学程序进行编制的原则。建筑施工有其本来的客观规律,按照反映这种规律的程序组织施工,以保证各项施工活动相互促进、紧密衔接,避免不必要的重复工作。

（3）应用科学技术和先进方法进行编制的原则，如用流水作业法和网络计划技术安排进度计划。

（4）按照建筑产品施工规律进行编制的原则，如从实际出发，做好人力、物力的综合平衡，组织均衡施工。

（5）实施目标管理原则。编制施工组织设计的过程，也是提出施工项目目标及实现办法的规划过程。因此，必须遵循目标管理原则，使目标分解得当、决策科学、实施有法。

（6）与施工项目管理相结合的原则。施工项目管理规划的内容应在施工组织设计的基础之上进行扩展，使施工组织设计不仅服务于施工和施工准备，而且服务于经营管理和施工管理。

4.4.2.5 投标文件中施工组织设计的编制程序

投标文件中施工组织设计的编制程序如下：
（1）学习招标文件；
（2）进行调查研究；
（3）编制施工方案并选用主要施工机械；
（4）编制施工进度计划；
（5）确定开工日期、竣工日期、总工期；
（6）绘制施工平面图；
（7）确定标价及主要材料用量；
（8）设计保证质量和工期的技术组织措施；
（9）提出合同谈判方案。

4.4.2.6 施工组织设计技术经济分析

1. 施工组织总设计技术经济分析

施工组织总设计的技术分析以定性分析为主，定量分析为辅。分析服从于施工组织总设计每项设计内容的决策，应避免忽视技术经济分析而盲目作出决定的倾向。进行定量分析时，应计算的指标有：施工周期、劳动生产率、单位工程质量优良率、降低成本、安全指标、机械指标等。据此建立技术经济分析指标体系。

2. 单位工程施工组织设计技术经济分析

单位工程施工组织设计技术经济分析，要对施工的技术方法、组织方法及经济效果进行分析，对施工的具体环节及全过程进行分析。在进行技术经济分析时还应抓住施工方法、施工进度计划和施工平面图三大重点内容，灵活运用定性方法和有针对性地应用定量方法。

单位工程施工组织设计中技术经济指标应包括：工期指标、劳动生产率指标、质量指标、安全指标、降低成本率、主要工程工种机械化程度、三大材料节约指标。这些指标应在施工组织设计基本完成后进行计算,并反映在施工组织设计的文件中,作为考核的依据。

4.4.3 标前施工组织设计的编制实例

第一章 工程综述

1.1 编制依据(略)

1.2 工程概况(略)

1.3 工程重点和特点(略)

1.4 招标范围(略)

第二章 工程承包组织管理对策

2.1 综合说明

2.1.1 关于工程工期

本工程招标单位计划于2009年2月11日开工,要求工期为365天,即招标单位要求本工程2010年2月11日达到报竣条件。一旦我公司中标,本公司将立即委派有关工程技术人员进驻现场,进行建筑物定位及放线以及塔吊基础的施工。项目经理部将按照施工准备和具体实施两个小组同时开展工作,迅速达到生产能力,以利于基础施工能尽早开始。计划2009年2月19日开工,进行定位放线、土方开挖、地基处理及基础结构施工;计划2009年6月23日前完成地下室结构工程(包括回填土);计划于2009年10月4日前完成主体结构施工。2010年1月10日前完成本次招标范围内的所有施工内容,留出20天时间进行清理、初验。在结构梁板拆模后进行机电工程立管、风管的安装,按照由下至上的原则组织施工,装修工程则按照由上至下的原则穿插进行,本着抓前不抓后、前紧后松的原则,本公司的进度计划安排均将以确保竣工为目标,组织好劳动力、材料、机械设备,协调好各方关系,确保2010年2月11日前达到报竣条件。工期目标:2009年2月11日至2010年2月11日,共计365日历天。

2.1.2 关于工程质量

本工程一旦中标,将列入本公司的重点工程项目,使该工程的质量管理和质量水平都能达到优质工程标准,为争创优质工程打下扎实的基础。本工程的质量目标为:分部分项工程一次验收合格率100%,质量评定等级为优良,确保北京市竣工长城杯、北京市优质工程,争创国家鲁班奖。

2.1.3 关于工程总承包管理

我公司是国家一级企业,我公司承建本工程后,将对所有专业承包项目进行总承包管理。为此,我公司将从项目班子、组织机构的设置到管理制度的制定,都进行充分的准备,使工程在本公司的管理模式下进行运转,将各专业承包单位的进度、质量、安全、文明施工纳入本公司的总控计划和管理之中,确保本工程的各项工作自始至终处于受控状态。同时,我公司将严格遵循对有关专业承包单位的选定原则,履行总承包单位的职责。

为体现我们的服务,在承建住宅楼的过程中,我公司确立"急工程所急,想工程所想"的服务思想,协调好各专业承包与分包单位关系,并积极主动地为各专业承包分包单位的施工创造必要条件,以确保达到预期的工程目标。

2.1.4 项目管理领导班子(略)

2.1.5 安全目标

确保无重大工伤事故,杜绝死亡事故;轻伤频率控制在2‰以内。

2.1.6 文明施工目标

创北京市建筑工程安全文明样板工地,做到让业主满意。

2.1.7 关于计算机在项目中的应用

我公司将采用现代化的管理手段和软件,通过网络平台在业主及项目部和各专业分包间进行联网,达到共享信息、及时传递、处理信息和相互沟通的目的,加强过程控制,保证资料的真实性,为创竣工长城杯创造必要的条件。通过计算机网络系统在各专业间的相互协调和控制,保证工程优质、高速的完成。

2.2 项目管理总体设想及对策

2.2.1 项目组织机构(略)

2.2.2 施工的组织部署

(1) 总承包组织以土建为主,水、暖、电安装及装饰工程配合施工,协调专业分包单位配合施工。

(2) 结构施工期间,一切施工协调管理,即人、机、物首先满足结构施工需要,确保结构施工按总进度计划。首先按计划完成结构工程,为装修和机电安装工程创造条件。

(3) 组织计划施工内容有:土建结构施工、给排水、采暖、消防、动力照明、通风、空调、配电、装饰工程等。安排分包单位(包括指定分包单位)的人员以及设备、物资的进场计划,严格按照施工计划的内容执行。

(4) 各专业分包单位(含业主指定的分包单位),无条件服从施工总计划。

(5) 在进行结构施工时,材料场地布置及车辆进出是协调部门的主要工作,协调不好会造成现场混乱,无法正常施工。协调好了,现场堆料不多,施工有序,能保证工期、质量。所以,工程协调部门有至高无上的权力进行协调,各专业分包单位必须听从其调配及协调,保证现场有序工作。

2.2.3 施工协调管理

2.2.3.1 同设计单位之间的工作协调

(1) 如果我单位中标,我们即与设计院联系,进一步了解设计意图及工程要求,根据设计意图,完善施工方案,并协助设计院完善施工图设计。

(2) 根据施工总进度计划向设计院提出设计出图计划书,积极参与设计的深化工作。

(3) 主持施工图审查，协助业主会同设计师（供应单位）提出建议，完善设计内容和设备物资选型。

(4) 对施工中出现的情况，除按建筑师、监理的要求及时处理外，还应积极修正可能出现的设计错误，并会同业主、建筑师、监理及专业分包方按照总进度与整体效果要求，验收小样板间，进行部位验收、中间质量验收和竣工验收等。

(5) 根据业主指令，组织设计方参加机电设备、装饰材料、卫生洁具等选型、选材和订货，参加新材料的定样采购。

(6) 协调各施工专业分包单位在施工中需与建筑师协调解决的问题，协助建筑师解决诸如多管道并列等原因引起的标高、几何尺寸的平衡协调工作。

2.2.3.2 与监理工程师工作的协调

(1) 在施工全过程中，严格按照经发包方及监理工程师批准的"施工组织总设计大纲""施工组织设计"进行各专业分包单位的质量管理，在专业分包单位自检和项目管理部专检的基础上，接受监理工程师的检查和验收，并按照监理工程师提出的要求予以整改。

(2) 贯彻项目管理部已建立的质量管理制度，并据此对各专业分包单位予以控制，确保产品达到优良，总承包单位对整个工程产品负有最终责任，任何专业分包单位的工作失职、失误均视为总包单位的失误，杜绝现场施工专业分包单位不服从监理工作的不正常现象发生，使监理工程师的一切指令得到全面执行。

(3) 所有进入现场的成品、半成品、设备、材料、器具均主动向监理工程师提交产品合格证或质保书，按规定使用前需进行材料复试的，主动提交复试结果报告，使所用的材料、设备不给工程造成浪费。

(4) 按部位或分项工序检验的质量严格执行"一案三工序"的准则，上道工序不合格，下道工序不施工，使监理工程师能顺利开展工作。对可能出现的工作意见不一致的情况，遵循"先执行监理的指导，后予以磋商统一"的原则。在现场质量管理工作中，维护好监理工程师的权威性。

2.2.3.3 与专业分包单位间的协调

(1) 项目经理部会同公司对选定的专业分包单位予以考察，并采用竞争录用的方法，使所选择的专业分包单位（含供应单位），其资质、管理经验都符合工程要求。

(2) 责成专业分包单位严格按照"施工总进度计划"编制实施"进度计划"和"施工组织设计"，建立质保体系，确保"大纲"所规定的总目标的实现。

(3) 责成专业分包单位所选用的设备、材料必须事先征得业主和项目经理部的审定，严禁擅自代用材料和使用劣质材料。

(4) 各专业分包单位严格按照项目经理部编制的总平面布置图就位，且按项目经理部制定的现场标准化施工文明管理规定，做好施工的标准化工作。

(5) 专业分包单位进场前均与本公司签订工程承包合同，严格以合同条款来检查落实专业分包单位的责任、义务。任何分包单位的失误，均应视作本公司的工作失误。

(6) 本公司将以各个指令,组织指挥各专业分包单位科学合理地进行作业生产,协调施工中所产生的各类矛盾,以合同中明确的责任,确保完工产品对总包单位负责,使产品不污、不损。

(7) 协调方式。

① 按总进度计划制定的控制节点,组织协调工作会议,检查本节点实施的情况,制定修正调整下一个节点的实施要求。

② 由本公司的项目经理部项目经理负责主持施工协调会,一般情况下,以周为单位召开有业主、监理、设计单位参加的协调会议。

③ 由项目经理部副经理负责主持的每日与专业分包单位施工协调会,发现问题及时解决,确保施工质量、施工进度、安全及文明施工。

④ 项目经理以周为单位,提出工程简报,向业主和有关单位反映,通报工程进展情况及需要解决的问题,使有关方面了解工程的进展情况,及时地解决施工中出现的困难和问题。根据工程进展,我们还将定期召开各种协调会,协助业主协调与社会各部门的关系,以确保工程的正常进行。

2.2.4 施工进度计划管理

本工程建筑面积 30 681 m^2,拟订开工日期 2009 年 2 月 19 日,地下结构(包括填土)计划完成日期为 2009 年 6 月 23 日,2009 年 10 月 5 日结构封顶,2010 年 2 月 11 日完成本次招标的所有施工内容。在计划实施上要考虑周密,提前做好各种生产要素的准备和调配,材料进货和图纸上的问题要及早解决,各专业分包要紧密配合,严格按总控制计划进行,一切服从项目经理部总的安排和协调。为了能按这个工期目标完成,装修工程和机电工程要与土建密切配合。

采用等节拍均衡流水施工:等节拍均衡流水施工是一种科学的施工组织方法,它的基本思路是运用各种先进的施工工艺和施工技术,压缩或调整各施工工序在一个流水段上的持续时间,实现等节拍的均衡流水。我公司在以往的许多工程中曾多次运用过,均取得了工期短、质量高、投入少的良好效果。施工作业队由专业作业班组成,即由木工、钢筋工、混凝土工等专业工种按专业分班组合而成。作业班组之间互相协调配合施工,力争各流水段施工进度节拍一致,从而保证各工序的衔接合理,以保证连续均衡的流水施工。

劳动力安排:在施工过程中,严格实行动态管理,由总公司统一协调,调配具有熟练专业的技术工人满足本工程劳动力需要。

2.2.5 工期保证措施

为了保证工期目标,我公司根据以往工程施工经验,按照建筑工程的施工模式并结合本工程特点,本着以优化施工资源、优化现场平面、尽一切可能为业主节约投资为中心的管理原则综合考虑各种因素,对工期进行了客观分析,认为只要各种措施得当,工序安排上合理,各种生产要素准备充分,完全可以保证达到工期目标。

为实现我公司在工期方面对业主的承诺,在施工期间我们将采取如下措施:

工程严格按照ISO9002的工作程序开展各项工作,对各工序的工作质量严格把关；

全面实行网络计划控制,制定阶段性工期目标,严格执行关键路线工期,以小节点保大节点,对工期进行动态管理,确保阶段目标得以实现。按网络计划对进度进行跟踪,对施工中出现的影响关键路线的因素,及时分析原因,找出解决办法,并及时对局部计划进行调整,密切注意关键路线的变化,再按照变化后的关键路线动态地组织施工。从而使工期在经常变化的资源投入及不可预见因素的动态影响下,始终能够处于受控状态。

严格计划的管理,定期召开由各专业分包单位参加的工程例会,解决施工中出现的各种矛盾。保证整个工程有计划地实施,避免施工的盲目性。

2.2.5.1 采用先进的施工技术和机械设备,做好充分的前期准备

本工程钢筋连接采用直螺纹连接,其施工速度快、质量好。顶板模板采用竹胶板,柱子采用钢柱模。剪力墙模板采用全钢定型大模板,以有效节省工期和人工。

塔吊在底板施工前安装就位。这样塔吊在绑扎钢筋之前就能充分利用。

根据工程工期、工作量、平面尺寸和施工需要,合理安排现场材料垂直运输和水平倒运。

加强总包协调管理,项目经理部指定专人根据不同专业分包的进场时间对分包进行协调照管,并主动配合专业分包的施工,为分包施工创造条件,使各工序衔接有序。

2.2.5.2 专业施工保证(略)

2.2.6 合约管理

2.2.6.1 总包的配合与服务

1) 总承包单位的责任与义务

我公司将根据合同规定,努力而认真地完成本工程施工,提供总包服务和保修等工作所必需的人力、材料、机具、资金、设备及其他物品。对承包范围内的各操作工序和施工方法的可靠性和安全性负责,而且要对内外精装修、电梯、消防、通信、信息等主要设备和系统安装后的管理与配合服务负责任。

我公司将严格执行合同条款的各项规定,按合同规定对工程施工的安全、质量、工期等负责。我公司认为总包与分包单位之间的密切配合和总包随时为分包单位提供服务是总包应有的责任和义务,我公司将按合同要求对分包单位进行管理与协调,积极为分包单位的工作创造条件,使工程顺利进行。

2) 总包配合与服务的范围

免费提供任何在场地上已装配好的外用脚手架和工作平台。

提供现场的垂直运输设备并在分配的时间内使用。

在工地上(非操作面)提供足够的动力及照明电源,提供给分包单位自行接驳所需的电箱和电力。

在工地上(非操作面)提供足够的水源。

在场地上提供储存区域,以便储存运到工地的设备或材料。

分包单位要从工作现场把其所弃置的垃圾集中于总包单位指定的地点,由总包单位负责清运。

总承包单位提供现场外脚手架防护和公共走道防护,防护标准符合北京市规定,但分包单位必须服从总包单位的安全管理。

提供现场警卫、消防设施,但分包单位操作面和自设仓储面(库)的警卫和消防工作(包括设施)由分包单位自行负责。

提供现场轴线测量工作和相关测量资料以及在每层按规定设置的标高点,但专业安装工作面的细部测量放线由分包单位自行负责。

3) 总包配合与服务的管理目标

质量目标:分包单位承担施工的工程质量达到优良,不影响整个工程的优良。

工期目标:分包单位按总承包单位提供的计划,在规定时间内完成好自身的工作。

安全目标:分包单位在其分部分项工程的施工过程中,无伤亡事故。

文明施工:分包单位应达到工完场清,不影响总包单位创安全文明工地的实现。

4) 实现总包配合与服务管理目标的措施

质量措施:对分包单位实行方案审批手续;对分包单位进场材料进行检验;对分包单位施工工序进行监督控制和验收;督促分包单位作好成品保护工作;对分包单位施工人员的技术素质进行控制。

工期措施:总包阶段性施工计划及时传达给分包,并督促其落实;定期组织由各分包单位参加的现场工程协调会;总包积极为分包单位创造工作面;总包单位将图纸和相关资料及时提供给分包;对分包施工的每道工序及时验收,以便下一工序进入施工;总包做好现场垂直运输工具的协调、平衡,保证分包单位合理地使用。

安全措施:对进场的分包单位进行安全教育,确定每周一上午为安全教育日;对分包单位工作面可能出现的安全隐患进行整改、检查;总包提供的安全设施应完好,并定期检查;为分包单位提供的配电箱应完好。

文明施工措施:要求各分包单位统一戴安全帽和着装;进入现场人员实行出入证制度;现场材料堆放整齐,标识明确;分包施工工作面工完场清,垃圾堆放在总承包单位指定的地点;竣工图按期、高质交付措施。主要措施(略)。

2.2.6.2 专业分包管理(略)

2.2.7 物资管理

物料采购是根据合同文件与业主签的供应协议,分别明确业主直接采购、指定供应单位所供物资的范围,以及总承包与专业分包方合同中规定的专业分包采购物资的范围以及相应的供应单位的选择范围、物价、确认、验收、保管、结算等。

项目经理部的物资部和公司的物资部共同统一采购与管理,并根据质量标准和我公司《采购手册》,对所需采购和分供方应供应的物资进行严格的质量检验和控制。

材料供应和及时供应是确保施工工期和建立正常施工秩序的重要因素。作为总承包项目工程技术部须随时掌握工程进度情况,由项目总工程师负责编制严密的材料使用计划。项目物资部根据工程技术部提出的物资采购计划选择多家合格分供方,并通过对其材料规格、性质、服务及价格等多方面考察或试验后报业主和监理审批择优选择。除特殊注明外,本工程所用材料、材质、规格、施工及验收等按国家批准的现行规范、规程办理,所采购的材料或设备必须有出厂合格证、材质证明和使用说明。工程所用材料如需要用其他规格材料代替,须经过核算,并征集业主、监理、设计单位同意。进场的材料须按规范要求取样试验,合格后方可使用,严禁不合格和无证材料用于工程。所有材料的取样试验和保管、发放,项目经理部派专人负责。

装修阶段对所有装饰材料均采用样板制,对材料进行综合评定,选定合格样品;选定的合格样品的各种样板必须通过业主、监理及设计院的认可并签字。最后根据业主确定的样板与分供方签订供货合同,物资部则根据样板及合同中提供的质量标准进行物资的进场试验及验收,不合格的物资严禁进场使用。

2.2.8 施工大样图设计(略)

2.2.9 工程技术资料及图纸管理(略)

2.2.10 计算机文档管理及拟在本工程中的应用(略)

2.2.11 成品保护

装修施工阶段,工种交叉繁多,对成品、半成品易出现二次污染、损坏和丢失,因此必须加强对半成品和成品的保护,加强交叉施工的成品保护力度。在各工种交接时,对上道工序的成品需进行检查并办理书面移交手续,同时采取以下措施。

(1) 根据施工程序编制施工流程表,明确工作内容及完成时间,非该工种人员一律不准进入施工区。

(2) 分层分段设专人负责成品保护和进行巡视检查。

(3) 派专人负责保管钥匙和负责开门工作,未得允许不得进入已完工的房间。

(4) 预验后有的项目要发"许可证"方可进入。

(5) 室外工程施工时,严格按照程序进行施工,先进行地下管网以及光缆敷设的施工,再进行道路及绿化工程的施工,分区、分段穿插进行施工,保证不互相影响和破坏。

2.3 新技术、新材料、新工艺的应用

2.3.1 粗直径钢筋连接技术

对于大直径钢筋,优先应用直螺纹连接技术、套筒冷挤压,钢筋接头均能达到"A"级。直纹连接技术的最大优点是可以在施工现场外对钢筋进行提前加工、现场操作工序简单、施工速度快、适用范围广、不受气候影响且成本较低等。套筒挤压连接的优点是接头强度高,质量稳定可靠,安全、无明火,不受气候影响。由于本工程钢筋施工量很大,运用多种机械连接技术,将大大提高工程钢筋分项工程的施工质量,加快钢筋工程施工效率,缩短工期。

2.3.2　新型模板应用技术

结合本工程结构的特点,剪力墙采用拼装式定型全钢大模板,框架柱模采用钢模,该模板刚度大,可达到清水混凝土施工要求,减少二次抹灰,降低工程成本,电梯井采用伸缩式筒模。

2.3.3　计算机推广、应用、开发和管理技术

在项目管理中,运用计算机辅助管理,为项目决策提供支持和服务,从而实现施工企业管理的网络化、信息化、现代化。计算机应用和开发综合技术还包括:

(1) 图纸二次深化设计、加工安装详图设计;

(2) 开发并建立工程项目管理信息系统;

(3) 图形、音像等计算机多媒体技术可忠实、直观地记录和展示工程实施过程。

2.3.4　建筑节能和新型墙体应用技术

根据墙体类型,采用外墙保温建筑体系,努力提高砌体建筑的保温隔热性能,切实解决墙体"渗、漏、裂"等工艺与技术问题。

2.3.5　新型建筑防水应用技术

通过对防水新材料、新工艺的应用以及我公司在这方面的施工经验,可确保本工程防水的施工质量。

2.3.6　商品混凝土泵送技术

本工程全部采用商品混凝土泵送,地下室采用汽车泵,地上结构采用固定式拖泵,从而加快施工周期。

第三章　施工部署

3.1　工程施工进度计划(网络图略)

3.2　施工流水段划分

根据结构特点,平面尺寸和工程量及现行建筑施工规范和施工工艺要求,根据现场的实际情况,地下室依据现场设置的两条后浇带分三段施工,主体楼座分为六段施工,流水段划分详见附图4、附图5(略)。

3.3　施工总工艺流程

结构施工过程中,配合土建施工的专业有水暖专业留洞、电气专业配管。为确保施工进度,保证工期及施工质量,本工程结构阶段准备分四次验收:±0.00以下结构,一至六层结构、七层至机房层分别做一次结构验收,待每次结构验收完毕后即插入砌筑等初装修及机电安装。

3.3.1　结构工序流程

定位放线→土方开挖(护坡)→地基处理→第二步土方开挖、清(验)槽→垫层→砖模砌抹→基底防水层、防水保护层→放线→基础底板地梁钢筋绑扎,墙、柱插筋(水电预埋)→地下室外墙导墙模支设→基础底板地梁混凝土浇筑→养护、放线→地下室墙、柱钢筋绑扎(水电预埋)→地下室墙、柱模板支设→墙、柱混凝土浇筑→拆模、抄50线→地下室顶板模板支设→地下室顶板钢筋绑扎(水电预埋)→顶板混凝土

浇筑→地下室外墙防水→回填土→首层墙柱钢筋、模板、混凝土（水电预埋）→首层梁板模板、钢筋、混凝土（水电预埋）→二层至顶层结构→二次结构。

3.3.2 装修工序流程

厨房、卫生间地面找平，SBS高聚物改性沥青防水涂料施工→厨房、卫生间防水保护层、室内楼地面→顶棚、内墙→室外散水→清理竣工。

3.4 劳动力计划（表略）

劳动力实行专业化组织，按不同工种、不同施工部位来划分作业班组，使各专业班组从事性质相同的工作，提高操作的熟练程度和劳动生产率，以确保施工质量和施工进度。根据工程实际进度，及时调配劳动力，实行动态管理。

3.5 机械设备投入计划（主要机械设备表略）

现场设置2台塔吊，塔吊主要满足钢筋、模板、屋面材料的吊装需要。采用3台拖泵输送混凝土。在地上结构施工至五层时，使用2台SCD200/200型双笼外用电梯，以满足人员和材料的垂直运输。

3.6 主要材料投入及物资供应

3.7 施工平面布置（总平面布置图略）

3.7.1 现场总平面布置的原则

(1) 施工材料堆放应尽量设在塔吊覆盖的范围内，以减少二次搬运。

(2) 中小型机械的布置，要处于安全环境中，要避开高空物体打击的范围。

(3) 临电电源、电线敷设要避开人员大的楼梯及安全出口，以及容易被坠落物体打击的范围，电线尽量采用暗敷方式。

(4) 着重加强现场管理力度，严格按照我公司的《项目安全管理手册》规定的要求进行管理。

3.7.2 施工平面布置（图略）

3.7.3 现场临建布置

由于场地狭小，现场设置办公室、医务室、值班室、厕所、标养室、配电房、水泵房、模板堆场、钢筋加工场等，其中厕所设临时化粪池，采用自来水冲洗，定期清掏。食堂、职工住宿等外租场地搭设。

3.7.4 现场临水布置

现场临时用水系统包括：消火栓给水系统，生活、施工生产给水系统及临时排水系统，其中消火栓给水系统干管管径DN100，施工生产给水系统干管管径DN50，环行布置于建筑物四周，在建筑物四周各设若干消火栓井，并在靠近建筑物北侧面设置两根消防主管，用φ65立管随结构、装修施工楼层沿外墙架子爬升，每层甩口，并设消防水龙带，解决楼层消防问题。施工用水支管和生活用水支管就近从干管引出。

现场临时排水系统采用在建筑物四周设排水沟的方式，由排水沟进入现场排水干管再进入沉淀池，经沉淀后排入市政管线，保证建筑物四周的雨水不进入施工场地内，同时在施工场地内设置集水坑，及时将现场内的积水排出场外。厕所设置化粪池,由环卫部门定期清理。

3.7.5 现场临电布置

根据现场施工设备用电量的计算,共需用电量约为195~500 kVA(现场施工变压器额定容量),故现场变压器可以满足要求。

现场采用TN-S三相五线制接零保护系统供电,按三级配电两极保护设计施工,PE线与N线严格分开使用,接地电阻不大于10 Ω,施工现场所有防雷装置冲击接地电阻不大于30 Ω。开关箱内漏电保护额定漏电动作电流不大于30 mA,额定漏电动作时间不大于0.1 s。所有供电系统都采用三级控制二级保护,所有主线路电缆埋地敷设。

3.7.6 现场道路布置

根据现场在西北侧设一大门,并沿房屋四周设置5 m宽环形通道。道路设置成混凝土道路,做法为基层土夯实,100 mm厚C20混凝土面层,双向找坡,一侧设排水沟。大门设为6 m宽。

3.7.7 垂直运输设备布置

根据本工程的特点、现场平面情况以及建筑物的地下结构布局形式、地上结构形式和结构尺寸等因素,考虑在本楼现场南侧布置2台QTZ800塔吊,臂长50 m。塔吊主要满足钢筋、模板、屋面材料的吊装需要。在主体结构施工至五层时,主体结构安装2台SCD200/200人货电梯,以满足人员和材料的垂直运输。

第四章　土建主要分项工程施工方法(略)

第五章　机电安装工程主要施工程序和施工方法(略)

第六章　交叉施工原则与措施(略)

第七章　质量计划及质量管理(略)

第八章　安全计划与安全管理(略)

第九章　季节性施工措施(略)

第十章　节约措施(略)

4.5 投标报价的确定

4.5.1 投标报价的原则

(1)以招标文件中设定的发承包双方责任划分,作为考虑投标报价费用项目和费用计算的基础;根据工程发承包模式考虑投标报价的费用内容和计算深度。

(2)以反映企业技术和管理水平的企业定额作为计算人工、材料和机械台班消耗量的基本依据。

(3)以施工方案、技术措施等作为投标报价计算的基本条件。

(4)充分利用现场考察、调研成果、市场价格信息和行情资料,编制基价,确定调价方法。

(5) 报价计算方法要科学严谨,简明适用。

4.5.2 投标报价的计算依据

(1) 招标人提供的招标文件。

(2) 招标人提供的设计图纸、工程量清单及有关的技术说明书等。

(3) 国家及地区颁发的现行建筑、安装工程预算定额及与之相配套执行的各种费用定额规定等。

(4) 地方现行材料预算价格、采购地点及供应方式等。

(5) 因招标文件及设计图纸等不明确,经咨询后由招标人书面答复的有关资料。

(6) 企业内部制定的有关取费、价格等的规定、标准。

(7) 其他与报价计算有关的各项政策、规定及调整系数等。

(8) 在报价的计算过程中,对于不可预见费用的计算必须慎重考虑,不要遗漏。

4.5.3 投标报价的编制方法

投标报价的编制方法可以分为定额计价和工程量清单计价两种投标报价模式。

1. 定额计价模式投标报价

以定额计价模式投标报价,应以招标人要求的编制方法进行。一般是采用预算定额来编制,即按照定额规定的分部分项工程子目逐项计算工程量,套用定额基价或根据市场价格确定直接工程费,然后再按规定的费用定额计取各项费用,最后汇总形成标价。

2. 以工程量清单计价模式投标报价

工程量清单计价的投标报价由分部分项工程费、措施项目费和其他项目费用构成。分部分项工程费、措施项目费和其他项目费用均采用综合单价计价。综合单价即填入工程量清单中的单价组成应包括人工费、材料费、机械费、管理费、利润以及风险金等全部费用。将工程量与该单价相乘得出合价,再将全部合价汇总后即得出投标总报价。

4.5.4 投标报价的编制程序

不论采用何种投标报价模式,一般投标报价的编制过程如下。

1. 复核或计算工程量

工程招标文件中若提供有工程量清单,投标价格计算之前,要对工程量进行复核。若招标文件中没有提供工程量清单,则必须根据图纸计算全部工程量。如招标文件对工程量的计算方法有规定,应按照规定的方法进行计算。

2. 确定单价,计算合价

在投标报价中,复核或计算各个分部分项工程的工程量以后,就需要确定每一个分部分项工程的单价，并按照招标文件中工程量表的格式填写报价，一般是按照分部分项工程量内容和项目名称填写单价与合价。一般来说，投标人应建立自己的标准价格数据库，并据此计算工程的投标价格。在应用单价数据库针对某一具体工程进行投标报价时，需要对选用的单价进行审核评价与调整，使之符合拟投标工程的实际情况，反映市场价格的变化。

针对招标人提出的各个分部分项工程量清单，报综合单价时应重点注意以下问题。

（1）项目特征。应特别注意项目名称栏中所描述的项目规格、部位、类型等，这些项目特征将直接导致施工企业采用不同的施工方法，从而导致综合单价的不同。

（2）工程内容。必须确保所报的综合单价已经涵盖了该项目所要求的所有工程内容，否则，投标人很可能在施工时由于单价不完整而遭受损失。

（3）拟采用的施工方法。在工程量清单计价模式下，招标人所提供的工程数量是施工完成后的净值，而施工中的各种损耗和需要增加的工程量包含在投标人的报价之中。采用不同的施工方法就会产生不同的损耗和工程量增加，从而导致综合单价的不同。

（4）投标人类似工程的经验数据。在工程量清单计价模式中，投标报价的形成是投标人自主决定的，反映投标人的自身实力，因此对类似工程经验数据的使用显得尤为重要。投标必须事先对从事的不同类型的工程历史数据进行加工和整理，使经验数据与"规范"的项目设置规则有良好的接口，以提高报价的速度和准确性。

（5）对各生产要素的询价。由于市场价格，尤其是人、材、机等重要生产要素的市场价格总是在不断变化，投标人必须能够充分把握现行的市场价格及其可能的发展趋势。主要方法包括：向有长期业务联系的供应商或制造商询价，从咨询公司购买价格信息，自行进行市场调查或信函询价，利用有关政府部门公布的信息资料等。

（6）风险预测。在工程量清单计价模式中，投标人对其投标的价格承担风险责任，因此投标人有必要在投标时对可能存在的风险作出预测，估计其对投标价格可能带来的影响，从而确定合理的风险费用，形成投标价格。

3. 确定分包工程费

来自分包人的工程分包费用是投标价格的一个重要组成部分，有时总承包人投标价格中的大部分来自于分包工程费。因此，在编制投标价格时需要有一个合适的价格来衡量分包人的价格，需要熟悉分包工程的范围，对分包人的能力进行评估。

4. 确定利润

利润指的是投标人的预期利润，确定利润取值的目标是考虑既可以获得最大的可能利润，又要保证投标价格具有一定的竞争性。投标报价时投标人应根据市场竞争情况确定该工程的利润率。

5. 确定风险费

风险费对投标人来说是一个未知数，如果预计的风险没有全部发生，则可能预计的风险费有剩余,这部分剩余和预期利润加在一起就是盈余;如果风险费估计不足,则由利润来补贴。在投标时应该根据该工程规模及工程所在地的实际情况,由有经验的专业人员对可能的风险因素进行逐项分析后确定一个比较合理的费用比率。

6. 确定投标价格

如前所述,将所有的分部分项工程的合价汇总后就可以得到工程的总价,但是这样计算的工程总价还不能作为投标价格,因为计算出来的价格可能重复也可能会漏算,也有可能某些费用的预估有偏差等等,因而必须对计算出来的工程总价作某些必要的调整。

投标报价要与技术标有机结合。投标人首先要认真研究招标标的,对招标文件描述不清或隐含的条款,要积极向招标人咨询。对工程施工和大型设备安装,应当进行详细的现场勘察,对水、电、路等现场情况做到心中有数,对有可能发生的情况作出准确预测。针对发现的问题,要在规定时限内向招标人提出质疑,并积极参加答疑会,切忌主观武断和"想当然"。

7. 在报价时要注意的问题

(1) 慎用低价策略。根据《中华人民共和国招标投标法》和国家七部委12号令《评审委员会和评审方法暂行规定》规定,投标人不得以低于成本的报价竞标。在评审过程中,评标委员会发现投标人的报价明显低于其他投标报价,或明显低于标底的,使得其投标报价可能低于其个别成本的,应当要求投标人作出书面说明并提供有关证明材料。投标人不能提供合理说明,或不能提供相关证明材料的,由评标委员会认定其低于成本报价竞标,其投标作废标处理。因此投标人采用低价竞标策略应十分谨慎,不要为得高分而盲目压价。如确因个别成本低于社会平均成本,要在投标文件中有合理的说明,提供相关证明资料,并充分作好应对评审委员会质询澄清的准备,否则有可能作为废标处理。

(2) 严格对照招标清单报价。投标人应严格对照招标人提供的招标内容清单进行报价。在工程量清单招标中,修改招标人发布的工程量清单是被严格禁止的。《评审委员会和评审方法暂行规定》明确规定,单价报价与合价报价不一致的,以单价金额为准;分项报价与总价报价不一致的,以分项报价为准;大小写金额不一致的,以大写金额为准。而且评审委员会可以要求投标人对文字和计算错误按以上原则进行澄清,投标人澄清不符合上述规定,或拒绝澄清的,可以否决其投标。

(3) 足额计取行政规费。为确保工程安全、环保、文明施工,防止无序压价,有的地方规定安全施工费、环境保护费、文明施工费、定额测定费、税金等费用应按法定标准计取,不得参与让利,否则作废标处理。

4.5.5 建筑安装工程费用项目组成

根据建设部、财政部发布的《建筑安装工程费用项目组成》(建标[2003]206号)的规定,建筑安装工程费由直接费、间接费、利润和税金组成。

4.5.5.1 直接费的组成

直接费由直接工程费和措施费组成。

1. 直接工程费

直接工程费指施工过程中耗费的构成工程实体的各项费用,包括人工费、材料费、施工机械使用费。

1) 人工费

人工费指直接从事建筑安装工程施工的生产工人开支的各项费用,内容如下。

(1) 基本工资:指发放给生产工人的基本工资。

(2) 工资性补贴:指按规定标准发放的物价补贴,煤、燃气补贴,交通补贴,住房补贴,流动施工津贴等。

(3) 生产工人辅助工资:指生产工人年有效施工天数以外非作业天数的工资,包括职工学习、培训期间的工资,调动工作、探亲、休假期间的工资,因气候影响的停工工资,女工哺乳时间的工资,病假在六个月以内的工资及产、婚、丧假期的工资。

(4) 职工福利费:指按规定标准计提的职工福利费。

(5) 生产工人劳动保护费:指按规定标准发放的劳动保护用品的购置费及修理费、徒工服装补贴、防暑降温费、在有碍身体健康环境中施工的保健费用等。

2) 材料费

材料费指施工过程中耗费的构成工程实体的原材料、辅助材料、构配件、零件、半成品的费用。内容如下所述。

(1) 材料原价(或供应价格)。

(2) 材料运杂费:指材料自来源地运至工地仓库或指定堆放地点所发生的全部费用。

(3) 运输损耗费:指材料在运输装卸过程中不可避免的损耗。

(4) 采购及保管费:指为组织采购、供应和保管材料过程中所需要的各项费用,包括采购费、仓储费、工地保管费、仓储损耗。

(5) 检验试验费:指对建筑材料、构件和建筑安装物进行一般鉴定、检查所发生的费用,包括自设试验室进行试验所耗用的材料和化学药品等费用。不包括新结构、新材料的试验费和建设单位对具有出厂合格证明的材料进行检验、对构件做破坏性试验及其他特殊要求检验试验的费用。

3) 施工机械使用费

施工机械使用费指施工机械作业所发生的机械使用费以及机械安拆费和场外运费。

施工机械台班单价应由下列七项费用组成。

(1) 折旧费:指施工机械在规定的使用年限内,陆续收回其原值及购置资金的时间价值。

(2) 大修理费:指施工机械按规定的大修理间隔台班进行必要的大修理,以恢复其正常功能所需的费用。

(3) 经常修理费:指施工机械除大修理以外的各级保养和临时故障排除所需的费用。包括为保障机械正常运转所需替换设备与随机配备工具附具的摊销和维护费用,机械运转中日常保养所需润滑与擦拭的材料费用及机械停滞期间的维护和保养费用等。

(4) 安拆费及场外运费:安拆费指施工机械在现场进行安装与拆卸所需的人工、材料、机械和试运转费用以及机械辅助设施的折旧、搭设、拆除等费用;场外运费指施工机械整体或分体自停放地点运至施工现场或由一施工地点运至另一施工地点的运输、装卸、辅助材料及架线等费用。

(5) 人工费:指机上司机(司炉)和其他操作人员的工作日人工费及上述人员在施工机械规定的年工作台班以外的人工费。

(6) 燃料动力费:指施工机械在运转作业中所消耗的固体燃料(煤、木柴)、液体燃料(汽油、柴油)及水、电等费用。

(7) 养路费及车船使用税:指施工机械按照国家规定和有关部门规定应缴纳的养路费、车船使用税、保险费及年检费等。

2. 措施费

措施费指为完成工程项目施工,发生于该工程施工前和施工过程中非工程实体项目的费用。其内容如下。

(1) 环境保护费:指施工现场为达到环保部门要求所需要的各项费用。

(2) 文明施工费:指施工现场文明施工所需要的各项费用。

(3) 安全施工费:指施工现场安全施工所需要的各项费用。

(4) 临时设施费:指施工企业为进行建筑工程施工所必须搭设的生活和生产用的临时建筑物、构筑物和其他临时设施费用等。

临时设施包括临时宿舍,文化福利及公用事业房屋与构筑物,仓库,办公室,加工厂以及规定范围内道路、水、电、管线等临时设施和小型临时设施。

临时设施费用包括临时设施的搭设、维修、拆除费或摊销费。

(5) 夜间施工费:指因夜间施工所发生的夜班补助费、夜间施工降效、夜间施工照明设备摊销及照明用电等费用。

(6) 二次搬运费:指因施工场地狭小等特殊情况而发生的二次搬运费用。

(7) 大型机械设备进出场及安拆费:指机械整体或分体自停放场地运至施工现场或由一个施工地点运至另一个施工地点,所发生的机械进出场运输及转移费用及机械在施工现场进行安装、拆卸所需的人工费、材料费、机械费、试运转费和安装所需的辅助设施的费用。

(8) 混凝土、钢筋混凝土模板及支架费:指混凝土施工过程中需要的各种钢模板、木模板、支架等的支、拆、运输费用及模板、支架的摊销(或租赁)费用。

(9) 脚手架费：指施工需要的各种脚手架搭、拆、运输费用及脚手架的摊销（或租赁）费用。

(10) 已完工程及设备保护费：指竣工验收前，对已完工程及设备进行保护所需费用。

(11) 施工排水、降水费：指为确保工程在正常条件下施工，采取各种排水、降水措施所发生的各种费用。

4.5.5.2 间接费的组成

间接费由规费、企业管理费组成。

1. 规费

规费指政府和有关权力部门规定必须缴纳的费用（简称规费）。包括如下内容。

(1) 工程排污费：指施工现场按规定缴纳的工程排污费。

(2) 工程定额测定费：指按规定支付工程造价（定额）管理部门的定额测定费。

(3) 社会保障费。

① 养老保险费：指企业按规定标准为职工缴纳的基本养老保险费。

② 失业保险费：指企业按照国家规定标准为职工缴纳的失业保险费。

③ 医疗保险费：指企业按照规定标准为职工缴纳的基本医疗保险费。

(4) 住房公积金：指企业按规定标准为职工缴纳的住房公积金。

(5) 危险作业意外伤害保险：指按照建筑法规定，企业为从事危险作业的建筑安装施工人员支付的意外伤害保险费。

2. 企业管理费

企业管理费指建筑安装企业组织施工生产和经营管理所需费用。包括如下内容。

(1) 管理人员工资：指管理人员的基本工资、工资性补贴、职工福利费、劳动保护费等。

(2) 办公费：指企业管理办公用的文具、纸张、账表、印刷、邮电、书报、会议、水电、烧水和集体取暖（包括现场临时宿舍取暖）用煤等费用。

(3) 差旅交通费：指职工因公出差、调动工作的差旅费，住勤补助费，市内交通费和误餐补助费，职工探亲路费，劳动力招募费，职工离退休、退职一次性路费，工伤人员就医路费，工地转移费以及管理部门使用的交通工具的油料、燃料、养路费及牌照费。

(4) 固定资产使用费：指管理和试验部门及附属生产单位使用的属于固定资产的房屋、设备仪器等的折旧、大修、维修或租赁费。

(5) 工具用具使用费：指管理使用的不属于固定资产的生产工具、器具、家具、交通工具和检验、试验、测绘、消防用具等的购置、维修和摊销费。

(6) 劳动保险费：指由企业支付离退休职工的易地安家补助费、职工退职金、六个月以上的病假人员工资、职工死亡丧葬补助费、抚恤费、按规定支付给离休干部的各项经费。

(7) 工会经费：指企业按职工工资总额计提的工会经费。

(8) 职工教育经费：指企业为职工学习先进技术和提高文化水平，按职工工资总额计提的费用。

(9) 财产保险费：指施工管理用财产、车辆保险的费用。

(10) 财务费：指企业为筹集资金而发生的各种费用。

(11) 税金：指企业按规定缴纳的房产税、车船使用税、土地使用税、印花税等。

(12) 其他：包括技术转让费、技术开发费、业务招待费、绿化费、广告费、公证费、法律顾问费、审计费、咨询费等。

3. 利润

利润是指施工企业完成所承包工程获得的赢利。

4. 税金

税金是指国家税法规定的应计入建筑安装工程造价内的营业税、城市维护建设税及教育费附加等。

4.5.6 建筑安装工程费用项目计算

4.5.6.1 直接费的计算

1. 直接工程费

$$直接工程费 = 人工费 + 材料费 + 施工机械使用费$$

1) 人工费

$$人工费 = \sum(工日消耗量 \times 日工资单价)$$

$$日工资单价(G) = \sum_{i=1}^{5} G_i$$

G_1——日基本工资；

G_2——日工资性补贴；

G_3——日生产工人辅助工资；

G_4——日职工福利费；

G_5——日生产工人劳动保护费；

(1) 日基本工资。

$$日基本工资(G_1) = \frac{生产工人平均月工资}{年平均每月法定工作日}$$

(2) 日工资性补贴。

$$日工资性补贴(G_2) = \frac{\sum 年发放标准}{全年日历日 - 法定假日} + \frac{\sum 月发放标准}{年平均每月法定工作日} + 每工作日发放标准$$

(3) 日生产工人辅助工资。

$$日生产工人辅助工资(G_3) = \frac{全年无效工作日 \times (G_1 + G_2)}{全年日历日 - 法定假日}$$

(4) 日职工福利费。

$$日职工福利费(G_4) = (G_1 + G_2 + G_3) \times 福利费计提比例$$

(5) 日生产工人劳动保护费。

$$日生产工人劳动保护费(G_5) = \frac{生产工人年平均支出劳动保护费}{全年日历日 - 法定假日}$$

2) 材料费

$$材料费 = \sum(材料消耗量 \times 材料基价) + 检验试验费$$

(1) 材料基价。

$$材料基价 = [(供应价格 + 运杂费) \times (1 + 运输损耗率)] \times (1 + 采购保管费率)$$

(2) 检验试验费。

$$检验试验费 = \sum(单位材料量检验试验费 \times 材料消耗量)$$

3) 施工机械使用费

$$施工机械使用费 = \sum(施工机械台班消耗量 \times 机械台班单价)$$

$$机械台班单价 = 台班折旧费 + 台班大修费 + 台班经常修理费 + \\ 台班安拆费及场外运费 + 台班人工费 + \\ 台班燃料动力费 + 台班养路费及车船使用税$$

2. 措施费

本规则中只列通用措施费项目的计算方法，各专业工程的专用措施费项目的计算方法由各地区或国务院有关专业主管部门的工程造价管理机构自行制定。

1) 环境保护费

$$环境保护费 = 直接工程费 \times 环境保护费费率$$

$$环境保护费费率 = \frac{本项费用年度平均支出}{全年建安产值 \times 直接工程费占总造价比例}$$

2) 文明施工费

$$文明施工费 = 直接工程费 \times 文明施工费费率$$

$$文明施工费费率 = \frac{本项费用年度平均支出}{全年建安产值 \times 直接工程费占总造价比例}$$

3) 安全施工费

$$安全施工费 = 直接工程费 \times 安全施工费费率$$

$$安全施工费费率 = \frac{本项费用年度平均支出}{全年建安产值 \times 直接工程费占总造价比例}$$

4) 临时设施费

$$临时设施费 = (周转使用临建费 + 一次性使用临建费) \times \\ (1 + 其他临时设施所占比例)$$

其中：

$$周转使用临建费 = \sum\left[\frac{临建面积 \times 每平方米造价}{使用年限 \times 365 \times 利用率} \times 工期(天)\right] + 一次性拆除费$$

$$一次性使用临建费 = \sum 临建面积 \times 每平方米造价 \times (1-残值率) + 一次性拆除费$$

其他临时设施在临时设施费中所占比例，可由各地区造价管理部门依据典型施工企业的成本资料经分析后综合测定。

5）夜间施工增加费

$$夜间施工增加费 = \left(1-\frac{合同工期}{定额工期}\right) \times \frac{直接工程费中的人工费合计}{平均日工资单价} \times 每工日夜间施工费开支$$

6）二次搬运费

$$二次搬运费 = 直接工程费 \times 二次搬运费费率$$

$$二次搬运费费率 = \frac{年平均二次搬运费开支额}{全年建安产值 \times 直接工程费占总造价的比例}$$

7）大型机械进出场及安拆费

$$大型机械进出场 = \frac{一次进出场及安拆费 \times 年平均安拆次数}{年工作台班}$$

8）混凝土、钢筋混凝土模板及支架费

(1) 模板及支架费 = 模板摊销量 × 模板价格 + 支、拆、运输费

摊销量 = 一次使用量 × (1+施工损耗) × [1+(周转次数-1) × 补损率/周转次数-(1-补损率) × 50%/周转次数]

(2) 租赁费 = 模板使用量 × 使用日期 × 租赁价格 + 支、拆、运输费

9）脚手架搭拆费

(1) 脚手架搭拆费 = 脚手架摊销量 × 脚手架价格 + 搭、拆、运输费

$$脚手架摊销量 = \frac{单位一次使用量 \times (1-残值率)}{耐用期} \times 一次使用期$$

(2) 租赁费 = 脚手架每日租金 × 搭设周期 + 搭、拆、运输费

10）已完工程及设备保护费

已完工程及设备保护费 = 成品保护所需机械费 + 材料费 + 人工费

11）施工排水、降水费

$$排水降水费 = \sum 排水降水机械台班费 \times 排水降水周期 + 排水降水使用材料费、人工费$$

4.5.6.2 间接费的计算

间接费的计算方法按取费基数的不同分为以下三种。

1. 以直接费为计算基础
$$间接费 = 直接费合计 \times 间接费费率$$
2. 以人工费和机械费合计为计算基础
$$间接费 = 人工费和机械费合计 \times 间接费费率$$
3. 以人工费为计算基础
$$间接费 = 人工费合计 \times 间接费费率$$

$$间接费费率 = 规费费率 + 企业管理费费率$$

规费费率根据本地区典型工程发承包价的分析资料综合取定规费计算中所需数据：每万元发承包价中人工费含量和机械费含量，人工费占直接费的比例，每万元发承包价中所含规费缴纳标准的各项基数。

规费费率的计算公式如下所示。

(1) 以直接费为计算基础。

$$规费费率 = \frac{\sum 规费缴纳标准 \times 每万元发承包价计算基数}{每万元发承包价中的人工费含量} \times 人工费占直接费的比例$$

(2) 以人工费和机械费合计为计算基础。

$$规费费率 = \frac{\sum 规费缴纳标准 \times 每万元发承包价计算基数}{每万元发承包价中的人工费含量和机械费含量} \times 100\%$$

(3) 以人工费为计算基础。

$$规费费率 = \frac{\sum 规费缴纳标准 \times 每万元发承包价计算基数}{每万元发承包价中的人工费含量} \times 100\%$$

企业管理费费率计算公式如下。

(1) 以直接费为计算基础。

$$企业管理费费率 = \frac{生产工人年平均管理费}{年有效施工天数 \times 人工单价} \times 人工费占直接费比例$$

(2) 以人工费和机械费合计为计算基础。

$$企业管理费费率 = \frac{生产工人年平均管理费}{年有效施工天数 \times (人工单价 + 每一工日机械使用费)} \times 100\%$$

(3) 以人工费为计算基础。

$$企业管理费费率 = \frac{生产工人年平均管理费}{年有效施工天数 \times 人工单价} \times 100\%$$

4.5.6.3 利润

利润计算公式见建筑安装工程计价程序。

4.5.6.4 税金计算公式

$$税金 = (税前造价 + 利润) \times 税率(\%)$$

其中税率计算公式如下。

1. 纳税地点在市区的企业

$$税率(\%) = \frac{1}{1-3\%-(3\%\times 7\%)-(3\%\times 3\%)} - 1$$

2. 纳税地点在县城、镇的企业

$$税率(\%) = \frac{1}{1-3\%-(3\%\times 5\%)-(3\%\times 3\%)} - 1$$

3. 纳税地点在农村的企业

$$税率(\%) = \frac{1}{1-3\%-(3\%\times 1\%)-(3\%\times 3\%)} - 1$$

4.5.7 建筑安装工程发包与承包计价程序

1. 工料单价法计价程序

工料单价法是以分部分项工程量乘以单价后的合计为直接工程费,直接工程费以人工、材料、机械的消耗量及其相应价格确定。直接工程费汇总后另加间接费、利润、税金形成工程发承包价,其计算程序分为三种。

(1) 以直接费为计算基础见表 4-1。

表 4-1　以直接费为基础计算工程价格

序号	费用项目	计算方法	备注
1	直接工程费	按预算表	
2	措施费	按规定标准计算	
3	小计	(1)+(2)	
4	间接费	(3)×相应费率	
5	利润	[(3)+(4)]×相应利润率	
6	合计	(3)+(4)+(5)	
7	含税造价	(6)×(1+相应税率)	

(2) 以人工费和机械费为计算基础见表 4-2。

表 4-2　以人工费和机械费为基础计算工程价格

序号	费用项目	计算方法	备注
1	直接工程费	按预算表	
2	其中人工费和机械费	按预算表	

续表

序号	费用项目	计算方法	备注
3	措施费	按规定标准计算	
4	其中人工费和机械费	按规定标准计算	
5	小计	(1)+(3)	
6	人工费和机械费小计	(2)+(4)	
7	间接费	(6)×相应费率	
8	利润	(6)×相应利润率	
9	合计	(5)+(7)+(8)	
10	含税造价	(9)×(1+相应税率)	

(3) 以人工费为计算基础见表4-3。

表4-3 以人工费为基础计算工程价格

序号	费用项目	计算方法	备注
1	直接工程费	按预算表	
2	直接工程费中人工费	按预算表	
3	措施费	按规定标准计算	
4	措施费中人工费	按规定标准计算	
5	小计	(1)+(3)	
6	人工费小计	(2)+(4)	
7	间接费	(6)×相应费率	
8	利润	(6)×相应利润率	
9	合计	(5)+(7)+(8)	
10	含税造价	(9)×(1+相应税率)	

2. 综合单价法计价程序

综合单价法是分部分项工程单价为全费用单价,全费用单价经综合计算后生成,其内容包括直接工程费、间接费、利润和税金(措施费也可按此方法生成全费用价格)。各分项工程量乘以综合单价的合价汇总后,生成工程发承包价。

由于各分部分项工程中的人工、材料、机械含量的比例不同,各分项工程可根据其材料费占人工费、材料费、机械费合计的比例(以字母"C"代表该项比值)在以下三种计算程序中选择一种计算其综合单价。

(1) 当 $C > C_0$ (C_0 为本地区原费用定额测算所选典型工程材料费占人工费、材料费和机械费合计的比例)时,可采用以人工费、材料费、机械费合计为基数计算该分项的间接费和利润,见表 4-4。

表 4-4 综合单价法计价程序 1

序号	费用项目	计算方法	备注
1	分项直接工程费	人工费+材料费+机械费	
2	间接费	(1)×相应费率	
3	利润	[(1)+(2)]×相应利润率	
4	合计	(1)+(2)+(3)	
5	含税造价	(4)×(1+相应税率)	

(2) 当 $C < C_0$ 时,可采用以人工费和机械费合计为基数计算该分项的间接费和利润,见表 4-5。

表 4-5 综合单价法计价程序 2

序号	费用项目	计算方法	备注
1	分项直接工程费	人工费+材料费+机械费	
2	其中人工费和机械费	人工费+机械费	
3	间接费	(2)×相应费率	
4	利润	(2)×相应利润率	
5	合计	(1)+(3)+(4)	
6	含税造价	(5)×(1+相应税率)	

(3) 如该分项的直接费仅为人工费,无材料费和机械费时,可采用以人工费为基数计算该分项的间接费和利润,见表 4-6。

表 4-6 综合单价法计价程序 3

序号	费用项目	计算方法	备注
1	分项直接工程费	人工费+材料费+机械费	
2	直接工程费中人工费	人工费	
3	间接费	(2)×相应费率	
4	利润	(2)×相应利润率	

续表

序号	费用项目	计算方法	备注
5	合计	(1)+(3)+(4)	
6	含税造价	(5)×(1+相应税率)	

4.5.8 投标报价实例

本实例为《建设工程工程量清单计价规范》(GB 50500—2008)宣贯辅导教材的部分内容摘录，以说明清单计价模式投标报价书的基本格式和基本内容。

投 标 总 价

招 标 人：_____××学校_____

工 程 名 称：_____××学校教学楼_____

投标总价(小写)：_____7 965 000 元_____

　　　　(大写)：____柒佰玖拾陆万伍仟元整____

投 标 人：__××建筑工程有限公司(单位盖章)__

法定代表人　　　××建筑工程有限公司
或其授权人：__法定代表人(签字或盖章)__

编 制 人：____(造价人员签字盖专用章)____

编制时间： 2009 年 4 月 15 日

总 说 明

工程名称：××学校教学楼工程　　　　　　　　　　　　　　　　第×页 共×页

　　1. 工程概况：本工程为砖混结构，混凝土灌注桩基，建筑层数为六层，建筑面积为 12 940.86 平方米。招标计划工期为 306 日历天，投标工期为 287 日历天。
　　2. 投标报价包括范围：为本次招标的住宅工程施工图范围内的建筑工程和安装工程。
　　3. 投标报价编制依据：
　　（1）招标文件及其所提供的工程量清单和有关报价的要求，招标文件的补充通知和答疑纪要。
　　（2）住宅楼施工图及投标施工组织设计。
　　（3）有关的技术标准、规范和安全管理规定等。
　　（4）省建设主管部门颁发的计价定额和计价管理办法及相关计价文件。
　　（5）材料价格根据本公司掌握的价格情况并参照工程所在地工程造价管理机构××××年×月工程造价信息发布的价格。
　　……

工程项目投标报价汇总表

工程名称：××学校教学楼工程　　　　　　　　　　　　　　　　第×页 共×页

序号	单项工程名称	金额/元	其中		
			暂估价/元	安全文明施工费/元	规费/元
1	教学楼工程	7 965 428	1 100 000	222 742	222 096
	合　计	7 965 428	1 100 000	222 742	222 096

说明：本工程仅为一栋教学楼，故单项工程即为工程项目。

单项工程投标报价汇总表

工程名称：××学校教学楼工程　　　　　　　　　　　　　　　　第×页 共×页

序号	单项工程名称	金额/元	其中		
			暂估价/元	安全文明施工费/元	规费/元
1	教学楼工程	7 965 428	1 100 000	222 742	222 096

续表

序号	单项工程名称	金额/元	其中		
			暂估价/元	安全文明施工费/元	规费/元
合 计		7 965 428	1 100 000	222 742	222 096

说明：暂估价包括分部分项工程中的暂估价和专业工程暂估价。

单位工程投标报价汇总表

工程名称：××学校教学楼工程　　　　　　　　　　第×页 共×页

序号	汇总内容	金额/元	其中:暂估价/元
1	分部分项工程	6 308 811	1 000 000
1.1	A.1 土(石)方工程	99 757	
1.2	A.2 桩与地基基础工程	397 283	
1.3	A.3 砌筑工程	729 518	
1.4	A.4 混凝土及钢筋混凝土工程	2 532 419	1 000 000
1.5	A.6 金属结构工程	1794	
1.6	A.7 屋面及防水工程	251 838	
1.7	A.8 防腐、隔热、保温工程	133 226	
1.8	B.1 楼地面工程	291 030	
1.9	B.2 墙柱面工程	428 643	
1.10	B.3 天棚工程	230 431	
1.11	B.4 门窗工程	366 464	
1.12	B.5 油漆、涂料、裱糊工程	243 606	
1.13	C.2 电气设备安装工程	360 140	
1.14	C.8 给排水安装工程	242 662	
2	措施项目	738 257	
2.1	安全文明施工费	222 742	
...			
3	其他项目	433 600	

续表

序号	汇总内容	金额/元	其中:暂估价/元
3.1	暂列金额	300 000	
3.2	专业工程暂估价	100 000	
3.3	计日工	21 600	
3.4	总承包服务费	12 000	
4	规费	222 096	
5	税金	262 664	
投标报价合计:1+2+3+4+5		7 965 428	1 000 000

分部分项工程量清单与计价表

工程名称:××学校教学楼工程　　　　　　　　　　　　　第×页 共×页

序号	项目编码	项目名称	项目特征描述	计量单位	工程量	金额/元		其中:暂估价
						综合单价	合价	
			A.1 土(石)方工程					
1	010101001001	平整场地	Ⅱ、Ⅲ类土综合,土方就地挖填找平	m^2	1792	0.88	1 577	
2	010101003001	挖基础土方	Ⅲ类土,条形基础,垫层底宽2 m,挖土深度4 m以内,弃土运距为7 km	m^3	1432	21.92	31 389	
			(其他略)					
			分部小计				99 757	
			A.2 桩与地基基础工程	m	420	322.06	135 265	

续表

序号	项目编码	项目名称	项目特征描述	计量单位	工程量	金额/元		
						综合单价	合价	其中：暂估价
3	010201003001	混凝土灌注桩	人工挖孔，二级土，桩长 10 m，有护壁段长 9 m，共 42 根，桩直径 1000 mm，扩大头直径 1100 mm，桩混凝土为 C25，护壁混凝土为 C20					
			（其他略）					
			分部小计				397 283	
本页小计							497 040	
合　计							497 040	

措施项目清单与计价表

工程名称：××学校教学楼工程　　　　　　　　　　　　　　　　第×页 共×页

序号	项目名称	计算基础	费率/(%)	金额/元
1	安全文明施工费	人工费	30	222 742
2	夜间施工费	人工费	15	11 137
3	二次搬运费	人工费	1	7425
4	冬雨季施工	人工费	0.6	4455
5	大型机械设备进出场及安拆费			13 500
6	施工排水			2500
7	施工降水			17 500
8	地上、地下设施，建筑物的临时保护设施			2000
9	已完工程及设备保护			6000

续表

序号	项目名称	计算基础	费率/(%)	金额/元
10	各专业工程的措施项目			255 000
(1)	垂直运输机械			105 009
(2)	脚手架			150 000
	合 计			542 259

其他项目清单与计价汇总表

工程名称：××学校教学楼工程　　　　　　　　　　　第×页 共×页

序号	项目名称	计量单位	金额/元	备注
1	暂列金额	项	300 000	
2	暂估价		100 000	
2.1	材料暂估价		—	
2.2	专业工程暂估价	项	100 000	
3	计日工		21 600	
4	总承包服务费		12 000	
合 计			433 600	

注：材料暂估单价进入清单项目综合单价，此处不汇总。

暂列金额明细表

工程名称：××学校教学楼工程　　　　　　　　　　　　　　　第×页 共×页

序号	项目名称	计量单位	暂定金额/元	备注
1	工程量清单中工程量偏差和设计变更	项	100 000	
2	政策性调整和材料价格风险	项	100 000	
3	其他	项	100 000	
合计			300 000	

注：此表由招标人填写，如不能详列，也可只列暂定金额总额，投标人应将上述暂列金额计入投标总价中。

材料暂估单价表

工程名称：××学校教学楼工程　　　　　　　　　　　　　　　第×页 共×页

序号	材料名称、规格、型号	计量单位	单价/元	备注
1	钢筋（规格、型号综合）	t	5000	用在所有现浇混凝土钢筋清单项目

注：1. 此表由招标人填写，并在备注栏说明暂估价的材料拟用在哪些清单项目上，投标人应将上述材料暂估单价计入工程量清单综合单价报价中。
　　2. 材料包括原材料、燃料、构配件以及按规定应计入建筑安装工程造价的设备。

专业工程暂估价表

工程名称：××学校教学楼工程　　　　　　　　　　　　　　　第×页 共×页

序号	工程名称	工程内容	金额/元	备注
1	入户防盗门	安装	1 000 000	
合计			1 000 000	

注：此表由招标人填写，投标人应将上述专业工程暂估价计入投标总价中。

计日工表

工程名称：××学校教学楼工程　　　　　　　　　　　　　　　　　第×页 共×页

编号	项目名称	单位	暂定数量	综合单价/元	合价/元
一	人工				
1	普工	工日	200	40	8000
2	技工（综合）	工日	50	60	3000
人工小计					11 000
二	材料				
1	钢筋（规格、型号综合）	t	1	5300	5300
2	水泥425	t	2	600	1200
3	中砂	m³	10	80	800
4	砾石（5～40 mm）	m³	5	42	210
材料小计					7510
三	施工机械				
1	灰浆搅拌机（400 L）	台班	2	20	40
施工机械小计					40
总计					18 550

注：投标时，单价由投标人自主报价，计入投标总价中。

总承包服务费计价表

工程名称:××学校教学楼工程　　　　　　　　　　　　　　　　　　　　　第×页 共×页

序号	项目名称	项目价值/元	服务内容	费率/(%)	金额/元
1	发包人发包专业工程	100 000	1. 按专业工程承包人的要求提供施工工作面并对施工现场进行统一管理,对竣工资料进行统一整理汇总。 2. 为专业工程承包人提供垂直运输机械和焊接电源接入点,并承担垂直运输费和电费。 3. 为防盗门安装后进行补缝和找平并承担相应费用	7	7000
合计					7000

规费 税金项目清单与计价表

工程名称:××学校教学楼工程　　　　　　　　　　　　　　　　　　　　　第×页 共×页

序号	项目名称	计算基础	费率/(%)	金额/元
1	规费			222 141
1.1	工程排污费	按工程所在地环保部门规定按实计算		
1.2	社会保障费	(1)+(2)+(3)		163 398
(1)	养老保险费	人工费	14	103 946
(2)	失业保险费	人工费	2	14 894
(3)	医疗保险费	人工费	6	44 558
1.3	住房公积金	人工费	6	44 558
1.4	危险作业意外伤害保险	人工费	0.5	3712
1.5	工程定额测定费	税前工程造价	0.14	10 473
2	税金	分部分项工程费+措施项目费+其他项目费+规费	3.41	262 664
合计				484 805

注:根据建设部、财政部发布的《建筑安装工程费用项目组成》(建标[2003]206号)的规定,"计算基础"可为"直接费""人工费"或"人工费+机械费"。

工程量清单综合单价分析表

工程名称：××学校教学楼工程　　　　　　　　　　　　　　　　　第×页 共×页

项目编码	010201003001	项目名称	混凝土灌注桩	计量单位	t

清单综合单价组成明细

定额编号	定额名称	定额单位	数量	单价				合价			
				人工费	材料费	机械费	管理费和利润	人工费	材料费	机械费	管理费和利润
	挖孔桩芯混凝土C25	10 m³	0.057 5	878.85	2813.67	83.50	263.46	50.53	161.79	4.80	15.15
	挖孔桩护壁混凝土C20	10 m³	0.022 55	893.96	2732.48	86.32	268.54	20.16	61.62	1.95	6.06
人工单价		小计						70.69	223.41	6.75	21.21
38元/工日		未计价材料费									
清单项目综合单价								322.06			

材料费明细	主要材料名称、规格、型号	单位	数量	单价/元	合价/元	暂估单价/元	暂估合价/元
	混凝土C25	m³	0.584	268.09	156.56		
	混凝土C20	m³	0.248	243.45	60.38		
	水泥42.5	kg	276.189	0.556	153.561		
	中砂	m³	0.384	79.00	30.34		
	砾石5~40 mm	m³	0.732	45.00	32.94		
	其他材料费				6.47		
	材料费小计				223.41		

注：① 如不使用省级或行业建设主管部门发布的计价依据，可不填定额项目、编号等。
② 招标文件提供了暂估单价的材料，按暂估的单价填入表内"暂估单价"栏及"暂估合价"栏。

管理箴言

在建筑市场日益激烈的竞争中，承包商的竞争力固然与其所拥有的施工设备的数量、品种、性能有关,但其在众多的竞争中取胜的法宝,是其所拥有的区别于他人的优秀团队和良好的人才激励机制。

本章总结

施工投标的程序与施工招标的程序相对应,但施工投标的内容与施工招标的内容却不一样。本章中,在简要介绍了施工投标的概念、程序、施工投标的文件组成、施工投标的类型、投标决策及技巧之后,介绍了技术标(施工组织设计)及工程报价的确定。

投标文件技术标中施工组织设计的确定及商务标中工程报价的确定,不在本章的教学范围之中,仅是示例。

【思考题】

1. 叙述建设工程施工投标的一般程序。
2. 叙述施工投标文件的组成,尤其是技术标的一般组成内容。
3. 了解投标的一般类型及决策。
4. 搜集《标准施工招标文件》(2007年版),熟悉相关表格、格式,了解《标准施工招标文件》(2007年版)的内容组成、性质。

第5章 国内建设工程施工合同

内容提要

本章在简要介绍了国内建设工程施工合同的概念、特点以及合同的内容之后,着重介绍了我国《建设工程施工合同(示范文本)》(GF—1999—0201)的内容,并对合同双方的一般权利及义务,工程进度、质量、投资控制,违约及合同终止,合同争议的解决等问题进行了详细论述。

学习指导

建设工程合同因其标的独特性,合同主体的严格性、建设计划和程序的严格性而构成一种特殊合同。建设工程因其标的的不同分为勘察、设计、施工、监理、咨询及材料设备供应合同,但施工合同最具代表性。

建设工程施工合同示范文本因行业、专业不同而具有各种版本,而由建设部和国家工商行政管理局1999年联合发布的《建设工程施工合同(示范文本)》(GF—1999—0201)使用范围最为广泛。随着工程实践的发展,新的问题逐渐出现,现行合同示范文本也显露出了需要改善、修订的空间。

由国家发展和改革委员会、财政部、建设部、铁道部、交通部、信息产业部、水利部、民用航空总局、广播电影电视总局联合制定的《标准施工招标文件》(2007年版)在政府投资的项目中强制实施。《标准施工招标文件》(2007年版)的第四章合同条款及格式中,首次将不同行业、专业的各种版本合同予以统一。

5.1 概 述

5.1.1 建设工程施工合同概念

建设是指对工程进行营造的行为,安装主要是指与工程有关的线路、管道、设备等设施的装配。

建设工程施工合同是发包人(建设单位、业主或总包单位)与承包人(施工单位)之间为完成商定的建设工程项目施工任务,确定双方权利和义务的协议。建设工程施工合同也称为建筑安装承包合同。依照施工合同,承包人应完成约定的建筑、安装工程任务,发包人应提供必要的施工条件并支付工程价款。

5.1.2 建设工程施工合同特点

1. 合同主体的严格性

合同的主体要具有相应的合同履约能力。发包人应是经过批准进行工程项目建设的法人,要有国家已批准的建设项目,落实了投资来源,并且具备相应的组织管理能力;承包人要具备法人资格,而且应当具备相应的从事施工资质。无营业执照、无施工承包资质的单位不能作为建设工程施工合同的主体,资质等级低的单位不能越级承包建设项目。

2. 合同标的特殊性

建筑工程施工合同的标的是各类建筑产品。建筑产品不仅是建筑物本身,还包括建筑物所坐落的地理位置、地下岩土及周边服务设施。从这个意义上说,每个建筑施工合同的标的都与众不同,相互间具有不可替代性。建筑施工合同的标的的特殊性决定了施工生产的流动性。同时,建筑产品的功能多样、类别庞杂,每一个建筑产品都需单独设计和施工(即使供重复使用图纸或标准设计,施工场地、环境也不一样)。建筑产品生产的单件性,决定了建筑工程施工合同标的的特殊性。

3. 合同履行期限的长期性

由于结构复杂、体积大、建筑材料类型多、工作量大,建设工程的合同履行期限都较长。大型建设工程项目合同的订立和履行一般都需要较长的准备期,在合同的履行过程中,还可能因为不可抗力、工程变更、材料供应不及时等原因而导致合同期限顺延。所有这些情况,决定了建设工程施工合同的履行期限具有长期性。

4. 计划和程序的严格性

建设工程施工合同规模应以国家批准的投资计划为前提。即使建设项目是非国家投资的,以其他方式筹集的投资也要受到当年的贷款规模和批准限额的限制。建设工程施工合同的订立和履行还要符合国家关于建设程序的规定,并满足法定或其内在规律所必须要求的前提条件。

签订施工合同必须具备以下条件:

(1)初步设计已经批准;

(2)工程项目已经列入年度建设计划;

(3)有能够满足施工需要的设计文件和有关技术资料;

(4)建设资金和主要建筑材料、设备来源已经落实;

(5)招投标工程,中标通知书已经下达。

5. 合同形式的特殊要求

考虑到建设工程的重要性和复杂性,在建设过程中经常会发生影响合同履行的纠纷,因此《合同法》第 270 条规定,建设工程合同应当采用书面形式。

5.1.3 标准施工合同文件简介

为了规范和指导合同当事人双方的行为,完善合同管理制度,解决施工合同中存在的合同文本不规范、条款不完备、合同纠纷多等问题,在1991年3月31日发布的《建设工程施工合同(示范文本)》(GF—91—0201)的基础上,建设部和国家工商行政管理局根据最新颁布和实施的工程建设有关法律、法规,总结了近几年施工合同示范文本推行的经验,结合我国建设工程施工的实际情况,并借鉴国际上通用的建设工程施工合同的成熟经验和有效做法,于1999年12月24日又颁发了修改后的新版《建设工程施工合同(示范文本)》(GF—1999—0201)。该文本适用于建设工程,包括各类公用建筑、民用住宅、工业厂房、交通设施及线路、管道的施工和设备安装。另外,国家其他有关专业行政管理职能部门也颁布了专业工程合同示范文本,如交通部于2003年3月27日颁布、2003年6月1日施行的《公路工程国内招标文件范本》,2000年2月23日水利部、国家电力公司和国家工商行政管理局联合修订颁布的《水利水电土建工程合同条件》(GF—2000—0208)。

由国家发展和改革委员会、财政部、建设部、铁道部、交通部、信息产业部、水利部、民用航空总局、广播电影电视总局2007年11月1日联合制定的《标准施工招标文件》(2007年版)在政府投资的项目中强制实施。《标准施工招标文件》(2007年版)〔以下如无特别说明,统一简称为《标准文件》(2007版)〕的第四章合同条款及格式中,首次将不同行业、专业的各种施工合同版本予以统一。

现仅介绍《标准文件》(2007版)的第四章合同条款及格式的基本内容。

《标准文件》(2007版)由通用合同条款、专用合同条款及合同附件格式三部分组成,而合同附件格式有合同协议书、履约担保格式及预付款担保格式。

1.《通用合同条款》

《通用合同条款》是根据我国的法律、行政法规,参照国际惯例,并结合土木工程施工的特点和要求,将建设工程施工合同中共性的一些内容总结出来编写的一份完整的合同文件。《通用合同条款》是双方当事人进行合作的基础,它具有很强的通用性,目前适用于各类工业与民用建筑及公路、铁路、水利、航空设施的施工和设备安装工程。

《通用合同条款》的内容两部分组成,一部分是法定的内容或无须双方协商的内容(如工程质量、检查和返工、重检验以及文明、安全施工、环境保护等),另一部分是应当双方协商,在《专用合同条款》中予以明确才可以执行的内容(如进度计划、计量与支付、违约责任的承担等)。具体来说,《通用合同条款》包括二十四部内容:① 一般约定;② 发包人义务;③ 监理人;④ 承包人;⑤ 材料和工程设备;⑥ 施工设备和临时设施;⑦ 交通运输;⑧ 测量放线;⑨ 施工安全、治安保卫和环境保护;⑩ 进度计划;⑪ 开工和竣工;⑫ 暂停施工;⑬ 工程质量;⑭ 试验和检验;⑮ 变更;⑯ 价格调整;⑰ 计量与支付;⑱ 竣工验收;⑲ 缺陷责任与保修责任;⑳ 保险;㉑ 不可抗力;㉒ 违约;㉓ 索赔;㉔ 争议的解决。

2.《专用合同条款》

考虑到不同建设工程项目的施工内容各不相同,工期、造价也随之变动,承包人、发包人各自的能力、施工现场的环境也不相同,《通用合同条款》不能完全适用于各个具体工程,因此配之以《专用合同条款》对《通用合同条款》作必要的细化或补充,使《通用合同条款》和《专用合同条款》成为双方统一意愿的体现。

值得说明的是,以前各行业编制的合同文本强调"示范性",在具体项目上业主可以自主确定是否采用合同示范文本,以及示范文本的补充、完善乃至修改。而对《标准文件》(2007版),国家规定,在政府投资的项目上,国务院有关行业主管部门可根据《标准文件》(2007版)并结合本行业施工招标特点和管理需要,编制行业标准施工招标文件,可对《标准文件》(2007版)中的"专用合同条款""工程量清单""图纸""技术标准和要求"作出具体规定。除"通用合同条款"明确"专用合同条款"可作出不同约定外,补充和细化的内容不得与"通用合同条款"强制性规定相抵触,否则抵触内容无效。

《专用合同条款》的条款号与《通用合同条款》一一对应,由当事人根据工程的具体情况予以明确。如《通用合同条款》中第10.1条规定:"承包人应按专用合同条款约定的内容和期限,编制详细的施工进度计划,并根据批准的合同进度计划,编制更为详细的分阶段或分项进度计划。"《专用合同条款》中第10.1条就应该具体化承包人应提供计划、报表的内容及时间。很显然,专用合同条款是对通用合同条款规定内容的确认与细化或补充、完善。

3.《合同附件格式》

合同附件格式有《合同协议书》《履约担保格式》及《预付款担保格式》。

《合同协议书》是施工合同的纲领性文件,概括了当事人双方最主要的权利、义务,规定了合同工期、质量标准和合同价款等实质性内容,载明了组成合同的各个文件,《协议书》经合同双方签字、盖章认可,施工合同即告生效。

《履约担保格式》及《预付款担保格式》是担保人受承包人之托给项目业主(招标人)的一份代为承担相应法律责任的法律文件。

5.2 《标准文件》(2007版)中合同条款主要内容

5.2.1 合同文件的组成及解释顺序

构成施工合同的文件是在签署合同前(如招投标阶段)及施工过程中合同双方签署、确认的,对自己、对方构成约束的文件。合同文件不仅仅是合同的协议书。施工合同文件应能相互解释、互为说明。除合同专用条款另有约定外,组成施工合同的文件和优先解释顺序如下。

(1) 合同协议书。

(2) 中标通知书。

(3) 投标函及投标函附录。

(4) 专用合同条款。合同专用条款是发包人与承包人根据法律、行政法规规定,结合具体工程实际,经协商达成一致意见的条款,是对通用条款的具体化、补充。

(5) 通用合同条款。合同通用条款是根据法律、行政法规规定及一般建设工程施工的需要订立、通用于建设工程施工的合同条款。合同通用条款汇集工程建设领域专家、学者、工程技术人员的经验,反映我国工程建设领域施工惯例。

(6) 本工程所适用的标准、规范及有关技术文件。在专用条款中要约定适用本工程的标准、规范及有关技术文件的名称。

(7) 图纸。图纸不仅包括工程开工前由业主提供给承包商的施工图纸,还包括施工过程中由设计部门签发的设计变更、技术核定或补充图纸。

(8) 已标价工程量清单。

(9) 其他合同文件。合同履行中,双方有关工程的洽商、变更等书面协议或文件视为本合同的组成部分。在不违反法律和行政法规的前提下,当事人可以通过协商变更合同相应内容,这些变更协议或文件的效力高于其他合同文件,且签署在后的协议或文件效力高于签署在先的协议或文件。

施工合同文件使用汉语语言文字书写、解释和说明。如专用条款约定使用两种以上(含两种)语言文字时,汉语应为解释和说明施工合同的标准语言文字。在少数民族地区,双方可以约定使用少数民族语言文字书写和解释、说明施工合同。

5.2.2 各方责任

5.2.2.1 发包人

发包人一般义务如下。

1. 遵守法律

发包人在履行合同过程中应遵守法律,并保证承包人免于承担因发包人违反法律而引起的任何责任。

2. 发出开工通知

一般情况下,发包人委托监理人按照约定向承包人发出开工通知。

3. 提供施工场地

发包人应按专用合同条款约定向承包人提供施工场地以及施工场地内地下管线和地下设施等有关资料,并保证资料的真实、准确、完整。

案例

华北某引水工程本C标段,地下管线长约8千米,穿越有农田、林地、居住区等。根据工程设计占地范围以及承包人提交局部地段临时用地图,合同约定业主应于开工之日前10天提供给承包人施工作业场地。但因为工程施工沿线长,征地补偿涉及面宽,有时难免出现征地不及时或有遗留问题的现象,导致承包人进驻施工现场后在施工过程中屡屡遭遇地方村民以相关理由阻挠、移动沿线施工设施及其他突发事件,经常发生承包人在施工过程中不得不半途停止施工事情,因此而造成了大量人员、施工机械设备的闲置、窝工,承包人支付了大量的额外费用。

为此,承包人提出了相应的索赔。

分析

在合同中,各方(包括业主)应该履行合同所约定的义务。合同中约定的义务,是合同主体在合同中享受权利时所必须付出的代价,是享受合同权利的前提。在合同履行过程中,若因一方未充分、完整地履行合同义务而导致合同另一方遭受损失,未充分履行合同义务一方要承担相应的赔偿责任。这正是合同约束力的表现。

4. 协助承包人办理证件和批件

发包人应协助承包人办理法律规定的有关施工证件和批件。

5. 组织设计交底

发包人应根据合同进度计划,组织设计单位向承包人进行设计交底。

6. 支付合同价款

发包人应按合同约定向承包人及时支付合同价款。

7. 组织竣工验收

发包人应按合同约定及时组织竣工验收。

8. 其他义务

发包人应履行合同约定的其他义务。譬如,根据工程需要,可以将下述工作也约定为发包人的义务:

(1)如将施工所需水、电、通信线路从施工场地外部接至专用条款约定地点,并保证施工期间需要;

(2)开通施工场地与城乡公共道路的通道以及约定的施工场地内的主要交通干道;

(3)确认工程项目施工测量水准点与坐标控制点,以书面形式交给承包人,并进行现场交验。

案例

某改扩建工程项目第3标段,承包商已经按合同要求完成全部工程,并按照规定对现场已进行清理,工程质量合同要求,竣工图和技术档案资料已按要求整理成卷,符合技术档案归档要求。承包人就此向监理工程师报送了要求进行竣工交工验收的书面申请报告,同时抄送业主。但在该改扩建工程的其他合同段,有的工期严重滞后,不能按期交工。业主考虑到若单独将已经完工的3标段接收过来将面临管理问题,故直到交工验收申请的6个月后,其他承包人的工程基本完工,才组织了对该合同段的交工验收。据此,承包人提出了费用索赔。

分析

1. 如果在后来组织的交工验收中一次验收通过,则业主应当承担拖延验收这段时间工程照管费用;但若在业主后来组织的交工验收中,工程没有通过交工验收,则工程照管费用应该由承包商承担。

2. 缺陷责任期从工程通过竣(交)工验收之日起计。由于承包人原因导致工程无法按规定期限进行竣(交)工验收的,缺陷责任期从实际通过竣(交)工验收之日起计。由于发包人原因导致工程无法按规定期限进行竣(交)工验收的,在承包人提交竣(交)工验收报告90天后,工程自动进入缺陷责任期。

在工程实践中,有发包人将上述部分工作委托承包人办理的情况,此时,具体内容由双方在专用条款内约定,其费用由发包人承担。

案例

某跨越黄河大桥,承包商在河床设围堰施工桥墩。某日,上游水库在未通知的情况下进行放水,将围堰上的机械设备、原材料及工程桩等半成品冲毁殆尽,损失惨重。针对事故承包商索赔成功。

分析

项目业主在与承包商签署合同之前就已经知道上游水库隔一定时间就会通过主河道向下游放水。为此,项目业主经过了解,知晓了放水的规律:第一次3月1日至4月15日,第二次5月20日至6月10日,第三次9月20日至10月10日,第四次12月1日至下年1月15日,并将此规律在合同中予以明确。

但在本案例中,水库没有按照上述时间放水,承包商在没有得到任何预警的状态下,受到洪水冲毁原材、机械设备的损失。这可以理解为业主没有尽告知的义务,业主要承担相应的赔偿责任。

如果在合同中将上游水库向下游放水的时间的调查义务明确为承包商的义务,本案例的索赔结果很可能要改变。

5.2.2.2 承包人

承包人一般义务如下。

1. 遵守法律

承包人在履行合同过程中应遵守法律,并保证发包人免于承担因承包人违反法律而引起的任何责任。

案例

某大型工程在基础土方开挖施工中发现数座有考古价值的古墓,承包人立即报告了监理工程师。监理工程师口头指示承包人暂停该工作面开挖施工,并要求承包人采取有效保护措施,防止古墓发掘前被盗或破坏。第二天总监下达书面暂停施工指令,并要求承包人尽可能调整施工计划,另行开辟开挖工作面。第三天文物部门到现场开始勘察、发掘,历时38天;第41天,总监发布复工令。据此,承包人提出了费用和工期索赔。

分析

国家法律及施工合同均有规定,在施工场地发掘的所有文物、古迹以及具有地质研究或考古价值的其他遗迹、化石、钱币或物品属于国家所有。一旦发现上述文物，承包人应采取有效合理的保护措施，防范文物被移动或损坏，并立即报告当地文物行政部门，同时通知监理人。发包人、监理人和承包人应按文物行政部门要求采取妥善保护措施，由此导致费用增加和（或）工期延误由发包人承担。但业主并没有违约，故一般不补偿因工期后拖而导致的利润（机会成本）损失。

承包人发现文物后不及时报告或隐瞒不报，致使文物丢失或损坏的，应赔偿损失，并承担相应的法律责任。

2. 依法纳税

承包人应按有关法律规定纳税，应缴纳的税金包括在合同价格内。

3. 完成各项承包工作

承包人应按合同约定实施、完成全部工程，并修补工程中的任何缺陷。除专用合同条款另有约定外，承包人应提供为完成合同工作所需的劳务、材料、施工设备、工程设备和其他物品，并按合同约定负责临时设施的设计、建造、运行、维护、管理和拆除。

4. 对施工作业和施工方法的完备性负责

承包人应按合同约定的工作内容和施工进度要求，编制施工组织设计和施工措施计划，并对所有施工作业和施工方法的完备性和安全可靠性负责。

案例

某华北引水隧道工程，采用单价合同。隧道洞长 2470 m，在隧道钢筋混凝土衬砌工程施工中，因为隧洞洞径小，普通运输车辆无法进入，承包人在施工组织设计中采用泵送混凝土工艺，以管道运输的方式向洞中输送混凝土拌和物。考虑到运输距离较长，决定采用流动性大、和易性好、强度提高迅速的泡沫混凝土，输送管道为 PC-CP 管。

鉴于对超长距离（>800~1000 m）泵送泡沫混凝土的泡沫损失还没有成熟的处理技术，实际施工中泡沫混凝土在输送过程中产生了层状离析现象，流动性减少，输送管道经常堵塞。虽然经过多次混凝土配合比调整，仍然无法消除堵管现象，最后泵送泡沫混凝土施工方案被迫放弃，导致提前储备（因施工地区交通不便）的具有速凝特性的 525# 硫铝酸盐水泥大量库存，因无法用于常态泵送混凝土施工，最终过期失效；同时泡沫混凝土所堵的 PCCP 管也因无法清除而报废。承包人因此向业主提出索赔。

监理工程师以承包人要对自己的施工技术方案负全责，不予认可索赔理由。但顾及我国目前并没有成熟的超长泵送混凝土施工技术，只是象征性地给了一部分管道的赔偿。

分析

在工程施工合同中，承包人的最大义务就是按照合同条款约定，保质、保量、保工期完成合同条款约定范围的施工任务。为此，在一般单价合同中，承包人有权选择其认为能够完成施工任务的相应的施工技术，并对所选择的施工技术、方案的正确性和适用性负责。因此，在实施施工方案或调整施工方案过程中所发生的费用应该不予计量、计价或进行任何形式的额外补偿。

但有另外的情况，这就是业主在工程施工中明确要求承包人采用某一特定施工方案的。此时，业主要为自己对施工工艺（技术方案）的要求承担相应的法律（合同）义务。所指定的特定施工方案一旦不适用，业主要承担相应的损失。

本案例中的关键施工技术是超长泵送混凝土施工技术。据了解，超长（>800~1000 m）泵送混凝土施工工艺在我国是一个不成熟的施工技术。业主贸然指定承包人在工程中采用不成熟的施工技术，业主承担相应后果；反之，承包人贸然在激烈的市场竞争中决定在工程中采用不成熟的施工技术，要冒巨大的技术风险，后果不可预料。

5. 保证工程施工和人员的安全

承包人应按约定采取施工安全措施，确保工程及其人员、材料、设备和设施的安全，防止因工程施工造成的人身伤害和财产损失。

6. 负责施工场地及其周边环境与生态的保护工作

承包人应按约定负责施工场地及其周边环境与生态的保护工作。

7. 避免施工对公众与他人的利益造成损害

承包人在进行合同约定的各项工作时，不得侵害发包人与他人使用公用道路、水源、市政管网等公共设施的权利，避免对邻近的公共设施产生干扰。承包人占用或使用他人的施工场地，影响他人作业或生活的，应承担相应责任。

8. 为他人提供方便

承包人应按监理人的指示为他人在施工场地或附近实施与工程有关的其他各项工作提供可能的条件。除合同另有约定外，提供有关条件的内容和可能发生的费用，由监理人按合同约定商定或确定。

9. 工程的维护和照管

工程接收证书颁发前，承包人应负责照管和维护工程。工程接收证书颁发时尚有部分未竣工工程的，承包人还应负责该未竣工工程的照管和维护工作，直至竣工后移交给发包人为止。

10. 其他义务

承包人应履行合同约定的其他义务。同时，承包人还需要在下述方面履行相应义务。

1) 履约担保

承包人应保证其履约担保在发包人颁发工程接收证书前一直有效。

2) 分包

承包人不得将其承包的全部工程转包给第三人，或将其承包的全部工程肢解后以分包的名义转包给第三人。

承包人不得将工程主体、关键性工作分包给第三人。除专用合同条款另有约定外,未经发包人同意,承包人不得将工程的其他部分或工作分包给第三人。

分包人的资格能力应与其分包工程的标准和规模相适应。

按投标函附录约定分包工程的,承包人应向发包人和监理人提交分包合同副本。

承包人应与分包人就分包工程向发包人承担连带责任。

3) 联合体

联合体各方应共同与发包人签订合同协议书。联合体各方应为履行合同承担连带责任。

联合体协议经发包人确认后作为合同附件。在履行合同过程中,未经发包人同意,不得修改联合体协议。

联合体牵头人负责与发包人和监理人联系,并接受指示,负责组织联合体各成员全面履行合同。

4) 承包人项目经理

承包人应按合同约定指派项目经理,并在约定的期限内到职。承包人更换项目经理应事先征得发包人同意,并应在更换14天前通知发包人和监理人。承包人项目经理短期离开施工场地,应事先征得监理人同意,并委派代表代行其职责。

承包人项目经理应按合同约定以及监理人指示,负责组织合同工程的实施。在情况紧急且无法与监理人取得联系时,可采取保证工程和人员生命财产安全的紧急措施,并在采取措施后24小时内向监理人提交书面报告。

承包人为履行合同发出的一切函件均应盖有承包人授权的施工场地管理机构章,并由承包人项目经理或其授权代表签字。

承包人项目经理可以授权其下属人员履行其某项职责,但事先应将这些人员的姓名和授权范围通知监理人。

5) 承包人人员的管理

承包人应在接到开工通知后28天内,向监理人提交承包人在施工场地的管理机构以及人员安排的报告,其内容应包括管理机构的设置、各主要岗位的技术和管理人员名单及其资格,以及各工种技术工人的安排状况。承包人应向监理人提交施工场地人员变动情况的报告。

为完成合同约定的各项工作,承包人应向施工场地派遣或雇佣足够数量的下列人员:

(1) 具有相应资格的专业技工和合格的普工;

(2) 具有相应施工经验的技术人员;

(3) 具有相应岗位资格的各级管理人员。

承包人安排在施工场地的主要管理人员和技术骨干应相对稳定。承包人更换主要管理人员和技术骨干时,应取得监理人的同意。

特殊岗位的工作人员均应持有相应的资格证明,监理人有权随时检查。监理人认为有必要时,可进行现场考核。

6) 撤换承包人项目经理和其他人员

承包人应对其项目经理和其他人员进行有效管理。监理人要求撤换不能胜任本职工作、行为不端或玩忽职守的承包人项目经理和其他人员的,承包人应予以撤换。

7) 保障承包人人员的合法权益

承包人应与其雇佣的人员签订劳动合同,并按时发放工资。

承包人应按劳动法的规定安排工作时间,保证其雇佣人员享有休息和休假的权利。因工程施工的特殊需要占用休假日或延长工作时间的,应不超过法律规定的限度,并按法律规定给予补休或付酬。

承包人应为其雇佣人员提供必要的食宿条件,以及符合环境保护和卫生要求的生活环境,在远离城镇的施工场地,还应配备必要的伤病防治和急救的医务人员与医疗设施。

承包人应按国家有关劳动保护的规定,采取有效的防止粉尘、降低噪声、控制有害气体和保障高温、高寒、高空作业安全等劳动保护措施。其雇佣人员在施工中受到伤害的,承包人应立即采取有效措施进行抢救和治疗。

承包人应按有关法律规定和合同约定,为其雇佣人员办理保险。

承包人应负责处理其雇佣人员因工伤亡事故的善后事宜。

8) 工程价款应专款专用

发包人按合同约定支付给承包人的各项价款应专用于合同工程。

9) 承包人现场查勘

发包人应将其持有的现场地质勘探资料、水文气象资料提供给承包人,并对其准确性负责。但承包人应对其阅读上述有关资料后所作出的解释和推断负责。

承包人应对施工场地和周围环境进行查勘,并收集有关地质、水文、气象条件、交通条件、风俗习惯以及其他为完成合同工作有关的当地资料。在全部合同工作中,应视为承包人已充分估计了应承担的责任和风险。

10) 不利物质条件

不利物质条件,除专用合同条款另有约定外,是指承包人在施工场地遇到的不可预见的自然物质条件、非自然的物质障碍和污染物,包括地下和水文条件,但不包括气候条件。承包人遇到不利物质条件时,应采取适应不利物质条件的合理措施继续施工,并及时通知监理人。监理人应当及时发出指示,指示构成变更的,按约定办理。监理人没有发出指示的,承包人因采取合理措施而增加的费用和(或)工期延误,由发包人承担。

5.2.2.3 监理人

监理人是指在专用合同条款中指明的、受发包人委托对合同履行实施管理的法人或其他组织。

1. 监理人的职责和权力

监理人受发包人委托,享有合同约定的权力。监理人在行使某项权力前需要经发包人事先批准而通用合同条款没有指明的,应在专用合同条款中指明。

监理人发出的任何指示应视为已得到发包人的批准,但监理人无权免除或变更合同约定的发包人和承包人的权利、义务和责任。

合同约定应由承包人承担的义务和责任,不因监理人对承包人提交文件的审查或批准,对工程、材料和设备的检查和检验,以及为实施监理作出的指示等职务行为而减轻或解除。

2. 总监理工程师

发包人应在发出开工通知前将总监理工程师的任命通知承包人。总监理工程师更换时,应在调离 14 天前通知承包人。总监理工程师短期离开施工场地的,应委派代表代行其职责,并通知承包人。

3. 监理人员

总监理工程师可以授权其他监理人员负责执行其指派的一项或多项监理工作。总监理工程师应将被授权监理人员的姓名及其授权范围通知承包人。被授权的监理人员在授权范围内发出的指示视为已得到总监理工程师的同意,与总监理工程师发出的指示具有同等效力。总监理工程师撤销某项授权时,应将撤销授权的决定及时通知承包人。

监理人员对承包人的任何工作、工程或其采用的材料和工程设备未在约定的或合理的期限内提出否定意见的,视为已获批准,但不影响监理人在以后拒绝该项工作、工程、材料或工程设备的权利。

承包人对总监理工程师授权的监理人员发出的指示有疑问的,可向总监理工程师提出书面异议,总监理工程师应在 48 小时内对该指示予以确认、更改或撤销。

除专用合同条款另有约定外,总监理工程师不应将应由总监理工程师作出确定的权力授权或委托给其他监理人员。

4. 监理人的指示

监理人的指示应盖有监理人授权的施工场地机构章,并由总监理工程师或总监理工程师授权的监理人员签字。

承包人收到监理人指示后应遵照执行。指示构成变更的,应按相关约定处理。

在紧急情况下,总监理工程师或被授权的监理人员可以当场签发临时书面指示,承包人应遵照执行。承包人应在收到上述临时书面指示后 24 小时内,向监理人发出书面确认函。监理人在收到书面确认函后 24 小时内未予答复的,该书面确认函应被视为监理人的正式指示。

由于监理人未能按合同约定发出指示、指示延误或指示错误而导致承包人费用增加和(或)工期延误的,由发包人承担赔偿责任。

5. 商定或确定

合同约定总监理工程师应按照本款对任何事项进行商定或确定时,总监理工程师应与合同当事人协商,尽量达成一致。不能达成一致的,总监理工程师应认真研究后审慎确定。

总监理工程师应将商定或确定的事项通知合同当事人,并附详细依据。对总监理工程师确定有异议的,构成争议,按照相关约定处理。在争议解决前,双方应暂按总监理工程师的确定执行,按照相关约定对总监理工程师的确定作出修改的,按修改后的结果执行。

5.2.3 测量放线、交通运输、施工安保及环境保护

5.2.3.1 测量放线

1. 施工控制网

发包人应在专用合同条款约定的期限内,通过监理人向承包人提供测量基准点、基准线和水准点及其书面资料。除专用合同条款另有约定外,承包人应根据国家测绘基准、测绘系统和工程测量技术规范,按上述基准点(线)以及合同工程精度要求,测设施工控制网,并在专用合同条款约定的期限内,将施工控制网资料报送监理人审批。

承包人应负责管理施工控制网点。施工控制网点丢失或损坏的,承包人应及时修复。承包人应承担施工控制网点的管理与修复费用,并在工程竣工后将施工控制网点移交发包人。

2. 施工测量

承包人应负责施工过程中的全部施工测量放线工作,并配置合格的人员、仪器、设备和其他物品。

监理人可以指示承包人进行抽样复测,当复测中发现错误或出现超过合同约定的误差时,承包人应按监理人指示进行修正或补测,并承担相应的复测费用。

3. 基准资料错误的责任

发包人应对其提供的测量基准点、基准线和水准点及其书面资料的真实性、准确性和完整性负责。发包人提供上述基准资料错误导致承包人测量放线工作的返工或造成工程损失的,发包人应当承担由此增加的费用和(或)工期延误,并向承包人支付合理利润。承包人发现发包人提供的上述基准资料存在明显错误或疏忽的,应及时通知监理人。

4. 监理人使用施工控制网

监理人需要使用施工控制网的,承包人应提供必要的协助,发包人不再为此支付费用。

5.2.3.2 交通运输

承包人为了使工程施工得以持续进行,所购置的材料、设备、成品或半成品,包括承包人的施工车辆、日常消费品,需要从陆路、水路或航空运输进场。为此,相关约定

如下所述。

1. 道路通行权和场外设施

除专用合同条款另有约定外,发包人应根据合同工程的施工需要,负责办理取得出入施工场地的专用和临时道路的通行权,以及取得为工程建设所需修建场外设施的权利,并承担有关费用。承包人应协助发包人办理上述手续。

2. 场内施工道路

除专用合同条款另有约定外,承包人应负责修建、维修、养护和管理施工所需的临时道路和交通设施,包括维修、养护和管理发包人提供的道路和交通设施,并承担相应费用。

除专用合同条款另有约定外,承包人修建的临时道路和交通设施应免费提供给发包人和监理人使用。

3. 场外交通

承包人车辆外出行驶所需的场外公共道路的通行费、养路费和税款等由承包人承担。

承包人应遵守有关交通法规,严格按照道路和桥梁的限制荷重安全行驶,并服从交通管理部门的检查和监督。

4. 超大件和超重件的运输

由承包人负责运输的超大件或超重件,应由承包人负责向交通管理部门办理申请手续,发包人给予协助。运输超大件或超重件所需的道路和桥梁临时加固改造费用和其他有关费用,由承包人承担,但专用合同条款另有约定除外。

5. 道路和桥梁的损坏责任

因承包人运输造成施工场地内外公共道路和桥梁损坏的,由承包人承担修复损坏的全部费用和可能引起的赔偿。

5.2.3.3 施工安全、治安保卫和环境保护

1. 安全责任

1) 发包人的施工安全责任

发包人应按合同约定履行安全职责,授权监理人按合同约定的安全工作内容监督、检查承包人安全工作的实施,组织承包人和有关单位进行安全检查。

发包人应对其现场机构雇佣的全部人员的工伤事故承担责任,但由于承包人原因造成发包人人员工伤的,应由承包人承担责任。

发包人应负责赔偿因工程或工程的任何部分对土地的占用所造成的第三方财产损失,以及由于发包人原因在施工场地及其毗邻地带造成的第三方人身伤亡和财产损失。

2) 承包人的施工安全责任

承包人应按合同约定履行安全职责,执行监理人有关安全工作的指示,并在专用

合同条款约定的期限内,按合同约定的安全工作内容,编制施工安全措施计划报送监理人审批。

承包人应加强施工作业安全管理,特别应加强易燃、易爆材料,火工器材,有毒与腐蚀性材料和其他危险品的管理,以及对爆破作业和地下工程施工等危险作业的管理。

承包人应严格按照国家安全标准制定施工安全操作规程,配备必要的安全生产和劳动保护设施,加强对承包人人员的安全教育,并发放安全工作手册和劳动保护用具。

承包人应按监理人的指示制定应对灾害的紧急预案,报送监理人审批。承包人还应按预案做好安全检查,配置必要的救助物资和器材,切实保护好有关人员的人身和财产安全。

合同约定的安全作业环境及安全施工措施所需费用应遵守有关规定,并包括在相关工作的合同价格中。因采取合同未约定的安全作业环境及安全施工措施增加的费用,由监理人按约定商定或确定。

承包人应对其履行合同所雇佣的全部人员,包括分包人人员的工伤事故承担责任,但由于发包人原因造成承包人人员工伤事故的,应由发包人承担责任。

由于承包人原因在施工场地内及其毗邻地带造成的第三方人员伤亡和财产损失,由承包人负责赔偿。

2. 治安保卫

除合同另有约定外,发包人应与当地公安部门协商,在现场建立治安管理机构或联防组织,统一管理施工场地的治安保卫事项,履行合同工程的治安保卫职责。

发包人和承包人除应协助现场治安管理机构或联防组织维护施工场地的社会治安外,还应做好包括生活区在内的各自管辖区的治安保卫工作。

除合同另有约定外,发包人和承包人应在工程开工后,共同编制施工场地治安管理计划,并制定应对突发治安事件的紧急预案。在工程施工过程中,发生暴乱、爆炸等恐怖事件,以及群殴、械斗等群体性突发治安事件的,发包人和承包人应立即向当地政府报告。发包人和承包人应积极协助当地有关部门采取措施平息事态,防止事态扩大,尽量减少财产损失和避免人员伤亡。

3. 环境保护

承包人在施工过程中,应遵守有关环境保护的法律,履行合同约定的环境保护义务,并对违反法律和合同约定义务所造成的环境破坏、人身伤害和财产损失负责。

承包人应按合同约定的环保工作内容,编制施工环保措施计划,报送监理人审批。

承包人应按照批准的施工环保措施计划有序地堆放和处理施工废弃物,避免对环境造成破坏。因承包人任意堆放或弃置施工废弃物造成妨碍公共交通、影响城镇居民生活、降低河流行洪能力、危及居民安全、破坏周边环境,或者影响其他承包人施工等后果的,承包人应承担责任。

承包人应按合同约定采取有效措施,对施工开挖的边坡及时进行支护,维护排水设施,并进行水土保护,避免因施工造成的地质灾害。

承包人应按国家饮用水管理标准定期对饮用水源进行监测,防止施工活动污染饮用水源。

承包人应按合同约定,加强对噪声、粉尘、废气、废水和废油的控制,努力降低噪声,控制粉尘和废气浓度,做好废水和废油的治理和排放。

4. 事故处理

工程施工过程中发生事故的,承包人应立即通知监理人,监理人应立即通知发包人。发包人和承包人应立即组织人员和设备进行紧急抢救和抢修,减少人员伤亡和财产损失,防止事故扩大,并保护事故现场。需要移动现场物品时,应作出标记和书面记录,妥善保管有关证据。发包人和承包人应按国家有关规定,及时如实地向有关部门报告事故发生的情况以及正在采取的紧急措施等。

5.2.4 工程进度

工程进度,是施工合同内容的重要组成部分。合同当事人应当在合同规定的工期内完成施工任务,发包人应当按时做好准备工作,承包人应当按照施工进度计划组织施工。

5.2.4.1 开工及竣工验收

1. 相关概念

(1) 天:除特别指明外,指日历天。合同中按天计算时间的,开始当天不计入,从次日开始计算。期限最后一天的截止时间为当天 24:00。

(2) 工期(合同工期):指承包人在投标函中承诺的完成合同工程达到竣工验收标准所需的期限,包括在施工过程中,按照约定双方所认可的工期变更。工期一般以"天"为单位,为从开工到竣工的总日历天数(包括法定节假日在内)。

(3) 竣工验收。竣工验收指承包人完成了全部合同工作后,发包人按合同要求进行的验收。

国家验收是政府有关部门根据法律、规范、规程和政策要求,针对发包人全面组织实施的整个工程正式交付投运前的验收。

需要进行国家验收的项目,竣工验收是国家验收的一部分。竣工验收所采用的各项验收和评定标准应符合国家验收标准。发包人和承包人为竣工验收提供的各项竣工验收资料应符合国家验收的要求。

2. 开工

监理人应在开工日期 7 天前向承包人发出开工通知。监理人在发出开工通知前应获得发包人同意。工期自监理人发出的开工通知中载明的开工日期起算。承包人应在开工日期后尽快施工。

承包人应在开工之前向监理人提交工程开工报审表,经监理人审批后执行。开工报审表应详细说明按合同进度计划正常施工所需的施工道路、临时设施、材料设备、施工人员等施工组织措施的落实情况以及工程的进度安排。

3. 竣工验收

1) 竣工验收申请报告

当工程具备以下条件时,承包人即可向监理人报送竣工验收申请报告:

(1) 除监理人同意列入缺陷责任期内完成的尾工(甩项)工程和缺陷修补工作外,合同范围内的全部单位工程以及有关工作,包括合同要求的试验、试运行以及检验和验收均已完成,并符合合同要求;

(2) 已按合同约定的内容和份数备齐了符合要求的竣工资料;

(3) 已按监理人的要求编制了在缺陷责任期内完成的尾工(甩项)工程和缺陷修补工作清单以及相应施工计划;

(4) 监理人要求在竣工验收前应完成的其他工作;

(5) 监理人要求提交的竣工验收资料清单。

2) 验收

监理人收到承包人提交的竣工验收申请报告后,应审查申请报告的各项内容,已具备竣工验收条件的,应在收到竣工验收申请报告后的 28 天内提请发包人进行工程验收。监理人审查后认为尚不具备竣工验收条件的,应在收到竣工验收申请报告后的 28 天内通知承包人,指出在颁发接收证书前承包人还需进行的工作内容。承包人完成监理人通知的全部工作内容后,应再次提交竣工验收申请报告,直至监理人同意为止。

发包人经过验收后同意接受工程的,应在监理人收到竣工验收申请报告后的 56 天内,由监理人向承包人出具经发包人签认的工程接收证书。发包人验收后同意接收工程但提出整修和完善要求的,限期修好,并缓发工程接收证书。整修和完善工作完成后,监理人复查达到要求的,经发包人同意后,再向承包人出具工程接收证书。

发包人验收后不同意接收工程的,监理人应按照发包人的验收意见发出指示,要求承包人对不合格工程认真返工重做或进行补救处理,并承担由此产生的费用。承包人在完成不合格工程的返工重做或补救工作后,应重新提交竣工验收申请报告。

经验收合格工程的实际竣工日期,以提交竣工验收申请报告的日期为准,并在工程接收证书中写明。

发包人在收到承包人竣工验收申请报告 56 天后未进行验收的,视为验收合格,实际竣工日期以提交竣工验收申请报告的日期为准,但发包人由于不可抗力不能进行验收的除外。

3) 单位工程验收

发包人根据合同进度计划安排,在全部工程竣工前需要使用已经竣工的单位工程时,或承包人提出经发包人同意时,可进行单位工程验收。单位工程验收合格后,由监理人向承包人出具经发包人签认的单位工程验收证书。已签发单位工程接收证书的单位工程由发包人负责照管。单位工程的验收成果和结论作为全部工程竣工验收申请报告的附件。

发包人在全部工程竣工前,使用已接收的单位工程导致承包人费用增加的,发包人应承担由此增加的费用和(或)工期延误,并支付承包人合理利润。

4) 施工期运行

施工期运行是指合同工程尚未全部竣工,其中某项或某几项单位工程或工程设备安装已竣工,根据专用合同条款约定,需要投入施工期运行的,经发包人验收合格,证明能确保安全后,才能在施工期投入运行。

在施工期运行中发现工程或工程设备损坏或存在缺陷的,由承包人按第19.2款约定进行修复。

5) 试运行

除专用合同条款另有约定外,承包人应按专用合同条款约定进行工程及工程设备试运行,负责提供试运行所需的人员、器材和必要的条件,并承担全部试运行费用。

由于承包人的原因导致试运行失败的,承包人应采取措施保证试运行合格,并承担相应费用。由于发包人的原因导致试运行失败的,承包人应当采取措施保证试运行合格,发包人应承担由此产生的费用,并支付承包人合理利润。

6) 竣工清场

除合同另有约定外,工程接收证书颁发后,承包人应按以下要求对施工场地进行清理,直至监理人检验合格为止。竣工清场费用由承包人承担。

(1) 施工场地内残留的垃圾已全部清除出场。

(2) 临时工程已拆除,场地已按合同要求进行清理、平整或复原。

(3) 按合同约定应撤离的承包人设备和剩余的材料,包括废弃的施工设备和材料,已按计划撤离施工场地。

(4) 工程建筑物周边及其附近道路、河道的施工堆积物,已按监理人指示全部清理。

(5) 监理人指示的其他场地清理工作已全部完成。

承包人未按监理人的要求恢复临时占地,或者场地清理未达到合同约定的,发包人有权委托其他人恢复或清理,所发生的金额从拟支付给承包人的款项中扣除。

7) 施工队伍的撤离

工程接收证书颁发后的56天内,除了经监理人同意需在缺陷责任期内继续工作和使用的人员、施工设备和临时工程外,其余的人员、施工设备和临时工程均应撤离施工场地或拆除。除合同另有约定外,缺陷责任期满时,承包人的人员和施工设备应全部撤离施工场地

4. 工期延误

由于承包人原因,未能按合同进度计划完成工作,或监理人认为承包人施工进度

不能满足合同工期要求的,承包人应采取措施加快进度,并承担加快进度所增加的费用。由于承包人原因造成工期延误,承包人应支付逾期竣工违约金。逾期竣工违约金的计算方法在专用合同条款中约定。承包人支付逾期竣工违约金,不免除承包人完成工程及修补缺陷的义务。

但是,在履行合同过程中,由于发包人的下列原因造成工期延误的,承包人有权要求发包人延长工期和(或)增加费用,并支付合理利润:

(1) 增加合同工作内容;
(2) 改变合同中任何一项工作的质量要求或其他特性;
(3) 发包人迟延提供材料、工程设备或变更交货地点的;
(4) 因发包人而导致的暂停施工;
(5) 提供图纸延误;
(6) 未按合同约定及时支付预付款、进度款;
(7) 发包人造成工期延误的其他原因。

5. 工期提前

发包人要求承包人提前竣工,或承包人提出提前竣工的建议能够给发包人带来效益的,应由监理人与承包人共同协商采取加快工程进度的措施和修订合同进度计划。发包人应承担承包人由此增加的费用,并向承包人支付专用合同条款约定的相应奖金。

由于出现专用合同条款规定的异常恶劣气候的条件导致工期延误的,承包人有权要求发包人延长工期。

5.2.4.2 进度计划

1. 进度计划

承包人应按专用合同条款约定的内容和期限,为了使工程能够按期竣工,编制详细的施工进度计划和施工方案说明报送监理人。监理人应在专用合同条款约定的期限内批复或提出修改意见,否则该进度计划视为已得到批准。经监理人批准的施工进度计划称合同进度计划,是控制合同工程进度的依据。承包人还应根据合同进度计划,编制更为详细的分阶段或分项进度计划,报监理人审批。

2. 计划的修订

不论何种原因造成工程的实际进度与已经批准的合同进度计划不符时,承包人可以在专用合同条款约定的期限内向监理人提交修订合同进度计划的申请报告,并附有关措施和相关资料,报监理人审批;监理人也可以直接向承包人作出修订合同进度计划的指示,承包人应按该指示修订合同进度计划,报监理人审批。监理人应在专用合同条款约定的期限内批复。监理人在批复前应获得发包人同意。

5.2.4.3 暂停施工

1. 承包人暂停施工

因下列暂停施工增加的费用和(或)工期延误由承包人承担：

(1) 承包人违约引起的暂停施工；
(2) 由于承包人而为工程合理施工和安全保障所必需的暂停施工；
(3) 承包人擅自暂停施工；
(4) 承包人其他原因引起的暂停施工；
(5) 专用合同条款约定由承包人承担的其他暂停施工。

2. 发包人暂停施工的责任

由于发包人而引起的暂停施工造成工期延误的，承包人有权要求发包人延长工期和(或)增加费用，并支付合理利润。

3. 监理人暂停施工指示

监理人认为有必要时，可向承包人作出暂停施工的指示，承包人应按监理人指示暂停施工。不论出于何种原因引起的暂停施工，暂停施工期间承包人应负责妥善保护工程并提供安全保障。

由于发包人而发生暂停施工的紧急情况，且监理人未及时下达暂停施工指示的，承包人可先暂停施工，并及时向监理人提出暂停施工的书面请求。监理人应在接到书面请求后的 24 小时内予以答复，逾期未答复的，视为同意承包人的暂停施工请求。

4. 暂停施工后的复工

暂停施工后，监理人应与发包人和承包人协商，采取有效措施积极消除暂停施工的影响。当工程具备复工条件时，监理人应立即向承包人发出复工通知。承包人收到复工通知后，应在监理人指定的期限内复工。

承包人无故拖延和拒绝复工的，由此增加的费用和工期延误由承包人承担；因发包人原因无法按时复工的，承包人有权要求发包人延长工期和(或)增加费用，并支付合理利润。

5. 暂停施工持续 56 天以上

监理人发出暂停施工指示后 56 天内未向承包人发出复工通知，除了该项停工属于承包人原因引起的外，承包人可向监理人提交书面通知，要求监理人在收到书面通知后 28 天内准许已暂停施工的工程或其中一部分工程继续施工。如监理人逾期不予批准，则承包人可以通知监理人，将工程受影响的部分视为可取消工作。如暂停施工影响到整个工程，可视为发包人违约。

由于承包人责任引起的暂停施工，如承包人在收到监理人暂停施工指示后 56 天内不认真采取有效的复工措施，造成工期延误，可视为承包人违约。

5.2.5 工程质量

5.2.5.1 工程质量标准

建筑工程质量是指在国家现行的有关法律、法规、技术标准、设计文件和合同条款中,对工程的安全、适用、经济、美观等特性的综合要求。

工程质量应当达到协议书约定的质量标准。

因承包人原因工程质量达不到约定的质量标准,承包人承担违约责任。因承包人原因造成工程质量达不到合同约定验收标准的,监理人有权要求承包人返工直至符合合同要求为止,由此造成的费用增加和(或)工期延误由承包人承担;因发包人原因造成工程质量达不到合同约定验收标准的,发包人应承担由于承包人返工造成的费用增加和(或)工期延误,并支付承包人合理利润。

1. 一般工程质量标准的选用

对大量的工业及民用建筑,适用的施工质量标准、规范遵循下述原则选用:

(1) 有国家标准、规范的适用国家标准、规范;

(2) 没有国家标准、规范但有行业标准、规范的,则约定适用行业标准、规范;

(3) 没有国家和行业标准、规范的,则约定适用工程所在地的地方标准、规范;

(4) 没有国家和行业或工程所在地标准、规范的,则可以约定施工企业自己的企业标准为本工程的适用标准、规范。

(5) 若发包人要求使用国外标准、规范的,应负责提供中文译本。所发生的购买和翻译标准、规范或制定施工工艺的费用,由发包人承担。

2. 特殊工程质量标准的选用

对于有特殊要求的工程或国家重点工程项目,项目业主可能(委托咨询、设计院)编写仅适用本工程的施工质量标准、规范,在招标阶段由业主在招标文件中明确,在施工阶段由发包人在专用条款中约定、执行。此时,该标准、规范的要求往往会高于国家、行业的现行质量要求、水平。

5.2.5.2 材料和工程设备

1. 承包人提供的材料和工程设备

除专用合同条款另有约定外,承包人提供的材料和工程设备均由承包人负责采购、运输和保管。承包人应对其采购的材料和工程设备负责。

承包人应按专用合同条款的约定,将各项材料和工程设备的供货人及品种、规格、数量和供货时间等报送监理人审批。承包人应向监理人提交其负责提供的材料和工程设备的质量证明文件,并满足合同约定的质量标准。

对承包人提供的材料和工程设备,承包人应会同监理人进行检验和交货验收,查验材料合格证明和产品合格证书,并按合同约定和监理人指示,进行材料的抽样检验和工程设备的检验测试,检验和测试结果应提交监理人,所需费用由承包人承担。

2. 发包人提供的材料和工程设备

发包人提供的材料和工程设备,应在专用合同条款中写明材料和工程设备的名称、规格、数量、价格、交货方式、交货地点和计划交货日期等。

承包人应根据合同进度计划的安排,向监理人报送要求发包人交货的日期计划。发包人应按照监理人与合同双方当事人商定的交货日期,向承包人提交材料和工程设备。

发包人应在材料和工程设备到货7天前通知承包人,承包人应会同监理人在约定的时间内,赴交货地点共同进行验收。除专用合同条款另有约定外,发包人提供的材料和工程设备验收后,由承包人负责接收、运输和保管。

发包人要求向承包人提前交货的,承包人不得拒绝,但发包人应承担承包人由此增加的费用。

承包人要求更改交货日期或地点的,应事先报请监理人批准。由于承包人要求更改交货时间或地点所增加的费用和(或)工期延误由承包人承担。

发包人提供的材料和工程设备的规格、数量或质量不符合合同要求,或由于发包人原因发生交货日期延误及交货地点变更等情况的,发包人应承担由此增加的费用和(或)工期延误,并向承包人支付合理利润。

发包人供应的材料设备进入施工现场后需要在使用前检验或者试验的,由承包人负责,费用由发包人负责。即使在承包人检验通过之后,如果又发现材料设备有质量问题的,发包人仍应承担重新采购及拆除重建的追加合同价款,并相应顺延由此延误的工期。

案例

华北某引水工程的提水站工程,提水泵及配套设备由业主购置,承包商安装。安装完备之后,成功进行了打压实验,系统无渗(漏)水现象。第二年春天,发现不止一处阀门和管件冻裂、漏水。业主要求承包商无条件更换,承包商拒绝。

分析

按照合同,承包商负责提水泵站及有关配套设备的安装工程,设备由业主购置。根据后来的调查,了解到在本案例中,泵站及有关配套设备是进口产品,是向一年四季温暖如春的以色列购置,该产品不防冻。况且,在本案例中,承包商已经完成了安装工程,并已经验收(打压)通过,移交给业主,照管责任自然转移给业主。所以,业主无权向承包商提出无条件更换要求。

3. 材料和工程设备专用于合同工程

运入施工场地的材料、工程设备,包括备品备件、安装专用工器具与随机资料,必须专用于合同工程,未经监理人同意,承包人不得运出施工场地或挪作他用。

随同工程设备运入施工场地的备品备件、专用工器具与随机资料,应由承包人会同监理人按供货人的装箱单清点后共同封存,未经监理人同意不得启用。承包人因合同工作需要使用上述物品时,应向监理人提出申请。

4. 禁止使用不合格的材料和工程设备

监理人有权拒绝承包人提供的不合格材料或工程设备,并要求承包人立即进行更换。监理人应在更换后再次进行检查和检验,由此增加的费用和(或)工期延误由承包人承担。

监理人发现承包人使用了不合格的材料和工程设备,应即时发出指示要求承包人立即改正,并禁止在工程中继续使用不合格的材料和工程设备。

发包人提供的材料或工程设备不符合合同要求的,承包人有权拒绝,并可要求发包人更换,由此增加的费用和(或)工期延误由发包人承担。

5.2.5.3 试验和检验

1. 材料、工程设备和工程的试验和检验

承包人应按合同约定进行材料、工程设备和工程的试验和检验,并为监理人对上述材料、工程设备和工程的质量检查提供必要的试验资料和原始记录。按合同约定应由监理人与承包人共同进行试验和检验的,由承包人负责提供必要的试验资料和原始记录。

监理人未按合同约定派员参加试验和检验的,除监理人另有指示外,承包人可自行试验和检验,并应立即将试验和检验结果报送监理人,监理人应签字确认。

监理人对承包人的试验和检验结果有疑问的,或为查清承包人试验和检验成果的可靠性要求承包人重新试验和检验的,可按合同约定由监理人与承包人共同进行。重新试验和检验的结果证明该项材料、工程设备或工程的质量不符合合同要求的,由此增加的费用和(或)工期延误由承包人承担;重新试验和检验结果证明该项材料、工程设备和工程符合合同要求,由发包人承担由此增加的费用和(或)工期延误,并支付承包人合理利润。

案例

某特大型桥梁,结构体系为预应力混凝土连续刚构桥,采用挂篮悬臂浇注。在夏季洪水期施工2号墩前悬臂2号块时,由于多种因素(如混凝土运输问题、入模问题、振捣问题、塌落度等)的影响,致使监理工程师怀疑该节段箱梁某区域混凝土内部密实度可能存在问题,于是书面指示承包人对该区域混凝土进行密实性检测。

于是承包人联系了一家具有资质的检测单位来对其进行无损检测。经检测后证实混凝土内部密实性良好,符合质量标准要求。此次无损检测共损耗7天。检测结果出来后,承包人提出了费用索赔和工期索赔。

监理工程师经过审核,认可费用索赔理由,但不予补偿工期。

分析

1. 费用索赔理由成立,但索赔哪些费用,则需另外考虑:

(1)索赔费用中检测费的付款发票面值核定是可以的,但监理工程师在必要时

应到相关检测单位寻价;

(2) 检测过程中承包商派出的辅助人员费用,因工作时间较短,可以根据检测时所实际耗时来核定,或者可以认为,应当由检测单位付费用;

(3) 临时措施费应只考虑直接与检测有关的、在原有施工设施上新增加的措施(设施)费用部分,与施工措施有关的费用部分应予核减。

当然,若检测结果不符合合同质量标准,除检测(试验)费用应由承包人承担外,承包人还必须承担对质量问题的处理费用。

2. 不予补偿工期的原因如下:

(1) 导致监理工程师对混凝土内在质量(密实性)产生怀疑,意味着承包人在施工中或多或少存在与施工技术规范的要求存在差异的地方,只是产生的后果还没有造成质量缺陷,承包人承担因此而造成的后果,也在情理之中;

(2) 无损检测所损耗的7天属于技术间歇期(混凝土的养护),并没有影响后续工程的施工准备及施工,下一块件的施工准备工作仍然在正常进行。

由此可见,监理工程师在指示承包人进行合同文件规定的检(试)验以外的检(试)验项目时应慎之又慎,否则就可能会导致承包人索赔。

2. 现场材料试验

承包人根据合同约定或监理人指示进行的现场材料试验,应由承包人提供试验场所、试验人员、试验设备器材以及其他必要的试验条件。

监理人在必要时可以使用承包人的试验场所、试验设备器材以及其他试验条件,进行以工程质量检查为目的的复核性材料试验,承包人应予以协助。

3. 现场工艺试验

承包人应按合同约定或监理人指示进行现场工艺试验。对大型的现场工艺试验,监理人认为必要时,应由承包人根据监理人提出的工艺试验要求,编制工艺试验措施计划,报送监理人审批。

5.2.5.4 工程质量

1. 承包人的质量管理

承包人应在施工场地设置专门的质量检查机构,配备专职质量检查人员,建立完善的质量检查制度。承包人应在合同约定的期限内,提交工程质量保证措施文件,包括质量检查机构的组织和岗位责任、质检人员的组成、质量检查程序和实施细则等,报送监理人审批。

2. 承包人的质量检查

承包人应按合同约定对材料、工程设备以及工程的所有部位及其施工工艺进行全过程的质量检查和检验,并作详细记录,编制工程质量报表,报送监理人审查。

3. 监理人的质量检查

监理人有权对工程的所有部位及其施工工艺、材料和工程设备进行检查和检验。

承包人应为监理人的检查和检验提供方便,包括监理人到施工场地,或制造、加工地点,或合同约定的其他地方进行察看和查阅施工原始记录。承包人还应按监理人指示,进行施工场地取样试验、工程复核测量、设备性能检测、提供试验样品、提交试验报告和测量成果,以及监理人要求进行的其他工作。监理人的检查和检验,不免除承包人按合同约定应负的责任。

4. 工程隐蔽部位覆盖前的检查

1) 通知监理人检查

经承包人自检确认的工程隐蔽部位具备覆盖条件后,承包人应通知监理人在约定的期限内检查。承包人的通知应附有自检记录和必要的检查资料。监理人应按时到场检查。经监理人检查确认质量符合隐蔽要求,并在检查记录上签字后,承包人才能进行覆盖。监理人检查确认质量不合格的,承包人应在监理人指示的时间内修整返工后,由监理人重新检查。

2) 监理人未到场检查

监理人未按约定的时间进行检查的,除监理人另有指示外,承包人可自行完成覆盖工作,并作相应记录报送监理人,监理人应签字确认。监理人事后对检查记录有疑问的,可重新检查。

3) 监理人重新检查

承包人覆盖工程隐蔽部位后,监理人对质量有疑问的,可要求承包人对已覆盖的部位进行钻孔探测或揭开重新检验,承包人应遵照执行,并在检验后重新覆盖恢复原状。经检验证明工程质量符合合同要求的,由发包人承担由此增加的费用和(或)工期延误,并支付承包人合理利润;经检验证明工程质量不符合合同要求的,由此增加的费用和(或)工期延误由承包人承担。

4) 承包人私自覆盖

承包人未通知监理人到场检查,私自将工程隐蔽部位覆盖的,监理人有权指示承包人钻孔探测或揭开检查,由此增加的费用和(或)工期延误由承包人承担。

5. 清除不合格工程

承包人使用不合格材料、工程设备,或采用不适当的施工工艺,或施工不当,造成工程不合格的,监理人可以随时发出指示,要求承包人立即采取措施进行补救,直至达到合同要求的质量标准,由此增加的费用和(或)工期延误由承包人承担。

由于发包人提供的材料或工程设备不合格造成的工程不合格,需要承包人采取措施补救的,发包人应承担由此增加的费用和(或)工期延误,并支付承包人合理利润。

案例

某桥台台背回填要求用砂砾。承包人在施工中采用小型打夯机夯实,也进行了压实度检测,合格;回填完成后,有人向监理工程师反映,监理工程师不在现场的时候,某些部位的回填没有按照图纸、规范进行。

为确保工程质量,监理工程师书面指示:对台背回填质量有怀疑的部位进行剥开分层检查。经过检查后,其检查结果符合施工图设计及合同规定的质量要求。承包人根据合同文件提出费用索赔。

分析

按照合同通用条款规定,没有监理工程师的批准,任何工程均不得覆盖或掩蔽;覆盖或掩蔽前,承包人应事先通知监理工程师并约定检查时间,如果监理工程师认为没有必要参与检查,应通知承包人;如果在约定时间后的12小时内,监理工程师未到现场进行检查,承包人可自行检查并如实作出自检报告后覆盖或掩蔽,监理工程师事后应予认可。

本案例的关键在于,承包人在隐蔽工程前是否通知了监理工程师。若通知了监理工程师,但监理工程师因故没有到场,隐蔽之后,又要揭露检查,在检查合格的前提下则应该对承包人剥开及恢复原状的费用、检测费予以补偿。若覆盖或掩蔽前不通知监理工程师进行检查,或剥开检查质量不合格,则其检测费、剥开或开孔及恢复原状的费用均应由承包人自行承担。

5.2.5.5 缺陷责任及保修

1. 缺陷责任期

1) 概念

缺陷是指建设工程质量因勘察、设计、施工、材料等原因造成的质量不符合工程建设强制性标准、设计文件,以及承包合同的约定。承包商有义务对自己所施工的工程实体所存在的缺陷承担修理、矫正及改正(repair, rectify and make good)或保养(maintain)措施,直至检验合格、完好为止。缺陷责任期一般为6个月、12个月或24个月,具体可由发、承包双方在合同中约定。

缺陷责任期自实际竣工日期起计算。在全部工程竣工验收前,已经发包人提前验收的单位工程,其缺陷责任期的起算日期相应提前。

缺陷责任期从工程通过竣(交)工验收之日起计。由于承包人原因导致工程无法按规定期限进行竣(交)工验收的,缺陷责任期从实际通过竣(交)工验收之日起计。由于发包人原因导致工程无法按规定期限进行竣(交)工验收的,在承包人提交竣(交)工验收报告90天后,工程自动进入缺陷责任期。

2) 缺陷责任

缺陷责任期内,发包人对已接收使用的工程负责日常维护工作。发包人在使用过程中,发现已接收的工程存在新的缺陷或已修复的缺陷部位或部件又遭损坏的,承包人应负责修复,直至检验合格为止。

监理人和承包人应共同查清缺陷和(或)损坏的原因。经查明属承包人原因造成的,应由承包人承担修复和查验的费用。经查验属发包人原因造成的,发包人应承担修复和查验的费用,并支付承包人合理利润。

承包人不能在合理时间内修复缺陷的,发包人可自行修复或委托他人修复,所需费用发包人可按合同约定从"质量保证(修)金"中支付。

3) 缺陷责任期的延长

由于承包人原因造成某项缺陷或损坏使某项工程或工程设备不能按原定目标使用而需要再次检查、检验和修复的,发包人有权要求承包人相应延长缺陷责任期,但缺陷责任期最长不超过2年。

4) 进一步试验和试运行

任何一项缺陷或损坏修复后,经检查证明其影响了工程或工程设备的使用性能,承包人应重新进行合同约定的试验和试运行,试验和试运行的全部费用应由责任方承担。

5) 承包人的进入权

缺陷责任期内承包人为缺陷修复工作需要,有权进入工程现场,但应遵守发包人的保安和保密规定。

6) 缺陷责任期终止证书

在缺陷责任期终止后14天内,由监理人向承包人出具经发包人签认的缺陷责任期终止证书,并退还剩余的质量保证金。

2. 保修责任

建设工程承包单位在向建设单位提交竣工验收报告时,应当向建设单位出具质量保修书。质量保修书中应当明确建设工程的保修范围、保修期限和保修责任等。按照规定,保修范围和正常使用条件下的最低保修期限为:

(1) 基础设施工程、房屋建筑的地基基础工程和主体结构工程,为设计文件规定的该工程的合理使用年限;

(2) 屋面防水工程、有防水要求的卫生间、房间和外墙面的防渗漏,为5年;

(3) 供热与供冷系统,为2个采暖期、供冷期;

(4) 电气管线、给排水管道、设备安装和装修工程为2年;

(5) 装修工程为2年;

(6) 建筑节能工程保修为5年。

其他项目的保修期限由发包方与承包方约定。建设工程的保修期,自竣工验收合格之日起计算。因使用不当或者第三方造成的质量缺陷,以及不可抗力造成的质量缺陷,不属于法律规定的保修范围。

5.2.6 合同价格(价款)

签约合同价是指签订合同时合同协议书中写明的,包括了暂列金额、暂估价的合同总金额。

合同价格:指承包人按合同约定完成了包括缺陷责任期内的全部承包工作后,发包人应付给承包人的金额,包括在履行合同过程中按合同约定进行的变更和调整。

5.2.6.1 计量与支付

1. 计量

工程计量就是甲、乙双方对已完成的各项实物工程量进行计算、审核及确认,以此作为工程进度款支付的依据。

工程计量单位应该采用国家法定的计量单位;工程量计算规则应按有关国家标准、行业标准的规定,并在合同中约定执行;除专用合同条款另有约定外,单价子目已完成工程量按月计量,总价子目的计量周期按批准的支付分解报告确定。

1) 单价子目的计量

已标价工程量清单中的单价子目工程量为估算工程量。结算工程量是承包人实际完成的,并按合同约定的计量方法进行计量的工程量。

承包人对已完成的工程进行计量,向监理人提交进度付款申请单、已完成工程量报表和有关计量资料。

监理人对承包人提交的工程量报表进行复核,以确定实际完成的工程量。对数量有异议的,可要求承包人进行共同复核和抽样复测。承包人应协助监理人进行复核并按监理人要求提供补充计量资料。承包人未按监理人要求参加复核,监理人复核或修正的工程量视为承包人实际完成的工程量。

监理人认为有必要时,可通知承包人共同进行联合测量、计量,承包人应遵照执行。

承包人完成工程量清单中每个子目的工程量后,监理人应要求承包人派人员共同对每个子目的历次计量报表进行汇总,以核实最终结算工程量。监理人可要求承包人提供补充计量资料,以确定最后一次进度付款的准确工程量。承包人未按监理人要求派人员参加的,监理人最终核实的工程量视为承包人完成该子目的准确工程量。

监理人应在收到承包人提交的工程量报表后的 7 天内进行复核,监理人未在约定时间内复核的,承包人提交的工程量报表中的工程量视为承包人实际完成的工程量,据此计算工程价款。

2) 总价子目的计量

除专用合同条款另有约定外,总价子目的分解和计量按照下述约定进行。

总价子目的计量和支付应以总价为基础,不因物价波动而进行调整。承包人实际完成的工程量,仅是进行工程目标管理和控制进度支付的依据。

承包人在合同约定的每个计量周期内,对已完成的工程进行计量,并向监理人提交进度付款申请单、专用合同条款约定的合同总价支付分解表所表示的阶段性或分项计量的支持性资料,以及所达到工程形象目标或分阶段需完成的工程量和有关计量资料。

监理人对承包人提交的上述资料进行复核,以确定分阶段实际完成的工程量和工程形象目标。对其有异议的,可要求承包人共同复核和抽样复测。

除非在施工过程中发生双方认可的变更外,总价子目的工程量是承包人用于结算的最终工程量。

2. 预付款

预付款是在工程开工前,发包人预先付给承包人用于承包人为合同工程施工购置材料、工程设备、施工设备、修建临时设施以及组织施工队伍进场等。预付款的额度和预付办法在专用合同条款中约定。预付款必须专用于合同工程。

除专用合同条款另有约定外,承包人应在收到预付款的同时向发包人提交预付款保函,预付款保函的担保金额应与预付款金额相同。保函的担保金额可根据预付款扣回的金额相应递减。

预付款的额度一般为合同额的 5%～15%,预付款一般应在工程竣工前全部扣回,可采取当工程进展到某一阶段,如完成合同额的 60%～65%时开始扣起,也可从每月的工程付款中扣回。具体扣回办法在专用合同条款中约定。在颁发工程接收证书前,由于不可抗力或其他原因解除合同时,预付款尚未扣清的,尚未扣清的预付款余额应作为承包人的到期应付款。

3. 工程进度付款

1) 进度付款申请单

承包人应在每个付款周期末,按监理人批准的格式和专用合同条款约定的份数,向监理人提交进度付款申请单,并附相应的支持性证明文件。除专用合同条款另有约定外,进度付款申请单应包括下列内容:

(1) 截至本次付款周期末已实施工程的价款;
(2) 双方认可的增加和扣减的变更金额;
(3) 双方认可的增加和扣减的索赔金额;
(4) 应支付的预付款和扣减的返还预付款;
(5) 应扣减的质量保证金;
(6) 根据合同应增加和扣减的其他金额。

2) 进度付款证书和支付时间

监理人在收到承包人进度付款申请单以及相应的支持性证明文件后的 14 天内完成核查,提出发包人到期应支付给承包人的金额以及相应的支持性材料,经发包人审查同意后,由监理人向承包人出具经发包人签认的进度付款证书。监理人有权扣发承包人未能按照合同要求履行任何工作或义务的相应金额。

发包人应在监理人收到进度付款申请单后的 28 天内,将进度应付款支付给承包人。发包人不按期支付的,按专用合同条款的约定支付逾期付款违约金。

监理人出具进度付款证书,不应视为监理人已同意、批准或接受了承包人完成的该部分工作。

进度付款涉及政府投资资金的,按照国库集中支付等国家相关规定和专用合同条款的约定办理。

3）工程进度付款的修正

在对以往历次已签发的进度付款证书进行汇总和复核中发现错、漏或重复的,监理人有权予以修正,承包人也有权提出修正申请。经双方复核同意的修正,应在本次进度付款中支付或扣除。

4. 质量保证金(或称保留金)

质量保证金(或称保留金)是指发包人按约定用于保证在缺陷责任期内履行缺陷修复义务而从承包人应得的工程款中暂扣的一定数额的工程款。

监理人应从第一个付款周期开始,在发包人的进度付款中,按专用合同条款的约定扣留质量保证金,直至扣留的质量保证金总额达到专用合同条款约定的金额或比例为止。质量保证金的计算额度不包括预付款的支付、扣回以及价格调整的金额。

在约定的缺陷责任期满时,承包人向发包人申请到期应返还承包人剩余的质量保证金金额,发包人应在14天内会同承包人按照合同约定的内容核实承包人是否完成缺陷责任。如无异议,发包人应当在核实后将剩余保证金返还承包人。

在约定的缺陷责任期满时,承包人没有完成缺陷责任的,发包人有权扣留与未履行责任剩余工作所需金额相应的质量保证金余额,并有权根据约定要求延长缺陷责任期,直至完成剩余工作为止。

5. 竣工结算

1）竣工付款申请单

工程接收证书颁发后,承包人应按专用合同条款约定的份数和期限向监理人提交竣工付款申请单,并提供相关证明材料。除专用合同条款另有约定外,竣工付款申请单应包括下列内容:竣工结算合同总价、发包人已支付承包人的工程价款、应扣留的质量保证金、应支付的竣工付款金额。

监理人对竣工付款申请单有异议的,有权要求承包人进行修正和提供补充资料。经监理人和承包人协商后,由承包人向监理人提交修正后的竣工付款申请单。

2）竣工付款证书及支付时间

监理人在收到承包人提交的竣工付款申请单后的14天内完成核查,提出发包人到期应支付给承包人的价款送发包人审核并抄送承包人。发包人应在收到后14天内审核完毕,由监理人向承包人出具经发包人签认的竣工付款证书。监理人未在约定时间内核查,又未提出具体意见的,视为承包人提交的竣工付款申请单已经监理人核查同意;发包人未在约定时间内审核又未提出具体意见的,监理人提出发包人到期应支付给承包人的价款视为已经发包人同意。

发包人应在监理人出具竣工付款证书后的14天内,将应支付款支付给承包人。发包人不按期支付的,按约定,将逾期付款违约金支付给承包人。

承包人对发包人签认的竣工付款证书有异议的,发包人可出具竣工付款申请单中承包人已同意部分的临时付款证书。存在争议的部分,按相关约定办理。

6. 最终结清

1) 最终结清申请单

缺陷责任期终止证书签发后,承包人可按专用合同条款约定的份数和期限向监理人提交最终结清申请单,并提供相关证明材料。

发包人对最终结清申请单内容有异议的,有权要求承包人进行修正和提供补充资料,由承包人向监理人提交修正后的最终结清申请单。

2) 最终结清证书和支付时间

监理人收到承包人提交的最终结清申请单后的 14 天内,提出发包人应支付给承包人的价款送发包人审核并抄送承包人。发包人应在收到后 14 天内审核完毕,由监理人向承包人出具经发包人签认的最终结清证书。监理人未在约定时间内核查,又未提出具体意见的,视为承包人提交的最终结清申请已经监理人核查同意;发包人未在约定时间内审核又未提出具体意见的,监理人提出应支付给承包人的价款视为已经发包人同意。

发包人应在监理人出具最终结清证书后的 14 天内,将应支付款支付给承包人。发包人不按期支付的,按相关约定,将逾期付款违约金支付给承包人。

5.2.6.2 变更

1. 变更的范围和内容

除专用合同条款另有约定外,在履行合同中发生以下情形之一,应按照本条规定进行变更。

(1) 取消合同中任何一项工作,但被取消的工作不能转由发包人或其他人实施;

(2) 改变合同中任何一项工作的质量或其他特性;

(3) 改变合同工程的基线、标高、位置或尺寸;

(4) 改变合同中任何一项工作的施工时间或改变已批准的施工工艺或顺序;

(5) 为完成工程需要追加的额外工作。

2. 变更权

在履行合同过程中,经发包人同意,监理人可按约定向承包人作出变更指示,承包人应遵照执行。没有监理人的变更指示,承包人不得擅自变更。

3. 变更程序

1) 变更的提出

在合同履行过程中,根据规定,监理人可向承包人发出变更意向书。变更意向书应说明变更的具体内容和发包人对变更的时间要求,并附必要的图纸和相关资料。变更意向书应要求承包人提交包括拟实施变更工作的计划、措施和竣工时间等内容的实施方案。发包人同意承包人根据变更意向书要求提交的变更实施方案的,由监理人发出变更指示。

承包人收到监理人发出的图纸和文件,经检查认为有必要的,可向监理人提出书面变更建议。变更建议应阐明要求变更的依据,并附必要的图纸和说明。监理人收到承包人书面建议后,应与发包人共同研究,确认存在变更的,应在收到承包人书面建议后的 14 天内作出变更指示。经研究后不同意作为变更的,应由监理人书面答复承包人。

若承包人收到监理人的变更意向书后认为难以实施此项变更,应立即通知监理人,说明原因并附详细依据。监理人与承包人和发包人协商后确定撤销、改变或不改变原变更意向书。

2) 变更估价

除专用合同条款对期限另有约定外,承包人应在收到变更指示或变更意向书后的 14 天内,向监理人提交变更报价书,报价内容应根据下述原则估价,详细开列变更工作的价格组成及其依据,并附必要的施工方法说明和有关图纸。

(1) 已标价工程量清单中有适用于变更工作的子目的,采用该子目的单价。

(2) 已标价工程量清单中无适用于变更工作的子目,但有类似子目的,可在合理范围内参照类似子目的单价,由监理人按约定商定或确定变更工作的单价。

(3) 已标价工程量清单中无适用或类似子目的单价,可按照成本加利润的原则,由监理人按约定商定或确定变更工作的单价

变更工作影响工期的,承包人应提出调整工期的具体细节。监理人认为有必要时,可要求承包人提交要求提前或延长工期的施工进度计划及相应施工措施等详细资料。

3) 变更指示

变更指示只能由监理人发出。

变更指示应说明变更的目的、范围、内容以及变更的工程量及其进度和技术要求,并附有关图纸和文件。承包人收到变更指示后,应按变更指示进行变更工作。

4. 承包人的合理化建议

在履行合同过程中,承包人对发包人提供的图纸、技术要求以及其他方面提出的合理化建议,均应以书面形式提交监理人。合理化建议书的内容应包括建议工作的详细说明、进度计划和效益以及与其他工作的协调等,并附必要的设计文件。建议被采纳并构成变更的,应按约定由监理人向承包人发出变更指示。

承包人提出的合理化建议降低了合同价格、缩短了工期或者提高了工程经济效益的,发包人可按国家有关规定在专用合同条款中约定给予奖励。

5. 暂列金额

暂列金额是指已标价工程量清单中所列的暂列金额,用于在签订协议书时尚未确定或不可预见变更的施工及其所需材料、工程设备、服务等的金额,包括以计日工方式支付的金额。

暂列金额只能按照监理人的指示使用,并对合同价格进行相应调整。

6. 计日工

计日工是指对零星工作采取的一种计价方式,按合同中的计日工子目及其单价

计价付款。

发包人认为有必要时,由监理人通知承包人以计日工方式实施变更的零星工作。其价款按列入已标价工程量清单中的计日工计价子目及其单价进行计算。

采用计日工计价的任何一项变更工作,应从暂列金额中支付,承包人应在该项变更的实施过程中,每天提交以下报表和有关凭证报送监理人审批:

(1) 工作名称、内容和数量;
(2) 投入该工作所有人员的姓名、工种、级别和耗用工时;
(3) 投入该工作的材料类别和数量;
(4) 投入该工作的施工设备型号、台数和耗用台时;
(5) 监理人要求提交的其他资料和凭证。

计日工由承包人汇总后,列入进度付款申请单,由监理人复核并经发包人同意后列入进度付款。

7. 暂估价

暂估价是指发包人在工程量清单中给定的用于支付必然发生但暂时不能确定价格的材料、设备以及专业工程的金额。

发包人在工程量清单中给定暂估价的材料、工程设备和专业工程属于依法必须招标的范围并达到规定的规模标准的,由发包人和承包人以招标的方式选择供应商或分包人。发包人和承包人的权利义务关系在专用合同条款中约定。中标金额与工程量清单中所列的暂估价的金额差以及相应的税金等其他费用列入合同价格。

发包人在工程量清单中给定暂估价的材料和工程设备不属于依法必须招标的范围或未达到规定的规模标准的,应由承包人提供。经监理人确认的材料、工程设备的价格与工程量清单中所列的暂估价的金额差以及相应的税金等其他费用列入合同价格。

发包人在工程量清单中给定暂估价的专业工程不属于依法必须招标的范围或未达到规定的规模标准的,由监理人按照约定进行估价,但专用合同条款另有约定的除外。经估价的专业工程与工程量清单中所列的暂估价的金额差以及相应的税金等其他费用列入合同价格。

5.2.6.3 价格调整

合同价款确定方式可以有以下几种方式。

(1) 固定价格合同,即双方在专用条款内约定合同价款保函的风险范围和风险费用的计算方法,在约定的风险范围内合同价款不再调整。风险范围以外的合同价款调整方法,应当在专用条款内约定。

(2) 可调价格合同,即合同价款可根据双方的约定而调整,双方在专用条款内约定合同价款调整方法。

(3) 成本加酬金合同,即合同价款包括成本和酬金两部分,双方在专用条款内约定成本构成和酬金的计算方法。

目前,绝大部分工程采用可调价格合同。

1. 物价波动引起的价格调整

除专用合同条款另有约定外,因物价波动引起的价格调整按照本款约定处理。

1) 采用价格指数调整价格差额

因人工、材料和设备等价格波动影响合同价格时,根据投标函附录中的价格指数和权重表约定的数据,按以下公式计算差额并调整合同价格。

$$\Delta P = P_0 \left[A + \left(B_1 \times \frac{F_{t1}}{F_{01}} + B_2 \times \frac{F_{t2}}{F_{02}} + B_3 \times \frac{F_{t3}}{F_{03}} + \cdots + B_n \times \frac{F_{tn}}{F_{0n}} \right) - 1 \right]$$

式中:ΔP——需调整的价格差额;

P_0——付款证书中承包人应得到的已完成工程量的金额。此项金额应不包括价格调整、不计质量保证金的扣留和支付、预付款的支付和扣回。约定的变更及其他金额已按现行价格计价的,也不计在内;

A——定值权重(即不调部分的权重);

$B_1,B_2,B_3,\cdots,B_n$——各可调因子的变值权重(即可调部分的权重)为各可调因子在投标函投标总报价中所占的比例;

$F_{t1},F_{t2},F_{t3},\cdots,F_{tn}$——各可调因子的现行价格指数;

$F_{01},F_{02},F_{03},\cdots,F_{0n}$——各可调因子的基本价格指数,指基准日期的各可调因子的价格指数。

以上价格调整公式中的各可调因子、定值和变值权重,以及基本价格指数及其来源在投标函附录价格指数和权重表中约定。价格指数应首先采用有关部门提供的价格指数,缺乏上述价格指数时,可采用有关部门提供的价格代替。

若在计算调整差额时得不到现行价格指数的,可暂用上一次价格指数计算,并在以后的付款中再按实际价格指数进行调整。

若因变更导致原定合同中的权重不合理时,由监理人与承包人和发包人协商后进行调整。

由于承包人原因未在约定的工期内竣工的,则对原约定竣工日期后继续施工的工程,在价格调整时,应采用原约定竣工日期与实际竣工日期的两个价格指数中较低的一个作为现行价格指数。

2) 采用造价信息调整价格差额

施工期内,因人工、材料、设备和机械台班价格波动影响合同价格时,人工、机械使用费按照国家或省、自治区、直辖市建设行政管理部门和行业建设管理部门或其授权的工程造价管理机构发布的人工成本信息、机械台班单价或机械使用费系数进行调整;需要进行价格调整的材料,其单价和采购数应由监理人复核,监理人确认需调整的材料单价及数量,作为调整工程合同价格差额的依据。

2. 法律变化引起的价格调整

在基准日后,因法律变化导致承包人在合同履行中所需要的工程费用发生除物价波动而产生的价格调整以外的增减时,监理人应根据法律、国家或省、自治区、直辖市有关部门的规定,商定或确定需调整的合同价款。

5.2.7 不可抗力、保险

5.2.7.1 不可抗力

不可抗力是指承包人和发包人在订立合同时不可预见、在工程施工过程中不可避免发生并不能克服的自然灾害和社会性突发事件,如地震、海啸、瘟疫、水灾、骚乱、暴动、战争和专用合同条款约定的其他情形。

不可抗力发生后,发包人和承包人应及时认真统计所造成的损失,收集不可抗力造成损失的证据。合同双方对是否属于不可抗力或其损失的意见不一致的,由监理人商定或确定。

1. 不可抗力的通知

合同一方当事人遇到不可抗力事件,使其履行合同义务受到阻碍时,应立即通知合同另一方当事人和监理人,书面说明不可抗力和受阻碍的详细情况,并提供必要的证明。

如不可抗力持续发生,合同一方当事人应及时向合同另一方当事人和监理人提交中间报告,说明不可抗力和履行合同受阻的情况,并于不可抗力事件结束后28天内提交最终报告及有关资料。

2. 不可抗力后果及其处理

不可抗力发生后,发包人和承包人均应采取措施尽量避免和减少损失的扩大,任何一方没有采取有效措施导致损失扩大的,应对扩大的损失承担责任。

除专用合同条款另有约定外,不可抗力导致的人员伤亡、财产损失、费用增加和(或)工期延误等后果,由合同双方按以下原则承担:

(1) 永久工程,包括已运至施工场地的材料和工程设备的损害,以及因工程损害造成的第三者人员伤亡和财产损失由发包人承担;

(2) 承包人设备的损坏由承包人承担;

(3) 发包人和承包人各自承担其人员伤亡和其他财产损失及其相关费用;

(4) 承包人的停工损失由承包人承担,但停工期间应监理人要求照管工程和清理、修复工程的金额由发包人承担;

(5) 不能按期竣工的,应合理延长工期,承包人不需支付逾期竣工违约金。发包人要求赶工的,承包人应采取赶工措施,赶工费用由发包人承担。

但是,因为合同一方当事人延迟履行,在延迟履行期间发生不可抗力的,不免除其责任。

合同一方当事人因不可抗力不能履行合同的,应当及时通知对方解除合同。已经订货的材料、设备由订货方负责退货或解除订货合同,不能退还的货款和因退货、解除订货合同发生的费用，由发包人承担，因未及时退货造成的损失由责任方承担。

案例

江南某市滨江路工程，招标文件规定，工程所用的主材（钢材、水泥、沥青）由业主统一采购供应，交货地点为各承包人工地现场的材料库。4月9日，业主将采购的钢筋直接运至工地现场，承包人检查了质量合格证，并按照规定对钢筋抽取试样进行力学性能试验，确认质量合格后向监理工程师报验，开始下料加工，拟用在滨江路的扶壁式钢筋混凝土挡墙中。在第三天的钢筋加工制作过程中，发现有的φ18钢筋存在质量问题（冷弯起皮、断裂），表明到货的该批钢筋中存在不合格产品。为确保工程质量，监理工程师指示暂时停工，对已安装的钢筋逐根检查，将已用到工程中的不合格钢筋全部清除，共耗时3天。

恰逢该年长江春汛来得较通常年份早10余天。由于对不合格钢筋进行清理，导致耽误施工时间3天，致使该合同段挡墙未来得及浇筑混凝土就被水淹，该段挡墙要在该年11月枯水季节才得以继续进行施工。对此，承包人提出了工期和费用的索赔。

分析

1. 按照合同约定，由建设单位采购建筑材料、建筑构配件和设备的，应该符合设计文件和合同要求，应对所供材料的质量承担责任。同时，按《合同法》第113条规定，当事人一方不履行合同义务或者履行合同义务不符合约定，给对方造成损失的，损失赔偿额应当相等于因违约所造成的损失，包括合同履行后可以获得的利益，但不得超过违反合同一方在订立合同时预见到或者应预见到的因违反合同可能造成的损失。

2. 按照《建筑法》第59条规定，建筑施工企业必须按照工程设计要求、施工技术标准和合同的约定，对建筑材料、建筑构配件和设备进行检验，不合格的不得使用。在本案例中，承包人在施工过程中遵守了有关法律、法规和管理程序的规定，对工程上所用的材料已经进行了必要的检验。

3. 因为以上两条，显然承包人索赔理由成立。

4. 在索赔的核定中，应该认可处理不合格钢筋拖延3天所产生的工、料、机械及有关管理费用，还有洪水过后恢复施工所必须的工作面的清理费用。但因为洪水（春汛）期提前到来，是不可预测（若按往年，不会存在因春汛而导致工作面被淹没），理应属于不可抗力，故除了工期顺延，补偿上述已经明确予以补偿的费用之外，不再补偿其他费用。但在工程施工中遇到不可抗力，若经过详细计算，可以证明是因为处理业主供应的不合格钢筋拖延的3天所致，按照合同原理，因为不可抗力给承包人造成的损失，业主应当予以全额补偿。

5. 在本案例的索赔处理过程中，实际还伴随着业主向材料供应商的索赔。

5.2.7.2 保险

1. 工程保险

除专用合同条款另有约定外,承包人应以发包人和承包人的共同名义向双方同意的保险人投保建筑工程一切险、安装工程一切险。其具体的投保内容、保险金额、保险费率、保险期限等有关内容在专用合同条款中约定。

2. 人员工伤事故的保险

承包人应依照有关法律规定参加工伤保险,为其履行合同所雇佣的全部人员,缴纳工伤保险费,并要求其分包人也进行此项保险。

发包人应依照有关法律规定参加工伤保险,为其现场机构雇佣的全部人员,缴纳工伤保险费,并要求其监理人也进行此项保险。

3. 人身意外伤害险

发包人应在整个施工期间为其现场机构雇用的全部人员,投保人身意外伤害险,缴纳保险费,并要求其监理人也进行此项保险。

承包人应在整个施工期间为其现场机构雇用的全部人员,投保人身意外伤害险,缴纳保险费,并要求其分包人也进行此项保险。

4. 第三者责任险

第三者责任险系指在保险期内,对因工程意外事故造成的、依法应由被保险人负责的工地上及毗邻地区的第三者人身伤亡、疾病或财产损失(本工程除外),以及被保险人因此而支付的诉讼费用和事先经保险人书面同意支付的其他费用等赔偿责任。

在缺陷责任期终止证书颁发前,承包人应以承包人和发包人的共同名义,投保第三者责任险,其保险费率、保险金额等有关内容在专用合同条款中约定。

5. 其他保险

除专用合同条款另有约定外,承包人应为其施工设备、进场的材料和工程设备等办理保险。

6. 对各项保险的一般要求

承包人应在专用合同条款约定的期限内向发包人提交各项保险生效的证据和保险单副本,保险单必须与专用合同条款约定的条件保持一致。

承包人需要变动保险合同条款时,应事先征得发包人同意,并通知监理人。保险人作出变动的,承包人应在收到保险人通知后立即通知发包人和监理人。

承包人应与保险人保持联系,使保险人能够随时了解工程实施中的变动,并确保按保险合同条款要求持续保险。

保险金不足以补偿损失的,应由承包人和(或)发包人按合同约定负责补偿。

由于负有投保义务的当事人未按约定进行投保,或未能使保险持续有效的,另一方当事人可代为办理,所需费用由对方当事人承担;由于负有投保义务的一方当事人未按合同约定办理某项保险,导致受益人未能得到保险人的赔偿,原应从该项保险得到的保险金应由负有投保义务的一方当事人支付。

当保险事故发生时,投保人应按照保险单规定的条件和期限及时向保险人报告。

5.2.8 违约及索赔

5.2.8.1 违约

1. 承包人违约

1) 承包人违约情形

在履行合同过程中发生的下列情况属承包人违约:

(1) 承包人违反约定,私自将合同的全部或部分权利转让给其他人,或私自将合同的全部或部分义务转移给其他人;

(2) 承包人违反约定,未经监理人批准,私自将已按合同约定进入施工场地的施工设备、临时设施或材料撤离施工场地;

(3) 承包人违反约定使用了不合格材料或工程设备,工程质量达不到标准要求,又拒绝清除不合格工程;

(4) 承包人未能按合同进度计划及时完成合同约定的工作,已造成或预期造成工期延误;

(5) 承包人在缺陷责任期内,未能对工程接收证书所列的缺陷清单的内容或缺陷责任期内发生的缺陷进行修复,而又拒绝按监理人指示再进行修补;

(5) 承包人无法继续履行或明确表示不履行或实质上已停止履行合同;

(6) 承包人不按合同约定履行义务的其他情况。

2) 对承包人违约的处理

(1) 当承包人无法继续履行或明确表示不履行或实质上已停止履行合同时,发包人可通知承包人立即解除合同,并按有关法律处理。

(2) 承包人发生其他违约情况时,监理人可向承包人发出整改通知,要求其在指定的期限内改正。承包人应承担其违约所引起的费用增加和(或)工期延误。

(3) 经检查证明承包人已采取了有效措施纠正违约行为,具备复工条件的,可由监理人签发复工通知。

3) 承包人违约解除合同

监理人发出整改通知 28 天后,承包人仍不纠正违约行为的,发包人可向承包人发出解除合同通知。合同解除后,发包人可派人员进驻施工场地,另行组织人员或委托其他承包人施工。发包人因继续完成该工程的需要,有权扣留使用承包人在现场的材料、设备和临时设施。但发包人的这一行动不免除承包人应承担的违约责任,也不影响发包人根据合同约定享有的索赔权利。

4) 合同解除后的估价、付款和结清

合同解除后,监理人商定或确定承包人实际完成工作的价值以及承包人已提供的材料、施工设备、工程设备和临时工程等的价值。

合同解除后,发包人应暂停对承包人的一切付款,查清各项付款和已扣款金额,包括承包人应支付的违约金。

合同解除后,发包人应按约定向承包人索赔由于解除合同给发包人造成的损失。

合同双方确认上述往来款项后,出具最终结清付款证书,结清全部合同款项。

5) 协议利益的转让

因承包人违约解除合同的,发包人有权要求承包人将其为实施合同而签订的材料和设备的订货协议或任何服务协议利益转让给发包人,并在解除合同后的14天内,依法办理转让手续。

6) 紧急情况下无能力或不愿进行抢救

在工程实施期间或缺陷责任期内发生危及工程安全的事件,监理人通知承包人进行抢救,承包人声明无能力或不愿立即执行的,发包人有权雇佣其他人员进行抢救。此类抢救按合同约定属于承包人义务的,由此发生的金额和(或)工期延误由承包人承担。

2. 发包人违约

1) 发包人违约的情形

(1) 发包人未能按合同约定支付预付款或合同价款,或拖延、拒绝批准付款申请和支付凭证,导致付款延误的;

(2) 发包人原因造成停工的;

(3) 监理人无正当理由没有在约定期限内发出复工指示,导致承包人无法复工的;

(4) 发包人无法继续履行或明确表示不履行或实质上已停止履行合同的;

(5) 发包人不履行合同约定其他义务的。

2) 承包人有权暂停施工

发包人发生除无法继续履行或明确表示不履行或实质上已停止履行合同以外的违约情况时,承包人可向发包人发出通知,要求发包人采取有效措施纠正违约行为。发包人收到承包人通知后的28天内仍不履行合同义务,承包人有权暂停施工,并通知监理人,发包人应承担由此增加的费用和(或)工期延误,并支付承包人合理利润。

3) 发包人违约解除合同

发生发包人无法继续履行或明确表示不履行或实质上已停止履行合同的违约情况时,承包人可书面通知发包人解除合同。

承包人因发包人违约而暂停施工28天后,发包人仍不纠正违约行为的,承包人可向发包人发出解除合同通知。但承包人的这一行动不免除发包人承担的违约责任,也不影响承包人根据合同约定享有的索赔权利。

4) 解除合同后的付款

因发包人违约解除合同的,发包人应在解除合同后28天内向承包人支付下列金额,承包人应在此期限内及时向发包人提交要求支付下列金额的有关资料和凭证：

(1) 合同解除日以前所完成工作的价款；

(2) 承包人为该工程施工订购并已付款的材料、工程设备和其他物品的金额、发包人付还后,该材料、工程设备和其他物品归发包人所有；

(3) 承包人为完成工程所发生的,而发包人未支付的金额；

(4) 承包人撤离施工场地以及遣散承包人人员的金额；

(5) 由于解除合同应赔偿的承包人损失；

(6) 按合同约定在合同解除日前应支付给承包人的其他金额。

发包人应按本项约定支付上述金额并退还质量保证金和履约担保,但有权要求承包人支付应偿还给发包人的各项金额。

5) 解除合同后的承包人撤离

因发包人违约而解除合同后,承包人应妥善做好已竣工工程和已购材料、设备的保护和移交工作,按发包人要求将承包人设备和人员撤出施工场地。

3. 第三人造成的违约

在履行合同过程中,一方当事人因第三人的原因造成违约的,应当向对方当事人承担违约责任。一方当事人和第三人之间的纠纷,依照法律规定或者按照约定解决。

5.2.8.2 索赔

1. 承包人索赔的提出

根据合同约定,承包人认为有权得到追加付款和(或)延长工期的,应按以下程序向发包人提出索赔。

(1) 承包人应在知道或应当知道索赔事件发生后 28 天内,向监理人递交索赔意向通知书,并说明发生索赔事件的事由。承包人未在前述 28 天内发出索赔意向通知书的,丧失要求追加付款和(或)延长工期的权利。

(2) 承包人应在发出索赔意向通知书后 28 天内,向监理人正式递交索赔通知书。索赔通知书应详细说明索赔理由以及要求追加的付款金额和(或)延长的工期,并附必要的记录和证明材料。

(3) 索赔事件具有连续影响的,承包人应按合理时间间隔继续递交延续索赔通知,说明连续影响的实际情况和记录,列出累计的追加付款金额和(或)工期延长天数。

(4) 在索赔事件影响结束后的 28 天内,承包人应向监理人递交最终索赔通知书,说明最终要求索赔的追加付款金额和延长的工期,并附必要的记录和证明材料。

2. 承包人索赔处理程序

(1) 监理人收到承包人提交的索赔通知书后,应及时审查索赔通知书的内容、查验承包人的记录和证明材料,必要时监理人可要求承包人提交全部原始记录副本。

(2) 监理人应按约定商定或确定追加的付款和(或)延长的工期,并在收到上述索赔通知书或有关索赔的进一步证明材料后的42天内,将索赔处理结果答复承包人。

(3) 承包人接受索赔处理结果的,发包人应在作出索赔处理结果答复后28天内完成赔付。承包人不接受索赔处理结果的,按约定办理。

3. 承包人提出索赔的期限

承包人按约定接受了竣工付款证书后,应被认为已无权再提出在合同工程接收证书颁发前所发生的任何索赔。

承包人按约定提交的最终结清申请单中,只限于提出工程接收证书颁发后发生的索赔。提出索赔的期限自接受最终结清证书时终止。

4. 发包人的索赔

发生索赔事件后,监理人应及时书面通知承包人,详细说明发包人有权得到的索赔金额和(或)延长缺陷责任期的细节和依据。

监理人按约定商定或确定发包人从承包人处得到赔付的金额和(或)缺陷责任期的延长期。承包人应付给发包人的金额可从拟支付给承包人的合同价款中扣除,或由承包人以其他方式支付给发包人。

5.2.9 合同争议

5.2.9.1 争议的解决方式

发包人和承包人在履行合同中发生争议的,可以友好协商解决或者提请争议评审组评审。合同当事人友好协商解决不成、不愿提请争议评审或者不接受争议评审组意见的,可在专用合同条款中约定下列一种方式解决:① 向约定的仲裁委员会申请仲裁;② 向有管辖权的人民法院提起诉讼。

5.2.9.2 友好解决

在提请争议评审、仲裁或者诉讼前,以及在争议评审、仲裁或诉讼过程中,发包人和承包人均可共同努力友好协商解决争议。

5.2.9.3 争议评审

采用争议评审的,发包人和承包人应在开工日后的28天内或在争议发生后,协商成立争议评审组。争议评审组由有合同管理和工程实践经验的专家组成。

合同双方的争议,应首先由申请人向争议评审组提交一份详细的评审申请报告,并附必要的文件、图纸和证明材料,申请人还应将上述报告的副本同时提交给被申请人和监理人。

被申请人在收到申请人评审申请报告副本后的28天内,向争议评审组提交一份答辩报告,并附证明材料。被申请人应将答辩报告的副本同时提交给申请人和监理人。

除专用合同条款另有约定外,争议评审组在收到合同双方报告后的 14 天内,邀请双方代表和有关人员举行调查会,向双方调查争议细节。必要时争议评审组可要求双方进一步提供补充材料。

除专用合同条款另有约定外,在调查会结束后的 14 天内,争议评审组应在不受任何干扰的情况下进行独立、公正的评审,作出书面评审意见,并说明理由。在争议评审期间,争议双方暂按总监理工程师的决定执行。

发包人和承包人接受评审意见的,由监理人根据评审意见拟定执行协议,经争议双方签字后作为合同的补充文件,并遵照执行。

发包人或承包人不接受评审意见,并要求提交仲裁或提起诉讼的,应在收到评审意见后的 14 天内将仲裁或起诉意向书面通知另一方,并抄送监理人,但在仲裁或诉讼结束前应暂按总监理工程师的决定执行。

5.2.9.4 争议发生后合同的履行

发生争议后,在一般情况下,双方都应继续履行合同,保持施工连续,保护好已完工程。只有出现下列情况时,当事人方可停止履行施工合同:

(1) 单方违约导致合同确已无法履行,双方协议停止施工;
(2) 调解要求停止施工,且为双方接受;
(3) 仲裁机关要求停止施工;
(4) 法院要求停止施工。

管理箴言

在建筑工程承包中,业主通常想的是承包商"多劳少得";而承包商通常想的是要"少劳多得"。一个公平、合理的合同条件能够阻止这两种想法变为现实。

本章总结

建设工程施工合同是发包人(建设单位、业主或总包单位)与承包人(施工单位)就商定的建设工程项目施工任务,确定双方权利和义务关系的协议,又称建筑安装承包合同。

建设工程施工合同具有如下特点:合同主体的严格性、合同标的的特殊性、合同履行期限的长期性及建设计划和程序严格性。建设工程合同形式必须采用书面形式。

以前各种版本的建设工程施工合同示范文本作为签署合同的示范文本具有推荐、示范性。而由国家发展和改革委员会、财政部、建设部、铁道部、交通部、信息产业部、水利部、民用航空总局、广播电影电视总局联合制定的《标准施工招标文件》(2007年版)在政府投资的项目中强制实施。《标准施工招标文件》(2007年版)的第四章合同条款及格式中,首次将不同行业、专业的各种版本合同予以统一。

《标准文件》(2007版)的第四章合同条款及格式由通用合同条款、专用合同条款及合同附件格式三部分组成,而合同附件格式有合同协议书、履约担保格式及预付款担保格式。

《通用合同条款》是施工合同内容的核心。《通用合同条款》内容由法定的内容或无须双方协商的内容(如工程质量、检查和返工、重检验以及文明、安全施工,环境保护等)和应当双方协商、在《专用合同条款》中予以明确才可以执行的内容(如进度计划、计量与支付、违约责任的承担等)两部分组成。具体来说《通用合同条款》包括二十四部分内容。

【思考题】

1. 建设工程施工合同的概念是什么?
2. 建设工程施工合同的特点是什么?
3. 通用条款和专用条款的区别是什么?
4. 建设工程施工合同文件的组成及解释顺序是怎样的?
5. 发包人、承包人的一般义务是什么?
6. 工程可以延期的情况有哪些?不可抗力包括哪些内容?
7. 对隐蔽工程的检查和验收是如何进行的?
8. 工程具备什么样的条件才能进行竣工验收?
9. 工程款的支付包括哪些内容?

第6章 国际工程合同条件

内容提要

我国的工程合同条件实际上借鉴了国际上成熟的工程合同条件,这一点毋庸置疑。在介绍我国工程合同条件之后,现就国际工程合同条件做一简单介绍。单就国际工程合同条件而言,不同国家、不同国际组织有着不同的文化传统和历史背景,也有其不同的合同条件。本章就国际上最常用的合同条件做简要介绍。

学习指导

国际工程是一个工程项目的策划、咨询、融资、采购、承包、管理以及培训等各个阶段的参与者来自不止一个国家,按照国际上通用的工程项目管理模式进行管理的工程。中国加入WTO后,国内外建筑市场的融合愈来愈深,因此建筑行业从业人员熟悉、了解国际工程合同尤为重要。

国际工程合同是跨国经济活动,涉及不同国家、民族和不同文化、法律背景,具有一系列特殊性。签署的合同文本因业主、项目、地区的不同而不同。其中最常用的合同文本是国际咨询工程师联合会(FIDIC)编制起草的合同系列。

6.1 概述

6.1.1 国际工程的概念和特点

6.1.1.1 国际工程的概念

国际工程是一个工程项目从策划、咨询、融资、采购、承包、管理以及培训等各个阶段的参与者来自不止一个国家,并且按照国际上通用的工程项目管理模式进行管理的工程。根据这个定义,我们可以从两个方面去更广义地理解国际工程的概念。

1. 国际工程包含国内和国外两个市场

国际工程既包括我国公司去海外参与投资和实施的各项工程,又包括国际组织和国外的公司到中国来投资和实施的工程。我国目前是一个开放的市场,我国加入WTO的时间越长,这种国内外建筑市场的融合愈深。在国内我们也会遇到大量国内习惯称之为"涉外工程"的国际工程。所以我们研究国际工程不仅是走向海外的需要,也是巩固和占领国内市场的需要,同时还是我国建筑业的管理加快与国际接轨的需要。

2. 国际工程包括咨询和承包两大行业

1) 国际工程咨询

包括对工程项目前期的投资机会研究、预可行性研究、可行性研究、项目评估、勘测、设计、招标文件编制、监理、管理、后评估等。国际工程咨询是以高水平的人力资源为主的一个特殊行业,一般都是为建设单位提供服务,也可应承包商聘请为其进行项目施工管理、成本管理等。

2) 国际工程承包

包括对工程项目进行投标、施工、设备采购及安装调试、分包、提供劳务等。按照业主的要求,有时也做施工详图设计和部分永久工程的设计。

综上所述可以看出,国际工程涵盖着一个广阔的领域,各国际组织、国际金融机构等投资方,各咨询公司和工程承包公司等在本国以外地区参与投资和建设的工程的总和组成了全世界的国际工程。各个行业、各种专业都会涉及国际工程。

6.1.1.2 国际工程的特点

1. 跨多个学科的系统工程

国际工程不但是一个跨多个学科的新学科,而且是一个不断发展和创新的学科。从事国际工程的人员既要求掌握某一个专业领域的技术知识,又要掌握涉及法律、合同、金融、外贸、保险、财会等多方面的其他专业的知识。从工程项目准备到项目实施,整个项目管理过程复杂,对管理人员素质要求很高。

2. 跨国的经济活动

国际工程是一项跨国的经济活动,涉及不同的国家、民族,不同的文化、背景和政治、经济背景,不同参与单位的经济利益,因而合同各方不容易相互理解,常常产生矛盾和纠纷。

3. 严格的合同管理

由于不止一个国家的单位参与工程建设,不可能依靠行政管理的方法,唯一可行的是采用国际上已形成惯例的、行之有效的一整套合同管理方法。采用国际工程合同管理办法,工程项目前期招标文件的准备、招标、投标、评标各阶段虽花费时间较多,但为选择理想的承包商、订立一个完备的合同以及在实施阶段严格按照合同进行项目管理打下了良好的基础。

4. 风险与利润并存

国际工程是一个充满风险的事业。每年国际上都有一批工程公司倒闭,又有一批新的公司成长起来。

5. 发达国家垄断

国际工程市场以西方发达资本主义国家开始大规模向海外投资、扩张为标志。一大批垄断建筑企业为了利润到国外去投资、咨询和承包工程,它们凭借雄厚的资本、先进的技术、高水平的管理和多年的经验,占有了绝大部分国际工程市场。发展中国家若想进入这个市场需要付出加倍的努力。

6.1.2 国际工程合同的概念

6.1.2.1 国际工程合同的概念

国际工程合同是指不同国家的业主和承包商之间为了实现在某个工程项目中的特定目的而签订的确定相互权利和义务的协议。由于国际工程是跨国的经济活动,因而国际工程合同远比一般国内的合同复杂。

6.1.2.2 国际工程合同的特点

1. 国际工程的合同管理是工程项目管理的核心

国际工程合同从前期准备(指编制招标文件)、招投标、谈判、修改、签订到实施,都是国际工程中十分重要的环节。合同任何一方都不能粗心大意。只有订立一个好的合同才能保证项目的顺利实施。

2. 国际工程合同文件内容全面

国际工程合同文件包括合同协议书、投标书、中标函、合同条件、技术规范、图纸、工程量表等多个文件。编制合同文件时,各部分的论述都应力求详尽具体,以便在实施中减少矛盾和争论。

3. 国际工程合同制定、实施期长

国际工程合同标的往往比较大,一个合同实施期短则 1~2 年,长则 20~30 年(如 BOT 项目)。合同风险会随着时间的延长而增加。合同中的任何一方都必须十分重视合同的订立和实施,依靠合同来保护自己的合法权益。

4. 比较完善的合同范本

国际工程咨询和承包在国际上已有上百年历史,经过不断地总结经验,在国际上已经有了一批比较完善的合同范本,这些范本还在不断地修订和完善,可供我们学习和借鉴。

5. 每个工程项目都有各自的特点

"项目"本身就是不重复的、一次性的活动,国际工程项目由于处于不同的国家和地区、不同的工程类型、不同的资金条件、不同的合同模式、不同的业主和咨询工程师、不同的承包商,所以每个项目都不相同。研究国际工程合同管理时,既要研究其共性,更要研究其特性。

6. 国际工程项目合同数量多

国际工程项目的实施往往是一个综合性的商务活动,当事人除主合同外,还可能需要签订多个分合同,如融资贷款合同、货物采购合同、分包合同、劳务合同、联营合同、技术转让合同、设备租赁合同等等。其他合同均是围绕主合同,为主合同服务,但每一个合同的订立和管理都会影响到主合同的实施。

综上所述,合同的制定和管理是国际工程项目顺利实施的基础和前提。工程项目的进度管理、质量管理与造价管理,均以合同要求和规定为依据。项目任何一方都应配备得力人员认真研究合同,管理好合同。

6.1.3 国际工程合同条件

自20世纪40年代以来,随着国际工程承包事业的不断发展,逐步形成了国际工程施工承包常用的一些标准合同条件。许多国家在土木工程的招标承包业务中,参考国际合同条件标准内容和格式,并结合自己的具体情况,制定出本国的标准合同条件。

目前,国际上常用的施工合同条件主要有:国际咨询工程师联合会(FIDIC)编制的各类合同条件、英国土木工程师学会的"ICE 土木工程施工合同条件"、英国皇家建筑师学会的"RIBA/JCT 合同条件"、美国建筑师学会的"AIA 合同条件"、美国承包商总会的"AGC 合同条件"、美国工程师合同文件联合会的"EJCDC 合同条件"、美国联邦政府发布的"ST-23A 合同条件"等。其中,以国际咨询工程师联合会编制的各类合同条件、英国土木工程师学会的"ICE 土木工程施工合同条件"和美国建筑师学会的"AIA 合同条件"最为流行。

国际工程合同条件具有以下特点。

(1) 在数量上,除了 FIDIC 合同条件外,还存在其他国际通行的合同条件,如 ICE、JCT、NEC 合同条件等。

(2) 在种类上,合同条件显现系列化,如 JCT 合同系列因承包方式、工程规模、计价方式、投资主体和分包形式不同形成了 17 种合同文本。

(3) 在内容上,合同文件一般每 10 年修改、更新一次。如 FIDIC 合同条件从 1957 年第一版,到 1988 年第四版,1999 年又推出最新版本的合同条件,平均每 10 年内容就有较大幅度的变化。

(4) 合同的基本结构及基本原则较为稳定、统一。

下面简要介绍 ICE 土木工程施工合同条件和 AIA 合同条件。

1. ICE 土木工程施工合同条件

ICE 土木工程施工合同条件是由英国土木工程师学会(The Institution of Civil Engineers,缩写为 ICE)编制的,该组织在土木工程建设合同方面具有高度的权威性。它编制的土木工程合同条件在英联邦国家的土木工程界有广泛的应用。除了 ICE 外,还有英国咨询工程师协会(ACU)、土木工程承包商联合会(FCEC)等参与制定 ICE 合同条件。

ICE 合同条件属于单价合同格式,同 FIDIC 土木工程施工合同条件一样是以实际完成的工程量和投标书中的单价来控制工程项目的总造价的。ICE 也为设计—建造模式制定了专门的合同条件。同 ICE 合同条件配套使用的还有一份《ICE 分包合同标准格式》,规定了总承包商与分包商签订分包合同时采用的标准格式。

与 FIDIC 施工合同相比，ICE 施工合同条件最大的不同在于其有关指定分包商的规定。其有关指定分包商的规定如下。

(1) 指定的分包商是指按照合同或工程师的命令，由承包商雇佣的分包商。工程师指定的分包商实施的工程或采购的金额通常在暂定金额内支付。

(2) 工程师有权选择指定分包商，但这种指定不是强制性的。如承包商有正当理由，承包商可以拒绝与指定分包商签订分包合同。

(3) 如果指定分包商在合同实施过程中出现失误，承包商可以根据合同的规定终止分包合同。在此情况下，工程师应该选择下列方式之一进行处理：

① 重新选定另一名分包商；
② 对存在问题的工程、材料、服务等项目进行变更；
③ 将相应的项目交给业主雇佣的其他人员实施，但这种转让不能影响承包商负责该部分工作时所应得到的利润；
④ 要求承包商另外推荐分包商并向工程师提交报价；
⑤ 由承包商自己负责进行该部分工程施工。

(4) 承包商应对指定分包商的工作负责，同时指定分包商也保证其行为不给承包商造成任何损失。如果因指定分包商工作失误，承包商认为可以根据终止合同条款终止分包合同，则承包商应征得工程师的书面同意。如果工程师不予批准，则工程师应发出指令补偿因指定分包商行为引起的经济损失并顺延工期。在工程师批准终止合同后，承包商应采取措施防止损失的扩大，但如果上述终止合同的行为给承包商带来了额外支出，业主应给承包商以适当补偿。

2. AIA 合同条件

AIA 系列合同条件是由美国建筑师学会(The American Institute of Architects，简称 AIA)制定发布的，该机构作为建筑师的专业社团，已经有近 140 年的历史，主要致力于提高建筑师的专业水平，促进其事业的成功并通过改善其居住环境提高大众的生活水准。AIA 出版的系列合同文件在美国建筑业界及国际工程承包界，尤其在美洲地区具有较高的权威性，应用广泛。

美国建筑师学会制定发布的合同条件主要用于私营的房屋建筑工程，在美国应用甚广，影响很大。针对不同的工程项目管理模式及不同的合同类型出版了多种形式的合同条件。AIA 文件中包括 A、B、C、D、F、G 等系列，各个系列内容简介如下：

A 系列——业主与承包商的标准合同文件，不仅包括合同条件，还包括承包商资质报表、各类担保的标准格式等；

B 系列——用于业主与建筑师之间的标准合同文件，其中包括专门用于建筑设计、室内装修工程等特定情况的标准合同文件；

C 系列——用于建筑师与专业咨询人员之间的标准合同文件；

D 系列——建筑师行业内部使用的文件；

F 系列——财务管理报表；

G 系列——建筑师企业及项目管理中使用的文件。

AIA 系列合同文件的核心是"通用条件"（A201 等）。采用不同的工程项目管理模式及不同的计价方式时，只需选用不同的"协议书格式"与"通用条件"。AIA 为包括 CM 模式在内的各种工程项目管理模式专门制定了各种协议书格式。AIA 合同文件的计价方式主要有总价、成本补偿合同及最高限定价格法。由于小型项目情况比较简单，AIA 专门编制用于小型项目的合同条件。

6.1.4 FIDIC 组织简介

FIDIC 是"国际咨询工程师联合会"的法文名称 Fédération Internationale–Des Ingénieurs-Conseils 的缩写。1913 年欧洲三个国家的咨询工程师协会成立了国际咨询工程师联合会（以后简称 FIDIC）。二次世界大战后，各参战国家百废待兴，建筑业也面临巨大发展机会。与此同时，由于在咨询和协调建筑业各项活动中所取得的骄人业绩，FIDIC 也日益发展壮大。该组织在每个国家或地区均吸收一个独立的咨询工程师协会作为团体会员，至今已有 60 多个发达国家和发展中国家或地区的成员，因此它是国际上最具有权威性的咨询工程师组织。我国已于 1996 年正式加入 FIDIC 组织。

FIDIC 是一个非官方机构，其宗旨是通过编制得到普遍认同、高水平的标准文件，召开研讨会，传播工程信息，从而推动全球工程咨询行业的发展。

FIDIC 下设多个委员会，如"业主/咨询工程师关系委员会"（CCRC）、"土木工程合同委员会"（CECC）、"电气机械委员会"（EMCC）、"职业责任委员会"（PCC）。各专业委员会发布的很多管理性文件和规范化的标准合同文件范本，不但为 FIDIC 成员国所采用，而且世界银行、亚洲开发银行及非洲开发银行等金融机构也要求在其贷款建设的建设工程项目实施过程中使用以该文本为基础编制的合同条件。我国于 1984 年正式开工、1988 年 7 月竣工的云南鲁布革水电站引水系统工程是我国第一个利用世界银行贷款，并按世界银行规定，采用国际竞争性招标和项目管理的工程，也是国内第一个使用 FIDIC 建设工程施工合同条件的工程。此后，FIDIC 合同条件也随之引入我国，并一步步得到推广、应用。

FIDIC 文件中应用较为广泛的文件包括：

《业主/咨询工程师标准服务协议书》（Client/Consultant Model Services Agreement）（俗称"白皮书"）；

《土木工程施工合同条件》（Conditions of Contract for Works of Civil Engineering Construction）（俗称"红皮书"）；

《电气与机械工程合同条件》（Conditions of Contract for Electrical and Mechanical Works）（俗称"黄皮书"）

《设计—建造与交钥匙合同条件》（Conditions of Contract for Design-Build and

Turnkey)(俗称"橘皮书");

《土木工程施工分包合同条件》(Conditions of Subcontract for Works of Civil Engineering Construction)。

1999年9月,FIDIC又出版了新版的文件,共有四种:

《施工合同条件》(Conditions of Contract for Construction);

《工程设备与设计—建造合同条件》(Conditions of Contract for Plant and Design-Build);

《EPC交钥匙合同条件》(Conditions of Contract for EPC/Turnkey Projects);

《合同简短格式》(Short Form of Contract)。

这些合同条件不是在以往 FIDIC 合同版本的基础上修改,而是进行了重新编写。它们继承了原有合同条件的优点,并根据多年来在实践中取得的经验以及专家、学者和相关各方的意见和建议,作出了重大的调整。这些合同条件的文本不仅适用于国际工程,而且稍加修改后同样适用于国内工程,我国有关部委编制的适用于大型工程施工的标准化范本都以 FIDIC 编制的合同条件为蓝本。

6.2 FIDIC《施工合同条件》内容简介

《建设工程施工合同条件》(Conditions of Contract for Works of Civil Engineering Construction)(简称红皮书)是 FIDIC 最早编制的合同文本,也是其他几个合同条件的基础。1999年颁布了《施工合同条件》(Conditions of Contract for Construction)(第一版)(简称新红皮书)。无论是《建设工程施工合同条件》还是《施工合同条件》,都推荐用于由业主或其代表工程师设计的建筑或工程项目,在项目施工中,承包商按照业主提供的图纸进行工程施工。但该合同条件不排除由承包商设计部分土木、机械、电气和(或)构筑物的情况。目前,在国际工程界,这两个合同条件都有使用。

《施工合同条件》的主要特点是:条款中责任的约定以招标选择承包商为前提;合同履行过程中建立以工程师为核心的管理模式;承包商按照业主提供的图纸进行工程施工,以单价合同为基础(也允许部分工作以总价合同承包)。我国建设部和国家工商行政管理局联合颁发的《建设工程施工合同(示范文本)》采用了很多建设工程施工合同条件的条款,本节仅就其中部分未采用的合同条款予以介绍。

6.2.1 合同的法律基础、合同语言、合同文件

1. 合同的法律基础

投标函附录中必须明确规定合同受哪个国家或其他管辖区域的"管辖法律"的制约。

2. 合同语言

如果合同文本采用一种以上的语言编写,由此形成了不同的版本,则以投标函附

录中规定的"主导语言"编写的版本为准。

工程中的往来信函应使用投标附录规定的"通信联络的语言"。工程师助理、承包商的代表及其委托人必须能够流利地使用"通信联络的语言"进行日常交流。

3. 合同文件

构成合同的各个文件应能相互解释，相互说明。当合同文件中出现含糊或矛盾之处时，由工程师负责解释。构成合同的各文件的优先次序为：① 合同协议书；② 中标函；③ 投标函；④ 专用条件；⑤ 通用条件；⑥ 规范；⑦ 图纸；⑧ 资料表以及其他构成合同部分的文件。

6.2.2 合同中部分主要用词的定义

6.2.2.1 几个时间概念

1. 合同工期

合同工期是所签合同内注明的完成全部工程或分部移交工程的时间，加上合同履行过程中因非承包商应负责的原因导致变更和索赔事件发生后，经工程师批准顺延工期之和。合同内约定的工期指承包商在投标书附录中承诺的竣工时间。合同工期的日历天数作为衡量承包商是否按合同约定期限履行施工义务的标准。

2. 施工期

从工程师按合同约定发布的"开工令"中指明的应开工之日起，至工程移交证书注明的竣工日止的日历天数为承包商的施工期。用施工期与合同工期比较，判定承包商的施工是提前竣工，还是延误竣工。

3. 缺陷责任期

缺陷责任期，亦称缺陷通知期限，即国内施工合同文本所指的工程保修期，自工程移交证书中写明的竣工日开始，至工程师颁发解除缺陷责任证书为止的日历天数。尽管工程移交前进行了竣工检验，但工程移交证书只是证明承包商的施工工艺达到了合同规定的标准，设置缺陷责任期的目的是为了考验工程在动态运行下是否达到了合同中技术规范的要求。因此，从开工之日起至颁发解除缺陷责任证书日止，承包商要对工程的施工质量负责。合同工程的缺陷责任期及分阶段移交工程的缺陷责任期，应在专用条件内具体约定。次要部位工程通常为半年，主要工程及设备大多为一年，个别重要设备也可以约定为一年半。

4. 合同有效期

自合同签字日起至承包商提交给业主的"结清单"生效日止，施工合同对业主和承包商均具有法律约束力。颁发解除缺陷责任证书只是表示承包商的施工义务终止，即证明承包商的工程施工、竣工和保修义务满足合同条件的要求，但合同约定的权利义务并未完全结束，还剩有管理和结算等手续。结清单生效指业主已按工程师签发的最终支付证书中的金额付款，并退还承包商的履约保函。结清单一经生效，承包商在合同内享有的索赔权利也自行终止。

6.2.2.2　合同价格

合同条件中通用条件一般规定的"定义"有："合同价格指中标通知书中写明的，按照合同规定，为了工程的实施、完成及其任何缺陷的修补应付给承包商的金额及按照合同所做的调整。"在此注意，中标通知书中写明的合同价格仅指业主接受承包商投标书中为完成全部招标范围内工程报价的金额，不能简单地理解为承包商完成施工任务后应得到的结算款额。因为合同条件内很多条款都规定，工程师根据现场情况发布非承包商应负责原因的变更指令后，如果导致承包商施工中发生额外费用所应给予的补偿，以及批准承包商索赔给予补偿的费用，都应增加到合同价格上去，所以签约时原定的合同价格在实施过程中会有所变化。大多数情况下，承包商完成合同规定的施工义务后，累计获得的工程款也不等于原定合同价格与批准的变更和索赔补偿款之和，可能比其多，也可能比其少。究其原因，涉及以下几方面的因素。

1. 合同类型特点

《建设工程施工合同条件》适用于大型复杂工程采用单价合同的承包方式。为了缩短建设周期，通常在初步设计完成后就开始施工招标，在不影响施工进度的前提下陆续发放施工图，因此承包商据以报价的工程量清单中各项工作内容项下的工程量一般为概算工程量。合同履行过程中，承包商实际完成的工程量可能多于或少于清单中的估计量。单价合同的支付原则是，按承包商实际完成工程量乘以清单中相应工作内容的单价，结算该部分工作的工程款。

2. 可调价合同

大型复杂工程的施工期较长，通用条件中包括合同工期内因物价变化对施工成本产生影响后计算调价费用的条款，每次支付工程进度时均要考虑约定可调价范围内项目当地市场价格的涨落变化。而这笔调价款没有包含在中标价格内，仅在合同条款中约定了调价原则和调价费用的计算方法。

3. 发生应由业主承担责任的事件

合同履行过程中，当因业主的行为或应由业主承担风险责任的事件发生后，导致承包商增加施工成本，合同相应条款都规定应对承包商受到的实际损害给予补偿。

4. 承包商的质量责任

合同履行过程中，如果承包商没有完全地或正确地履行合同义务，业主可凭工程师出具的证明，从承包商应得工程款内扣减该部分给业主带来损失的款额。合同条件内明确规定的情况如下所述。

（1）不合格材料和工程的重复检验费用由承包商承担。工程师对承包商采购的材料和施工的工程通过检验后发现质量没达到合同规定的标准，承包商应自费改正并在相同条件下进行重复检验，重复检验所发生的额外费用由承包商承担。

（2）承包商没有改正忽视质量的错误行为。当承包商不能在工程师限定的时间内将不合格的材料或设备移出施工现场,以及在限定时间内没有或无力修复缺陷工程,业主可以雇用其他工程队来完成,该项费用应从承包商处扣回。

(3) 折价接收部分有缺陷工程。某项处于非关键部位的工程施工质量未达到合同规定的标准,如果业主和工程师经过适当考虑后,确定该部分的质量缺陷不会影响总体工程的运行安全,为了保证工程按期发挥效益,可以与承包商协商后折价接收。

5. 承包商延误工期或提前竣工

签订合同时双方即需约定竣工拖期日赔偿额和最高赔偿限额。如果因承包商应负责原因竣工时间迟于合同工期,将按日拖期赔偿额乘以延误天数计算拖期违约赔偿金,但以约定的最高赔偿限额为赔偿业主延迟发挥工程效益的最高款额。如果合同内规定有分阶段移交的工程,在整个合同竣工日期以前,工程师已对部分分阶段移交的工程颁发了工程移交证书,且证书中注明的该部分工程竣工日期未超过约定的分阶段竣工时间,则全部工程剩余部分的日拖期违约赔偿额应相应折减。折减的原则是,将拖延竣工部分的合同金额除以整个合同的总金额所得的比例乘以拖期赔偿额,但不影响约定的最高赔偿限额。

如果承包商通过自己的努力使工程提前竣工是否应得到奖励,在《建设工程施工合同条件》中予以明确。提前竣工时承包商是否应得到奖励,业主要看提前竣工的工程或区段是否能让其得到提前使用的收益。如果招标工作内容仅为整体工程中的部分工程且这部分工程的提前不能单独发挥效益,则没有必要鼓励承包商提前竣工,可以不设奖励条款。若选用奖励条款,则需在专用条件中具体约定奖金的计算办法。FIDIC编制奖励办法时,为了使业主能够在完成全部工程之前占有并启用工程的某些区段提前发挥效益,约定的区段完工日期应固定不变。也就是说,不能因该区段施工过程中出现非承包商应负责事故致使工程师批准顺延合同工期而对计算奖励竣工时间予以调整(除非合同中另有规定)。

6. 包含在合同价格之内的暂定金额

某些项目的工程量清单中包括"暂定金额"款项,尽管这笔款额计入合同价格内,但其使用却由工程师支配。暂定金额实际上是一笔业主方的备用金,工程师有权依据工程进展的实际需要,用于施工或提供物资、设备以及技术服务等内容的开支,也可以作为供意外用途的开支。工程师有权全部使用、部分使用或完全不用暂定金额。工程师可以发布指示,要求承包商或其他人完成暂定金额项内开支的工作,因此只有当承包商按工程师的指示完成暂定金额项内开支的工作任务后,才能从其中获得相应支付。由于暂定金额是用于招标文件规定承包商必须完成的承包工作之外的费用,所以未获得暂定金额内的支付并不损害其利益。

6.2.2.3 履约担保

1. 履约担保的方式

为了保证承包商忠实地履行合同规定的义务,并保障业主在因承包商的严重违约受到损害时能及时获得损失补偿,合同条件规定承包商应提供第三人的履约保证作为合同的担保。保证方式可以是银行出具的履约保函,也可以是第三方法人提供的保证书。对于银行出具的保函,大多为无条件担保,担保金额应在专用条件内约定,保函金额通常为合同价的10%。如果不是银行保函,而是其他第三方保证形式,所规定的百分比通常要高得多,可以是合同价的20%~40%。这里还应提到的是,业主不能要求承包商预先支付一笔金额作为担保,对承包商只能要求其完成合同。因为担保金额较高且担保期限较长,担保金将冻结承包商对这笔资金的使用权,影响到资金的时间应用价值。国际承包活动中业主一般要求承包商提供银行出具的无条件履约保函。

2. 履约保证的期限

保证期限是从签订合同之日起,到承包商完成全部施工、竣工、保修义务止。按照通用条件的规定,承包商应在收到中标通知书后的28天内,向业主提交履约保函换回投标保函,并相应通知监理工程师。保函的有效期应到监理工程师签发"解除缺陷责任证书"之日止,也就是担保承包商根据合同完成施工、竣工,并通过了缺陷责任期内的运行,修补了任何缺陷之后。发出"解除缺陷责任证书"(履约证书)之后,业主就无权对该担保提出任何索赔要求,并应在证书发出后的21天之内将履约保函退还承包商。由于保函金额较高,承包商须向担保银行支付的手续费也较高,用合同金额的10%来保证缺陷责任期的保修并不太合理,有时业主会在专用条件的相应条款中作出规定,或是承包商与业主协商后以补充文件的形式规定,在竣工验收合格后,承包商可以开具价值不超过履约保函金额一半的维修保函来代替履约保函。如果施工过程中出现不应由承包商负责的事件,经监理工程师批准,合同工期可以顺延,履约保函的有效期也应顺延。在履约保函有效期内,如果承包商严重违约,业主可以按照担保条件凭保函向银行索赔,银行不得拒付。

3. 业主凭履约保证索赔的条件

由于履约保函的担保金额较高,承包商的风险很大,因此通用条件强调在任何情况下业主凭履约担保向保证人提出索赔要求前,都应预先通知承包商,说明导致索赔的违约性质,即给承包商一个补救违约行为的机会。《施工合同条件》(1999年第一版)的通用条件中进一步明确指出,业主按照合同规定有权依据履约保函获得索赔款的情况如下所述。

(1) 按照承包商因其违约行为对业主造成损害的赔偿认可,工程师依据业主索赔作出的决定或发生合同争议后仲裁人作出的决定,在这类协议或决定后42天内承包商未能向业主支付应付的款项。

(2) 在保修期内接到业主要求修补缺陷通知后的42天内,承包商未去修补缺陷。

(3) 由于承包商违约,业主按照合同条件规定提出终止合同。合同条件相应规定,业主应使承包商免于因为业主凭履约保证对无权索赔的情况提出索赔的后果而遭受的损害、损失和开支(包括法律费用和开支)。

由此可以看出,只有在承包商严重违约使得合同无法正常履行下去的情况下,业主才可以用履约保证索赔。在通用条件内,业主约束承包商履约的措施较多,对于较轻违约行为可以从中期支付工程进度款内扣除损失费用;一般违约行为,可以从保留金内扣款;严重违约时,用履约保函从担保人处得到损害补偿。

6.2.2.4 指定分包商

合同通用条件规定,业主有权将部分工程项目的施工任务或涉及提供材料、设备、服务等的工作内容发包给指定分包商实施。所谓指定分包商,是由业主(或工程师)指定、选定,完成某项特定工作内容并与承包商签订分包合同的特殊分包商。

之所以在合同内有指定分包商,大多因业主在招标阶段划分合同标段时,考虑到某部分施工的工作内容有较强的专业技术要求,一般承包单位不具备相应的技术能力,但如果以一个单独的合同对待指定分包商,工程师又会限于现场的施工条件无法合理地进行协调管理。为避免各独立承包商之间的施工干扰,将这部分工作发包给指定分包商实施,由指定分包商与承包商签订分包合同。正是因为指定分包商是与承包商签订的分包合同,所以在合同关系和管理关系方面指定分包商与一般分包商处于同等地位,对其施工过程中的监督、协调工作也纳入承包商的管理之中。指定分包工作内容包括部分工程的施工,供应工程所需的货物、材料、设备、设计,提供技术服务等。

虽然指定分包商与一般分包商处于相同的合同地位,但两者并不完全一致,主要差异体现在以下几个方面。

(1) 选择分包单位的权利不同。承担指定分包工程任务的分包商单位由业主或工程师选定;而一般分包商则由承包商选择。

(2) 分包合同的工作内容不同。指定分包工作属于承包商无力完成,不在合同约定应由承包商必须完成范围之内的工作,即承包商投标报价时没有摊入间接费、管理费、利润、税金的工作,因此不损害承包商的合法权益;而一般分包商的工作则为承包商承包工作范围的一部分。

(3) 工程款的支付开支项目不同。为了不损害承包商的利益,给指定分包商的付款应从暂定金额内开支;而对一般分包商的付款,则从工程量清单中相应工作内容项内支付。由于业主选定的指定分包商要与承包商签订分包合同,并需指派专职人员负责施工过程中的监督、协调、管理工作,因此也应在分包合同内具体约定双方的权利和义务,明确收取分包管理费的标准和方法。

(4) 业主对分包商利益的保护不同。尽管指定分包商与承包商签订分包合同后,按照权利义务关系他直接对承包商负责,但由于指定分包商终究是业主选定的,而且其工程款的支付从暂定金额内开支,因此在合同条件内列有保护指定分包商的条款。通用条件规定,承包商在每个月月末报送工程进度款支付报表时,工程师有权要求其出示以前已按指定分包合同给指定分包商付款的证明。如果承包商没有合法理由而扣押了指定分包商上个月应得工程款的话,业主有权按工程师出具的证明从本月应得款内扣除这笔金额直接付给指定分包商。对于一般分包商则无此类规定,业主和工程师不介入一般分包合同履行的监督。

（5）承包商对分包商违约行为承担责任的范围不同。除非由于承包商向指定分包商发布了错误的指示要承担责任外,指定分包商任何违约行为给业主或第三者造成损害而导致索赔或诉讼,承包商不承担责任;如果一般分包商有违约行为,业主将其视为承包商的违约行为,按照主合同的规定追究承包商的责任。

6.2.3 风险责任的划分

合同履行过程中可能发生的某些风险是有经验的承包商在准备投标时无法合理预见的,就业主利益而言,不应要求承包商在其报价中计入这些不可合理预见风险的损害补偿费,以取得有竞争性的合理报价。合同履行过程中发生此类风险事件后,应按承包商受到的实际影响给予补偿。

6.2.3.1 业主风险

通用条件规定,属于业主的风险包括:
（1）战争、敌对行动、入侵、外敌行动;
（2）叛乱、革命、暴动或军事政变、篡夺政权或内战;
（3）核爆炸、核废料、有毒气体的污染等;
（4）超音速或亚音速飞行物产生的压力波;
（5）暴乱、骚乱或混乱,但不包括承包商及分包商的雇员因执行合同而引起的行为;
（6）因业主在合同规定以外使用或占用永久工程的某一区段或某一部分而造成的损失或损害;
（7）业主提供的设计不当造成的损失;
（8）一个有经验的承包商通常无法预测和防范的任何自然力作用。

上述前五种风险都是业主或承包商无法预测、防范和控制的事件,损害的后果又很严重,因此合同条件又进一步将它们定义为"特殊风险"。因特殊风险事件发生导致合同的履行被迫终止时,业主应对承包商受到的实际损失（不包括利润损失）给予补偿。

6.2.3.2 其他不能合理预见风险

如果遇到了现场气候条件以外的外界条件或障碍（如金融市场汇率的变化、工程所在国法令、政策的变化）影响了承包商按预定计划施工,经工程师确认该事件属于有经验的承包商无法合理预见的情况,则承包商实际施工成本的增加和工期损失应得到补偿。

6.2.4 颁发证书程序

6.2.4.1 颁发工程移交证书

工程移交证书在合同管理中有着重要的作用：① 证书中指明的竣工日期，将用于判定承包商是应承担拖期违约赔偿责任还是可获得提前竣工奖励的依据之一；② 颁发证书日，即为对已竣工工程照管责任的转移日期；③ 颁发工程移交证书后，可按合同规定进行竣工结算；④ 颁发工程移交证书后，业主应释放保留金的一半给承包商。

工程施工达到了合同规定的"基本竣工"要求后，承包商以书面形式向工程师申请颁发工程移交证书，同时附上一份在缺陷责任期内及时完成任何未尽事宜的书面保证。基本竣工是指工程已通过竣工检验，能够按照预定目的交给业主占用或使用，而非完成了合同规定的包括扫尾、清理施工现场及不影响工程使用的某些次要部位缺陷修复工作后的最终竣工，剩余工作允许承包商在缺陷责任期内继续完成。这样规定有助于准确判定承包商是否按合同规定的工期完成施工义务，也有利于业主尽早使用或占有工程，及时发挥工程效益。

工程师接到承包商申请后的 21 天内，如果认为已满足竣工条件，即可颁发工程移交证书；若不满意，则应书面通知承包商，指出还需完成哪些工作后才达到基本竣工条件。承包商按指示完成相应工作并被工程师认可后，不需再次申请颁发证书，工程师应在指定工作最后一项完成的 21 天内主动签发证书。工程移交证书应说明以下主要内容：

（1）确认工程基本竣工；
（2）注明达到基本竣工的具体日期；
（3）详细列出按照合同规定承包商在缺陷责任期内还需完成工作的项目一览表。

如果合同约定工程不同区段有不同竣工日期时，每完成一个区段均应按上述程序颁发一个区段（标段）工程的移交证书。

6.2.4.2 颁发解除缺陷责任证书

设置缺陷责任期的目的是检验已竣工的工程在运行条件下施工质量是否达到合同规定的要求。缺陷责任期内，承包商的义务主要表现在两个方面：一是按工程师颁发移交证书开列的后续工作一览表完成承包范围内的全部工作；二是对工程运行过程中发现的任何缺陷，按工程师的指示进行修复工作，以便缺陷责任期满时将符合合同约定条件（合理磨损除外）的工程进行最终移交。

缺陷责任期内工程圆满地通过运行考验，工程师应在最后一个缺陷通知期限期满后的 28 天内向承包商签发解除承包商承担工程缺陷责任的证书，并将副本送给业主。解除缺陷责任证书是承包商履行合同规定完成全部施工任务的证明,因此该证书颁发后工程师就无权再指示承包商进行任何施工工作,承包商即可办理最终结算手续。但此时仅意味着承包商与合同有关的指示任务已经完成,而合同尚未终止,剩余的双方合同义务只限于财务和管理方面的内容,业主应在证书颁发后的 21 天内,退还承包商的履约担保。

合同内规定有分项移交工程时,工程师将颁发多个工程移交证书。但从解除缺陷责任证书的作用来看,一个工程合同只颁发一个解除缺陷责任证书,即在最后一项移交工程的缺陷责任期满后颁发。较早到期的部分工程,通常以工程师向业主报送最终检验合格证明的形式说明该部分已通过了运行考验,并将副本送给承包商。

6.2.5 对工程质量的控制

6.2.5.1 对工程质量的检查和试验

1. 工程师可以进行合同内没有规定的检查和试验

为了确保工程质量,工程师可以根据工程施工的进展情况和工程部位的重要性进行合同没有规定的必要检查或试验,有权要求对承包商采购的材料进行额外的物理、化学、金相等试验,对已覆盖的工程进行重新剥露检查,对已完成的工程进行穿孔检查。合同条件规定属于额外检验的包括:

(1) 合同内没有指明或规定的检验;
(2) 采用与合同规定不同方法进行的检验;
(3) 在承包商有权控制的场所之外进行的检验(包括合同内规定的检验情况),在工程师指定的检验机构进行。

2. 检验不合格的处理

进行合同没有规定的额外检验属于承包商投标阶段不能合理预见的事件,如果检验合格,应根据具体情况给承包商以相应的费用和工期损失补偿;若检验不合格,承包商必须修复缺陷后在相同条件下进行重复检验,直到合格为止并由其承担额外检验费用。但对于承包商未通知工程师检查而自行隐蔽的任何工程部位,工程师要求进行剥露或穿孔检查时,不论检验结果表明质量是否合格,均由承包商承担全部费用。

6.2.5.2 承包商执行工程师的有关指示

1. 承包商应执行工程师发布的与质量有关的指令

除了法律(合同)规定或客观上不可能实现的情况以外,承包商应认真执行工程师对有关工程质量发布的指示,而不论指示的内容在合同内是否写明。例如,工程师为了探查地基覆盖层情况,要求承包商进行地质钻探或挖探坑。如果工程量清单中没有包括这项工作,则应按变更工作对待,承包商完成工作后有权获得相应补偿。

2. 调查缺陷原因

在缺陷责任期满前的任何时候,承包商都有义务根据工程师的指示调查工程中出现的任何缺陷、收缩或其他不合格之处的原因,将调查报告报送工程师,并抄送业主。调查费用由造成质量缺陷的责任方承担:

(1) 施工期间承包商应自费进行此类调查,除非缺陷原因属于业主应承担的风险、业主采购的材料不合格、其他承包商施工造成的损害等,应由业主负责调查费用;

(2) 缺陷责任期内只要不属于承包商使用有缺陷材料或设备、施工工艺不合格以及其他违约行为引起的缺陷责任,调查费用应由业主承担。

6.2.5.3 对承包商设备的控制

工程质量的好坏和施工进度的快慢,很大程度上取决于投入施工的机械设备、临时工程在数量和型号上的满足程度。鉴于承包商投标书报送的设备计划是业主决标考虑的主要因素之一,因此合同条件规定承包商自有的施工机械、设备、临时工程和材料(不包括运送人员和材料的运输设备),一经运抵施工现场后就被视为专门为本合同工程施工所用。虽然承包商拥有所有权和使用权,但未经工程师批准不能将其中的任何一部分运出施工现场。此项规定的目的是保证本工程的施工,并非在施工期内绝对不允许承包商将自有设备运出工地。某些使用台班数较少的施工机械在现场闲置期间,如果承包商的其他工程需要使用时,可以向工程师申请暂时运出。当工程师依据施工计划考虑该部分机械暂时不用并同意运出时,应同时指示何时必须运回以保证本工程施工之用,要求承包商遵照执行。对后期不再使用的设备,经工程师批准后承包商可以提前撤出工地。

6.2.5.4 工程照管责任

从开工之日起到颁发工程移交证书之日止,承包商负有照管工程的责任。在此期间,工程的任何部分、待用材料、设备如果出现任何损失或损坏,除了业主应承担责任事件导致的原因外,应由承包商自费弥补这些损失或损坏。办理工程移交时,工程的各方面均需达到合同规定的标准。尽管承包商不对业主风险造成的损坏负责,但当工程师提出要求时仍应按指示修复缺陷,工程师也应批准给予相应的补偿。

在缺陷责任期内业主对移交工程承担照管责任。承包商不对工程运行条件下的正常维护或维修工作承担责任,只对缺陷责任期内应继续完成扫尾或修补缺陷部分的工程以及该部分工程使用的材料和设备负有照管责任。

6.2.6 支付结算

《建设工程施工合同条件》规定的支付结算程序,包括每个月月末(或按合同约定)支付工程进度款、竣工移交时办理竣工结算和解除缺陷责任后进行最终决算三大类型。支付结算过程中涉及的费用又可以分为两大类：一类是工程量清单中列明的费用；另一类属于工程量清单内虽未注明，但条款有明确规定的费用，如变更工程款、物价浮动调整款、预付款、保留金、逾期付款利息、索赔款、违约赔偿款等。

6.2.6.1 工程进度款支付管理

1. 工程进度款支付管理

保留金是按合同约定从承包商应得工程款中相应扣减的一笔金额，保留在业主手中，作为约束承包商严格履行合同义务的保证措施之一。当承包商有一般违约行为使业主受到损失时，可从该项金额内直接扣除损害赔偿费。例如，承包商未能在工程师规定的时间内修复缺陷工程部位，业主雇用其他人完成后，这笔费用可从保留金内扣除。

保留金的扣留是自首次支付工程进度款开始，用该月承包商有权获得的所有款项中减去调价款后的金额，乘以合同约定保留金的百分比作为本次支付时应扣留的保留金（通常为10％）。逐月累计扣至合同约定的保留金最高限额为止（通常为合同总价的5％）。

颁发工程移交证书后，业主应退还承包商一半保留金。如果颁发的是部分工程移交证书，应退还该部分永久工程占合同工程相应比例保留金的40％。颁发解除缺陷责任证书后，退还剩余的全部保留金。在业主同意的前提下，承包商可以提交与一半保留金等额的维修保函代换缺陷责任期内的保留金，颁发移交证书后业主将全部保留金退还承包商。

2. 预付款

FIDIC《土木工程施工合同条件》中将预付款分为动员预付款和预付材料款两部分。

1) 动员预付款

动员预付款是雇主为了解决承包商进行施工前期工作时资金短缺，从未来的工程款中提前支付的一笔款项。通用条件中对动员预付款没有作出明确规定，因此，雇主同意给动员预付款时，须在专用条件中详细列明支付后扣还的有关事项。

动员预付款的数额由承包商在投标书内确认，一般在合同价的10％～15％范围内。承包商须首先将银行出具的预付款保函交给雇主并通知工程师，在14天内工程师应签发"动员预付款支付证书"，雇主按合同约定的数额支付动员预付款，预付款保函金额始终保持与预付款等额，即随着承包商对预付款的偿还逐渐递减保函金额。

动员预付款应在支付证书中按百分比扣减的方式偿还，此种扣减应开始于支付证书中所有被证明了的期中付款的总额（不包括动员预付款及保留金的相减和偿还）超过接受的合同款额（减去暂定余额）的10％时，按照动员预付款的货币种类及其比例，分期从每份支付证书中的数额（不包括动员预付款从保留金的扣减与偿还）中扣除25％，直至还清全部预付款。

如果在颁发工程的接收证书、雇主提出终止、承包商提出暂停和终止、因不可抗力终止合同前,尚未偿清动员预付款,承包商应将届时未付债务的全部余额立即支付给雇主。

2) 材料预付款

由于 FIDIC《施工合同条件》是针对包工包料承包的单价合同编制,因此,条款内规定由承包商自筹资金去订购其应负责采购的材料和设备。只有当材料和设备用于永久工程后,才能将这部分费用计入到工程进度款内支付。为了帮助承包商解决订购大宗主要材料和设备的资金周转,订购物资运抵施工现场经工程师确认合格后,按发票价值乘以合同约定的百分比(60%~90%)作为预付材料款,包括在当月应支付的工程进度款内。

预付材料款的扣还方式通常在 FIDIC 专用条件约定,如在约定的后续月内每月按平均值扣还或从已计量支付的工程量内扣除其中的材料费等方法。工程完工时,累计支付的材料预付款应与逐月扣还的总额相等。

3. 计日工费

计日工费,是指承包商在工程量清单的附件中,按工种或设备填报单价的日工劳务费和机械台班费,一般用于工程量清单中没有合适项目且不能安排大批量的流水施工的零星附加工作,只有当工程师根据施工进展的实际情况指示承包商实施以日工计价的工作时,承包商才有权获得用日工计价的付款。实施计日工工作过程中,承包商每天应向工程师送交以下一式两份的报表:

(1) 列明所有参加计日工作的人员姓名、职务、工种和工时的确切清单;

(2) 列明用于计日工的材料和承包商所用设备的种类及数量的报表。

工程师经过核实批准后在报表上签字,并将其中一份退还承包商。如果承包商需要为完成计日工作购买材料,应先向工程师提交订货报价单请求批准,采购后还要提供证实所付款的收据或其他凭证。

每个月的月末,承包商应提交一份除日报表以外所涉及日工计价工作的所有劳务、材料和使用承包商设备的报表,作为申请支付的依据。如果承包商未能按时申请,能否取得这笔款项取决于未申请的原因和工程师的态度。

4. 因物价浮动的调价款

长期合同订有调价条款时,每次支付工程进度款均应按合同约定的方法计算价格调整费用。如果工程施工因承包商责任延误工期,则在合同约定的全部工程应竣工日后的施工期间,不再考虑价格调整,各项指数采用应竣工日当月所采用值;对不属于承包商责任的施工延期,在工程师批准的展延期限内仍应考虑价格调整。

5. 工程量计量

工程量清单中所列的工程量仅是对工程的估算量,不能作为承包商完成合同规定施工义务的结算依据。每次支付工程进度款前,均需通过测量来核实实际完成的工程量,以计量值作为支付依据。

6. 支付工程进度款

每个月的月末(或按合同约定),承包商应按工程师规定的格式提交一式六份本月支付报表。内容包括以下几个方面:

(1) 本月实施的永久工程价值;
(2) 工程量清单中列有的,包括临时工程、计日工费等任何项目应得款;
(3) 预付的材料款;
(4) 按合同约定方法计算的,因物价浮动而需增加的调价款;
(5) 按合同有关条款约定,承包商有权获得的补偿款。

工程师接到报表后,要审查款项内容的合理性和计算的正确性。在核实承包商本月应得款的基础上,再扣除保留金、动员预付款、预付材料款,以及所有承包商责任而应扣减的款项后,据此签发中期支付的临时支付证书。如果本月承包商应获得支付的金额小于投标书附件中规定的中期支付最小金额时,工程师可不签发本月进度款的支付证书,这笔款接转下月一并支付。工程师的审查和签证工作,应在收到承包商报表后的 28 天内完成。工程进度款支付证书属于临时支付证书,工程师有权对以前签发过的证书进行修正;若对某项工作的完成情况不满意,也可以在证书内删去或减少这项工作的价值。

承包商的报表经过工程师认可并签发工程进度款的支付证书后,业主应在接到证书的 28 天内向承包商付款。如果逾期支付,将按投标书附录约定的利率计算延期付款利息。

6.2.6.2 竣工结算

1. 竣工结算程序

颁发工程移交证书后的 84 天内,承包商应按工程师规定的格式报送竣工报表。报表包括以下内容:

(1) 至工程移交证书中指明的竣工日止,根据合同完成全部工作的最终价值;
(2) 承包商认为应该支付给他的其他款项,如要求的索赔款、应退还的部分保留金等;
(3) 承包商认为根据合同应支付给他的估算总额。

所谓估算总额,是指这笔金额还未经过工程师审核同意。估算总额应在竣工结算报表中单独列出,以便工程师签发支付证书。工程师接到竣工报表后,应对照竣工图进行工程量详细核算,对其他支付要求进行审查,然后再依据检查结果签署竣工结算的支付证书。此项签证工作,工程师也应在收到竣工报表后 28 天内完成。业主依据工程师的签证予以支付。

2. 对竣工结算总金额的调整

一般情况下,承包商在整个施工期内完成的工程量乘以工程量清单中的相应单价后,再加上其他有权获得费用总和,即为工程竣工结算总额。但在颁发工程移交证书后,发现由于施工期内累计变更的影响和实际完成工程量与清单内估计工程量的差异,导致承包商按合同约定方式计算的实际结算款总额比原定合同价格增加或减少过多时,均应对结算价款总额予以相应调整。

6.2.6.3 最终结算

最终结算是指颁发解除缺陷责任证书后,对承包商完成全部工作价值的详细结算,以及根据合同条件对应付给承包商的其他费用进行核实,确定合同的最终价格。

颁发解除缺陷责任证书后的 56 天内,承包商应向工程师提交最终报表草案,以及工程师要求提交的有关资料。最终报表草案要详细说明根据合同完成的全部工程价值和承包商依据合同认为还应支付给他的任何进一步款项,如剩余的保留金及缺陷责任期内发生的索赔费用等。

工程师审核后与承包商协商,对最终报表草案进行适当的补充或修改后形成最终报表。承包商将最终报表送交工程师的同时,还需向业主提交一份"结清单",以进一步证实最终报表中的支付总额,作为同意与业主终止合同关系的书面文件。工程师在接到最终报表和结清单附件后的 28 天内签发最终支付证书,业主应在收到证书后的 56 天内支付。只有当业主按照最终支付证书的金额予以支付并退还履约保函后,结清单才生效,承包商的索赔权也即行终止。

6.2.7 对施工进度的控制

6.2.7.1 暂停施工

工程师有权根据工程进展的实际情况,针对整个工程或部分工程的施工发布暂停施工指示。施工的中断必然会影响承包商按计划组织的施工工作,但并非工程师发布暂停施工令后承包商就可以此指令作为索赔的合理依据,而要根据指令发布的原因划分合同责任。合同条件规定,除了以下四种情况外,暂停施工令发布后均应给承包商以补偿。这四种情况包括:

(1) 在合同中有规定的;
(2) 因承包商的违约行为或应由其承担风险事件影响的必要停工;
(3) 由于现场不利气候条件而导致的必要停工;
(4) 为了使工程合理施工以及为了整体工程或部分工程安全所必要的停工。

出现非承包商应负责原因的暂停施工已持续 84 天而工程师仍未发布复工指示,承包商可以通知工程师要求在 28 天内允许继续施工。如果仍得不到批准,承包商有权通知工程师认为被停工的工程属于按合同规定被删减的工程,不再承担继续施工义务。若是整个合同工程被暂停,此项停工可视为业主违约终止合同,宣布解除合同关系。如果承包商还愿意继续实施这部分工程,也可以不发这一通知而等待复工指示。

6.2.7.2 追赶施工进度

工程师认为整个工程或部分工程的施工进度滞后于合同内竣工要求的时间时可以下达赶工指示。承包商应立即采取经工程师同意的必要措施加快施工进度。发生这种情况时,还要根据赶工指令的发布原因,决定承包商的赶工措施是否应该给予补偿。承包商在没有合理理由延长工期的情况下,其不仅无权要求补偿赶工费用,而且在其赶工措施中若包括夜间或当地公认的休息日加班工作时,还应承担工程师因增加附加工作所需补偿的监理费用。虽然这笔费用按责任划分应由承包商负担,但不能由其直接支付给工程师,而应由业主支付后从承包商应得款内扣回。

6.2.8 争端的解决

在工程承包中,经常发生各种争端,有一些争端可以按照合同约定来解决,另一些争端可能在合同中没有详细的预先规定,或是虽有规定但双方理解不一致,这种争端是不可避免的。FIDIC《施工合同条件》规定了解决合同争议的模式。

6.2.8.1 解决合同争议的模式

1. 提交工程师

FIDIC编制《施工合同条件》的基本出发点之一,是合同履行过程中建立以工程师为核心的项目管理模式,因此不论是承包商的索赔还是业主的索赔均应首先提交给工程师。任何一方要求工程师做出决定时,工程师应与争议双方协商、沟通,并按照合同规定,考虑有关情况后作出恰当的决定。

2. 提交争端裁决委员会(DAB)

双方起因于合同的任何争端,包括对工程师签发的证书和作出的决定、指示、意见或估价不同意接受时,可将争议提交合同争端委员会(DAB,即 Dispute Adjudication Board),并将副本送交对方或工程师。裁决委员会在收到提交的争议文件后84天内作出合理的裁决。作出裁决后的28天内,任何一方未提出不满意裁决的通知,此裁决即为最终的裁决。

3. 双方协商

任何一方对裁决委员会的裁决不满意,或裁决委员会在84天内未作出裁决,在此期限后的28天内应将争议提交仲裁。仲裁机构在收到申请后的56天才开始审理,这一时间要求双方尽量以友好的方式解决合同争议。

4. 仲裁(或诉讼)

如果双方仍未能通过协商解决争议,则只能由合同约定的仲裁(或诉讼)机构最终解决。但在国际工程实践中,多采用仲裁来作为解决争议的最后途径。如果最后用仲裁形式来解决争端时,则在合同的专用条件中应有专门的仲裁条款,约定仲裁是解决双方争端的最后手段(途径),无论仲裁结果对自己是否有利,争端双方都接受。

在采用仲裁来作为解决争议的最后途径时,若合同中没有另外的约定,应采用国际商会的仲裁规则。按仲裁庭(如设在法国巴黎的国际商会、联合国国际贸易法委员会、中国国际经济贸易仲裁委员会等)的调解与仲裁章程以及据此章程指定的一名或数名仲裁人予以最终裁决。上述仲裁人有权解释、复查和修改工程师对争端所作的任何决定、意见、指示、确定、证书或估价。雇主和承包商双方所提交的证据或论证也不限于以前提交给工程师的,工程师可以作为证人被要求,向仲裁人提供任何与争端有关的证据。

6.2.8.2　DAB(争端裁决委员会)

如果任何合同争议均交由仲裁或诉讼解决,一方面往往会导致合同关系的破裂,另一方面解决起来费时、费钱,且对双方的信誉都有不利影响。为了减少工程师的决定可能处理得不公正的情况,在1999年新版FIDIC《施工合同条件》中增加了"争端裁决委员会"处理合同争议的模式。新版FIDIC《施工合同条件》认为,咨询(监理)工程师属于业主的代理人,为业主的利益来工作,不适合担任合同准仲裁者,而代之以与合同无任何关系的第三人争端裁决委员会。

1. DAB(争端裁决委员会)组成

若承包商和业主对DAB的组成无另外协议,DAB应由三人组成,其中两名分别由业主和承包商各指定一名,并取得对方认可;第三名委员由业主和承包商与已指定的委员协商,确定第三名,此人应任命为主席。

2. DAB(争端裁决委员会)的性质

DAB(争端裁决委员会)属于非强制性但具有法律效力的行为,相当于我国法律中解决合同争议的调解,但其性质则属于合同双方的志愿委托。

DAB(争端裁决委员会)成员应满足以下要求:

(1) 对承包合同的履行有经验;

(2) 在合同的解释方面有经验;

(3) 能流利地使用合同中规定的语言进行交流。

3. DAB(争端裁决委员会)的工作

由于裁决委员会的主要任务是解决合同争议,因此不同于工程师需要常驻工地。仲裁委员会的工作包括两个方面。

1) 平时工作

裁决委员会的成员对工程的实施定期进行现场考察,了解施工进度和实际潜在的问题。一般在关键施工作业期间到现场考察,但两次考察的间隔时间不少于140天,离开现场前,应向业主和承包商提交考察报告。

2) 解决合同争议

裁决委员会接到任何一方申请后,在工地或其他选定地点处理争议的有关问题。

4. DAB(争端裁决委员会)报酬

付给委员的酬金分为月聘请费和日酬金两部分,由业主与承包商平均负担。裁决委员会到现场考察和处理合同争议的时间按日酬金计算,相当于咨询费。

5. DAB(争端裁决委员会)成员的义务

保证公正处理合同争议是 DAB(争端裁决委员会)成员最基本的义务。虽然是合同双方各指定1位成员,但该成员不能代表任何一方的单方利益。合同规定如下。

(1) 在业主与承包商双方同意的任何时候,他们可以共同将事宜提交给争端委员会,请他们提出意见。没有另一方的同意,任何一方不得就任何事宜向争端裁决委员会征求建议。

(2) 裁决委员会或其中的任何成员不应从业主、承包商或工程师处单方获得任何经济利益或其他合同外利益。

(3) 不得在业主、承包商或工程师处担任咨询顾问或其他职务。

(4) 合同争议提交仲裁时,不得被任命为仲裁人,只能作为证人向仲裁提供争端证据。

6.2.9 其他规定

在1999年新版FIDIC《施工合同条件》中,还有一些新的规定,简介如下。

6.2.9.1 对业主提出的更严格的要求

1999年新版FIDIC《施工合同条件》对业主方的要求更加严格,列举如下。

(1) 新版FIDIC《施工合同条件》设置了"业主的资金安排"一款,该款规定"在接到承包商的请求后,业主应在28天内提供合理的证据,表明他已做出了资金安排,……此项安排能使业主按照约定支付合同的款额。"如果业主不执行这一条,承包商可暂停工作或降低工程速度。

业主在合同中应尽的首要义务就是支付工程款项。合同条款对业主方的资金安排和支付能力提出了合理的要求,这是保障承包商利益的重要举措。这些规定对我国各部门制定合同条件也有重要借鉴意义。

(2) 新版FIDIC《施工合同条件》对支付时间及补偿作了更明确的规定。具体要求有:① 工程师在收到承包商的报表和证明文件后28天内,应向业主签发期中支付证书;② 在工程师收到期中支付报表和证明文件56天内,业主应向承包商支付;③ 如果业主未按规定日期支付,承包商有权就未付款额按月计复利收取延误期的利息作为融资费,此项融资费的年利率是以支付货币所在国中央银行的贴现率加上三个百分点计算而得。这些规定既防止了工程师签发期中付款证书的延误,又确定了较高的融资费以防止业主任意拖延支付。

(3) 新版FIDIC《施工合同条件》中规定:"如果业主要对工程师的权力加以进一步限制,甚至撤换工程师时,必须得到承包商的同意。"工程师的公正性是承包商在投标时必须考虑的风险因素,在施工过程中改变或撤换工程师无疑会对承包商投标报价时所考虑的风险增加变数,对承包商不利,所以"新红皮书"限制了业主在这方面的任意性。

(4) 新版FIDIC《施工合同条件》对业主方违约作了更严格的规定。合同条件规定,当出现以下情况时,也认为业主违约:

① 在采取暂停措施向业主发出警告后42天内承包商仍未收到业主资金安排的证据;

② 工程师收到报表和证明材料56天内未颁发支付证书;

③ 业主未按"合同协议书"及"转让"的规定执行。

按照合同条件,当工程师不按规定开具支付证书,或业主不提供资金安排证据,或业主不按规定日期支付时,承包商可提前21天通知业主,暂停工作或降低工作速度。并且承包商有权索赔由此引起的工期延误、费用和利润损失。

6.2.9.2　对承包商的工作也提出了更严格具体的要求

新版FIDIC《施工合同条件》对承包商的施工工作提出了许多新的严格的要求,主要包括如下内容。

1. 要求承包商按照合同建立一套质量保证体系

要求承包商按照合同建立一套质量保证体系,在每一项工程的设计和实施阶段开始之前,均应将所有程序的细节和执行文件提交工程师。工程师有权审查质量保证体系的各个方面,但这并不能解除承包商在合同中的任何职责、义务和责任。这对承包商的施工质量管理提出了更高的要求,同时也便于工程师检查工作和保证工程质量。

2. 在工程施工期间,承包商应每个月向工程师提交月进度报告

此报告应随期中支付报表的申请一起提交。月进度报告包括的内容很全面,主要有:

(1) 进度的图表和详细说明(包括设计、承包商的文件、货物采购及设备调试等);

(2) 照片;

(3) 工程设备制造,加上进度和其他情况;

(4) 承包商的人员和设备数量;

(5) 质量保证文件、材料检验结果;

(6) 双方索赔通知;

(7) 安全情况;

(8) 实际进度与计划进度对比。

这份月进度报告对承包商各方面的管理工作提出了更高的要求,既有利于承包商每月认真检查、小结自己的工作,也有利于业主和工程师了解和检查承包商的工作。

3. 对业主在什么条件下可以没收履约保证作出更明确的规定

(1) 承包商不按规定去延长履约保函的有效期,业主可没收履约保证全部金额;

（2）如果已就业主向承包商的索赔达成协议或作出决定后42天，承包商不支付此应付的款额；

（3）业主要求修补缺陷后42天承包商未进行修补；

（4）按"业主有权终止合同"中的任一条规定。

4. 对工程的检验和维修提出了更高的要求

（1）规定承包商必需提前通知竣工检验日期的要求，无论业主方还是承包商，无故延误检验均需承担责任；

（2）如果工程未能通过竣工检验，工程师可要求重新检验或拒收，如重新检验仍未通过时，工程师有权指示再重新进行一次竣工检验或拒收或扣除一部分合同款额后接受工程；

（3）如果由于工程或工程设备的缺陷不能按预定日期使用，则业主有权要求延长缺陷通知期（即缺陷责任期），但延长不能超过两年；

（4）如果承包商未能按要求修补缺陷，则业主可雇用他人进行此工作而由承包商支付费用，或减少合同价格，如果此缺陷导致工程无法使用时，业主有权终止该部分合同，甚至有权收回所支付的相关的工程费用以及其他费用；

（5）业主也可同意对有缺陷的工程设备移出现场修理，但承包商应增加履约保证款额或提供其他保证。这些要求虽是针对检验和维修提出的，实质上还是对承包商的施工质量提出了更高的要求，以保护业主的权益。

古人论道

子曰："君子和而不同，小人同而不和。"

《论语·子路篇》

本章总结

国际工程，也称涉外工程，是由来自不同的国家的工程建设过程参与者按照国际上通用的管理模式进行管理的工程。国际工程包括咨询和承包两大行业。

国际工程合同条件包括国际咨询工程师联合会（FIDIC）编制的各类合同条件、英国土木工程师学会的"RIBA/JTC合同条件"、美国建筑师学会的"AIA合同条件"等。其中，最常用到的是FIDIC、英国的ICE及美国的AIA合同条件。

本章主要介绍了1999年9月FIDIC出版的新版《施工合同条件》（Conditions of Contract for Construction）相关内容，这是近几年我国施工合同示范文本〔包括《标准施工招标文件》(2007年版)〕演化、改进的一个范本。

【思考题】

1. FIDIC《土木工程合同条件》适用于哪一类合同？

2. 承包商在施工合同签署之后,为什么工程最终结算时所得的付款不一定等于合同签定时约定的合同金额,如何理解"合同金额"这一概念?
3. 试叙述"指定分包商"和"一般分包商"的区别。
4. 试叙述"指定分包商"的选择程序。
5. FIDIC《土木工程合同条件》中对工程质量控制有哪些规定?
6. 承包商所得到的中期支付进度款应该包括哪些内容?
7. 总承包商在与分包商签订分包合同时应该注意些什么问题?
8. 解释 FIDIC 合同价款中"暂定金额"的含义。
9. 叙述 FIDIC 合同中关于合同单价调整的有关规定。
10. 雇主的风险有哪些?
11. 在1999年新版 FIDIC《施工合同条件》中,由 DAB 委员会来担任准仲裁者这一角色,而将咨询(监理)工程师仅仅限定在业主的代理人这一角色,试讨论之。
12. 叙述 DAB 机制解决争议的程序,并与我国建设监理制中解决争议的程序相比较。

第 7 章 施工合同管理概述

内容提要

本章简要介绍了合同管理和合同总体策划的概念、内容、依据,并指出施工合同中最主要的合同管理、合同策划是项目业主及承包商的合同管理和策划。

学习指导

施工合同行政监管是规范建设各方履约行为、保证施工合同顺利履行、处理建设项目实施过程中争执和纠纷的有力保证。

良好的合同总体策划才能保证项目管理总目标的实现。而要保证项目顺利实施,合同策划有的放矢,就必须对合同体系做出周密的计划和协调。

7.1 施工合同行政监管

建设工程施工合同管理划分为两个层次。第一层次的管理是国家工商行政管理机关、建设行政管理部门和金融机构对工程施工合同的管理,属于合同的外部管理,侧重于宏观调控。第二层次的管理是合同的当事人(业主、承包商)对工程施工合同的管理,属于合同的内部管理,是关于合同的策划、订立、实施的具体管理。施工合同行政监管属于合同的外部管理。《合同法》第 127 条规定:"工商行政管理部门和其他行政管理部门在各自的职权范围内,依照法律、行政法规的规定,对危害国家利益和公共利益的违法行为,负责监督处理,构成犯罪的,依法追究刑事责任。"在我国订立的合同必须接受我国行政管理部门的行政监督和管理。

建设工程施工合同行政监管是指各级工商行政管理机关、建设行政管理部门和金融机构,依据法律和行政法规、规章制度,采取法律的、行政的手段,对建设工程施工合同关系指导、协调及监督,处理工程合同纠纷,防止和制裁违法行为,保证工程合同的贯彻实施。同时,还可以规范建设各方的履约行为,保证施工合同的顺利履行,是处理建设项目实施过程中争执和纠纷的有力保证。

7.1.1 施工合同行政监管的主体

根据《合同法》第 127 条的规定,对合同进行行政监管的主体应是工商行政管理部门和其他行政主管部门。就工程施工合同而言,应由建设行政主管部门和工商行政管理部门在各自职责范围内,共同行使合同行政监管职责。一般来说,工商行政管理部门通过鉴证等来对合同的合法性、有效性和公正性进行审查,而建设行政主管部门主要负责合同主体的资格确认,招标投标工作的合法性、有效性的监督审查,合同实施过程中合同当事人合同行为合法性的监督和检查及对合同当事人违法违规行为进行纠正,对有过错的当事人实行行政处罚,构成犯罪的,移送司法机关处理。与《合同法》中其他列名合同相比,建设行政主管部门的合同行政监管力度应当比工商行政管理部门大。由于建筑工程涉及专业性较强,建设行政主管部门无论是从涉及的业务范围,还是行使合同行政监管的管理经验,都拥有一定的优势。

7.1.2 施工合同行政监管的客体

相对应的,施工合同行政监管的客体主要是工程合同的双方当事人(建设单位、施工单位等)的合同行为。

但并非所有工程合同都必须接受行政监管。根据《合同法》第 127 条规定,建设行政主管部门必须依照有关法律、行政法规,即《建筑法》《招标投标法》等法律的规定,对建筑工程合同进行行政监管,其监管范围必然受《建筑法》《招标投标法》适用范围的限制。在《建筑法》第 83 条规定:"省、自治区、直辖市人民政府确定的小型房屋建筑工程的建筑活动参照本法(建筑法)执行;抢险救灾及其他临时性房屋建筑和农民自建低层住宅的建筑活动,不适用本法。"由此可见,一些小型房屋建筑工程无需建设行政主管部门进行行政监管,但其先决条件是甲乙双方无论是签约还是履约必须不违反国家法律的强制性规定以及不损害国家和社会公共利益。

7.1.3 施工合同行政监管的内容

1. 工商行政机关对施工合同的监管

工商行政监管主要是对利用合同危害国家利益、社会利益的违法行为负责监督管理,即对合同的不法性进行行政监管。工商行政监管主要从以下几个方面入手:

(1) 施工合同的合法性、有效性、公正性;
(2) 重合同守信用;
(3) 施工合同当事人履约执行情况;
(4) 施工合同的签证和备案;
(5) 施工合同违法违规行为。

在《合同法》第 52 条列举规定 5 种不法性合同即无效合同,都是行政监管的内容。

2. 建设行政主管机关对施工合同的监管

建设行政主管部门对施工合同的监管,主要是从质量和安全的角度对工程项目进行管理。

3. 质量监督机构对合同履行的监管

工程质量监督机构是接受建设行政主管部门的委托,负责监督工程质量的中介组织。工程招标完成后,领取开工证之前,发包人应到工程所在地的质量监督机构办理质量监督登记手续。质量监督机构对合同履行的工作的监督,分为对工程参建各方质量行为的监督和对建设工程实体质量监督两个方面。

4. 金融机构对施工合同的监管

金融机构对施工合同的监管,是通过对信贷管理、结算管理、当事人的账户管理进行的。金融机构还有义务协助执行已生效的法律文书,保护当事人的合法权益。

7.2 业主的合同总体策划

7.2.1 合同总体策划

7.2.1.1 合同总体策划的基本概念

现代工程项目的复杂性决定了合同管理任务的艰巨性。严格地讲,合同管理贯穿了项目合同形成到执行的始终。合同的形成通常从起草招标文件到合同签订为止;而合同的执行则是从合同签订开始直到承包者按合同规定完成并交付相应成果,且到保修期结束为止。

合同形成阶段的合同管理工作主要是合同总体策划。合同总体策划的目标是通过合同保证项目总目标的实现。它必须反映建筑工程项目战略和企业战略,反映企业的经营方针和根本利益。

7.2.1.2 合同总体策划的内容

合同总体策划主要确定如下一些重大问题:
(1) 将项目合理分解成几个独立的合同,并确定每个合同的范围;
(2) 选择合适的委托方式和承包方式;
(3) 恰当地选择合同种类、形式及条件;
(4) 确定合同中一些重要的条款;
(5) 决策合同签订和实施过程中的一些重大问题;
(6) 协调相关各个合同在内容、时间、组织、技术上的关系。

7.2.1.3 合同总体策划的依据

合同策划的依据主要有如下内容。
(1) 项目要求。管理者或承包者的资信、管理水平和能力,项目的界限、目标,企业经营战略,工程的类型、规模、特点、技术复杂程度,工程质量要求和范围、计划程度,招标时间和工期的限制,项目的赢利性,风险程度等。
(2) 资源情况。人力资源,工程资源(如资金、材料、设备等供应及限制条件),环境资源(如法律环境,物价的稳定性,地质、气候、自然、现场条件及其确定性),获得额外资源的可能性等。

(3) 市场状况。采购策划过程必须考虑在多大范围市场采购、采购的条款和条件、市场竞争程度等市场因素。承包者同样要考虑市场情况。

7.2.1.4 合同总体策划的过程

合同总体策划过程如下：

(1) 研究企业战略和项目战略，确定企业和项目对合同的要求；

(2) 确定合同的总体原则和目标；

(3) 分层次、分对象对合同的一些重大问题进行研究，列出可能的各种选择，按照上述策划的依据，综合分析各种选择的利弊得失；

(4) 对合同的各个重大问题作出决策和安排，提出合同措施。在合同策划中有时要采用各种预测、决策方法，风险分析方法，技术经济分析方法。

7.2.2 业主的合同总体策划

在工程中，业主通过合同分解项目目标，落实承包人，并实施对项目的控制权力。由于业主处于主导地位，他的合同总体策划对整个工程有很大的影响，同时直接影响承包商的合同策划。业主在招标前，必须就如下合同问题作出决策。

7.2.2.1 与业主签约的承包商的数量

业主在招标前首先必须决定，将一个完整的工程项目分为几个包，可以采用分散平行(分阶段或分专业)承包的形式，也可以采用全包的形式。

1. 分散平行承包

即业主将设计、设备供应、土建、电器安装、机械安装、装饰等工程施工分别委托给不同的承包商。各承包商分别与业主签订合同，各承包商之间没有合同关系。

这种方式的特点如下。

(1) 业主有大量的管理工作，有许多次招标，需做比较精细的计划及控制，因此项目前期需要比较充裕的时间。

(2) 在工程中，业主负责各承包商之间的协调，对各承包商互相干扰造成的问题承担责任。在整个项目的责任体系中会存在责任的"盲区"。例如，由于设计承包商造成施工图纸延误，土建和设备安装承包商向业主提出工期和费用索赔，而设计承包商又不承担或承担很少的赔偿责任。所以这种承包方式合同争执较多，工程过程中的索赔较多，工期比较长。

(3) 对这样的工程项目，业主需要对出现的各种工程问题作中间决策，必须具备较强的项目管理能力。当然业主可以委托监理工程师进行工程管理。

(4) 在大型工程项目中，采用这种方式业主将面对很多承包商(包括设计单位、供应单位、施工单位)，直接管理承包商的数量太多，管理跨度太大，容易造成项目协调的困难,造成混乱和项目失控现象;业主管理费用增加,最终导致总投资的增加和工期的延长。

(5) 通过分散平行承包,业主可以分阶段进行招标,可以通过协调和项目管理加强对工程的干预。同时承包商之间存在着一定的制衡,如各专业设计、设备供应、专业工程施工之间存在制约关系。

(6) 使用这种承包方式,项目的计划和设计必须周全、准确、细致。这样各承包商的工程范围容易确定,责任界限比较清楚。否则极容易造成项目实施中的混乱状态。

如果业主不是项目管理专家,或没有聘请得力的咨询(监理)工程师进行全过程的项目管理,则不能将项目分解太细。

2. 全包(又称统包,一揽子承包,设计—建造及交钥匙工程)合同

即有一个承包商承包建筑工程项目的全部工作,包括设计、供应、各专业工程的施工,甚至包括项目前期筹划、方案选择、可行性研究和项目建设后的运营管理。承包商向业主承担全部工程责任。当然总承包商可以将全部工程范围内的部分工程或工作分包出去。

这种承包方式的特点如下。

(1) 通过全包可以减少业主面对的承包商数量,业主事务性管理工作量大大减少,例如仅需要一个招标。在工程中业主责任较小,主要提出工程的总体要求(如工程的功能要求、设计标准、材料标准的说明),做宏观控制,验收结果,一般不干涉承包商的工程实施过程和项目管理工作,所以合同争执和索赔很少。

(2) 这使得承包商能将整个项目管理形成一个统一的系统,避免多头领导,降低管理费用;方便协调和控制,减少大量的重复管理工作,减少花费,使得信息沟通方便、快捷、不失真;它有利于施工现场的管理,减少中间检查、交接环节和手续,避免由此引起的工程拖延,从而工期(招标投标和建设期)大大缩短。

(3) 对业主来说,项目的责任体系是完备的。无论是设计与施工、与供应之间的互相干扰,还是不同专业之间的干扰,都由总承包商负责,业主不承担任何责任。可见,全包工程对双方都有利,工程整体效益提高。

目前这种承包方式在国际上受到普遍运用。国际上有人建议,对大型工业建设项目,业主应尽量减少其所面对的现场承包商的数目(当然,最少是一个,即采用全包方式)。

(4) 在全包工程中业主必须加强对承包商的宏观控制,选择资信好、实力强、适应全方位工作的承包商。承包商不仅需要具备各专业工程施工力量,而且需要很强的设计能力、管理能力、供应能力,甚至很强的项目策划能力和融资能力。在国际工程中,最大的承包商所承接的工程项目大多数都是采用全包方式。

由于全包对承包商的要求很高,对业主来说,承包商资信风险很大。业主可以让几个承包商联营投标,通过法律规定联营成员之间的连带责任"抓住"联营各方。这在国际上一些大型的和特大型的工程中是十分常见的。

3. 介于上述两者之间的中间形式

即将工程委托给几个主要的承包商,如设计承包商、施工(包括土建、安装、装饰)承包商、供应承包商等。这种方式在工程中极为常见。

7.2.2.2 招标方式的确定

招标方式有公开招标、有限招标(选择性竞争招标)、议标等,各种招标方式有其特点及适用范围。一般要根据承包形式、合同类型、业主所拥有的招标时间(工程紧迫程度)、业主的项目管理能力和期望控制工程建设的程度等决定。

1. 公开招标

业主选择范围大,承包商之间充分地平等竞争,有利于降低报价,提高工程质量,缩短工期。但招标时间较长,业主有大量的管理工作,如准备许多资格预审文件和招标文件;资格预审、评标、澄清会议工作量大,且必须严格认真,以防止不合格承包商混入。不限对象的公开招标会导致许多无效投标,造成大量时间、精力和金钱的浪费。在这个过程中,严格的资格预审是十分重要的。

必须看到,公开招标在很大程度上会导致社会资源的浪费。许多承包商竞争一个标,每家都要花大量费用和精力分析招标文件,进行环境调查,拟订施工方案,做报价,起草投标文件。除中标的一家外,其他各家的花费都是徒劳的。这会导致承包商经营费用的提高,最终导致整个市场上工程成本的提高。

2. 议标

即业主直接与一个承包商进行合同谈判,由于没有竞争,承包商报价较高,工程合同价格自然很高。一般在如下一些特殊情况下采用。

(1) 业主对承包商十分信任,可能是老主顾,承包商资信好。

(2) 由于工程的特殊性,如军事工程、保密工程、特殊专业工程或仅由一家承包商控制的专利技术工程等。

(3) 有些采用成本加酬金合同的情况。

(4) 在一些国际工程中,承包商帮助业主进行项目前期策划,做可行性研究,甚至做项目的初步设计。当业主决定建设实施这个项目后,一般都采用全包的形式委托工程,采用议标形式签订合同。

在此类合同谈判中,业主仅需一对一谈判,无须准备大量的招标文件,无须复杂的管理工作,占用时间又很短,能够大大地缩短项目周期,甚至许多项目一边议标,一边开工。

3. 选择性竞争招标

即邀请招标。业主根据工程的特点,有目标、有条件地邀请几个承包商,参加工程的投标竞争,这是国内外经常采用的招标方式。采用这种招标方式,业主的事务性管理工作较小,招标所用的时间较短,费用低,同时业主可以获得一个比较合理的价格。

国际工程经验证明:如果技术设计比较完备,信息齐全,签订工程承包合同最可靠的方法是采用选择性竞争招标。

7.2.2.3 合同种类的选择

在实际工程中,合同计价方式多样,有近20种,以后还会有新的计价方式出现。不同种类的合同,有不同的应用条件,有不同的权利和责任的分配,有不同的付款方式,对合同双方有不同的风险,应按具体情况选择合同类型。有时在一个工程承包合同中,不同的工程分项采用不同的计价方式。现代工程中最典型的合同类型有以下四种。

1. 单价合同

这是最常见的合同种类,适用范围广,如 FIDIC《土木工程施工合同》。我国的建设工程施工合同也主要是这一类合同。在这种合同中,承包商仅按合同规定承担报价的风险,即对报价(主要为单价)的正确性和适宜性承担责任;而工程量变化的风险由业主承担。由于风险分配比较合理,能够适应大多数工程,能调动承包商和业主双方的管理积极性。单价合同又分为固定单价和可调单价等形式。

单价合同的特点是单价优先,例如 FIDIC 施工合同,业主给出的工程量表中的工程量是参考数字,而实际合同价款按实际完成的工程量和承包商所报的单价计算。虽然在投标报价、评标、签订合同中,人们常常注重合同总价格,但在工程款结算中单价优先,所以单价是不能错的。对于投标书中明显的数字计算的错误,业主有权先做修改后再评标。

2. 固定总价合同

(1) 这种合同以一次包死的总价委托,价格不因环境的变化和工程量增减而变化,所以在这类合同中承包商承担了全部的工作量和价格风险。除了设计有重大变更,一般不允许调整合同价格。在现代工程中,特别在合资项目中,业主经常采用这种合同形式,因为:① 工程中双方结算方式较为简单,比较省事;② 在固定总价合同的执行中,承包商的索赔机会较少(但不能根除索赔),通常可以免除业主由于要追加合同价款、追加投资带来的需上级审批的麻烦。

但由于承包商承担了全部风险,报价中不可预见风险费用较高。承包商报价的确定必须考虑施工期间物价变化以及工程量变化带来的影响。在这种合同的实施中,由于业主没有风险,所以他干预工程的权力较小,只管总的目标和要求。

(2) 固定总价合同的应用前提。在以前很长时间中,固定总价合同的应用范围很小,具体情况如下所述。

① 工程范围必须明确清楚,报价的工程量应准确而不是估计的数字,对此承包商必须认真复核。

② 工程设计较细,图纸完整、详细、清楚。

③ 工程量小、工期短,估计在工程中环境因素(特别是物价)变化小,工程条件稳定并合理。

④ 工程结构、技术简单,风险小,报价估算方便。

⑤ 工程投标期相对宽裕,承包商可以做详细的现场调查、复核工作量、分析招标文件、拟定计划。

⑥ 合同条件完备,双方的权利和义务十分清楚。

但现在在国内外的工程中,固定总价合同的适用范围有扩大的趋势,用得比较多。甚至一些大型的全包工程,工业项目也使用总价合同。有些工程业主只用初步设计资料招标,却要求承包商以固定总价合同承包,这个风险非常大。

(3) 固定总价合同的计价方式。

① 招标文件中有工作量表。业主为了方便承包商投标,给出工程量表,但业主对工程量表中的数量不承担责任,承包商必须复核。

承包商报出每一个分项工程的固定总价,它们之和即为整个工程的价格。

② 招标文件中没有给出工程量清单,而由承包商制定。工程量表仅仅作为付款文件,而不属于合同规定的工程资料,不作为承包商完成工程或设计的全部内容。

合同价款总额由每一个分项工程的包干价款(固定总价)构成,承包商必须自己根据工程信息计算工程量。如果承包商分项工程量有漏项或计算不正确,则被认为已包括在整个合同总价中。

由于国际通用的工程量计算规则适用于业主提供全部设计文件的单价合同(我国的工程量计算规则也存在这个问题),采用这种合同类型时要注意应对工程量计算规则作出详细说明、修改或使用专门的计算方法。

A. 承包商的工程责任范围扩大,通用规则的划分难以包容。例如,由承包商承担大量的设计,在投标时承包商无法计算工程量,工程量清单的编制应考虑到这些情况。

B. 通常合同采用阶段付款。如果工程分项在工程量表中已被定义,只有在该工程分项完成后承包商才能得到相应付款,则工程量表的划分应与工程的施工阶段相对应,必须与施工进度一致,否则会带来付款的困难。同时,工程量划分应注意承包商的现金流量,如设立搭设临时工程、材料采购、设计等分项,这样可以及早付款。

(4) 固定总价合同和单价合同有时在形式上很相似。例如,在有的总价合同的招标文件中也有工程量表,也要求承包商提出各分享的报价,但它们是性质完全不同的合同类型。

固定总价合同是总价优先,承包商报总价,双方商讨并确定合同总价,最终按总价结算。通常只有设计变更,或符合合同规定的调价条件(例如法律变化),才允许调整合同价格。

(5) 对于固定总价合同,承包商要承担两个方面的风险。

① 价格风险。

A. 报价计算错误。

B. 漏报项目。例如,在某国际工程中,工程范围为某政府的办公楼建筑群,采用固定总价合同,承包商投标时遗漏了其中的一座亭阁,这一项使承包商损失了数十万美元。

C. 工程过程中由于物价和人工费涨价所带来的风险。

② 工作量风险。

A. 工作量计算的错误。对固定总价合同,业主有时也给工作量清单,有时仅给图纸、规范让承包商算标。承包商必须对工作量做认真复核和计算。如果工作量有错误,由承包商负责。

B. 由于工程范围不确定或预算时工程项目未列全造成的损失。例如,在某固定总价合同中,工程范围条款为:"合同价款所定义的工程范围包括工作量表中列出的,以及工作量表中未列出的但为本工程安全、稳定、高效率运行所必需的工程和供应。"在该工程中,业主指令增加了许多新的分项工程,但设计并未变更,所以承包商得不到相应的付款。

又如,某国际工程分包合同采用总价合同形式,工程变更条款为:"总包指令的工程变更及其相应的费用补偿仅限于对重大的变更,而且仅按每单个建筑物和设施地平以上外部体积的增加量计算补偿。"在合同实施中,总承包商指定分包商大量增加地平以下建筑工程量,而不给分包商任何补偿。

C. 由于报价时设计深度不够所造成的工程量计算误差。对固定总价合同,如果业主用初步设计文件招标,让承包商计算工作量报价,或尽管施工图设计已经完成,但做标期太短,承包商无法详细核算,通常只有按经验或统计资料估算工作量。这时承包商处于两难的境地:工作量估算高了,报价没有竞争力,不易中标;估算低了,自己要承担风险和亏损。在实际工程中,这是一个采用固定总价合同带来的普遍性的问题,在这方面承包商的损失常常很大。

3. 成本加酬金合同

这是与固定总价合同截然相反的合同类型。工程最终合同价格按承包商的实际成本加一定比率的酬金(间接费)计算。在合同签订时不能确定一个具体的合同价格,只能确定酬金的比率。由于合同价格按承包商的实际成本结算,所以在这类合同中,承包商不承担任何风险,而业主承担了全部工作量和价格风险,所以承包商在工程中没有成本控制的积极性,常常不仅不愿意压缩成本,相反期望提高成本以提高他自己的工程经济效益,这样会损害工程的整体效益。所以这类合同的使用应受到严格限制,通常应用于如下情况。

(1) 投标阶段依据不准,工程的范围无法界定,无法准确估价,缺少工程的详细说明。

(2) 工程特别复杂,工程技术、结构方案不能预先确定。它们可能按工程中出现的新情况确定。例如,在国外这一类合同经常被用于一些带研究、开发性质的工程中。

(3) 时间特别紧急，要求尽快开工。如抢救、抢险工程，人们无法详细地计划和商谈。

为了克服成本加酬金合同的缺点，扩大它的使用范围，人们对该种合同又做了许多改进，以调动承包商成本控制的积极性，具体如下：

① 事先确定目标成本，实际成本在目标成本范围内按比例支付酬金，如果超过目标成本，酬金不再增加；

② 如果实际成本低于目标成本，除支付合同规定的酬金外，另给承包商一定比例的奖励；

③ 成本加固定额度的酬金，即酬金是定值，不随实际成本数量的变化而变化等。

在这种合同中，合同条款应十分严格。由于业主承担全部风险，所以他应加强对工程的控制，参与工程方案（如施工方案、采购、分包等）的选择和决策，否则容易造成不应有的损失。同时，合同中应明确规定成本的开支和间接费范围，规定业主有权对成本开支做决策、监督和审查。

使用本合同的招标文件应说明中标的依据。一般授标的标准为间接费率和作为成本组成的各项费率。

本合同也应规定开工日和竣工日，以假设的合同工程量为基础，否则工期罚款的条款就不适用。

4. 目标合同

在一些发达国家，目标合同广泛使用于工业项目、研究和开发项目、军事工程项目中。它是固定总价合同和成本加酬金合同的结合和改进形式。在这些项目中承包商在项目可行性研究阶段，甚至在目标设计阶段就介入工程，并以全包的形式承包工程。

目标合同也有许多种形式。通常合同规定承包商对工程建成后的生产能力（或使用功能）、工程总成本（或总价格）、工期目标承担责任。如果工程投产后一定时间内达不到预定的生产能力，则按一定的比例扣减合同价格；如果工期拖延，则承包商承担工期拖延违约金。如果实际总成本低于预定总成本，则节约的部分按预定的比例给承包商奖励；反之，超支的部分由承包商按比例承担。

目标合同能够最大限度地发挥承包商工程管理的积极性，适用于工程范围没有完全定界或预测风险较大的情况。

目标合同工程计价方法如下所述。

(1) 承包商以合同价款总额的形式报出目标价格，包括估算的直接成本、其他成本、间接费（现场管理费、企业管理费和利润），确定间接费率。由于业主原因导致工程变更、工期拖延，或业主要求赶工等造成承包商实际成本增加，应修改目标价格。

(2) 通常目标合同也用分项工程表（或工程量表）决定目标价格（合同价款总额），合同价款为每一分项工程的包干价款总和。该分项工程表的制定并非以付款为目的，它仅用于索赔事件发生时，调整合同价款总额和承包商应分担的份额。合同实施中给承包商的付款为已完工程总价(即承包商应得到的)等于承包商实际成本(减去拒付费用)加间接费。

(3) 合同结束时,业主对合同价款总额和已完工程总价进行审核。如果已完工程总价高于合同价款总额,按高出的百分比数,承包商承担相应的部分;如果低于合同价款总额,则按低于的百分比确定承包商获得规定比例的奖励。这种奖励和处罚以累进的形式计算。

承包商应保留实际成本账单和各种记录,以供业主审核。

通常如果业主认可承包商的合理化建议,变更工程使实际成本减少,合同价款总额不予减少。

7.2.2.4 合同条件的选择

合同协议书和合同条件是合同文件中最重要的部分。在实际工程中,业主可以按照需要自己(通常委托咨询公司)起草合同协议书(包括合同条款),也可以选择标准的合同条件。在具体应用时,可以按照自己的需要通过特殊条款对标准的文本作修改、限定或补充。当然,作为合同双方都应尽量使用标准的合同条件。

针对一个工程,有时会有几个同类型的合同条件供选择,特别在国际工程中。合同条件的选择应注意如下问题。

(1) 从主观上双方都希望使用严密的、完备的合同条件。但合同条件应该与双方的管理水平相配套。双方的管理水平很低,而使用十分完备、周密,同时规定又十分严格的合同条件,则这种合同条件没有可执行性。将我国的原示范文本与FIDIC合同相比较就会发现,我国施工合同在许多条款中的时间限定严格得多。这说明在工程中如果使用我国的施工合同,则合同双方要比使用FIDIC合同有更高的管理水平,更快的信息反馈速度,发包人、承包人、项目经理、监理工程师的决策过程必须很快。但实际上做不到,所以在我国的承包工程中双方常常都不能准确执行合同。

(2) 最好选用双方都熟悉的合同条件,这样能较好地执行。如果双方来自不同的国家,选用合同条件时应更多地考虑承包商的因素,使用承包商熟悉的合同条件。因为承包商是工程合同的具体实施者,因此不能仅从业主自身的角度考虑这个问题。然而在实际工程中,许多业主都选择自己熟悉的合同条件,以保证自己在工程管理中有利的地位和主动权,结果导致工程不能顺利进行。

(3) 合同条件的使用应注意到其他方面的制约。例如,我国工程估价有一整套定额和取费标准,这是与我国所采用的施工合同文本相配套的。如果在我国工程中使用FIDIC合同条件,或在使用我国标准的《施工合同条件》时,业主要求对合同双方的责权利关系作重大的调整,则必须让承包商自由报价,不能使用定额和规定取费标准;而如果要求承包商按定额和取费标准计价,则不能随便修改标准的合同条件。

7.2.2.5 重要合同条款的确定

由于是业主起草招标文件,使其居于合同的主导地位,所以要确定一些重要的合同条款。

(1) 适用于合同关系的法律以及合同争执仲裁的地点、程序等。

(2) 付款方式。如采用进度付款、分期付款、预付款或由承包商垫资承包,这要由业主的资金来源保证情况等因素决定。

(3) 合同价格的调整条件、范围和调整方法,特别是由于物价上涨、汇率变化、法律变化、海关税变化等对合同价格调整的规定。

(4) 合同双方风险的分担。即将工程风险在业主和承包商之间合理分配。基本原则是,通过风险分配激励承包商努力控制三大目标、控制风险,达到最好的工程经济效益。

(5) 对承包商的激励措施。恰当地采用奖励措施可以鼓励承包商缩短工期、提高质量、降低成本,激发承包商的工程管理积极性。通常的奖励措施包括以下方式。

① 提前竣工的奖励。这是最常见的,通常合同明文规定工期每提前一天业主给承包商奖励的金额额度。

② 提前竣工,将项目提前投产实现的赢利在合同双方之间按一定比例分成。

③ 承包商如果能提出新的设计方案、新技术,使业主节约投资,则按一定比例分成。

④ 奖励型成本加酬金合同。对具体的工程范围和工程要求,在成本加酬金合同中,确定一个目标成本额度,并规定如果实际成本低于这个额度,则业主将节约的部分按一定比例给承包商奖励。

⑤ 质量奖。这在我国用得较多。合同规定,若工程质量达全优或优良,业主另外支付一笔奖金。

(6) 认真设计合同所定义的管理机制,通过合同保证对工程的控制权力。业主在工程施工中对工程的控制是通过合同实现的,在合同中必须设计完备的控制措施,例如,变更工程的权力;进度计划审批权力;对实际进度监督的权力;当承包商进度拖延时,指令加速的权力;对工程质量的绝对检查权利;对工程付款的控制权力;在特殊情况下,在承包商不履行合同责任时,业主的处置权力,如在不解除承包商责任的条件下将承包商逐出现场。

为了保证诚实信用原则的实现,必须有相应的合同措施。如果没有这些措施,或措施不完备,则难以形成诚实信用的氛围。例如,要业主信任承包商,业主必须采取如下措施约束承包商。

① 工程中的保函、保留金和其他担保措施。

② 承包商的材料和设备进入施工现场,即作为业主的财产,没有业主(或工程师)的同意不得移出现场。

③ 合同中对违约行为的处罚规定和仲裁条款。例如,在国际工程中,在承包商严重违约情况下,业主可以将承包商逐出现场,而不解除其合同责任,让其他承包商来完成合同,费用由违约的承包商承担。

7.2.2.6 其他战略问题

(1) 确定资格预审的标准和允许参加投标的单位数量。业主要保证在工程招标中有比较激烈的竞争,则必须保证有一定数量的投标单位。这样能取得一个合理的价格,选择余地较大。但如果投标单位太多,则管理工作量大,招标期较长。在预审期要对投标人有基本的了解和分析。一般从资格预审到开标,投标人会逐渐减少。对此要有一个基本把握,必须保证最终有一定量的投标人参加竞争,否则在开标时会很被动。

(2) 定标的标准。确定定标的指标对整个合同的签订(承包商选择)和执行影响很大。实践证明,如果仅选择低价中标,又不分析报价的合理性和其他因素,工程过程中争执较多,工程合同失败的比例较高。因为违反了公平合理原则,承包商没有合理的利润,甚至要亏损,不会有好的履约积极性。所以人们越来越趋向采用综合评标,从报价、工期、方案、资信、管理组织等各方面综合评价,以选择中标者。

(3) 标后谈判的处理。一般在招标文件中业主都申明不允许进行标后谈判。这是为了掌握主动权。但从战略角度出发,业主应倾向于进行标后谈判,因为可以利用这个机会获得更合理的报价和更优惠的服务,对双方和整个工程都有利。这已为许多工程实践所证明。

(4) 业主的相关合同的协调。为了一个工程的建设,业主要签订许多合同,如设计合同、施工合同、供应合同。这些合同中存在十分复杂的关系,业主必须负责这些合同之间的协调。在实际工程中这方面的失误较多。这种协调与承包商的合同协调相似,将在后面讨论。

7.3 承包商的合同总体策划

在建筑工程中,业主处于主导地位。对于业主的合同决策,承包商常常必须执行或服从。如招标文件、合同条件常常规定,承包商必须按照招标文件的要求做标,不允许修改合同条件,甚至不允许使用保留条款。但承包商也有自己的合同策划问题,它服从于承包商的基本目标和企业经营战略。

7.3.1 投标方向的选择

承包商通过市场调查获得许多工程招标信息。他必须就投标方向作出战略决策,他的决策依据如下。

(1) 承包市场情况、竞争的形势,如市场处于发展阶段或处于不景气阶段。

(2) 竞争者情况,即该工程竞争者的数量以及竞争对手状况,以确定自己投标的竞争力和中标的可能性。

(3) 工程及业主状况。

① 工程的特点：技术难度，时间紧迫程度，是否为重大的有影响的工程（例如该工程是一个地区的形象工程），施工所需要的工艺、技术和设备。

② 业主的规定和要求，如承包方式、合同种类、招标方式、合同的主要条款。

③ 业主的资信，如业主是否为资信好的企业家或政府，业主过去有没有不守信用、不付款的历史，业主的建设资金准备情况和企业运行状况。如果需要承包商垫资，则更要小心。

④ 承包商自身的情况，包括本公司的优势和劣势、技术水平、施工力量、资金状况、同类工程经验、现有的工程数量等。

投标方向的确定要能最大限度地发挥自己的优势，符合承包商的经营总战略，如正准备发展，力图打开局面，则应积极投标。承包商不要企图承包超过自己施工技术水平、管理水平和财务能力的工程以及没有竞争力的工程。

7.3.2 合同风险的评价

承包商在合同策划时必须对本工程的合同风险有一个总体的评价。一般情况下，如果工程存在以下问题，则工程风险很大。

(1) 工程规模大、工期长，而业主要求采用固定总价合同形式。

(2) 业主仅给出初步设计文件让承包商做标，图纸不详细、不完备，工程量不准确、范围不清楚，或合同中的工程变更赔偿条款对承包商很不利，但业主要求采用固定总价合同。

(3) 业主将做标期压缩得很短，承包商没有时间详细分析招标文件，而且招标文件为外文，采用承包商不熟悉的合同条件。

有许多业主为了加快项目进度，采用缩短做标期的方法，这不仅对承包商来说风险太大，而且会造成对整个工程总目标的损害，常常欲速则不达。

(4) 工程环境不确定性大。如物价和汇率大幅度波动、水文地质条件不清楚，而业主要求采用固定价格合同。

大量的工程实践证明，如果存在上述问题，特别当一个工程中同时出现上述问题时，则这个工程可能彻底失败，甚至有可能将整个承包企业拖垮。这些风险造成的损失规模，在签订合同时常常是难以想象的。承包商若参加投标，要有足够的思想准备和措施准备。

7.3.3 合作方式的选择

在总承包合同投标前，承包商必须就如何完成合同范围内的工程做出决定。因为任何承包商都不可能自己独立完成全部工程（即使是最大的公司），一方面没有这个能力，另一方面也不经济。他必须与其他承包商合作，就合作方式作出选择。其目的是为了充分发挥各自的技术、管理、财力的优势，以共同承担风险。

7.3.3.1 分包

分包在工程中最为常见。原因如下。

(1) 技术上需要。总承包商不可能,也不必具备总承包合同工程范围内的所有专业工程的施工能力。通过分包的形式可以弥补总承包商技术、人力、设备、资金等方面的不足。同时总承包商又可通过这种形式扩大经营范围,承接自己不能独立承担的工程。

(2) 经济上的目的。对有些分项工程,如果总承包商自己承担会亏本,而将它分包出去,让报价低同时又有能力的分包商承担,总承包商不仅可以避免损失,而且可以取得一定的经济效益。

(3) 转嫁或减少风险。通过分包,可以将总包合同的风险部分转嫁给分包商,大家共同承担总承包合同风险,提高工程经济效益。

(4) 业主的要求。业主指令总承包商将一些分项工程分包出去。通常有如下两种情况。

① 对于某些特殊专业或需要特殊技能的分项工程,业主仅对某专业承包商信任和放心,可要求或建议总承包商将这些工程分包给该专业承包商,即业主指定分包商。

② 在国际工程中,一些国家规定,外国总承包商承接工程后必须将一定量的工程分包给本国承包商;或工程只能由本国承包商承接,外国承包商只能分包。这是对本国企业的一种保护措施。

业主对分包商有较高的要求,也要对分包商做资格审查。没有工程师(业主代表)的同意,承包商不得随便分包工程。由于承包商向业主承担全部工程责任,分包商出现任何问题都由总包负责,所以分包商的选择要十分慎重。一般在总承包合同报价前就要确定分包商的报价,商谈分包合同的主要条件,甚至签订分包意向书。国际上许多大承包商都有一些分包商作为自己长期的合作伙伴,形成自己的外围力量,以增强自己的经营实力。

当然过多的分包,如专业分包过细、多级分包会造成管理层次的增加和协调的困难,业主会怀疑承包商的承包能力,这对合同双方来说都是极为不利的。

7.3.3.2 联营承包

联营承包是指两家或两家以上的承包商(最常见的为设计承包商、设备供应商、工程施工承包商)联合投标,共同承接工程。

1. 联营的优点

(1) 承包商可通过联营进行联合,以承接工程量大、技术复杂、风险大、难以独家承揽的工程,使经营范围扩大。

(2) 在投标中发挥联营各方技术和经济的优势,使报价有竞争力。而且联营通常都以全包的形式承接工程,各联营成员具有法律上的连带责任,令业主放心,更容易中标。

(3) 在国际工程中,国外的承包商如果与当地的承包商联营投标,可以获得价格上的优惠,这样更能增加报价的竞争力。

(4) 在合同实施中,联营各方互相支持,取长补短,进行技术和经济的总合作。这样可以减少工程风险,增强承包商的应变能力,能取得较好的工程经济效果。

(5) 通常联营仅在某一工程中进行,该工程结束,联营体解散。如果愿意,各方还可以继续寻求新的合作机会。所以它比合营、合资有更大的灵活性。合资成立一个具有法人地位的新公司通常费用较高,运行形式复杂,母公司仅承担有限责任,不易取得业主信任。

联营承包已成为许多承包商的经营策略之一,在国内外工程中都较为常见。

2. 联营的两种形式

1) 外部联营

几个承包商签订联营合同,组成联营体。每个承包商在联营关系上被称为联营成员。联营体与业主签订总承包合同,所以对外只有一个承包合同。

在这里,联营体作为一个总体,有责任全面完成总承包合同确定的工程责任。每个联营成员作为业主的合同伙伴,不仅对联营合同规定的自己工程范围负有责任,而且与业主有合同法律关系,对其他联营成员有连带责任。所以,对联营成员有双重合同关系,即总承包合同和联营合同关系。

联营成员之间的关系是平等的,按各自完成的工程量进行工程款结算,按各自投入资金的比例分割利润。

在该合同的实施过程中,联营成员之间的沟通和工程管理组织,通常有两种形式:一种是在联营成员中推选一个牵头的承包商为代言人,具体负责联营成员之间以及联营体与业主之间的沟通和工程中的协调;另一种是各联营成员派出代表组成管理委员会,负责工程项目的管理工作,处理与业主及其他方面的各种合同关系。

2) 内部联营

内部联营实质上与分包相似。仅联营成员中作为联营领袖者与业主签订总承包合同,向业主承担全部工程责任,同时负责工程的组织和协调工作。他实质上处于总包地位,而其他联营成员仅承担自己工程范围内的合同责任,并由联营领袖直接支付相应的工程价款,与业主无直接的合同关系。他们实质上处于分包地位。

内部联营合同确定的是承包商之间在工程实施过程中的内部合作关系,对外没有影响。

3. 联营合同的特点

联营合同在实施和争执的解决等方面与承包合同有很大的区别。这往往易被忽略,因而容易带来不必要的损失和合同争执。联营合同有以下特点。

(1) 联营合同在性质上区别于承包合同。承包合同的目的是工程成果和报酬的交换；而联营合同的目的是合同双方（或各方）为了共同的经济目的和利益而联合。所以它属于一种社会契约。联营具有团体性，但它在性质上又区别于合资公司。它不是经济实体，没有法人资格。

所以，工程承包合同的法律原则和一般公司法律原则都不适用于联营合同关系，它的法律基础是《民法》中关于联营的法律条文。

(2) 联营合同的基本原则："合同各方有互相忠诚和互相信任的责任，在工程过程中共同承担风险，共享权益。"

但"互相忠诚和互相信任"，往往难以具体地、准确地定义和责难。联营成员之间必须非常了解和信赖，否则联营风险较大。

由于在工程中共同承担风险，则在总承包合同风险范围内的互相干扰和影响造成的损失是不能提出索赔的，所以联营成员之间索赔范围很小。这往往特别容易被人们忽略而引起合同争执。

(3) 联营各方在工程过程中，为了共同的利益，有责任互相帮助，进行技术和经济的总合作，可以互相提供劳务、机械、技术甚至资金，或为其他联营成员完成部分工程责任。但这些都应为有偿提供，因此在联营合同中应明确区分各自的责任界限和利益界限，不能有"联营即为一家人"的思想。

(4) 联营合同受总承包合同关系的制约，属于它的一个从合同。通常联营合同先签订，但只有总承包合同签订，联营合同才有效；只有总承包合同结束，联营体才能解散。联营体必须完成它的总承包合同责任。

对于与业主的总承包合同，联营体各方具有连带责任，即任何一个联营成员因某一原因不能完成他的合同责任，或退出联营体，则其他联营成员必须共同完成整个总承包合同。

(5) 由于联营合同风险较大，承包商应争取平等的地位。如果自身有条件，应积极地争取领导权。这样在工程中更为主动。

7.3.4 在投标报价和合同谈判中一些重要问题的确定

(1) 承包商所属各分包（包括劳务、租赁、运输等）合同之间的协调。

(2) 分包合同的策划，如分包的范围、委托方式、定价方式和主要合同条款的确定。在这里要加强对分包商和供应商的选择和控制工作，防止由于他们的能力不足，或对本工程没有足够的重视而造成工程和供应的拖延，进而影响总承包合同的实施。

(3) 承包合同投标报价策略的制定。

(4) 合同谈判策略的制定等。

7.3.5 合同执行战略

合同执行战略是承包商按企业和工程具体情况确定的执行合同的基本方针。

(1) 企业必须考虑该工程在企业同期许多工程中的地位、重要性，确定优先等级。对重要的有重大影响的工程,如对企业信誉有重大影响的创牌子工程,大型、特大型工程,对企业准备发展业务地区的工程,必须全力保证,在人力、物力、财力上优先考虑。

(2) 承包商必须以积极合作的态度和热情圆满地履行合同。在工程中,特别在遇到重大问题时积极与业主合作,以赢得业主的信赖,赢得信誉。例如,在中东,有些合同在签订后,或在执行中遇到不可抗力(如战争、动乱),按规定可以撕毁合同,但有些承包商理解业主的困难,暂停施工,同时采取措施,保护现场,降低业主损失。待干扰事件结束后,继续履行合同。这样不仅保住了合同,取得了利润,而且赢得了信誉。

(3) 对明显导致亏损的工程,特别是企业难以承受的亏损,或业主资信不好,难以继续合作,有时不惜以撕毁合同来解决问题。有时承包商主动中止合同比继续执行合同的损失要小。特别是当承包商已跌入"陷阱",合同不利,而且风险已经发生时。

(4) 在工程施工中,由于非承包商责任引起承包商费用增加和工期拖延,承包商提出合理的索赔要求,但业主不予解决。承包商在合同执行中可以通过控制进度,通过直接或间接地表达履约热情和积极性,向业主施加压力和影响,以求得合理的解决。通常工程一结束就交付给业主,则承包商的索赔主动权就丧失了。

7.4 建筑工程合同体系的协调

从上述分析可见,业主为了实现工程总目标,必须签订许多主合同;承包商为了完成承包合同责任也必须订立许多分合同。这些合同从宏观上构成项目的合同体系,从微观上每个合同都定义并安排了一些工程活动,共同构成项目的实施过程。在这个合同体系中,相关的同级合同之间,以及主合同和分合同之间存在着复杂的关系。在国外人们又把这个合同体系称为合同网络。在工程项目中,合同网络的建立和协调是十分重要的。要保证项目顺利实施,就必须对此作出周密的计划和安排。在实际工作中由于这几方面的不协调而造成的工程失误是常见的。合同之间关系的安排及协调是合同策划的重要内容。

1. 工程和工作内容的完整性

业主的所有合同确定的工程或工作范围应能涵盖项目的所有工作,即只要完成各个合同,就可实现项目总目标;承包商的各个分包合同与拟由自己完成的工程(或工作)应能涵盖总承包合同责任。在工作内容上不应有缺陷或遗漏。在实际工程中,这种缺陷会带来设计的修改,新的附加工程,计划的修改,施工现场的停工、缓工,导致双方的争执。

为了防止缺陷和遗漏,应做好以下工作。

(1) 在招标前认真地进行总项目的系统分析,确定总项目的系统范围。

(2) 系统地进行项目的结构分解,在详细的项目结构分解基础上列出各个合同的工程量表。实质上,将整个项目任务分解成几个独立的合同,每个合同中又有一个完整的工程量表,这都是项目结构分解的结果。

(3) 进行项目任务(各个合同或各个承包单位,或项目单元)之间的界面分析。确定各个界面上的工作责任、成本、工期、质量的定义。工程实践证明,许多遗漏和缺陷常常都发生在界面上。

2. 技术上的协调

(1) 几个主合同之间设计标准的一致性,如土建、设备、材料、安装等应有统一的质量、技术标准和要求。各专业工程之间,如建筑、结构、水、电、通信之间应有很好的协调。在建设项目中建筑师常常作为技术协调的中心。

(2) 分包合同必须按照总承包合同的条件订立,全面反映总合同的相关内容。采购合同的技术要求必须符合承包合同中的技术规范。总包合同风险要反映在分包合同中,由相关的分包商承担。为了保证总承包合同全部完成,分包合同一般比总承包合同条款更为严格、周密和具体,对分包单位提出更为严格的要求,所以对分包商的风险更大。

(3) 各合同所定义的专业工程之间应有明确的界面和合理的搭接。例如,供应合同和运输合同、土建承包合同和安装合同、安装合同和设备供应合同之间存在责任界面和搭接。界面上的工作容易遗漏,容易产生争执。

各合同只有在技术上协调,才能共同构成符合总目标的工程技术系统。

3. 价格上的协调

一般在总承包合同估价前,就应向各分包商(供应商)询价,或进行洽商,在分包报价的基础上考虑到管理费等因素,作为总包报价,所以分包报价水平常常又直接影响总包报价水平和竞争力。

(1) 对大的分包(或供应)工程如果时间来得及,也应进行招标,通过竞争降低价格。

(2) 作为总承包商,最好要有一批长期合作的分包商和供应商作为战略伙伴。可以确定一些合作原则和价格水准,这样可以保证分包价格的稳定性。

(3) 对承包商来说,由于先与业主签订承包合同,后与分包商和供应商签订分包和供应合同,一般在签订承包合同前先向分包商和供应商询价;待承包合同签订后,再签订分包合同和供应合同。要防止在询价时分包商(供应商)报低价,而承包商中标后又报高价,特别是当询价时对合同条件(采购条件)未来得及细谈,分包商(供应商)有时找一些理由提高价格。一般可通过先订分包(或供应)意向书确定价格,来避免上述情况发生,以防总合同不能签订。

4. 时间上的协调

由各个合同所确定的工程活动不仅要与项目计划(或总合同)的时间要求一致,而且它们之间在时间上也要协调,即各种工程活动形成一个有序的、有计划的实施过程。例如,设计图纸供应与施工,设备、材料供应与运输,土建和安装施工,工程交付与运行等之间应合理搭接。

每一个合同都定义了许多工程活动,形成各自的子网络。它们又共同形成一个项目的总网络。常见的设计图纸拖延,材料、设备供应脱节等都是这种不协调的表现。签订各份合同要有统一的时间安排。要解决这种协调的一个比较简单的手段是在一张横道图或网络图上标出相关合同所定义的里程碑事件以及它们的逻辑关系,这样便于计划、协调和控制。

5. 合同管理的组织协调

在实际工程中,由于工程合同体系中的各个合同并不是同时签订的,执行时间也不一致,而且常常也不是由一个部门统一管理的,所以它们的协调更为重要。这个协调不仅在签约阶段,而且在工程施工阶段都要重视;不仅是合同内容的协调,而且是职能部门管理过程的协调。例如,承包商对一份供应合同,必须在总承包合同技术文件分析后提出供应的数量和质量要求,向供应商询价,或签订意向书,时间按总合同施工计划确定。付款方式和付款时间应与财务人员商量;供应合同签订前后,应就运输等合同做出安排,并报财务备案,以做资金计划或划拨款项;施工现场应就材料的进场和储存做出安排。这样形成一个有序的管理过程。

古人论道

善为士者,不武;善战者,不怒;善胜敌者,不与;善用人者,为之下。是谓不争之德,是谓用人之力,是谓配天古之极。

老子《道德经·六十八章》

本章总结

施工合同管理的主体是指国家各级工商行政管理机关、建设行政主管机关以及合同当事人(业主、设计、施工、监理、咨询)。但本章主要介绍合同当事人的合同管理。

业主在进行合同管理时,合同总体策划工作量大。合同总体策划之所以重要,原因在于业主是合同主要条款的起草者(对于以招投标形式确定承包商的工程尤其是这样)。业主要确定与业主签约的承包商的数量、招标方式、合同类型、合同条件、重要合同条款及其他战略问题(资格预审标准及投标单位的数量、评标标准、标后谈判的处理)。

承包商合同总体策划问题较少,主要是投标方向的选择、合同总体风险评价、合作形式的选择、合同执行战略。

【思考题】

1. 叙述合同管理的概念。

2. 目前土木工程建设模式有哪些？各自有何特点？
3. 土木工程合同类型有哪些？如何选择？
4. 业主土木工程项目合同管理整体策划的结果主要有哪些？
5. 试阐述业主合同管理的必要性。
6. 试阐述国家行政机关对合同进行管理的必要性及手段。
7. 解释建设工程合同体系协调的概念。

第 8 章　合同风险管理

内容提要

本章从风险的概念入手,通过介绍风险的基本含义、特征、分类及风险评价,进而介绍合同与风险的关系,合同风险分配的原则,从而引出建设工程合同风险管理的概念和内容。

学习指导

风险是经济活动中有可能存在的导致经济损失的潜在可能性或事件。人们关注风险,是因为风险影响到人们对未来收益的预期。

导致风险发生的原因是多方面的,有客观因素、主观因素,有政治因素、经济因素,有人的因素、有物的或环境的因素。人们在经济活动中,首先要识别风险、认识风险,才有可能对风险采取相应对策。

在工程建设过程中,业主与承包商各自面对着不同的风险。

8.1　风险概述

8.1.1　风险的定义

要进行风险管理,当然首先要了解风险的定义,并弄清风险与其他相关概念之间的联系和区别。

风险的概念可以从经济学、保险学、风险管理等不同的角度给出不同的定义,至今尚无统一的定义。其中,学术界和实务界较为普遍接受的有以下两种定义:

(1) 风险就是与出现损失有关的不确定性;

(2) 风险就是在给定情况下和特定时间内,可能发生的结果之间的差异(或实际结果与预期结果之间的差异)。

当然,也可以考虑把这两种定义结合起来。

由上述风险的定义可知,所谓风险要具备两方面条件:一是不确定性,二是产生损失后果。否则就不能称为风险。因此,肯定发生损失后果的事件不是风险,没有损失后果的不确定性事件也不是风险。

8.1.2 与风险相关的概念

1. 风险因素

风险因素是指能产生或增加损失概率和损失程度的条件或因素,是风险事件发生的潜在原因,是造成损失的内在或间接原因,如冰雪路面、人的品质缺陷等。

2. 风险事件

风险事件是指造成损失的偶发事件,是造成损失的外在原因或直接原因,如失火、地震、抢劫等事件。要注意把风险事件与风险因素区别开来,例如,汽车的制动系统失灵导致车祸中人员伤亡,这里制动系统失灵是风险因素,而车祸是风险事件。不过,有时两者很难区别。

3. 损失

损失是指非故意的、非计划的和非预期的经济价值的减少,通常以货币单位来衡量。损失一般可分为直接损失和间接损失。

风险因素、风险事件、损失与风险的关系可用图 8-1 表示。

图 8-1 风险因素、风险事件、损失与风险之间的关系

8.1.3 风险的分类

风险可根据不同的角度进行分类,常见的风险分类方式如下所述。

1. 按风险造成的不同后果划分

按风险所造成的不同后果可将风险划分为纯风险和投机风险。

纯风险是指只会造成损失而不会带来收益的风险。例如自然灾害,一旦发生,将会导致重大损失,甚至人员伤亡;如果不发生,只是不造成损失而已,但不会带来额外的收益。此外,政治、社会方面的风险一般也都表现为纯风险。

投机风险则是指既可能造成损失也可能创造额外收益的风险。例如,一项重大投资活动可能因决策错误或因遇到不测事件而使投资者蒙受灾难性的损失;但如果决策正确,经营有方或赶上大好机遇,则有可能给投资人带来巨额利润。投机风险具有极大的诱惑力,人们常常注意其有利可图的一面,而忽视其造成损失的可能。

纯风险和投机风险两者往往同时存在。例如,房产所有人就同时面临纯风险(如财产损坏)和投机风险(如经济形势变化所引起的房产价值的升降)。

纯风险与投机风险还有一个重要区别。在相同的条件下,纯风险重复出现的概率较大,表现出某种规律性,因而人们可能较成功地预测其发生的概率,从而相对容易采取防范措施。而投机风险重复出现的概率较小,因而预测的准确性相对较差,也就较难防范。

2. 按风险产生的原因划分

按风险产生的不同原因可将风险划分为政治风险、社会风险、经济风险、自然风险、技术风险等。其中,经济风险的界定可能会有一定的差异,例如,有的学者将金融风险作为独立的一类风险来考虑。另外,需要注意的是,除了自然风险和技术风险是相对独立的之外,政治风险、社会风险和经济风险之间存在一定的联系,有时表现为相互影响,有时表现为因果关系,难以截然分开。

3. 按风险的影响范围划分

按风险的影响范围大小可将风险划分为基本风险和特殊风险。

基本风险是指作用于整个经济或大多数人群的风险,具有普遍性,如战争、自然灾害、高通胀率等。显然,基本风险的影响范围大,其后果严重。

特殊风险是指仅作用于某一特定单体(如个人或企业)的风险,不具有普遍性,例如,偷车、抢银行、房屋失火等。特殊风险的影响范围小,虽然就个体而言,其损失有时亦相当大,但当相对于整个经济而言,其后果不严重。

在某些情况下,特殊风险与基本风险很难严格加以区分,最典型的莫过于"9·11事件"。仅就撞机这个行为而言,"9·11事件"属于特殊风险,但就其对美国和世界航空业,对美国人的心理乃至对美国整个经济的影响却远远超过某些基本风险。如果从恐怖主义的角度来分析,则"9·11事件"应当属于基本风险。由此可见,基本风险和特殊风险的界定有时需要考虑具体的出发点。

此外,风险还可以按照其他方式分类,例如,按风险分析依据可将风险分为客观风险和主观风险,按风险分布情况将风险分为国别(地区)风险、行业风险,按风险潜在损失形态可将风险分为财产风险、人身风险和责任风险等。

8.1.4 风险的基本特征

风险的特征是指风险的本质及其发生规律的表现。正确认识风险的特征,对于加强风险管理,减少风险损失,提高经济效益,具有重要的意义。

1. 客观性

风险是一种普遍的客观存在,人们既不能拒绝也不能否认它的存在。风险存在于客观事件发展变化的整个过程之中,无时不有,无处不在,必须承认和正视风险的客观存在,并采取积极的态度,认真应对风险。合同各方都可能遇到风险。

2. 不确定性

事物处在永恒的不断变化之中,而人的认识能力则是有限的,对事物的发展变化不可能完全把握。风险正是由于这种客观条件的不断变化而产生不确定性所导致的。因此,风险是各种不确定性因素的伴随物。同时,风险事件可能发生,也可能不发生。

3. 可预测性

不确定性是风险的本质属性,但这并非表明人们对它束手无策。我们可以根据以往发生过的类似事件的统计资料,通过概率分析,对某种风险发生的频率及其造成损失的程度作出主观上的判断,从而对可能发生的风险进行预测和衡量。风险分析的过程实际上就是风险预测和衡量的过程。

然而,并非所有的风险都在我们的预测范围内。在一个特定的时间点上,鉴于人类对自然界认识的局限性,以及个人能力的差异,有一些风险或隐患便会超出我们的预测范围。

4. 损失性

风险的后果就是会带来某种损失,一般可用经济价值来量度,并且是指非故意、非计划性和非预期的经济价值的减少。风险通过事物不确定因素的发生才会导致损失,不确定因素是损失发生的媒介体。风险导致的损失有直接损失和间接损失之分。前者指实质的、直接的损失,后者则包括额外费用损失、收入损失和责任损失三种。

5. 结果双重性

风险一旦发生会带来损失,但风险背后往往隐含着巨大赢利机会。风险越大,赢利机会越大,反之则越小。这就是体现风险结果双重性的风险报酬原则。风险利益使风险具有诱惑效应,使人们甘冒风险去获取它。另一方面,虽然风险与利润共存,但一旦风险代价太大或决策者厌恶风险时,就会对风险采取回避行动,这就是风险的约束效应。这两种效应分别是风险效应的两个方面,它们同时存在,同时发生作用,且相互抵消,相互矛盾。人们决策时是选择还是回避风险,就是这两种效应相互作用的结果。

8.1.5 建设工程风险

1. 建设项目所面临的典型风险

(1) 未能按规定的设计和建设工期完成;
(2) 在设计阶段未能按时获得总体规划、详细规划或建筑法规所要求的批准;
(3) 未预料到的不利地质条件导致项目延误;
(4) 异常的恶劣气候导致项目延误;
(5) 工人罢工;
(6) 未料到的人工费和材料价格上涨;
(7) 项目完成后,未能租出或售出;
(8) 现场操作事故导致人员伤亡;
(9) 操作工艺低劣导致结构存在潜在的缺陷;
(10) 不可抗力(洪水、地震等);
(11) 承包商对设计延误提出的索赔;
(12) 未能在业主的预算范围内完成项目。

2. 对建设工程风险的认识需明确的两个基本点

(1) 建设工程风险大。建设工程建设周期持续时间长,所涉及的风险因素和风险事件多。对建设工程的风险因素,最常用的是按风险产生的原因进行分类,即将建设工程的风险因素分为政治、社会、经济、自然、技术等因素。这些风险因素都会不同程度地作用于建设工程,产生错综复杂的影响。同时,每一种风险因素又都会产生许多不同的风险事件。这些风险事件虽然不会都发生,但总会有风险事件发生。总之,建设工程风险因素和风险事件发生的概率均较大,其中有些风险因素和风险事件的发生概率很大。这些风险因素和风险事件一旦发生,往往造成比较严重的损失后果。

明确这一点,有利于确立风险意识,只有从思想上重视建设工程的风险问题,才有可能对建设工程风险进行主动的预防和控制。

(2) 参与工程建设的各方均有风险,但各方的风险不尽相同。工程建设各方所遇到的风险事件有较大的差异,即使是同一风险事件,对建设工程不同参与方的后果有时迥然不同。例如,同样是通货膨胀风险事件,在可调价格合同体系下,对业主来说是相当大的风险,而对承包商来说则风险很小(其风险主要表现在调价公式是否合理);但是,在固定总价合同条件下,对业主来说就不是风险,而对承包商来说是相当大的风险(其风险大小还与承包商在报价中所考虑的风险费或不可预见费的数额或比例有关)。

明确这一点,有利于准确把握建设工程风险。在对建设工程风险作具体分析时,首先要明确出发点,即从哪一方的角度进行分析。分析的出发点不同,分析的结果自然也就不同。

8.1.6 建设工程风险损失

建设工程风险损失包括以下几个方面。

1. 投资风险

投资风险导致的损失可以直接用货币来表现,即法规、价格、汇率和利率的变化或资金使用不当等风险事件引起的实际投资超出计划投资的数额。

2. 进度风险

进度风险导致的损失由以下部分组成。

(1) 货币的时间价值。进度风险的发生可能会对现金流动造成影响,在利率的作用下,引起经济损失。

(2) 为赶上进度计划所需的额外费用。包括加班的人工费、机械使用费和管理费等一切因追赶进度所发生的非计划费用。

(3) 延期投入使用的收入损失。不仅仅延误期间内的收入有损失,还可能由于产品投入市场过迟而失去商机,从而大大降低市场份额,因而这方面的损失有时是相当大的。

3. 质量风险

质量风险导致的损失包括事故引起的直接经济损失,以及修复和补救等措施发生的费用以及第三者责任损失等,可分为以下几个方面:

(1) 建筑物、构筑物或其他结构倒塌所造成的直接经济损失;
(2) 复位纠偏、加固补强等补救措施和返工的费用;
(3) 工期延误的损失;
(4) 永久性缺陷对于建设工程使用造成的损失;
(5) 第三者责任的损失。

4. 安全风险

安全风险导致的损失包括:
(1) 受伤人员的医疗费用和补偿费;
(2) 财产损失,包括材料、设备等财产的损毁或被盗;
(3) 工期延误带来的损失;
(4) 为恢复建设工程正常进展所发生的费用;
(5) 第三者责任损失。

需要指出,在建设工程实施过程中,某一风险事件的发生往往会同时导致一系列损失。例如,地基的坍塌引起塔吊倒塌,并造成人员伤亡和建筑物的损坏以及施工被迫停止等。这表明地基坍塌事故影响了建设工程所有的目标——投资、进度、质量和安全目标,从而造成严重损失。

8.1.7 风险分担的基本原则

对合同双方来说,如何对待风险是个战略问题。从总体上说,在合同中决定风险的分担,业主起主导作用,因为业主作为买方,起草招标文件、合同条件,确定合同类型,承包者必须按业主要求投标。但业主不能随心所欲,不能不顾主客观条件,任意在合同中加上对承包者单方面约束性条款,或加上对自己的免责条款,令对方承担全部风险。

风险分配应遵循以下基本原则。

1. 从项目整体效益的角度出发,最大限度地发挥双方的积极性

工程建设经验表明,业主应公平合理地善待承包者,公平合理地分担风险责任。合同中的苛刻的、不平等的条款往往是一把"双刃剑",不仅伤害承包者,而且伤害业主自己。

正确对待风险,有如下好处:
(1) 业主可以得到一个合理的报价,承包者报价中的不可预见风险费较少;
(2) 减少合同的不确定性;
(3) 可以最大限度发挥合同双方风险控制和履约的积极性。

2. 公平合理,责权利平衡

一个公平合理的合同能发挥双方的积极性和主观能动性,对双方都有利。但通常很难说一个合同的风险分配是公平或不公平的。即使采用固定总价合同,由承包者承担全部风险,也不能说是不公平的,因为从理论上讲承包者自由报价,可以不投标。承担合同风险有如下基本原则。

(1) 风险责任与权利之间应平衡。风险作为一项责任,它应与权利相平衡。

(2) 风险责任与机会对等,即风险承担者同时应能享有风险控制获得的收益和机会收益。

(3) 承担的可能性和合理性,即给风险承担者以风险预测、计划、控制的条件和可能性。

一般认为,最合理节约项目成本的合同,应该是根据项目具体情况,将每一风险分摊给最有条件管理和设法将风险减少到最低程度的一方。

3. 符合惯例

即符合通常的处理方法。一方面,惯例一般比较公平合理,较好反映双方的要求;另一方面,合同双方对惯例都很熟悉,项目更容易顺利实施。

按照惯例,承包者承担:对招标文件理解、环境调查风险;报价的完备性和正确性风险;技术方案的安全性、正确性、完备性、效率的风险;材料和设备采购风险;自己的分包商、供应商、雇用工作人员的风险;进度和质量风险等。

业主承担招标文件及所提供资料的正确性风险,工程量变动、合同缺陷(设计错误、图纸修改、合同条款矛盾、二义性等)风险,国家法律变更风险,一个有经验的承包者不能预测的情况的风险,不可抗力因素作用,业主雇用的监理和其他承包商风险等。

物价风险的分担比较灵活,可由一方承担,也可划定范围由双方共同承担。

8.2 风险管理

8.2.1 风险管理概念、任务和方法

8.2.1.1 风险管理的概念

风险管理是在风险分析和评价的基础上,管理者或决策者有目的、有意识地通过计划、组织和控制等管理活动来阻止风险损失的发生,削弱损失产生的影响程度,以获取最大利益的过程。风险管理的目的在于将所有应做的工作都做到,以确保项目目标的实现。

由于建设项目投资大,建设周期长,受外界环境和自然条件影响大等特点,在项目建设过程中,无论是业主还是承包者都将会面临大量的不确定性和风险因素,这些因素会对业主的投资经济效果和承包者的承包经济效益产生不利和负面影响。因此,风险分析和管理已成为现代工程管理中极为重要的内容。

8.2.1.2 风险管理的任务

风险贯穿在项目实施的全过程之中,通过风险管理有的风险可以减少或不造成

损失,而在项目实施过程中又可能出现新的风险,因而风险管理应该贯穿在项目实施的全过程。风险管理的主要任务有:

(1) 在招标投标过程中和合同签订前对风险作全面分析和预测;
(2) 对风险进行有效预防;
(3) 在合同实施中对可能发生,或已经发生的风险进行有效的控制。

8.2.1.3 风险管理过程

风险管理过程就是一个识别、确定和度量风险,并制定、选择和实施风险处理方案的过程。风险管理应是一个系统的、完整的过程,一般也是一个循环过程。风险管理过程包括风险识别、风险评价、风险对策决策、实施决策、检查五方面内容。

1. 风险识别

风险识别是风险管理中的首要步骤,是指通过一定的方式,系统而全面地识别出影响建设工程目标实现的风险事件并加以适当归类的过程,必要时,还需对风险事件的后果作出定性的估计。

2. 风险评价

风险评价是将建设工程风险事件的发生可能性和损失后果进行定量化的过程。这个过程在系统地识别建设工程风险与合理地作出风险对策决策之间起着重要的桥梁作用。风险评价的结果主要在于各种风险事件发生的概率及其对建设工程目标影响的严重程度,如投资增加的数额、工期延误的天数等。

3. 风险对策决策

风险对策决策是确定建设工程风险事件最佳对策组合的过程。一般来说,风险管理中所运用的对策有以下四种:风险回避、损失控制、风险自留和风险转移。这些风险对策的适用对象各不相同,需要根据风险评价的结果,对不同的风险事件选择最适宜的风险对策,从而形成最佳的风险对策组合。

4. 实施决策

对风险对策所作出的决策还需要进一步落实到具体的计划和措施中。例如,制定预防计划、灾难计划、应急计划等;又如,在决定购买工程保险时,要选择保险公司,确定恰当的保险范围、免赔额、保险费等。这些都是风险决策的重要内容。

5. 检查

在建设工程实施过程中,要对各项风险对策的执行情况不断地进行检查,并评价各项风险对策的执行效果;在工程实施条件发生变化时,要确定是否需要提出不同的风险处理方案。除此之外,还需要检查是否有被遗漏的工程风险或者发现新的工程风险,也就是进入下一轮的风险识别,开始新一轮的风险管理过程。

8.2.1.4 风险识别

风险识别是进行风险管理的第一步,指的是确认哪些风险因素有可能会影响项目进展,并记录每个风险因素所具有的特点。其目的就是通过对影响建设项目实施过程的各种因素进行分析,寻找出可能的风险因素,也就是说,需要确定项目究竟存在什么样的风险。对于建设项目而言,是在财产、责任和人身损失刚出现或出现之前就系统、连续地发现它们。

风险识别首先要明确项目的组成、各个分项的性质和相互间的关系以及项目与环境之间的关系等。在此基础上利用系统的、明确的步骤和方法来查明对项目可能形成风险的事项。在这个过程中还要调查、了解并研究对项目以及项目所需资源形成潜在威胁的各种因素的作用范围。

建设工程风险识别的方法包括专家调查法、财务报表法、流程图法、初始清单法、经验数据法和风险调查法。对于建设工程的风险识别来说,仅仅采用一种风险识别方法是远远不够的,一般都应综合采用两种或多种风险识别方法,才能取得较为满意的结果。而且,不论采用何种风险识别方法组合,都必须包含风险调查法。从某种意义上讲,前五种风险识别方法的主要作用在于建立初始风险清单,而风险调查法的作用则在于建立最终的风险清单。

8.2.1.5 风险评价

系统而全面地识别建设工程风险只是风险管理的第一步,对认识到的工程风险还要作进一步的分析,也就是风险评价。对各风险事件的后果进行评估,并确定不同风险的严重程度、顺序。重点是综合考虑各种风险因素对项目总体目标的影响,确定对风险应该采取何种应对措施,同时也要评估各种处理措施可能需要花费的成本,也就是综合考虑风险成本效益。各种风险的可接受或危害程度互不相同,因此就产生了哪些风险应该首先或者是否需要采取措施的问题。风险评价方法有定量和定性两种。定性风险评价方法有专家打分法、层次分析法等;定量风险评价方法有敏感性分析、盈亏平衡分析、决策树、随机网络等。

在实践中,风险识别、风险评价绝非互不相关,而常常是互相重叠的,需要反复交替进行。

8.2.1.6 风险管理技术

1. 风险回避

风险回避就是以一定的方式中断风险源,使其不发生或不再发展,从而避免可能产生的潜在损失。例如,某建设工程的可行性研究报告表明,虽然从净现值、内部收益率指标看是可行的,但敏感性分析的结论是对投资额、产品价格、经营成本均很敏感,这意味着该建设工程的不确定性很大,亦即风险很大,因而决定不投资建造该项工程。

采用风险回避这一对策时,有时需要作出一些牺牲,但较之承担风险,这些牺牲比风险真正发生时可能造成的损失要小得多。例如,某投资人因选址不慎原决定在河谷建厂将不可避免地受到洪水威胁,且又不具备防范措施时,只好决定放弃该计划。虽然投资人在建厂准备阶段耗费了不少投资,但与其厂房建成后被洪水冲毁,不如及早改弦易辙,另谋理想的厂址。又如,某承包商参与某建设工程的投标,开标后发现自己的报价远远低于其他承包商的报价,经仔细分析发现,自己的报价存在严重的误算和漏算,因而拒绝与业主签订施工合同。虽然这样做将被没收投标保证金或投标保函,但比承包后严重亏损的损失要小得多。

从以上分析可知,在某些情况下,风险回避是最佳对策。

在采用风险回避对策时需要注意以下问题。

1) 回避一种风险可能产生另一种新的风险

在建设工程实施过程中,绝对没有风险的情况几乎不存在。就技术风险而言,即使是相当成熟的技术也存在一定的风险。例如,在地铁工程建设中,采用明挖法施工有支撑失败、顶板坍塌等风险。如果为了回避这种风险而采用逆作法施工方案的话,又会产生地下连续墙失败等其他新的风险。

2) 回避风险的同时也失去了从风险中获益的可能性

由投机风险的特性可知,它具有损失和获益的双重性。例如,在涉外工程中,由于缺乏有关外汇市场的知识和信息,为避免承担由此而带来的经济风险,决策者决定选择本国货币作为结算货币,从而也就失去了从汇率变化中获益的可能性。

3) 回避风险可能不实际或不可能

这一点与建设工程风险的定义或分解有关。建设工程风险定义的范围越广或分解得越粗,回避风险就越不可能。例如,如果将建设工程的风险仅分解到风险因素这个层次,那么任何建设工程都必然会发生经济风险、自然风险和技术风险,根本无法回避。又如,从承包商的角度,投标总是有风险的,但决不会为了回避投标风险而不参加任何建设工程的投标。建设工程几乎每一个活动都存在大小不一的风险,过多地回避风险就等于不采取行动,而这可能是最大的风险所在。由此,可以得出结论:不可能回避所有的风险。正因为如此,才需要其他不同的风险对策。

总之,虽然风险回避是一种必要的、有时甚至是最佳的风险对策,但应该承认这是一种消极的风险对策。如果处处回避,事事回避,其结果只能是停止发展,直至停止生存。因此,应当勇敢地面对风险,这就需要适当运用风险回避以外的其他风险对策。

2. 损失控制

1) 损失控制的概念

损失控制是一种主动的、积极的风险对策。损失控制可分为预防损失控制和减少损失两方面工作。预防损失措施的主要作用在于降低或消除(通常只能做到减少)损失发生的概率,而减少损失措施的作用在于降低损失的严重性或遏制损失的进一步发展,使损失最小化。一般来说,损失控制方案都应当是预防损失措施和减少损失措施的有机结合。

2) 制定损失控制措施的依据和代价

制定损失控制措施必须以定量风险评价的结果为依据,才能确保损失控制措施具有针对性,取得预期的控制效果。风险评价时特别要注意间接损失和隐蔽损失。

制定损失控制措施还必须考虑其付出的代价,包括费用和时间两方面的代价,而时间方面的代价往往还会引起费用方面的代价。损失控制措施的最终确定,需要综合考虑损失控制措施的效果及其相应的代价。由此可见,损失控制措施的选择也应当进行多方案的技术经济分析和比较。

3) 损失控制计划系统

在采用损失控制这一风险对策时,所制定的损失控制措施应当形成一个周密的、完整的损失控制计划系统。就施工阶段而言,该计划系统一般应由预防计划(有文献称为安全计划)、灾难计划和应急计划三部分组成。

(1) 预防计划。

预防计划的目的在于有针对性地预防损失的发生,其主要作用是降低损失发生的概率,在许多情况下也能在一定程度上降低损失的严重性。在损失控制计划系统中,预防计划的内容最广泛,具体措施最多,包括组织措施、管理措施、合同措施、技术措施。

组织措施的首要任务是明确各部门和人员在损失控制方面的职责分工,以使各方人员都能为实施预防技术而有效地配合;还需要建立相应的工作制度和会议制度;必要时,还应对有关人员(尤其是现场工人)进行安全培训等。

采取管理措施,既可采取风险分隔措施,将不同的风险单位分离间隔开来,将风险局限在尽可能小的范围内,以避免在某一风险发生时,产生连锁反应或相互牵连,如在施工现场将易发生火灾的木工加工场尽可能设在远离现场办公用房的位置;也可采取风险分散措施,通过增加风险单位以减轻总体风险的压力,达到共同分摊总体风险的目的,如在涉外工程结算中采用多种货币组合的方式付款,从而分散汇率风险。

合同措施除了要保证整个建设工程总体合同结构合理、不同合同之间不出现矛盾之外,还要注意合同具体条款的严密性,并作出特定风险相应的规定,如要求承包商加强履约保证和预付款保证等。

技术措施是在建设工程施工过程中常用的预防损失措施,如地基加固、周围建筑物防护、材料检测等。与其他几方面措施相比,技术措施的显著特征是必须付出费用和时间两方面的代价,应当慎重比较后选择。

(2) 灾难计划。

灾难计划是一组事先编制好的、目的明确的工作程序和具体措施,为现场人员提供明确的行动指南,使其在各种严重的、恶性的紧急事件发生后,不至于惊慌失措,也不需要临时讨论研究应对措施,可以做到从容不迫、及时、妥善地处理,从而减少人员伤亡以及财产和经济损失。

灾难计划是针对严重风险事件制定的,其内容应满足以下要求:
① 安全撤离现场人员;
② 援救及处理伤亡人员;
③ 控制事故的进一步发展,最大限度地减少资产和环境损害;
④ 保证受影响区域的安全尽快恢复正常。
灾难计划在严重风险事件发生或即将发生时付诸实施。
(3) 应急计划。

应急计划是在风险损失基本确定后的处理计划,其宗旨是使因严重风险事件而中断的工程实施过程尽快全面恢复,并减少进一步的损失,使其影响程度减至最小。应急计划不仅要制定所要采取的相应措施,而且要规定不同工作部门相应的职责。

应急计划应包括的内容有:调整整个建设工程的施工进度计划,并要求各承包商相应调整各自的施工计划;调整材料、设备的采购计划,并及时与材料、设备供应商联系,必要时,可能要签订补充协议;准备保险索赔依据,确定保险索赔的额度,起草保险索赔报告;全面审查可使用的资金情况,必要时需调整筹资计划等。

3. 风险自留

风险自留就是将风险留给自己承担,是从企业内部财务的角度应对风险。风险自留与其他风险对策的根本区别在于,它不改变建设工程风险的客观性质,即既不改变工程风险的发生概率,也不改变工程风险潜在损失的严重性。

风险自留可分为非计划性风险自留和计划性风险自留两种类型。

1) 非计划性风险自留

由于风险管理人员没有意识到建设工程某些风险的存在,或者不曾有意识地采取有效措施,以致风险发生后只好由自己承担,这样的风险自留就是非计划性的和被动的。导致非计划性风险自留的主要原因如下。

(1) 缺乏风险意识。这往往是由于建设资金来源与建设工程业主的直接利益无关所造成的,这是我国过去和现在许多由政府提供建设资金的建设工程不自觉地采用非计划性风险自留的主要原因。此外,也可能是由于缺乏风险管理理论的基本知识而造成的。

(2) 风险识别失误。由于所采用的风险识别方法过于简单和一般化,没有针对建设工程风险的特点,或者缺乏建设工程风险的经验数据或统计资料,或者没有针对特定建设工程进行风险等,都可能导致风险识别失误,从而使风险管理人员未能意识到建设工程某些风险的存在,而这些风险一旦发生就成为自留风险。

(3) 风险评价失误。在风险识别正确的情况下,风险评价的方法不当可能导致风险评价结论错误,如仅采用定性风险评价方法。即使是采用定量风险评价方法,也可能由于风险衡量的结果出现严重失误而导致风险评价失误,结果将不该忽略的风险忽略了。

(4) 风险决策延误。在风险识别和风险评价均正确的情况下,可能由于迟迟没有作出相应的风险对策决策,而某些风险已经发生,使得根据风险评价结果本不会作出风险自留选择的那些风险成为自留风险。

(5) 风险决策实施延误。风险决策实施延误包括两种情况:一种是主观原因,即行动迟缓,对已作出的风险对策迟迟不付诸实施或实施工作进展缓慢;另一种是客观原因,某些风险对策的实施需要时间,如损失控制的技术措施需要较长时间才能完成,保险合同的谈判也需要较长时间等,而在这些风险对策实施尚未完成之前却已发生了相应的风险,成为事实上的风险。

事实上,对于大型、复杂的建设工程,风险管理人员几乎不可能识别出所有的工程风险。从这个意义上讲,非计划性风险自留有时是无可厚非的,因而也是一种适用的风险处理策略。但是,风险管理人员应当尽量减少风险识别和风险评价的失误,要及时作出风险对策决策,并及时实施决策,从而避免被迫承担重大和较大的工程风险。总之,虽然非计划性风险自留不可能不用,但应尽可能少用。

2) 计划性风险自留

计划性风险自留是主动的、有意识的、有计划的选择,是风险管理人员在经过正确的风险识别和风险评价后作出的风险对策决策,是整个建设工程风险对策计划的一个组成部分。也就是说,风险自留绝不可能单独运用,而应与其他风险对策结合使用。在实行风险自留时,应保证重大和较大的建设工程风险已经进行了工程保险或实施了损失控制计划。计划性风险自留的计划性,主要体现在风险自留水平和损失支付方式两方面。所谓风险自留水平,是指选择那些风险事件作为风险自留的对象。确定风险自留水平可以从风险量数值大小的角度考虑,一般应选择风险量小或较小的风险事件作为风险自留的对象。计划性风险自留还应从费用、期望损失、机会成本、服务质量和税收等方面与工程保险比较后才能得出结论。损失支付方式的含义比较明确,即在风险事件发生后,对所造成的损失通过什么方式或渠道来支付。

3) 损失支付方式

计划性风险自留应预先制定损失支付计划。常见的损失支付方式有以下几种。

(1) 从现金净收入中支出。采用这种方式时,在财务上并不对自留风险作特别的安排,在损失发生后从现金净收入中支出,或将损失费记入当期成本。实际上,非计划性风险自留通常都是采用这种方式。因此,这种方式不能体现计划性风险自留的"计划性"。

(2) 建立基金储备。这种方式是设立了一定数量的备用金,但其用途并不是专门针对自留风险的,其他原因引起的额外费用也在其中支出。例如,本属于损失控制对策范围内的风险实际损失费,甚至一些不属于风险管理范畴的额外费用。

(3) 自我保险。这种方式是设立了一项专项基金(亦称为自我基金),专门用于自留风险所造成的损失。该基金的设立不是一次性的,而是每期支出,相当于定期支付保险费,因而称为自我保险。这种方式若用于建设工程风险自留,需要适当地变通,如将自我基金(或风险费)在施工开工前一次性设立。

(4) 母公司保险。这种方式只适用于存在总公司与子公司关系的集团公司,往往是在难以投保或自保较为有利的情况下运用。从子公司的角度看,与一般的投保无异,收支较为稳定,税负可能得益(是否按保险处理,取决于该国的规定);从母公司的角度,可采用适当的方式进行资金运作,使这笔基金增值,也可再以母公司的名义向保险公司投保。对于建设工程风险自留来说,这种方式可用于特大型建设工程(有众多的单项工程和单位工程),或长期有较多建设工程的业主,如房地产开发(集团)公司。

4) 风险自留的适用条件

计划性风险自留至少要符合以下条件之一才应予以考虑。

(1) 别无选择。有些风险既不能回避,又不可能预防,且没有转移的可能性,只能自留,这是一种无奈的选择。

(2) 期望损失不严重。风险管理人员对期望损失的估计低于保险公司的估计,而且根据自己多年的经验和有关资料,风险管理人员确信自己的估计正确。

(3) 损失可准确预测。在此,仅考虑风险的客观性。这一点实际上是要求建设工程有较多的单项工程和单位工程,满足概率分布的基本条件。

(4) 企业有短期内承受最大潜在损失的能力。由于风险的不确定性,可能在短期内发生最大的潜在损失,这时,即使设立了自我基金或向母公司保险,已有的专项基金仍不足以弥补损失,需要企业从现金收入中支付。如果企业没有这种能力,可能因此而摧毁企业。对于建设工程的业主来说,与此相应的是要有短期内筹措大笔资金的能力。

(5) 投资机会很好(或机会成本很大)。如果市场投资前景很好,则保险费的机会成本就显得很大,不如采取风险自留,将保险费作为投资,以取得较多的投资回报。即使今后自留风险事件发生,也足以弥补其所造成的损失。

(6) 内部服务优良。如果保险公司所能提供的多数服务完全可以由风险管理人员在内部完成,且由于他们直接参与工程的建设和管理活动,从而使服务更方便,质量在某些方面有所提高。在这种情况下,风险自留是合理的选择。

4. 风险转移

风险转移是建设工程风险管理中非常重要而且广泛应用的一项对策,分为非保险转移和保险转移两种方式。

根据风险管理的基本理论,建设工程的风险应由各方分担,而风险分担的原则是,任何一种风险都应由最适宜承担该风险或最有能力进行损失控制的一方承担。符合这一原则的风险转移是合理的,可以取得双赢或多赢得结果,例如,项目决策风险应由业主承担,设计风险应由设计方承担,而施工技术风险应由承包商承担等;否则,风险转移就可能付出较高的代价。

1) 非保险转移

非保险转移又称为合同转移,因为这种风险转移一般是通过签订合同的方式将工程风险转移给非保险人的对方当事人。建设工程风险最常见的非保险转移有以下三种情况。

(1) 业主将合同责任和风险转移给对方当事人。在这种情况下,被转移者多数是承包商。例如,在合同条款中规定,业主对场地条件不承担责任;又如,采用固定总价合同将涨价风险转移给承包商。

(2) 承包商进行合同转让或工程分包。承包商中标承接某工程后,可能由于资源安排出现困难而将合同转让给其他承包商,以避免由于自己无力按合同规定时间建成工程而遭受违约罚款;或将该工程中专业技术要求很强而自己缺乏相应技术的工程内容分包给专业分包商,从而更好地保证工程质量。

(3) 第三方担保。合同当事人的一方要求另一方为其履约行为提供第三方担保。担保方所承担的风险仅限于合同责任,即由于委托方不履行或不适当履行合同以及违约所产生的责任。第三方担保的主要表现是业主要求承包商提供履约保证和预付款保证(在投标阶段还有投标保证)。从国际承包市场的发展来看,20世纪末出现了要求业主向承包商提供付款保证的新趋向,但尚未得到广泛应用。我国施工合同(示范为本)也有发包人和承包人互相提供履约担保的规定。

与其他的风险对策相比,非保险转移的优点主要体现在:一是可以转移某些不可保的潜在损失,如物价上涨、法规变化、设计变更等引起的投资增加;二是被转移者往往能较好地进行损失控制,如承包商相对于业主能更好地把握施工技术风险,专业分包商相对于总包商能更好地完成专业性强的工程内容。

但是,非保险转移的媒介是合同,这就可能因为双方当事人对合同条款的理解发生分歧而导致转移失败。另外,在某些情况下,可能因被转移者无力承担实际发生的重大损失而导致仍然由转移者来承担损失。例如,在采用固定总价合同的条件下,如果承包商报价中所考虑涨价风险费很低,而实际的通货膨胀率很高,从而导致承包商亏损破产,最终只得由业主自己来承担涨价造成的损失。还需指出的是,非保险转移一般都要付出一定的代价,有时转移代价可能超过实际发生的损失,从而对转移者不利。仍以固定总价合同为例,在这种情况下,如果实际涨价所造成的损失小于承包商报价中的涨价风险费,这两者的差额就成为承包商的额外利润,业主则因此遭受损失。

2) 保险转移

保险转移通常直接称为保险,对于建设工程风险来说,则为工程保险。通过购买保险,建设工程业主或承包商作为投保人将本应由自己承担的工程风险(包括第三方责任)转移给保险公司,从而使自己免受风险损失。保险这种风险转移形式之所以能得到越来越广泛的运用,原因在于其符合风险分担的基本原则,即保险人较投保人更适宜承担有关的风险。对于投保人来说,某些风险的不确定性很大(即风险很大),但是对于保险人来说,这种风险的发生则趋近于客观概率,不确定性降低,即风险降低。在进行工程保险的情况下,建设工程在发生重大损失后可以从保险公司及时得到赔偿,使建设工程实施能不中断、稳定地进行,从而最终保证建设工程的进度和质量,也不致因重大损失而增加投资。通过保险还可以使决策者和风险管理人员对建设工程的担忧减少,从而可以集中精力研究和处理建设工程实施中的其他问题,提高目标控制的效果。而且,保险公司可向业主和承包商提供较为全面的风险管理服务,从而提高整个建设工程风险管理的水平。

保险这一风险对策的缺点首先表现在机会成本增加,这一点已如前述。其次,工程保险合同的内容较为复杂,保险费没有统一固定的费率,需根据特定建设工程的类型、建设地点的自然条件(包括气候、地质、水文等条件)、保险范围、免赔额的大小等加以综合考虑,因而保险合同谈判常常耗费较多的时间和精力。在进行工程保险后,投保人可能产生心理麻痹而疏于损失控制计划,以致增加实际损失和未投保损失。

在做出进行工程保险这一决策之后,还需考虑与保险有关的几个具体问题:一是保险的安排方式,即究竟是由承包商安排保险计划还是由业主安排保险计划;二是选择保险类别和保险人,一般是通过多家比选后确定,也可委托保险经纪人或保险咨询公司代为选择;三是可能要进行保险合同谈判,这项工作最好委托保险经纪人或保险咨询公司完成,但免赔额或比例要由投保人自己确定。

需要说明的是,工程保险并不能转移建设工程的所有风险,一方面因为存在不可保风险,另一方面则是因为有些风险不宜保险。因此,对于建设工程风险,应将工程保险与风险回避、损失控制和风险自留结合起来运用。对于不可保风险,必须采取损失控制措施。即使对于可保风险,也应当采取一定的损失控制措施,这有利于改变风险性质,达到降低风险量的目的,从而改善工程保险条件,节省保险费。

8.2.2 业主和承包商的合同风险防范

8.2.2.1 业主的合同风险防范

由于合同中的风险是由业主和承包者分担的,鉴于各自的地位不同,因此所采取的具体措施、方法也各异。业主风险防范主要应考虑如下几点。

(1) 认真编制好招标文件和相应的合同文件。

合同文件是以招标文件为基础形成的,合同文件的完善程度如何,直接决定着将来合同索赔、合同争议的频率和程度。合同中应明确划分出签订合同时可能预见到事件的责任范围和处理方法,以减少执行合同过程中的争议与纠纷。

(2) 认真对投标人进行资格预审。

(3) 做好评标、定标工作。

有些投标人在投标时会人为地压低报价,企图在中标后以索赔或其他途径来弥补差额,因此,在评标时应特别注意对报价的综合评审,不要一味追求低报价。

(4) 聘请信誉良好的监理工程师。

(5) 高度重视开工前及工程实施过程中的协调管理,及时处理项目的重大问题,避免使有关风险由小变大,尽量将工程中的风险事件减小到最低限度。

(6) 利用经济、法律等手段约束承包者的履约行为。

业主可以利用投标保函、履约保函、预付款保函、维修保函、违约误期罚款、工程保险单等经济、法律手段,来约束承包商在履行合同过程中的行为,并能减轻或避免因承包商违约所造成的工程损失。

8.2.2.2 承包商的合同风险防范

在工程实践中,由于业主常处于主导地位,承包商是在激烈的竞争中夺标,合同风险主要集中在承包商方面,因此,承包商应从投标、合同谈判、签约到项目执行过程中都认真研究并采取减轻、转移风险和控制损失的有效方法。在投标报价阶段,承包商应深入研究招标文件和对现场进行认真调查与勘察,探讨可能会出现的风险,特别是潜在风险因素,用定量方法分析本单位对风险的承受能力和应采取的相应措施,来决定工程报价时各项风险系数的高低,以便研究风险费用和其他费用。

承包商风险防范主要应考虑如下几方面。

1. 大环境风险的防范

大环境风险一般不以承包商的意志为转移,有时也不以业主的意志为转移,因此,承包商必须在任何时候都要认真了解情况,加强信息收集和调研,掌握各种信息,及时分析政治、经济形势、市场情况及其相关政策,并采取避免或补救措施,如在合同中强调不可抗力条款和不可预见事件的补救措施、增列保值条款、参加汇率保险、增设合同风险条款、减少自身固定资产投资或其他分散、转移风险的措施。

2. 自然风险的防范

自然风险不以人的主观意志为转移,承包商无力阻止自然风险的发生,也无法预见其何时发生,只能通过一些经济补偿措施来弥补损失。针对自然风险制定的防范措施主要体现在对不可抗力条款的解释,就是说将可能发生的自然风险因素明确规定为不可抗力事件,并写明一旦发生这类事件时的解决办法。另外,在投标报价时亦应充分考虑自然制约因素。

避免自然风险造成损失的另一项措施就是参加保险。这种做法的根本目的就是将风险转移给保险公司。投保时要认真考虑挑选保险人,还要全面比较保险费率、赔偿款等有关因素。

3. 商务风险的防范

鉴于商务风险主要来自业主及其所处的环境,即与业主密切相关的主客观因素,因此,商务风险的防范主要是针对业主。比如,做好对业主的资信调查,同监理处理好关系,合同中写明仲裁条款,利用各种可能突破保护主义的封锁,严格制定合同条款,堵住各种支付漏洞等。

同时,合理地索赔,可以取得补偿、弥补损失。在执行合同过程中,承包商可就下列情况向业主提出索赔:

(1) 工程量增加;

(2) 建设环境变更；

(3) 工程延期造成损失；

(4) 通货膨胀引起劳务费及材料、设备价格上涨（固定总价且不可调值合同，业主不承担价格上涨损失的赔偿）；

(5) 业主提供的图纸、规范和合同条件中有漏洞及其他方面的失误；

(6) 其他可构成索赔的原因。

4. 其他风险的防范

在工程承包过程中还可能碰上其他风险，尤其是因承包商自己的疏忽、失误。例如，投标时没有透彻理解标书，对承包工程的适用法规没有认真研究，在提交保函时措辞不严谨，为开拓市场或竞标需要而投低标等。这些因承包商自身的失误而招致的风险常常引起非常严重的后果，因此，风险防范措施不能仅以对方或外界因素为目标，对承包商自己的工作、判断、决策也应留有充分的余地。

总之，工程建设承包的风险是不可避免的，准确地预测和周密地防范措施是不可缺少的。只要充分发挥人的主观能动性，充分利用客观因素，就有可能走在风险前面，最大限度地减少损失。

谚 语

你若喜欢阳光，就要接受阳光背后的阴影。

本章总结

风险是指遭受损失、伤害、破坏的可能性。

风险具有下述特征：风险的客观性和普遍性、风险的不确定性、风险的可预测性、风险的可变性和风险的相对性、风险同利益的相关性。

风险按起因划分为自然风险、人为风险；按后果划分为纯风险和投机风险；按风险的形态划分为静态风险、动态风险；按可否管理划分为可管理风险和不可管理风险；按影响程度划分为一般风险、严重风险和灾难性风险。

通过风险识别、分析及评价，可了解风险的存在及其发生的可能性及对工程的影响、损失程度。

合同中有风险，风险存在于合同之中。

在对合同进行总体策划时，面对着如何处理各种风险。风险的分配既要遵循效率原则，还要兼顾公平合理、责权利平衡原则，符合现代管理理念及符合工程惯例原则。

风险管理过程就是风险识别、风险评价、风险对策决策、实施决策及检查的过程。

风险防范的一般方法包括回避风险、转移风险、控制风险、自留风险。

【思考题】

1. 风险及风险管理的含义各是什么？在工程项目中有哪些主要的风险？

2. 如何理解和认识风险的性质及其影响?
3. 什么是风险评价?其目的是什么?
4. 工程项目中合同风险表现在哪些方面?为什么要对合同风险进行分配?合同风险分配的原则是什么?
5. 简述风险管理的程序。
6. 风险控制的对策有哪些?
7. 试分析在工程项目中承包商和业主如何防范合同风险?

第 9 章　建设工程施工合同签订

内容提要

本章从施工合同签订的全过程入手,通过介绍施工合同签订前的审查分析的目的、内容,施工合同谈判的内容、准备工作、程序、谈判策略和技巧,施工合同签订的原则、基本要求、形式和程序等,深化工程建设者对施工合同签订有关内容的理解和认识,为其成功进行合同管理打下良好的基础。

学习指导

合同签订,是合同形成的最后一关。只要在合同签订之前,理论上就存在进行讨价还价,进行合同条款调整、谈判的余地。一经签订,合同即告成立,合同条文不经过双方重新谈判不能更改。

为了签订一份符合自己利益的合同,要争取自己起草合同条款,或对对方起草的合同条款仔细地审查分析、评价,对自己不能接受的合同条款,要在后面合同谈判中争取更改。

9.1　合同的签订

9.1.1　合同订立的原则

合同的签订,是指发包人和承包人之间为了建立承发包合同关系,通过对工程合同具体内容进行协商而形成合意的过程。订立合同应当遵循以下原则。

1. 平等原则

《中华人民共和国合同法》第 3 条规定:"合同当事人的法律地位平等,一方不得将自己的意志强加给另一方。"所谓平等是指当事人之间在合同的订立、履行和承担违约责任等方面都处于平等的法律地位,彼此的权利、义务对等。合同的当事人,无论是法人和其他组织之间,还是法人、其他组织和自然人之间,虽然他们的体制、财力、经济效益、隶属关系各异,但是只要他们以合同主体的身份参加到合同法律关系中,那么他们之间就处于平等的法律地位,法律予以平等的保护。订立工程合同必须体现发包人和承包人在法律地位上完全平等。

2. 自愿原则

《中华人民共和国合同法》第 4 条规定:"当事人依法享有订立合同的权利,任何单位和个人不得干预。"所谓自愿原则,是指是否订立合同、与谁订立合同、订立合同的内容以及变更不变更合同,都要由当事人依法自愿决定。订立工程合同必须遵守自愿原则。

3. 公平原则

《中华人民共和国合同法》第 5 条规定:"当事人应当遵循公平原则确定各方的权利和义务。"所谓公平原则是指当事人在设立权利、义务和承担民事责任方面,要公正、公允、合情、合理。贯彻该原则最基本的要求即是发包人与承包人的合同权利、义务、承担责任要对等而不能显失公平。

4. 诚实信用原则

《中华人民共和国合同法》第 6 条规定:"当事人行使权利、履行义务应当遵循诚实信用原则。"诚实信用原则,主要是指当事人在订立、履行合同的全过程中,应相互协作、密切配合、言行一致,以善意的方式行使合同规定的权利,全面履行合同规定的义务,不弄虚作假、尔虞我诈,不做损害对方和国家、集体、第三人以及社会公共利益的事情。

5. 合法原则

《中华人民共和国合同法》第 7 条规定:"当事人订立、履行合同,应当遵守法律、行政法规。"所谓合法原则,主要是指在合同法律关系中,合同主体、合同的订立形式、订立合同的程序、合同的内容、履行合同的方式、对变更或者解除合同权利的行使等都必须符合我国的法律、行政法规的规定。

9.1.2 建设工程合同签订的方式

建设工程合同签订的方式有两种:一是协商方式,即由双方当事人通过协商签订建设合同;二是通过招标投标的方式。招标投标是国际经济交往和国际贸易中普遍采用的一种交易方式。

建设工程合同的订立可以采取当事人协议的方式,但多数情况下,特别是规模比较大的工程建设,应采取招标投标的方式。对于法律规定应当采取招标投标方式的工程建设,当事人必须按照法律规定的方式订立合同,而不得以一般协议的方式订立。

9.1.3 建设工程合同订立的程序

发包人与承包人订立一般的建设工程施工合同应符合下列程序:① 招标;② 投标;③ 接受中标通知书;④ 组成谈判小组;⑤ 草拟合同专用条件;⑥ 谈判;⑦ 发包人与承包人签订施工合同;⑧ 合同双方在合同管理部门备案并缴纳印花税。

国家重大建设工程合同的订立必须遵守国家规定的基本建设有关程序。因此,订立建设工程合同都要有一定的依据。一般情况下,一个工程项目的落实,需要经过下列几个基本程序。

(1) 首先要立项，即由有关业务主管部门和建设单位提出项目建议书，报有关的计划机关批准。

(2) 立项后进行可行性研究，编制计划任务书，选定工程地址。

(3) 在计划任务书批准后，依据计划任务书签订勘察、设计合同。

(4) 勘察设计合同履行后，才可根据批准的初步设计、技术设计、施工图和总概算等正式签订施工合同。

(5) 工程按照设计内容建成，经过验收合格后交付使用。这一具体程序是所有参加工程建设的单位、部门共同遵守的工作准则和程序。订立建设工程合同必须以基本建设程序为前提条件，严格按法定程序订立和履行合同。除了上述几个方面外，订立建设工程合同还应当遵循法律、行政法规规定的其他要求。

9.2 建设工程施工合同签订前的审查分析

在完成招标、投标、定标、发送中标通知书等一系列订立合同的工作之后，发包人与承包人之间的工程合同法律关系已经确立。但是，由于工程合同的标的规模大、投资多、技术复杂、工期长、不确定性因素较多，而相对于招投标工作来说，招投标的工作时间较短，可能存在工程合同条款等一些涉及合同签订后履行障碍等问题，从而给合同的履行造成不利影响。所以，发送中标通知书后，发包人与承包人必须分别对工程合同进行审查。施工合同谈判前，承包人、发包人应分别明确专门的合同管理机构，负责施工合同的审阅，逐条进行研究，为合同谈判做好充分的准备工作。

在市场经济条件下，建筑工程承发包双方的权利义务关系主要通过合同来确定。建筑市场实行的是先定价后成交的期货交易，其远期交割的特性决定了建筑行业的高风险性。因此，尽可能有效地防范和控制施工合同的风险体现出了建设工程施工合同签订前审查分析的重要性。

9.2.1 建设工程施工合同签订前的审查内容

建筑施工合同谈判前，承包人应充分研究由发包人提供的格式合同文本的合法性及条款的公正、公平方面是否存在重大疑问；还要深入了解发包人或业主的主体资格、资信、资金是否到位以及经营作风等基本情况。

9.2.1.1 合同合法性的审查

建设工程施工合同的签订必须符合国家相关法律法规的规定，否则会导致合同全部或部分无效，为合同今后的履行设置障碍，合法权益无法实现。为保证签订的合同是合法有效的，签订合同双方当事人均需对合同的合法性进行审查。通常需要审查以下几方面内容。

1. 审查合同当事人的缔约资格

在建设工程合同中，订立合同的主体是发包人与承包人。无论是发包人还是承包人在订立建设工程合同时，都必须有合法的经营资格。

作为发包方的房地产开发企业应有相应的开发资格。《中华人民共和国城市房地产管理法》第29条规定，房地产开发企业是以营利为目的，从事房地产开发和经营的企业。设立房地产开发企业，应当具备下列条件：第一，有自己的名称和组织机构；第二，有固定的经营场所；第三，有符合国务院规定的注册资本；第四，有足够的专业技术人员；第五，法律、行政法规规定的其他条件。设立房地产开发企业，除应具备法律规定的条件以外，还应当向工商行政管理部门申请设立登记。工商行政管理部门对符合本法规定条件的，应当予以登记，颁发营业执照；对不符合本法规定条件的，不予登记。

作为承包方的勘察、设计、施工单位也均应具有其合法经营资格。《中华人民共和国建筑法》第12条规定，从事建筑活动的建筑施工企业、勘察单位、设计单位和工程监理单位，应当具备下列条件：第一，有符合国家规定的注册资本；第二，有与其从事的建筑活动相适应的具有法定执业资格的专业技术人员；第三，有从事相关建筑活动所应有的技术装备；第四，法律、行政法规规定的其他条件。审查对方的资格，可以通过审查承包方法人营业执照来解决。

《中华人民共和国建筑法》第13条规定，从事建筑活动的建筑施工企业、勘察单位、设计单位和工程监理单位，按照其拥有的注册资本、专业技术人员、技术装备和已完成的建筑工程业绩等资质条件，划分为不同的资质等级，经资质审查合格，取得相应等级的资质证书后，方可在其资质等级许可的范围内从事建筑活动，而且只能在资质证书核定的范围内承接相应的建设工程任务，不得擅自越级或超越规定的范围。

国务院于2000年1月30日发布的《建设工程质量管理条例》第25条规定，施工单位应当依法取得相应等级的资质证书，并在其资质等级许可的范围内承揽工程。禁止施工单位超越本单位资质等级许可的业务范围或者以其他施工单位的名义承揽工程。禁止施工单位允许其他单位或者个人以本单位的名义承揽工程。

由此可见，合同签订时，无论是发包方还是承包方均应对对方进行资格审查，审查对方有无订立合同的资格与能力，因为这直接影响到合同是否有效以及合同能否实际正确履行。

2. 审查有无违反法律和社会公共利益的情况

审查有无违反法律和社会公共利益的情况，主要审查合同有无违反法律的强制性规定。所谓强制性规定，是指这些规定必须由当事人遵守，不得通过其协议加以改变的条款内容。不过，在我国《合同法》中包括了大量非强制性的规定，这些规定主要是用来指导当事人订立合同的，并不要求当事人必须遵守，当事人只要在合同行为中遵守法律规定即可。

《中华人民共和国建筑法》允许建设工程总承包单位将承包工程中的部分发包给具有相应资质条件的分包单位，但是，除总承包合同中约定的分包外，其他分包必须经建设单位认可。属于施工总承包的，建筑工程主体结构的施工必须由总承包单位自行完成。也就是说,未经建设单位认可的分包和施工总承包单位将工程主体结构分包出去所订立的分包合同,都是无效的。此外,将建设工程分包给不具备相应资质条件的单位或分包后将工程再分包的,均是法律禁止的。《中华人民共和国建筑法》及其他法律、法规对转包行为均作了严格禁止。转包,包括承包单位将其承包的全部建筑工程转包、承包单位将其承包的全部建筑工程肢解以后以分包的名义分别转包给他人。属于转包性质的合同,也因其违法而无效。

审查有无违反法律和社会公共利益的情况,还要审查有无以合法形式掩盖非法目的的、有无损害社会公共利益的情况。对于那些实质上损害了全体人民的共同利益,破坏了社会经济生活秩序的合同行为,都应认为是违反了社会公共利益。同时,将社会公共利益作为衡量合同生效的要件,也有利于维护社会公共道德。

3. 审查是否存在无代理权的人代订合同的情况

《中华人民共和国合同法》第48条规定,行为人没有代理权、超越代理权或者代理权终止以后以被代理人名义订立的合同,未经被代理人追认,对被代理人不发生效力,由行为人承担责任。无权代理所产生的合同,并不是绝对无效合同,而是一种效力待定合同,经过本人的追认是有效的合同。

无权代理主要有三种情况。

(1) 根本无代理权的无权代理。代理人在未得到任何授权的情况下,以本人的名义从事代理活动。

(2) 超越代理权的无权代理。代理人虽享有一定的代理权,但其实施的代理行为超越了代理权的范围。

(3) 代理权终止后的无权代理。委托代理权可能因本人撤销委托、代理期限届满等原因而终止。

9.2.1.2 合同的完备性审查

合同的完备性审查是指工程合同的各种合同文件是否齐全。施工合同文件组成包括:① 协议书;② 中标通知书;③ 投标书及其附件;④ 专用条款;⑤ 通用条款;⑥ 标准、规范及有关技术文件;⑦ 图纸;⑧ 具有标价的工程量清单;⑨ 工程报价单或施工图预算书。

合同内容繁杂,因此,要特别注意这些文件的内容是否齐全。

9.2.1.3 审查建设工程合同的主要条款的内容

1. 审查是否确定了合理的合同工期

对发包方而言,工期过短不利于工程质量以及施工过程中建筑半成品的养护;工期过长则不利于发包方及时收回投资。

对承包方而言,应当合理计算自己能否在发包方要求的工期内完成承包任务,否则应当按照合同约定承担逾期竣工的违约责任。

2. 审查双方代表的权限有无重叠的情况

在有监理委托的建设工程合同中通常会明确甲方代表、工程师和乙方代表的姓名和职务，同时规定双方代表的权限。在合同审查时，要注意审查甲方代表、工程师在职权上有无重叠的情况。施工合同示范文本中规定，发包人派驻施工场地履行合同的代表在施工合同中也称工程师，其姓名、职务、职权由发包人在专用条款内写明，但职权不得与监理单位委派的总监理工程师职权相互交叉。

由于代表的行为即代表了发包方和承包方的行为，审查合同时，有必要对双方代表的权利范围以及权利限制作一定约定。例如，在施工合同中约定确认工程量增加、设计变更等事项，只需代表签字即发生法律效力，作为双方在履行合同过程中达成的对原合同的补充或修改；再如，确认工期是否可以顺延，则应由甲方代表签字并加盖甲方公章方可生效。

3. 审查合同中有关工程造价及其计算方法是否明确

工程造价条款是工程施工合同的必备和关键条款，但通常会发生约定不明的情况，容易在合同履行中产生纠纷。人民法院或仲裁机构解决此类纠纷一般委托有权审理工程造价单位进行鉴定，所需时间比较长，对维护当事人的合法权益极为不利。

审查工程合同造价应从以下几个方面进行。

(1) 审查合同中是否约定了发包方按工程形象进度分段提供施工图的期限和发包方组织分段图纸会审的期限；承包商得到分段施工图后，提供相应工程预算以及发包方批复同意分段预算的期限。经发包方认可的分段预算是该段工程备料款和进度款的付款依据。

(2) 审查在合同中是否约定了承包商应按发包方认可的分段施工图组织设计和分段进度计划组织基础、结构、装修阶段施工。

(3) 审查在合同中是否约定承包商完成分阶段工程，并经质量检查符合合同约定条件向发包方递交该形象进度阶段的工程决算的期限，以及发包方审核的期限。同时还要审查是否约定了发包方支付承包商分阶段预算工程款的比例，以及备料款、进度、工作量增减值和设计变更签证、新型特殊材料差价的分阶段结算方法。

(4) 审查合同中是否约定全部工程竣工通过验收后承包商递交工程最终决算造价的期限，以及发包方审核是否同意及提出异议的期限和方法。双方约定经发包方提出异议，承包商做修改、调整后双方能协商一致的，即为工程最终造价。同时还要审查是否约定了承发包双方对结算工程最终造价有异议时的委托审价机构审价以及该机构审价对双方均具有约束力，双方均承认该机构审定的即为工程最终造价。审查有无约定双方自行审核确定的或由约定审价机构审定的最终造价的支付以及工程保修金的处理方法。

4. 审查合同中是否明确了工程竣工交付使用、保修年限及质量保证

合同中应当明确约定工程竣工交付的标准。如发包方需要提前竣工，而承包商表示同意的，则应约定由发包方另行支付赶工费用或奖励。因为赶工意味着承包商

将投入更多的人力、物力、财力,劳动强度增大,损耗亦增加。明确最低保修年限和合理使用寿命的质量保证。

《中华人民共和国建筑法》第 60 条、第 62 条明确了建筑工程保修的必要内容,指出了设定保修期限的原则,即保证"建筑物合理使用寿命年限内正常使用、维护使用者合法权益",同时又提出了最低保修期的概念。《建设工程质量管理条例》第 40 条明确规定了,在正常使用条件下建设工程的最低保修期限:基础设施工程、房屋建筑的地基基础工程和主体工程,为设计文件规定的该工程的合理使用年限;屋面防水工程,有防水要求的卫生间、房间和外墙面的防渗漏为 5 年;供热与供冷系统为 2 个采暖期、供冷期;电气管线、给排水管道、设备安装和装修工程为 2 年。其他项目的保修期限由发包方与承包方约定。建设工程的保修期,自竣工验收合格之日起计算。

5. 审查合同中是否具体明确违约责任及争议解决的方式

(1) 审查双方在工程合同中是否有违约责任的约定以及违约责任规定的是否合理。违约责任的规定是双方履行合同的重要保证,也是处理合同纠纷的有力依据,还是承担不履行或者不正确履行合同责任的前提条件。因此,对违约责任的约定应当具体、合理,不应笼统化。如有的合同不论违约的具体情况,而笼统地约定一笔违约金,这无法与因违约造成的损失额相匹配,从而会导致违约金过高或过低的情形,是不妥当的。应当针对不同的情形作不同的约定,如质量不符合合同约定标准应当承担的责任、因工程返修造成工期延长的责任、逾期支付工程款所应承担的责任等。

(2) 审查合同中是否规定了解决合同争议的方式。《中华人民共和国合同法》第 128 条规定,当事人可以通过和解或者调解解决合同争议。当事人不愿和解、调解,或者和解、调解不成的,可以根据仲裁协议向仲裁机构申请仲裁。涉外合同的当事人可以根据仲裁协议向中国仲裁机构或者其他仲裁机构申请仲裁。当事人没有订立仲裁协议或者仲裁协议无效的,可以向人民法院起诉。建设工程合同争议的解决方式应当在专用条款中明确约定双方共同接受的调解人,以及最终解决合同争议的机构。若是选择仲裁解决争议,则需要明确具体的仲裁机构。

9.2.1.4 审查建设工程合同中有无免责及限制对方责任问题

免责事由是在合同履行过程中,因出现了法定的或合同约定的免责条件而导致合同不履行,债务人将被免除履行义务。这些法定的或约定的免责条件被统称为免责事由。我国《合同法》中,法定的免责事由仅指不可抗力。根据《中华人民共和国合同法》第 117 条规定,不可抗力"是指不能预见、不能避免并不能克服的客观情况"。不可抗力包括某些自然现象或某些社会现象(如战争等)。在施工合同示范文本通用条款中对不可抗力发生后当事人的责任、义务、费用等如何划分作出了详细规定。国内工程在施工周期中发生战争、动乱、空中飞行物体坠落等现象可能性相对较少,较为常见的是风、雪、雨等自然灾害。自然灾害达到什么程度才能被认为不可抗力,这就需要合同当事人在签订建设工程合同中加以明确具体约定,否则难以形成统一意见,发生不必要的纠纷。《中华人民共和国合同法》第53条规定了合同中的下列免责条款是无效的:一是造成对方人身伤害的;二是因故意或者重大过失造成对方财产损失的。在进行合同审查时要注意审查这方面的规定,否则会造成相关条款无效。

9.2.2 合同内容审查分析整理

合同审查是一项综合性很强的工作,要求合同管理人员必须熟悉与建设工程项目建设相关的法律、法规,同时精通合同条款;还必须全面了解建设工程项目的环境条件和必须具有丰富的合同管理经验。在合同审查人员进行合同审查工作时,应当将审查情况以合同审查表(表9-1)的形式进行梳理,以此来明确合同审查结果,同时为合同谈判提供依据。

表 9-1 合同审查表

审查项目编号	合同条款内容	合同条款编号	存在问题	解决方式

9.3 建设工程施工合同的谈判

在取得合同资格后,应把主要精力转入到合同谈判签约阶段,其主要工作是对合同文本进行审查,结合工程实际情况进行合同风险分析,并采取相应对策以及最终签订有利的工程承包合同。

谈判是由涉及同一问题或有利益关系的各方为改变相互关系,或为取得一致意见,而运用各种信息与力量,进行意见交换和磋商,以求得问题解决和利益协调的一系列相互交往、相互交涉的行为。

谈判一般可以分为预备、报价(报价泛指向对方提出自己的要求)、还价、拍板、签约(谈判结束)五个阶段。

进行合同谈判,是签订合同、明确合同当事人的权利与义务不可或缺的阶段。合同谈判是工程施工合同双方对是否签订合同以及合同具体内容达成一致的协商过程。通过谈判,能够充分了解对方及项目的情况,为企业决策提供信息和依据。

9.3.1 建设工程施工合同的谈判依据

谈判施工合同各条款时,发包人和承包人都要以下列内容为依据。

1. 法律、行政法规

这是订立和履行合同的最基本的原则,必须遵守。也就是在双方谈判合同具体条款时,不能违反法律、行政法规的规定。谈判只能在法律和行政法规允许的范围内进行,不能超越法律和行政法规允许范围进行谈判。

2. 发包人和承包人的工作情况和施工场地情况

建设工程的工程固定、施工流动、施工周期长及涉及面广等特点使发包人和承包人双方都要结合双方具体的工作情况和施工现场等因素谈合同,离开双方的实际工作情况,妄谈合同具体条款,会造成合同履行中产生纠纷或违约事件。双方在《专用条款》内对《通用条款》要进行细化、补充或修改。

3. 投标文件和中标通知书

根据法律规定,招标工程必须依据投标文件和中标通知书订立书面合同。同时,还规定招标人和中标人不得再订立背离合同实质性内容的其他协议。

订立施工合同的谈判,应根据招标文件的要求,结合合同实施中可能发生的各种情况进行周密、充分的准备,按照"缔约过失责任原则"保护企业的合法权益。

9.3.2 谈判的准备工作

合同谈判要有必要的准备工作。谈判活动的成功与否,通常取决于谈判准备工作的充分程度和在谈判过程中策略与技巧的运用。承包方进行合同谈判前应做好以下几个方面的工作。

9.3.2.1 谈判人员的组成

根据所要谈判的项目,确定已方谈判人员的组成。工程合同谈判一般可由三部分人员组成:一是精通建筑方面的法律法规与政策的人员。主要为了保证所签订的合同符合国家的法律法规和国家的相关政策,把握合同合法的正确方向,平等地确立合同当事人的权利与义务,避免合同无效、合同被撤销等情况,发挥合同的经济效用。二是精通工程技术方面知识的人员。建筑工程专业性比较强,涉及范围广,在谈判人员中要充分发挥这方面人员的作用,否则,会给企业带来不可估量的损失。三是精通建筑经济方面知识的人员。因为建筑企业是要通过承揽项目获得利润,所以要求合同谈判人员必须有精通建筑经济方面专业知识。

9.3.2.2 相关资料的收集工作

谈判准备工作中最不可少的任务就是要收集整理有关合同对方及项目的各种基础资料和背景材料。这些资料的内容除了包括对方的资信状况、履约能力、发展阶段、已有成绩等,还包括工程项目的由来、土地获得情况、项目目前的进展、资金来源等。这些资料的体现形式可以是我方通过合法调查手段获得的信息,也可以是前期接触过程中已经达成的意向书、会议纪要、备忘录、合同等,还可以是对方对我方的前期评估印象和意见,双方参加前期阶段谈判的人员名单及其情况等。一旦发生问题,合同的合法性和有效性很难得到保证,此种情况下受损害最大的往往是承包方。

9.3.2.3 发包方和承包方的自我分析工作

1. 发包方的自我分析

签订工程施工合同之前,首先要确定工程施工合同的标的物,即拟建工程项目。发包方必须运用科学研究的成果,对拟建项目的投资进行综合分析、论证和决策。发包方必须按照可行性研究的有关规定,作定性和定量的分析研究、工程水文地质勘察、地形测量及项目的经济、社会、环境效益的测算比较,在此基础上论证项目在技术上、经济上的可行性,经过方案比较,推荐出最佳方案。依据获得批准的项目建议书和可行性研究报告,编制项目设计任务书并选择建设地点。

其次要进行招标投标工作的准备。建设项目的设计任务书和选点报告批准后,发包方就可以进行招标或委托取得工程设计资格证书的设计单位进行设计。随后,发包方需要进行一系列建设准备工作,包括技术准备、征地拆迁、现场的"三通一平"等。一旦建设项目得以确定,有关项目的技术资料和文件已经具备,建设单位便可进入工程招投标程序,和众多的工程承包单位接触,此时便进入建设工程合同签订前的实质性准备阶段。

再次要对承包方进行考察。发包方还应该实地考察承包方以前完成的各类工程的质量和工期,注意考察承包方在被考察工程施工中的主体地位,是总包方还是分包方。不能仅通过观察下结论,最佳的方案是亲自到过去与承包方合作的建设单位进行了解。

最后,发包方不要单纯考虑承包方的报价,要全面考察承包方的资质和能力,否则会导致合同无法顺利履行,受损害的还是发包方自己。

2. 承包方的自我分析

作为承包方,进行谈判主要有以下几个目的:① 争取中标,即通过谈判宣传自己的优势,以争取中标;② 争取合理的价格,既要对付发包方的压价,又要在发包方拟修改设计、增加项目或提供标准时适当增加报价;③ 争取改善合同条款,主要是争取修改过于苛刻的不合理条款,澄清模糊的条款,增加保护自身利益的条款。

在获得发包方发出招标公告或通知的消息后,不应一味盲目地投标。承包方首先应该对发包方作一系列调查研究工作,如工程建设项目是否确实由发包方立项,该项目的规模如何,是否适合自身的资质条件,发包方的资金实力如何。这些问题可以通过审查有关文件,如发包方的法人营业执照、项目可行性研究报告、立项批复、建设用地规划许可证等加以解决。

9.3.2.4 分析对方的基本情况

首先是对对方谈判人员的分析。了解对方谈判组成人员的身份、地位、权限、性格、喜好等,掌握与对方建立良好关系的办法与途径,进而发展谈判双方的友谊,争取在到达谈判桌以前就有了一定的亲切感和信任感,为谈判创造良好的氛围。

其次是对对方实力的分析。主要指的是对对方资信、技术、物力、财力等状况的分析。在信息时代很容易通过各种渠道和信息传递手段,取得有关资料。外国公司很重视这方面的工作,他们往往通过各种机构和组织以及信息网络,对我国公司的实力进行调研。在实践中,无论发包方还是承包方都要对对方的实力进行考察,否则就很难保证项目的正常进行。对于无资质证书承揽工程,越级承揽工程,以欺骗手段获取资质证书,允许其他单位、个人使用本企业的资质证书、营业执照取得该工程的施工企业,很难保证工程质量,会给国家和人民带来无可挽回的损失。因此,对对方进行实力分析是关系到项目成败的关键。

9.3.2.5 合同审查

详见本章9.2节内容。

9.3.2.6 对谈判目标进行可行性分析

分析自身设置的谈判目标是否正确合理、是否切合实际、是否能被对方接受以及接受的程度。同时要注意对方设置的谈判目标是否正确合理、与自己所设立的谈判目标差距以及自己的接受程度等。在实际谈判中,也要注意目前建筑市场的实际情况,发包方是占有一定优势的,承包方往往接受发包方一些极不合理的要求,如带资垫资、工期短等,很容易在回收资金、获取工程款、工期反索赔方面遇到困难。

9.3.2.7 拟定谈判方案

在对上述情况进行综合分析的基础之上,考虑到该项目可能面临的风险、双方的共同利益、双方的利益冲突,进行进一步拟定合同谈判方案。谈判方案中要注意尽可能将双方能取得一致的内容列出,还要尽可能列出双方在哪些问题还存在分歧甚至原则性的分歧问题,拟定谈判的初步方案,决定谈判的重点和难点,从而有针对性地运用谈判策略和技巧,获得谈判的成功。

工程施工合同具有标的物特殊、履行周期长、条款内容多、涉及面广的特点,往往一个大型工程施工合同的签订关系到一家企业的生死存亡。所以,应给予工程施工合同谈判以足够的重视,才能从合同条款上全力维护己方的合法权益。

9.3.3 合同实质性谈判阶段的谈判策略和技巧

在合同实质性谈判阶段,谈判策略和技巧是极为重要的,应选择有合同谈判能力和有经验的人进行合同谈判。通过合同谈判,使合同能体现双方的责权利关系平衡,尽量避免业主单方面苛刻的约束条件,并相应提出对业主的约束条件。对业主提出的合同文本,应对每个条款都作具体的商讨,切不可把自己放在被动的地位。

由于谈判中涉及的事件具有突发性和复杂性,考虑不确定因素和风险因素对其谈判结局的影响,因此应把握谈判的技巧和灵活的策略。

1. 注重谈判人员专业组成的全面性

谈判人员的组成上应当包括既要懂法律法规，又要有工程技术、经营、管理、造价、财务等专业人员，对合同条款从各方面进行审核把关，避免承担过多过分及不应承担的风险。这是对合同谈判人员基本素质和能力的考验。

2. 掌握谈判议程，注重合理分配各议题的时间

工程建设这样的大型谈判一定会涉及诸多需要讨论的事项，而各谈判事项的重要性并不相同，谈判各方对同一事项的关注程度也并不相同。成功的谈判者善于掌握谈判的议程，在充满合作气氛的阶段，展开自己所关注的议题的商讨，从而抓住时机，达成有益于己方的协议。

3. 拟定细致的谈判方案

4. 注意谈判氛围

实际上，谈判各方既有利益一致的部分，又有利益冲突的部分。各方通过谈判主要是维护各自的利益，求同存异，达到谈判各方利益的一种相对平衡。谈判过程中难免出现各种不同程度的利益冲突，使谈判气氛处于比较紧张的状态，这种情况下，一个有经验的谈判者会衡量各自分歧程度，会注意在谈判气氛激烈的时候采取润滑措施，舒缓压力。

5. 分配谈判角色，注意发挥专家的作用

任何一方的谈判团都由众多人士组成，谈判中应利用各人不同的性格特征，各自扮演不同的角色。有积极进攻的角色，也有和颜悦色的角色。这样有软有硬，软硬兼施，可事半功倍。同时注意谈判中要充分利用专家的作用。现代科技发展使个人不可能成为各方面的专家，而工程项目谈判又涉及广泛的学科领域。充分发挥各领域专家的作用，既可在专业问题上获得技术支持，又可以利用专家的权威性给对方施以心理压力，从而取得谈判的成功。

6. 高起点战略

谈判的过程是各方妥协的过程，通过谈判，各方都或多或少会放弃部分利益以求得项目的进展。而有经验的谈判者在谈判之初会有意识向对方提出苛求的谈判条件，当然这种苛刻的条件是对方能够接受的。这样对方会过高估计本方的谈判底线，从而在谈判中做出更多让步。

合同一经签订，即成为合同双方具有最高法律效力的文件，受国家法律保护。合同中的每一条都与双方利害相关。所以在合同谈判和签订中，对可能发生的情况和各个细节问题都要考虑周全，并作明确的文字说明，不能存有侥幸的心理。一切问题都应明确具体地以书面形式规定，不要以口头承诺和保证。合同中应体现出有效防范和化解风险措施的具体条款。

先人妙语

力凭理壮，理凭力伸。无理之力必折，无力之理不伸。

阎锡山（山西）

本章小结

合同审查的内容包括合同合法性审查、完备性审查、合同条款的审查。经合同审查后,对自己不利的条款或自己不愿接受的合同条款,要争取在合同谈判阶段予以调整。

合同谈判,是合同当事人就是否签署合同及对合同具体内容是否达成一致的协商过程。合同谈判的内容就是合同条款中的实质性内容,如工程范围的界定、合同文件的组成、合同双方的一般义务、工程的开工条件及工期的确定、材料的报验和施工工艺、施工机具、材料和设备的进口、工程保修条款、工程变更及工程计价、付款及争议的解决。需要说明的是,以工程招投标方式选择承包商的项目,合同实质条款在工程招投标阶段就已确定,在合同签订时,不允许进行合同谈判。

合同谈判工作是一项对谈判双方都具有挑战性的工作,要求谈判人员不仅仅要了解、熟悉工程施工安装专业知识,还要熟知法律、工程经济,甚至涉外事务。合同谈判可以从以下几个方面作准备:收集相关信息、分析信息、拟定谈判方案等。

合同谈判一般遵循如下程序:一般谈判、技术谈判、商务谈判、拟合同草案。

合同谈判的策略有:搪塞、拖延、观望、缺席、威胁、分而治之、回避问题、逃离现场等。

合同签订注意"和于利而动,不合于利而止"的原则。

【思考题】

1. 建设工程合同的审查分析考虑哪几个方面内容?
2. 建设工程合同的谈判应注意哪些策略和技巧的应用?
3. 建设工程合同的订立应遵循的原则有哪些?
4. 分析下面案例,请回答本案例存在哪些问题?如果你是刘某,你会怎样签订公路修建这一施工合同?

案例背景:

2007年某镇政府决定对甲村公路进行改续建,全长10 km,其中改建5 km,新建5 km。2007年6月14日,某镇政府与甲村村委会签订甲村公路项目责任书。

2007年6月29日,甲村村委会与李某签订甲村公路承包合同,约定修建公路长度10 km,工程总价款32万元,2007年10月底完工。李某投入部分资金后,于2008年6月又将该工程转包给刘某修建,双方约定"由刘某修建甲村公路,全长10 km路段,工程价款28万元,首付3万元启动资金,全部路基修好达标后付工程价款的一半,因资金不到位的停工损失由李某承担"。

李某共在某镇财政所领取该工程款项25万元。2008年8月,刘某以全部路基修好达标向李某索要工程款时,李某以资金困难为由拒绝支付,并叫刘某停工,给刘某造成停工损失。

2008年11月3日,甲村村委会将甲村公路后续工程另行发包给刘某修建完工,2008年12月18日,某镇政府的以工代赈办公室组织对甲村公路进行验收,认定甲村村级公路实际9千米(改建5 km,新建4 km),质量综合评定为合格。2009年1月20日,某镇财政所向刘某支付后续工程款13万元。李某仅支付刘某工程款3万元,刘某于2009年9月诉至法院,请求李某支付工程款及利息,并赔偿损失。

第 10 章 建筑工程合同履行管理

内容提要

合同的履行管理是合同管理的重点,也是合同管理的落脚点。本章从合同条款分析、合同实施控制及合同变更管理三个角度来阐述合同履行管理这一命题。

学习指导

合同履行是合同谈判、签订的继续,也是合同管理的落脚点。没有合同履行,合同便没有最终归宿。

承包商的合同履行是由施工项目部来落实的,与承包商在招投标阶段合同谈判签订阶段人员有可能有区别,故承包商施工项目部管理人员要在合同履行前分析研究合同,熟知合同条款,明确各自的义务权利,对合同漏洞或歧义寻求合适的解释方案,在此基础上,才有可能落实合同,履行合同。

合同履行的实质,就是在知晓双方权利义务的基础之上,一方面检查自己是否履行了义务,另一方面监督对方是否全面尽到了义务,寻找对方的遗漏,为自己索赔创造条件,并对合同变更进行管理。

10.1 概述

10.1.1 合同履行概念

建筑工程合同的履行是指工程建设项目的发包方和承包方根据合同约定的时间、地点、方式、内容及标准等要求,各自完成合同义务的行为。根据当事人履行合同义务的程度,合同履行可分为全部履行、部分履行和不履行。土木工程合同的履行,内容丰富,经历时间长,是其他合同所无法比拟的,因此对土木工程合同的履行,应特别强调贯彻合同的履行原则。

10.1.2 建筑工程合同履行原则

建筑工程合同履行的基本原则包括以下几方面。

1. 实际履行原则

合同双方订立合同的目的是为了满足一定的经济利益,满足特定的生产经营活动的需要。因此当事人一定要按合同约定履行义务,不能用违约金或赔偿金来代替合同的标的。任何一方违约时,不能以支付违约金或赔偿损失的方式来代替合同的履行,守约一方要求继续履行的,应当继续履行。这是建筑工程的特点所决定的。

2. 全面履行原则

当事人应当严格按合同约定的数量、质量、标准、价格、方式、地点、期限等完成合同义务。全面履行原则对合同的履行具有重要意义,它是判断合同各方是否违约以及违约应当承担何种违约责任的根据和尺度。

3. 协作履行原则

合同当事人各方在履行合同过程中,应当互谅、互助,尽可能为对方履行合同义务提供相应的便利、协作条件。

工程承包合同的履行过程是一个历时长,涉及面广,质量、技术要求高的复杂过程。一方履行合同义务的行为往往就是另一方履行合同义务的必要条件,只有贯彻协作履行原则,才能达到双方预期的合同目的。因此,承发包双方必须严格按照合同约定履行自己的每一项义务;本着共同的目的,相互之间应进行必要的监督检查,及时发现问题,平等协商解决,保证工程顺利实施;当对方遇到困难时,在自身能力许可且不违反法律和社会公共利益的前提下给予必要的帮助,共渡难关;当一方违约给工程实施带来不良影响时,另一方应及时指出,违约方应及时采取补救措施;发生争议时,双方应顾全大局,尽可能不采取使问题复杂化的行动等。

4. 诚实信用原则

诚实信用原则既是制定合同的基本原则,也是履行合同应该遵循的基本原则。当事人在执行合同时,应讲究诚实,恪守信用,实事求是,以善意的方式行使权利并履行义务,不得回避法律和合同,以使双方所期待的正当利益得以实现。

对施工合同来说,业主在合同实施阶段应当按合同规定向承包方提供施工场地,及时支付工程款,聘请工程师进行公正的现场协调和监理;承包方应当认真计划,组织好施工,努力按质按量在规定时间内完成施工任务,并履行合同所规定的其他义务。在遇到合同文件没有作出具体规定或规定矛盾或含糊时,双方应当善意地对待合同,在合同规定的总体目标下公正行事。

5. 情事变更原则

情事变更原则是指在合同订立后,如果发生了订立合同时当事人不能预见并且不能克服的情况,改变了订立合同时的基础,使合同的履行失去意义或者履行合同将使当事人之间的利益发生重大失衡,应当允许受不利影响的当事人变更合同或者解除合同。情事变更原则实质上是按诚实信用原则履行合同的自然延伸,其目的在于消除合同因情事变更所产生的不公平后果。理论上一般认为,适用情事变更原则应当具备以下条件。

(1) 有情事变更的事实发生。即作为合同环境及基础的客观情况发生了异常变动。

(2) 情事变更发生于合同订立后履行完毕之前。

(3) 该异常变动无法预料且无法克服。如果合同订立时当事人已预见该变动将要发生,或当事人能予以克服的,则不能适用该原则。

(4) 该异常变动不能归责于当事人。如果是因一方当事人的过错所造成或是当事人应当预见的,则应当由其承担风险或责任。

(5) 该异常变动应属于非市场风险。如果该异常变动其实是市场中的正常风险,则当事人不能主张情事变更。

(6) 情事变更将使维持原合同显失公平。

10.2 合同分析

10.2.1 概述

10.2.1.1 概念

合同分析是指从执行的角度分析、补充、解释合同,将合同目标和合同规定落实到合同实施的具体问题上和具体事件上,用以指导具体工作,使合同能符合日常工程管理的需要。

合同签订后,合同当事人的主要任务是按合同约定圆满地实现合同目标,完成合同责任。而整个合同责任的落实就体现在一项项工程和一个个工程活动。承包商的各职能人员和各工程操纵小组都应该熟悉合同约定,用合同指导工程的实施和工作,以合同作为行为准则。

合同履行阶段的合同分析不同于合同谈判阶段的合同审查与分析。合同谈判时的合同分析主要是对尚未生效的合同草案的合法性、完备性和公正性进行审查,其目的是针对审查发现的问题,争取通过合同谈判改变合同草案中于己不利的条款,以维护己方的合法权益。而合同履行阶段的合同分析的主体是合同的履行者,尤其是合同管理者,他的分析目的是对已经生效的合同进行结构分解,将合同落实到合同实施的具体问题上和具体事件上,用以指导具体工作,保证合同能够顺利履行。

10.2.1.2 工程合同条款分析作用

如上所述,工程合同条款的分析是工程实施阶段的开始和前提,通过合同分解,明确自己的权利和义务,将自己的合同义务落实到具体问题和具体事件上,保证合同能够顺利履行。具体来说,工程合同条款分析作用有以下几方面:

(1) 分析合同漏洞,解释争议内容;

(2) 分析合同风险,制定风险对策;

(3) 分解合同工作并落实合同责任;

(4) 进行合同交底,简化合同管理工作。

10.2.1.3 工程合同条款分析基本要求

工程合同条款分析要满足上述功能的要求,应达到准确客观、简明清晰、全面完整,具体表现在以下几方面。

1. 准确客观

合同分析的结果应准确、全面地反映合同内容。如果不能透彻、准确地分析合同,就不可能有效、全面地执行合同,从而导致合同实施产生更大失误。事实证明,许多工程失误和合同争议都起源于不能准确地理解合同条款。

对合同的工作分析,划分双方合同责任和权益,都必须实事求是,根据合同约定和法律规定,客观地按照合同目的和精神来进行,而不能以当事人的主观愿望解释合同,否则必然导致合同争执。

2. 简明清晰

合同分析的结果必然采用令不同层次的管理人员、工作人员都能够接受的表达方式,使用简单易懂的工程语言,如图、表等形式,为不同层次的管理人员提供不同要求、不同内容的合同分析资料。

3. 协调一致

合同双方对合同的理解应力求一致。合同分析实质上是双方对合同的详细解释,由于在合同分析时要落实各方面的责任,这容易引起争执。因此,双方在合同分析时应尽可能协调一致,分析的结果应能为对方认可,以减少合同争执。

4. 全面完整

合同分析应全面,对所有合同文件、合同条款进行解释。对合同中的每一条款、每句话,甚至每个词都应认真推敲,细心琢磨,全面落实。在工程实施过程中,比如在索赔时,合同条款中的一个词甚至一个标点就能关系到争执的性质,关系到一项索赔的成败。同时,应当从整体上分析合同,不能断章取义,特别是当不同文件、不同合同条款之间规定不一致或有矛盾时,更应当全面整体地理解合同。

10.2.2 合同分析的内容

合同分析应当在前述合同谈判前审查分析的基础上进行。按其性质、对象和内容,合同分析可分为合同总体分析与合同结构分解、合同的缺陷分析、合同的工作分析及合同交底。

10.2.2.1 合同总体分析与结构分解

1. 合同总体分析

合同总体分析的主要对象是合同协议书和合同条件。

对工程施工合同来说,承包方合同总体分析的重点包括:承包方的主要合同责任及权力、工程范围,业主方的主要责任和权力,合同价格、计价方法和价格补偿条件,工期要求和顺延条件,合同双方的违约责任,合同变更方式、程序,工程验收方法,索赔规定及合同解除条件,争执的解决等。

在分析中应对合同执行中的风险及应注意的问题作出特别的说明和提示。

合同总体分析的结果是工程施工总的指导性文件,应将它以最简单的形式和最简洁的语言表达出来,以便进行合同的结构分解和合同交底。

2. 合同的结构分解

合同结构分解是指按照系统规则和要求将合同对象分解成互相独立、互相影响、互相联系的单元。

施工合同结构分解应遵守如下规则:

(1) 保证施工合同条件的系统性和完整性;

(2) 保证各分解单元间界限清晰、意义完整、内容大体上相当,这样才能保证应用分解结果明确有序且各部分工作量相当;

(3) 易于理解和接受,便于应用;

(4) 便于按照项目的组织分工落实合同工作和合同责任。

10.2.2.2 合同缺陷分析与特殊问题分析

在合同总体分析及进行合同结构分解时,可能会发现已订立的合同有缺陷,如合同条款不完整或约定不明,合同条款规定含糊甚至有些条款相互矛盾等,这就需要合同当事人对这些合同瑕疵根据法律规定及行业惯例进行修正、补充,作出解释,以保证合同的恰当履行。合同缺陷的修正包括漏洞补充和歧义解释。

1. 漏洞补充

合同漏洞是指当事人应当约定的合同条款而未约定或者约定不明确、无效和被撤销而使合同处于不完整的状态。为鼓励交易、节约交易成本,法律要求对合同漏洞应尽量予以补充,使其足够明确、清楚,达到使合同全面、适当履行的目的。补充合同漏洞有以下三种方式。

1) 约定补充

当事人享有订立合同的自由,也就自然享有补充合同漏洞的自由,即当事人对合同的疏漏之处按照合同订立的规则,在平等自愿的基础上另行协商,达成共识,作为合同的补充协议,并与原合同共同构成一份完整的合同。

2) 解释补充

解释补充是指以合同缔约内容为基础,依据诚实信用原则并结合交易惯例对合同的漏洞作出符合合同目的的填补。解释补充分为如下两种。

(1) 按照合同有关明示条款合理推定。合同各条款之间既独立又相互关联,是一个有机的整体,共同构成合同约定。例如,履行方式条款与履行地点条款、合同价款等就存在较为密切的联系。如果履行地点不明,但合同规定了履行方式,就有可能从中确定履行的地点。

(2) 根据交易习惯确定。此处的交易习惯既包括行业或者地区交易的惯例,也包括当事人之间已经形成的习惯做法。

3) 法定补充

在由当事人约定补充和解释补充仍不足以补充合同漏洞时,适用法定补充的规定。

所谓法定补充,是指根据法律的直接规定,对合同的漏洞加以补充。《合同法》第62条规定,当事人就有关合同内容约定不明确,依照本法第61条的规定仍不能确定的,适用下列规定。

(1) 质量要求不明确的,按照国家标准、行业标准履行;没有国家标准、行业标准的,按照通常标准或者符合合同目的的特定标准履行。质量等级要求不明确的,最低应当按质量合格的标准进行施工,不允许质量不合格的工程交付使用。如发包方要求质量等级为优良的,承包方可适时主张优质优价。

(2) 价款或者报酬不明确的,按照订立合同时履行地的市场价格履行;依法应当执行政府定价或者政府指导价的,按照规定执行。

(3) 合同工期不明确的,除国务院另有规定的以外,应当执行各省、市、自治区和国务院主管部门颁发的工期定额,按照工期定额计算得出合同工期。法律暂时没有规定工期定额的特殊工程,合同工期由双方协商。协商不成的,报建设工程所在地的定额管理部门审定。

(4) 付款期限不明确的,则开工前发包方即应支付进场费和工程备料款根据承包方的工作报表,经审核后即应拨付工程进度款,以免影响后续施工;工程竣工后,工程造价一经确认,即应在合理的期限内付清。

(5) 履行方式不明确的,按照有利于实现合同目的的方式履行。

(6) 履行费用的负担不明确的,由履行义务一方负担。

2. 歧义解释

在合同履行过程中,由于各方面的原因,如当事人的经验不足、文化背景不一样,出于疏忽或是故意,合同有关条款用词不够准确或有二义性,从而导致对合同约定内容理解不一致。具体表现在:① 合同中出现错误、矛盾以及二义性解释;② 合同中未作出明确解释,但在合同履行过程中发生了事先未考虑到的事;③ 合同履行过程中出现超出合同范围的事件,使得合同全部或者部分归于无效。

一旦在合同履行过程中产生上述问题,合同当事人双方往往就可能会对合同文件的理解出现偏差,从而导致双方当事人产生合同争议。因此,如何对内容表达不清楚的合同进行正确的解释就显得尤为重要。

1) 解释原则

根据工程施工合同的国际惯例,合同文件间的歧义一般按"最后用语原则"进行解释,合同文件内歧义一般按"不利于文件提供者原则"进行解释。前者是 FIDIC 在合同文件的优先解释顺序中确立的规则,即认为"每一个被接纳的文件都被看作一个新要约,这样最后一个文件便被看作为收到者以沉默的方式接受",也就是后形成的合同文件优先于先形成的合同文件。后者为英国土木工程师学会制定的新版施工合同文本 NEC 确立的规则,实质是对定式合同提供者的一种制约,作为一方凭借自己优势将有歧义条款强加给另一方的一种平衡。

根据《合同法》第 125 条规定,合同的解释方法主要有以下四种。

(1) 字面解释。即首先应当确定当事人双方的共同意图,据此确定合同条款的含义。合同词句中没有明确指明的,不能强行解释加入。如果仍然不能作出明确解释,就应当根据与当事人具有同等地位的人处于相同情况下可能作出的理解来进行解释。其规则如下。

① 排他规则。如果合同中明确提及属于某一特定事项的某些部分而未提及该事项的其他部分,则可以推定为其他部分已经被排除在外;

② 合同条款起草人不利规则。虽然合同是经过双方当事人平等协商而作出的一致的意思表示,但是在实际操作过程中,合同草案往往是由当事人一方提供的,提供方可以根据自己的意愿对合同提出要求。这样,他对合同条款的理解应该更为全面。如果因合同的词义而产生争议,则起草人应当承担由于选用词句的含义不清而带来的风险;

③ 主张合同有效的解释优先规则。既在合同履行过程中双方产生争议,如果有一种解释,可以从该解释中推断出该合同仍然可以继续履行,而从其他各种对合同的解释中可以推断出合同将归于无效而不能履行,此时应当按照主张合同仍然有效的方法来对合同进行解释。主张合同有效的解释优先规则之所以被业界普遍接受,是基于这样的观点,即双方当事人订立合同的根本目的就是为了正确完整地享有合同权利,履行合同义务,即希望合同最终能够得以实现。

案例

华北某引水工程,属国际工程合同,国际承包商与业主签署可调价单价合同。关于当地货币(RMB)价格的调整合同规定:"当地货币(RMB)指数应从山西省统计局获得。"承包商坚持认为,根据合同规定,人民币指数应从山西省统计局的出版物"统计年鉴"中获得,因为,价格指数是属于公共出版文件的内容,属"公共领域"内的东西,而只有"统计年鉴"符合这个条件。承包商从统计年鉴中间接采用了一些指数,推算出劳务、设备、水泥、钢材等价格指数。承包商以自己的方法计算出的合同价格调整值为人民币 95 128 557 元。

业主认为根据合同要求,物价指数应当直接从山西省统计局获取。业主坚持认为应从山西省统计局直接获取,因为根据业主测算,这样计算出来的价格调整值较小。

分析

上述合同的分歧在于对同一个合同条款的不同理解,而不同的理解导致不同的后果。

其实,按照争议解决的原则,针对合同条文的不同解释上,适用"反义居先"原则。作为招投标项目,业主是合同条款的起草者,无疑要对合同条款表述的简洁、清晰性负责。"反义居先"原则在本案例中要求承包商的申明理由应优先得到考虑。

(2) 整体解释。即当双方当事人对合同产生争议后,应当从合同整体出发,联系合同条款上下文,从总体上对合同条款进行解释,而不能断章取义,割裂合同条款之间的联系来进行片面解释。整体解释原则包括如下三条。

① 同类相容规则。即如果有两项以上的条款都包含同样的语句,而前面的条款又对此赋予特定的含义,则其他条款所表达出来的含义可以推断出和前面一样。正所谓"义随文理,可求其于上下文"。

② 非格式条款优先于格式条款规则。即当格式合同与非格式合同并存时,如果格式合同中的某些条款与非格式合同相互矛盾时,应当按照非格式条款的规定执行。

③ 合同目的解释。即肯定符合合同目的的理解,排除不符合合同目的的解释。

案例

某装修工程,合同没有对所用导线绝缘材料的防火阻燃指标提出明确约定,在施工过程中,承包商采用了易燃材料,业主对此产生异议。

调解认为,虽然合同未对材料的防火性能作出明确规定,但是根据合同目的,装修好的工程必须符合我国《消防法》的规定,承包商应当采用防火阻燃材料进行装修。双方都接受该解释。

分析

对合同歧义进行调解、解释具有挑战性。解释的依据或者法源不外乎法律、专业规范或行业惯例等。在一个领域成为专家已经不易,跨行业更艰难。而合同争议解决的魅力也就在这里。

(3) 交易习惯解释。即按照该国家、该地区、该行业所采用的惯例进行解释。运用交易习惯解释时,应遵循以下规则。

① 必须是双方均熟悉该交易时,方可参照交易习惯。

② 交易习惯是双方已经知道或应当知道而没有明确排斥者。

③ 交易习惯依其范围可分为一般习惯、特殊习惯及当事人之间的习惯。在合同没有明示时,当事人之间的习惯应优先于特殊习惯,特殊习惯应优先于一般习惯。

(4) 诚实信用原则解释。诚实信用原则是合同订立和合同履行的最根本的原则,因此,无论对合同的争议采用何种方法进行解释,都不能违反诚实信用原则。

2) 土木工程对合同文件解释的惯例

(1) 合同文件优先顺序。如前所述,无论是我国的《建设工程施工合同(示范文本)》还是国际工程合同,都有明确的文件解释先后顺序。

(2) 第一语言规则。当合同文本是采用两种以上的语言进行书写时,为了防止因翻译而造成两种语言所表达的含义出现偏差而产生争议,一定要在合同订立时预先约定以何种语言为第一语言。这样,如果在工程实施时两种语言含义出现分歧,则以第一语言所表达出来的真实意思为准。

(3) 其他规则。

① 具体、详细的规定优先于一般、笼统的规定,详细条款优先于总论。

② 合同的专用条件、特殊条件优先于通用条件。

③ 文字说明优先于图示说明,工程说明、强制规范优先于图纸。

④ 数字的文字表达优先于阿拉伯数字表达。

⑤ 手写文件优先于打印文件,打印文件优先于印刷文件。

⑥ 对于总价合同,总价优先于单价;对于单价合同,单价优先于总价。

⑦ 合同中的各种变更文件,如补充协议、备忘录、修正案等,按照时间最近的优先。

案例

我国的云南鲁布革水电工程建设采用 FIDIC 条款,承包商为国外某公司,我国某承包公司分包了隧道工程。分包合同规定:隧道挖掘中,在设计挖方尺寸基础上,超挖不得超过 40 cm,在 40 cm 以内的超挖工作量由总包负责,超过 40 cm 的超挖由分包负责。

由于地质条件复杂,工期要求紧,分包商在施工中出现许多局部超挖超过 40 cm 的情况,总包拒付超挖超过 40 cm 部分的工程款。分包就此向总包提出索赔,因为分包商一直认为合同所规定的"40 cm 以内",是指平均的概念,即只要平均超挖量在 40 cm 之内,超挖部分总包就应付款。而且分包商强调,这是我国水电工程中的惯例解释。

最终,监理工程师以合同条款中没有约定超挖工作量为"平均"而不认可分包商的索赔要求。

分析

当然,如果总包和分包都是中国的公司,这个我国水电工程界的惯例解释是可以被认可的,我国水电工程施工规范也确实有这样的规定。但在国际工程合同中,合同双方的背景、习惯不一样,一味以自己熟悉的惯例来解释合同,出现合同争议就难免了。

在本合同中,没有"平均"两字,在解释中就不能加上这两字,这符合"字面解释原则"。因为,如果局部超挖达到 50 cm,则按本合同字面解释,40~50 cm 范围的挖方工作量确实属于"超过 40 cm"的超挖,不属总包负责。既然字面解释已经准确,则不必再引用惯例解释。

10.2.2.3 合同工作分析与合同交底

1. 合同工作分析

合同工作分析是在合同总体分析、合同结构分解和合同缺陷分析的基础上,依据合同协议书、合同条件、规范、图纸、工作量表等,确定各项目管理人员及各工程小组的合同工作,以及划分各责任人的合同责任。合同工作分析涉及承包商签约后的所

有活动,其结果实质上是承包商的合同执行计划,它包括:

(1) 工程项目的结构分解,即工程活动的分解和工程活动逻辑关系的安排;

(2) 技术会审工作;

(3) 工程实施方案、总体计划和施工组织计划;

(4) 工程详细的成本计划;

(5) 合同工作分析,不仅针对承包合同,而且包括与承包合同同级的各个合同的协调,包括各个分合同的工作安排和各分合同之间的协调。

根据合同工作分析落实各分包商、项目管理人员及各工程小组的合同责任。

合同工作分析的结果是合同事件表。合同事件表反映了合同工作分析的一般方法,它是工程施工中最重要的文件之一,从各个方面定义了该合同事件。合同事件表实质上是承包商详细的合同执行计划,有利于项目组在工程施工中落实责任,安排计划,进行合同监督、跟踪、分析和处理索赔事项。

合同事件表表示格式见表 10-1。

表 10-1　合同事件表

合同事件表		
子项目:	编码:	日期: 变更:
事件名称和简要说明		
事件内容说明		
前提条件		
本事件的主要活动		
负责人(单位)		
费用: 计划: 实际:	参加者:	工期: 计划: 实际:

2. 合同交底

合同交底指合同管理人员在对合同的主要内容作出解释和说明的基础上,通过组织项目管理人员和各工程小组负责人学习合同条文和合同总体分析结果,使大家熟悉合同中的主要内容、各种规定、管理程序，了解承包商的合同责任和工程范围、各种行为的法律后果等，使合同执行人树立全局观念，避免执行中的违约行为，同时使工作协商一致。

合同交底应分解落实如下合同和合同分析文件：合同事件表（任务单、分包合同）、图纸、详细的施工说明等。最重要的是以下几个方面的内容：

(1) 工程的质量、技术要求和实施中的注意事项；
(2) 工期要求；
(3) 人、材、机消耗标准；
(4) 合同事件之间的逻辑关系；
(5) 各工程小组（分包商）责任界限的划分；
(6) 完不成责任的影响和法律后果等。

总之，承包商合同管理人员应在合同的总体分析和合同结构分解、合同的缺陷分析、合同工作分析的基础上，按施工管理程序，在工程开工前，逐级进行合同交底，使得每一个项目参加者都能够清楚地掌握自身的合同责任，以及自己所涉及的应当由对方承担的合同责任，以保证在履行合同义务过程中自己不违约，同时，如发现对方违约，及时向合同管理人员汇报，以便及时要求双方履行合同义务及进行索赔。在交底的同时，应将各种合同事件的责任分解落实到各分包商或工程小组直至每一个项目参加者，以经济责任制形式规范各自的合同行为，以保证合同目标能够实现。

10.3 合同实施控制

10.3.1 概述

工程施工过程也是承包合同的履行过程。一个不利的合同，如条款苛刻、权利和义务不平衡、风险大，确定了承包商在合同实施中的不利地位和劣势。这使得合同实施和合同管理非常艰难。但通过有力的合同管理可以减轻损失或避免更大的损失。而一个有利的合同，如果在合同实施过程中管理不善，也有可能经济效益不好。

在我国工程实践中，许多承包企业签约后将合同锁进抽屉，将合同作为一份保密文件，施工操作者自然不能对合同进行分析和研究，施工阶段的合同管理工作自然也缺失。这反映出我国工程界合同意识淡薄的现状，出现经常失去索赔机会或经常反被对方索赔，造成合同有利，而工程却亏本的现象。而国外有经验的承包商却十分注重工程实施阶段的合同管理，通过合同实施控制不仅可以圆满地完成合同责任，而且可以挽回合同签订中的不足，通过索赔等手段增加工程利润。

10.3.1.1 合同实施任务

合同签订后，承包商派出工程的项目经理，由他全面负责工程施工管理工作。项目经理要组建包括合同管理人员在内的项目管理小组,进行施工日常管理工作。

在施工阶段项目管理的基本目标是:保证全面地完成合同责任,按合同规定的工期、质量、价格(成本)要求完成工程。

10.3.1.2 合同实施主要工作

项目管理机构中的合同管理人员在这一阶段的主要工作有以下几个方面。

(1) 建立合同实施的保证体系,以保证合同实施过程中的一切日常事务性工作有秩序地进行,使工程项目的全部合同事件处于控制中,保证合同目标的实现。

(2) 监督承包商的工程小组和分包商按合同施工,并做好各分合同的协调和管理工作。承包商应以积极合作的态度完成自己的合同责任,努力做好自我监督。

同时也应督促并协助业主和工程师完成他们的合同责任,以保证工程顺利进行。

(3) 对合同实施情况进行跟踪。收集合同实施的信息,收集各种工程资料,并作出相应的信息处理;将合同实施情况与合同分析资料进行对比分析,找出其中的偏离,对合同履行情况作出诊断;向项目经理及时通报合同实施情况及问题,提出合同实施方面的意见、建议,甚至警告。

(4) 进行合同变更管理。主要包括参与变更谈判、对合同变更进行日常处理、落实变更措施、整理变更资料、检查变更措施落实情况。

(5) 进行日常的索赔和反索赔工作。

10.3.1.3 合同实施保障体系

由于现代工程的特点,使得施工中的合同管理极为困难和复杂,日常的事务性工作繁多。为了使工作有秩序、有计划地进行,需要建立工程承包合同实施的保证体系。

1. 作"合同交底",落实合同责任,实行目标管理

合同和合同分析资料是进行工程合同实施管理的依据。合同分析后,应向各层次管理者(如承包商工程作业小组或分包商)作"合同交底",把合同责任具体地落实到各责任人和具体工作上,使大家熟悉合同中的主要内容、管理程序,了解承包商的合同责任和工程范围,各种行为的法律后果等。使大家都树立全局观念,工作协调一致,避免在执行中出现违约行为。

在我国传统的施工项目管理系统中,人们十分注重"图纸交底"工作,但却没有"合同交底"工作,所以项目组和各工程小组对项目的合同体系、合同基本内容不甚了解。我国工程管理者和技术人员树立了十分牢固的"按图施工"的观念,但在现代市场经济中必须转变到"按合同施工"上来。特别在工程使用非标准的合同文本或项目组不熟悉的合同文本时,这个"合同交底"工作就显得尤为重要。

2. 建立合同管理工作程序

在工程实施过程中,合同管理的日常事务性工作很多。为了协调好各方面的工作,使合同管理工作程序化、规范化,应订立如下工作程序。

1)定期和不定期的协商、协调会制度

在工程施工过程中,业主、工程师和各承包商之间,承包商和分包商之间以及承包商的项目管理职能人员和各工程小组负责人之间都应有定期的协商、协调会。通过协商、协调会可以解决以下问题:

(1)检查合同实施进度和各种计划落实情况;

(2)协调各方面的工作,对后期工作进行安排;

(3)讨论和解决目前已经发生的和以后可能发生的各种问题,并采取相应的措施;

(4)讨论合同变更问题,落实变更措施,决定合同变更的工期和费用补偿数量等。

2)建立一些特殊工作程序

对于一些经常性工作应订立工作程序,令工作人员有章可循,如图纸批准程序,工程变更程序,分包商的索赔程序,分包商的账单审查程序,材料、设备、隐蔽工程、已完工程的检查验收程序,工程进度付款账单的审查批准程序,工程问题的请示报告程序等。这些程序在合同中一般都有总体规定,在这里必须细化、具体化。在程序上更具有可操作性,并落实到具体人员。

在合同实施中,承包商的合同管理人员、成本、质量(技术)、进度、安全、信息管理人员都应紧密跟踪施工活动,相互之间保持密切的沟通、联系。

3. 建立文档系统

合同管理人员负责各种合同资料和工程资料的收集、整理和保存工作。这项工作非常烦琐和复杂,要花费大量的时间和精力。工程的原始资料在合同实施过程中产生,它可由各职能人员、工程小组负责人、分包商提供。

在工程实践中,人们往往会忽视合同资料和工程资料的收集、整理和保存工作,认为许多记录和文件是没有价值的。如果工程一切顺利,双方没有争执,这些记录仅仅是合同履行过程的记录,是没有太多的价值。但任何合同都有风险,都可能产生争议,甚至会产生重大争议,这时候都会用到这些原始记录。完好保存施工过程中产生的各种资料的价值就在于,当工程发生意外或争议需要证据的时候,它能够完整地展现过去的原貌。

4. 工程过程中严格的检查验收制度

合同管理人员应主动地抓好工程和工作质量,协助做好全面质量管理工作,建立、健全一整套质量检查和验收制度,例如,每道工序结束应有严格的检查和验收,工序之间、工程小组之间应有交接制度,材料进场和使用应有一定的检验措施等。

防止由于承包商自己的工程质量问题造成被工程师检查验收不合格,试生产失败而承担违约责任。在工程中,由工程质量问题引起的返工、窝工损失,工期的拖延由承包商自己负责,得不到赔偿。

5. 建立报告和行文制度

承包商和业主、监理工程师、分包商之间的沟通都应以书面形式进行,或以书面形式作为最终依据。这是合同的要求,也是工程施工管理的需要。在实际工作中这项工作特别容易被忽略。

10.3.2 合同实施控制

10.3.2.1 合同控制概述

1. 合同控制的概念

控制是项目管理的重要职能之一。所谓控制,就是行为主体为保证在变化的条件下实现其目标,按照实现拟定的计划和标准,通过各种方法,对被控制对象的各种实际值与计划值进行检查、对比,分析产生偏差的原因,采取纠偏措施,以保证实现预定的目标。

合同控制指承包商的合同管理组织为保证合同所约定的各项义务的全面完成及各项权利的实现,对整个合同实施过程进行全面监督、检查、对比及采取相应措施的管理活动。

2. 合同控制的地位

工程施工合同定义了承包商项目管理的主要目标,如进度目标、质量目标、成本目标、安全目标等。这些目标必须通过具体的工程活动实现。在工程施工中各种干扰的作用,常常使工程实施过程偏离总目标。整个项目实施控制就是为了保证工程实施按预定的计划进行,顺利地实现预定的目标。

一般而言,工程项目实施控制包括成本控制、质量控制、进度控制和合同控制。合同控制与项目其他控制的关系如下所述。

1) 成本控制、质量控制、进度控制由合同控制协调一致

成本、质量、进度是合同定义的三大目标,承包商最根本的合同责任是达到这三大目标,所以合同控制是其他控制的保证。通过合同控制可以使成本控制、质量控制和进度控制协调一致,形成一个有序的项目管理过程。

2) 合同控制的范围较成本控制、质量控制、进度控制广

承包商除了必须按合同规定的质量要求和进度计划完成工程的设计、施工和进行保修外,还必须对施工方案的适用性、经济性、安全性负责,执行工程师的指令,对自己的工作人员和分包商承担责任,按合同规定及时地提供履约担保、购买保险等。同时,承包商有权获得合同规定的必要的工作条件,如场地、道路、图纸、指令,要求工程师公平、正确地解释合同,有及时如数地获得工程付款的权力;有决定工程实施方案,并选择更为科学合理的实施方案的权力;有对业主和工程师违约行为的索赔权力等。这一切都必须通过合同控制来实施和保障。

承包商的合同控制不仅包括与业主之间的工程承包合同,还包括与总合同相关

的其他合同、总合同与各分合同之间以及各分合同相互之间的协调控制。

3) 合同控制较成本控制、质量控制、进度控制更具动态性

这种动态性表现在两个方面:一方面,合同实施受到外界干扰,常常偏离目标,要不断地进行调整;另一方面,合同目标本身不断改变,如在工程过程中不断出现合同变更,使工程的质量、工期、合同价格发生变化,导致合同双方的责任和权益发生变化。这样,合同控制就必须是动态的,合同实施就必须随变化的情况和目标不断调整。

各种控制的目的、目标和依据见表 10-2。

表 10-2 合同控制的目的、目标和依据

序号	控制内容	控制目的	控制目标	控制依据
1	成本控制	保证按计划成本完成工程,防止成本超支和费用增加	计划成本	各分部分项工程、总工程的计划成本,人力、材料、资金计划,计划成本曲线
2	质量控制	保证按合同规定的质量完成工程,使工程顺利地通过验收,交付使用,达到预定的功能要求	合同规定的质量标准	工程说明,规范,图纸,工作量表
3	进度控制	按预定进度计划进行施工,按期交付工程,防止承担工期拖延责任	合同规定的工期	合同规定的总工期计划,业主批准的详细施工进度计划
4	合同控制	按合同全面完成承包商的责任,防止违约	合同规定的各项责任	合同范围内的各种文件,合同分析资料

3. 合同控制的方法

一般的项目控制方法适用合同控制。项目控制方法可分为多种类型:按项目的发展过程分类,可分为事前控制、事中控制、事后控制;按照控制信息的来源分类,可分为前馈控制、反馈控制;按是否形成闭合回路分类,可分为开环控制、闭环控制。归纳起来,可分为两大类,即主动控制和被动控制。

1) 主动控制

主动控制就是根据已往相同项目上掌握的可靠信息、经验,结合自己的知识,拟订和采取各项预防性措施,以保证计划目标得以实现。主动控制是一种对未来的控制,它可以最大可能地改变即将成为事实的被动局面,从而使控制更加主动、有效。当它预测系统将有可能偏离计划的目标时,就制定纠正措施并向系统输入,以使系统的输出回归既定的目标。

主动控制程序如下:

(1) 在合同实施前,详细调查并分析项目外部环境条件,以确定那些影响目标实现和计划运行的各种有利和不利因素,并将它们考虑到计划和其他管理职能当中;

(2) 识别风险,努力将各种影响目标实现和计划执行的潜在因素揭示出来,为风险分析和管理提供依据,并在计划实施过程中做好风险管理工作;

(3) 根据以上分析,提前制订计划,消除那些造成资源不可行、技术不可行、经济上不可行的各种错误和缺陷,保障工程的实施能够有足够的时间、空间、人力、物力和财力,并在此基础上力求计划优化;

(4) 高质量地做好组织工作,使组织与目标和计划高度一致,把目标控制的任务与管理职能落实到适当的机构和人员,做到职权与职责明确,使全体成员能够通力协作,为共同实现目标而努力;

(5) 制定必要的应急备用方案以对付可能出现的影响目标或计划实现的事件,一旦发生这些事件,随时能够启动应急措施,从而减少偏离量或避免发生偏离;

(6) 计划应留有余地,这样可避免那些经常发生而又不可避免的干扰对计划的不断影响,减少"例外"情况产生的数量,使管理人员处于主动地位;

(7) 沟通信息流通渠道,加强信息收集、整理和研究工作,为预测工程未来发展提供全面、及时、可靠的信息。

2) 被动控制

被动控制是控制者从计划的实际输出中发现偏差,对偏差采取措施,及时纠正的控制方式。因此要求管理人员对计划的实施进行跟踪,将其输出的工程信息进行加工、整理,再传递给控制部门,使控制人员从中发现问题,找出偏差,寻求并确定解决问题和纠正偏差的方法。被动控制实际上是在项目实施过程中或事后检查过程中发现问题及时处理的一种控制,因此仍为一种积极的并且是十分重要的控制方式,如图10-1 所示。

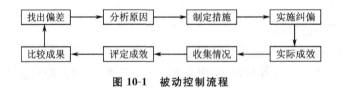

图 10-1 被动控制流程

被动控制的措施如下:

(1) 应用现代化方法、手段,跟踪、测试、检查项目实施过程的数据,发现异常情况及时采取措施;

(2) 建立项目实施过程中人员控制组织,明确控制责任,检查发现情况及时处理。

(3) 建立有效的信息反馈系统,及时将偏离计划目标值进行反馈,以使其及时采取措施。

被动控制与主动控制对承包商进行项目管理而言缺一不可,它们都是实现项目目标所必须采用的控制方式。有效的控制是将被动控制和主动控制紧密地结合起来,力求加大主动控制在控制过程中的比例,同时进行定期、连续的被动控制。只有如此,方能完成项目目标控制的根本任务。

10.3.2.2 合同控制的日常工作

1. 参与落实计划

合同管理人员与项目的其他职能人员一起落实合同实施计划,为各工程小组、分包商的工作提供必要的保证,如施工现场的安排,人工、材料、机械等计划的落实,工序间的搭接关系和安排以及其他一些必要的准备工作。

2. 协调各方关系

在合同范围内协调业主、工程师、项目管理各职能人员、所属的各工程小组和分包商之间的工作关系,解决相互之间出现的问题,如合同责任界面之间的争执、工程活动之间时间上和空间上的不协调。合同责任界面争执是工程实施中很常见的。承包商与业主、与业主的其他承包商、与材料和设备供应商、与分包商,以及承包商的各分包商之间、工程小组与分包商之间常常互相推卸一些合同中或合同事件表中未明确划定的工程活动的责任,这就会引起内部和外部的争执,对此,合同管理人员必须做好判定和调解工作。

3. 指导合同工作

合同管理人员对各工程小组和分包商进行工作指导,作经常性的合同解释,使各工程小组都有全局观念,对工程中发现的问题提出意见、建议或警告。合同管理人员在工程实施中起"漏洞工程师"的作用,其目标不仅仅是索赔和反索赔,而且还要将各合同实施者在合同关系上联系起来,防止漏洞和弥补损失,为工程顺利进行提供保证。

4. 参与其他项目控制工作

合同项目管理的有关职能人员每天检查、监督各工程小组和分包商的合同实施情况,对照合同要求的数量、质量、技术标准和工程进度,发现问题并及时采取对策措施。对已完工程作最后的检查核对,对未完成的或有缺陷的工程责令其在一定的期限内采取补救措施,防止影响整个工期。按合同要求,会同业主及工程师等对工程所用材料和设备开箱检查或作验收,看是否符合质量、图纸和技术规范等的要求,进行隐蔽工程和已完工程的检查验收,负责验收文件的起草和验收的组织工作,参与工程结算,会同造价工程师对向业主提出的工程款账单和分包商提交的收款账单进行审查和确认。

5. 合同实施情况的追踪、偏差分析及参与处理

另外,合同管理者的工作还包括审查与业主或分包商之间的往来信函、工程变更管理、工程索赔管理及工程争议的处理,而且,这些工作是合同管理者更重要的工作。

10.3.2.3 合同跟踪

在工程实施过程中,由于实际环境总是在变化,导致合同实施与预定目标(计划和设计)的偏离,如果不及时采取措施,这种偏差常常会由小到大,日积月累,最终导致合同目标的不能实现。为了实现合同目标,需要对合同实施情况进行随时跟踪,以便及时发现偏差,修正偏差,力保合同目标的实现。

1. 合同跟踪的依据

合同跟踪时,判断实际情况与计划情况是否存在差异的依据有:

(1) 合同和合同分析的结果,如各种计划、方案、合同变更文件等,它们是比较的基础,是合同实施的目标和方向;

(2) 各种工程施工文件,如原始记录、各种工程报表、报告、验收结果等;

(3) 工程管理人员每天对现场情况的直观了解,如对施工现场的巡视、与各种人谈话、召集小组会议、检查工程质量,通过报表、报告等。

2. 合同跟踪的对象

合同实施情况追踪的对象主要有以下几个方面。

1) 具体的合同事件

对照合同事件表的具体内容,分析该事件的实际完成情况。

以设备安装事件为例,跟踪的合同事件包括以下几方面。

(1) 安装质量:如标高、位置、安装精度、材料质量是否符合合同要求,安装过程中设备有无损坏。

(2) 工程数量:如是否全都安装完毕,有无合同规定以外的设备安装,有无其他的附加工程。

(3) 工期:是否在预定期限内施工,工期有无延长,延长的原因是什么。

(4) 成本的增加和减少。

将上述内容在合同事件表上加以注明,这样可以检查每个合同事件的执行情况。对一些有异常情况的特殊事件,即实际和计划存在大的偏离的事件,可以列特殊事件分析表作进一步的处理。从这里可以发现索赔机会,因为经过上面的分析可以得到偏差的原因和责任。

2) 工程小组或分包商的工程和工作

一个工程小组或分包商可能承担许多专业相同、工艺相近的分项工程或许多合同事件,所以必须对它们实施的总情况进行检查分析。在实际工程中常常因为某一工程小组或分包商的工作质量不高或进度拖延而影响整个工程施工。合同管理人员在这方面应给他们提供帮助,如协调他们之间的工作,对工程缺陷提出意见、建议或警告,责成他们在一定时间内提高质量、加快工程进度等。

作为分包合同的发包商,总承包商必须对分包合同的实施进行有效的控制。这是总承包商合同管理的重要任务之一。

分包合同控制的目的如下。

(1) 控制分包商的工作,严格监督他们按分包合同完成工程责任。分包合同是总承包合同的一部分,如果分包商完不成他的合同责任,则总包商就不能顺利完成总包合同责任。

(2) 为向分包商索赔和对分包商反索赔作准备。总包和分包之间的利益是既一致又有区别的,双方之间常常有利益争执。在合同实施中,双方都在进行合同管理,都在寻求向对方索赔的机会,所以双方都有索赔和反索赔的任务。

(3) 对分包商的工程和工作,总承包商负有协调和管理的责任,并承担由此造成的损失。所以分包商的工程和工作必须纳入总承包工程的计划和控制中,防止因分包商工程管理失误而影响全局。

3) 业主和工程师的工作

业主和工程师是承包商的主要工作伙伴,对他们的工作进行跟踪十分必要。有关业主和工程师的工作如下所述。

(1) 工程师有义务及时、正确地履行合同约定,为工程实施提供合同所约定的外部条件,如及时发布图纸、提供场地、及时下达指令、作出答复、及时支付工程款等。

(2) 有问题及时与工程师沟通,多向工程师汇报情况,及时听取他的指示(书面的)。

(3) 及时收集各种工程资料,对各种活动、双方的交流作好记录。

(4) 对有恶意的业主提前防范,并及时采取措施。

4) 工程总的实施状况

(1) 工程整体施工秩序状况如果出现以下情况,合同实施必定存在问题:现场混乱、拥挤不堪,承包商与业主的其他承包商、供应商之间协调困难,合同事件之间和工程小组之间协调困难,出现事先未考虑到的情况和局面,发生较严重的工程事故等。

(2) 已完工程没有通过验收,出现大的工程质量事故,工程试运行不成功或达不到预定的生产能力等。

(3) 施工进度未能达到预定计划,主要的工程活动出现拖期。

(4) 计划和实际的成本曲线出现大的偏离。

通过合同实施情况追踪、收集、整理,能反映工程实施状况的各种工程资料和实际数据,如各种质量报告、各种实际进度报表、各种成本和费用收支报表及其分析报告。将这些信息与工程目标进行对比分析,可以发现两者的差异。根据差异的大小确定工程实施偏离目标的程度。如果没有差异或差异较小,则可以按原计划继续实施工程。

10.3.2.4 合同实施偏差分析

合同实施情况偏差表明工程实施偏离了工程目标,应加以分析调整,否则这种差异会逐渐积累,越来越大,最终导致工程实施远离目标,使承包商或合同双方受到很大的损失,甚至可能导致工程的失败。

合同实施情况偏差分析,指在合同实施情况追踪的基础上,评价合同实施情况及其偏差,预测偏差的影响及发展的趋势,并分析偏差产生的原因,以便对该偏差采取调整措施。

合同实施情况偏差分析的内容如下所述。

1. 合同执行差异的原因分析

通过对不同监督跟踪对象计划和实际的对比分析,不仅可以得到合同执行的差异,而且可以探索引起这个差异的原因。原因分析可以采用鱼刺图、因果关系分析图(表)、成本量差、价差、效率差分析等方法定性或定量地进行。

在上述基础上还应分析出各原因对偏差影响的权重。

2. 合同差异责任分析

即这些原因由谁引起,该由谁承担责任,这常常是争议的焦点,尤其是合同事件重叠、责任交错时更是这样。一般只要原因分析有根有据,则责任分析自然清楚。责任分析必须以合同为依据,按合同规定落实双方的责任。

3. 合同实施趋向预测

分别考虑不采取调控措施和采取调控措施,以及采取不同的调控措施情况下合同的最终执行结果。

10.3.2.5　合同实施情况偏差处理

根据合同实施情况偏差分析的结果,承包商应采取相应的调整措施。调整措施可分为:组织措施、技术措施、经济措施和合同措施。组织措施有增加人员投入、重新进行计划或调整计划、派遣得力的管理人员;技术措施有变更技术方案、采用新的更高效率的施工方案;经济措施有增加投入、对工作人员进行经济激励等;合同措施有进行合同变更,签订新的附加协议、备忘录,通过索赔解决费用超支问题等。

承包商采取合同措施时通常应考虑以下问题。

(1) 如何保护和充分行使自己的合同权力,例如,通过索赔以降低自己的损失。

(2) 如何利用合同使对方的要求降到最低,即如何充分限制对方的合同权力,找出业主的责任。

如果通过合同诊断,承包商已经发现业主有恶意、不支付工程款或自己已经陷入到合同陷阱中,或已经发现合同亏损,而且估计亏损会越来越大,则要及早确定合同执行战略,如及早解除合同,降低损失;争取道义索赔,取得部分补偿;采用以守为攻的办法拖延工程进度,消极怠工。否则,工程完成得越多,承包商投入的资金也越多,承包商就越被动,损失会越大。若等到工程彻底完工,承包商的主动权就少了。

10.4 工程变更管理

10.4.1 概述

10.4.1.1 工程变更概念

合同变更指合同成立以后、履行完毕以前由双方当事人根据情事变更原则对原合同约定的条款(权利和义务、技术和商务条款等)所进行的修改、变更。工程变更一般是指在工程施工过程中,根据合同的约定对施工的程序、工程的数量等作出的变更。

一般合同变更需经过协商的过程,而工程变更则不一样。在合同中双方有这样的约定,业主授予工程师进行工程变更的权力。在施工过程中,工程师直接行使合同赋予的权利,发出工程变更指令,工程变更之前事先不需经过承包商的同意。一旦承包商接到工程师的变更指令,承包商无论是否同意,都有义务实施该指令。

但当工程变更对工程的正常实施影响较大时,如导致设计图纸、成本计划和支付计划、工期计划、施工方案、技术说明和适用的规范等定义工程目标和工程实施情况的各种文件作相应的修改和变更,或者引起合同双方、承包商的工程小组之间和总承包商与分包商之间合同责任的变化,甚至还引起已完工程的返工、现场工程施工的停滞、施工秩序被打乱及已购材料出现损失等,则原来的合同义务、责任就要发生变化,此时工程变更就质变为合同变更。

10.4.1.2 工程变更起因

工程内容频繁变更是工程施工的特点之一。一项工程变更的次数、范围和影响的大小与该工程招标文件(特别是合同条件)的完备性、适用性以及实施方案的科学性直接相关。工程变更一般主要有以下几方面的原因。

(1) 业主新的变更指令,对工程新的要求。

(2) 由于设计人员事先没能很好地理解业主的意图,或设计错误,导致图纸修改。

(3) 工程环境的变化,预定的工程条件不准确,实施方案或实施计划变更。

(4) 由于产生新的技术和知识,有必要改变原设计、实施方案或实施计划,或由于业主指令及业主责任的原因造成承包商施工方案的改变。

(5) 政府部门对工程新的要求,如国家计划变化、环境保护要求、城市规划变动等。

10.4.1.3 工程变更范围

按照国际土木工程合同管理的惯例,一般合同中都有一条专门的变更条款,对有关工程变更的问题作出具体规定。

工程变更只能是在原合同规定的工程范围内的变动,业主和工程师应注意不能使工程变更引起工程性质方面有实质的变动,否则应重新订立合同。根据诚实信用的原则,业主显然不能单方面对合同作出实质性的变更。

从工程角度讲,工程性质若发生重大的变更而要求承包商无条件地继续施工是不恰当的,承包商在投标时并未准备这些工程的施工机械设备,需另行购置或运进机具设备,使承包商有理由要求另签合同,而不能作为原合同的变更,除非合同双方都同意将其作为原合同的变更。承包商认为某项变更指示已超出本合同的范围,或工程师的变更指示的发布没有得到有效的授权时,可以拒绝进行变更工作。

10.4.2 工程变更的程序

10.4.2.1 工程变更的提出

工程变更的提出可以是工程的任何一个参与方,只要工程变更是依据合同明示条款或隐含条款提出的。

1. 承包商提出工程变更

承包商在提出工程变更时,一般情况是工程遇到不能预见的地质条件或地下障碍。如原设计的某大厦的基础为钻孔灌注桩,承包商根据开工后钻探的地质条件和施工经验,认为改成沉井基础较好。另一种情况是承包商为了节约工程成本或加快工程施工进度,提出工程变更。

2. 业主提出变更

业主提出的工程变更往往是改变工程项目某一方面的功能或具体作法,但如业主方提出的工程变更内容超出合同限定的范围,则属于新增工程,只能另签合同处理,除非承包方同意作为变更。

3. 工程师提出工程变更

工程师往往根据工地现场工程进展的具体情况提出工程变更。

10.4.2.2 工程变更批准

由承包商提出的工程变更,应交与工程师审查并批准。由业主提出的工程变更,为便于工程的统一管理,一般可由工程师代为发出。而工程师发出工程变更通知的权力,一般由工程施工合同明确约定。

工程变更审批的一般原则为:首先考虑工程变更对工程进展是否有利;第二要考虑工程变更是否可以节约工程成本;第三应考虑工程变更是否兼顾业主、承包商或工程项目之外其他第三方的利益;第四必须保证变更工程符合本工程的技术标准;最后一种情况为工程受阻,如遇到特殊风险、人为阻碍、合同一方当事人违约等不得不变更工程。

在我国目前建筑工程管理体制下,无论是业主还是承包商、工程师在提出工程变更后,在实施之前,涉及技术问题,比如结构安全,还往往要经过工程设计单位的会签或认可,涉及消防、规划方面的问题还要经过政府有关职能部门的批准。

10.4.2.3 工程变更的决定及执行

为了避免耽误工作,工程师在和承包商就变更价格达成一致意见之前,可以先行发布工程变更指示,再通过与承包商进一步协商,确定因工程变更而产生的费用问题。

工程变更指示的发出有两种形式:书面形式和口头形式。

一般情况下,工程师应该签发书面变更指令。当工程师发出口头指令要求工程变更,这种口头指示在事后一定要补签一份书面的工程变更指示。如果工程师口头指示后忘了补书面指示,承包商(须 7 天内)应以书面形式证实此项指示,交与工程师签字,工程师若在 14 天之内没有提出反对意见,应视为认可。

根据通常的工程惯例,除非工程师明显超越合同赋予的权限,承包商应该无条件地执行其工程变更的指示,否则可能会构成承包商违约。

10.4.3 工程变更价格调整

10.4.3.1 变更责任分析

工程变更责任分析是确定赔偿问题的关键。工程变更包括以下内容。

1. 设计变更

设计变更会引起工程量的增加、减少,新增或删除分项工程,工程质量和进度的变化,实施方案的变化。一般工程施工合同赋予业主(工程师)这方面的变更权力,可以直接通过下达指令、重新发布图纸或规范实现变更。其责任划分原则如下所述。

(1) 由于业主要求、政府部门要求、环境变化、不可抗力、原设计错误等导致设计的修改,由业主承担责任。

(2) 由于承包商施工过程、施工方案出现错误而导致设计的修改,由承包商负责。

(3) 在现代工程中,承包商承担的设计工作逐渐增多,承包商提出的设计必须经过工程师(或业主)的批准。对不符合业主在招标文件中提出的工程要求的设计,工程师有权不认可。这种不认可不属于索赔事件。

2. 施工方案变更

在施工过程中施工方案的变更,其责任(费用)的认定较为复杂。同一个变更内容,在不同的合同计价模式下,其责任的认定、费用的处理方式不同。

1) 在单价合同或总价合同模式下的施工方案的变更

无论是单价合同还是总价合同,往往都是经过招投标程序,经过技术、经济指标的综合评价,通过竞争而签署的合同。从逻辑上来说,合同价款(投标价格)与其所采用的施工方案的先进性、科学性、适用性紧密相连,具有一一对应的关系。施工方案的多样性决定了合同价款(投标报价)的多样性,尤其对于施工技术复杂、施工方案各异的大型水利、电力、交通设施建设更是这样。在单价合同或总价合同中,施工组织设计是其在投标阶段的一个核心内容,是构成合同的一个不可或缺的组成部分。

承包商以单价或总价合同中标后,在施工过程中承包商为取得更理想的经济效果,采用更为先进、科学,经济效果更突出的新施工方案,从性质认定上来说,应认为采用新的施工方案是承包商的技术措施。而在单价合同或总价合同中,其价格组成已经包含了相应的技术措施费用,且属于包干使用,方案调整并不涉及合同价格的调整(降低)。反之,若承包商中标后,发现原投标时的施工方案与实际工程不匹配,施工方案过于简单,不具有操纵性,而采用了新的更为周全的技术方案,而导致施工措施费用增加。此时,也认定方案的调整是施工技术措施的调整,不涉及合同价款(投标价格)的调整(增加)。因为,后一种情况的中标者中标的直接原因,理论上有可能是因为承包商的投标价格的低廉、施工方案的简洁。在建筑市场竞争激烈的大背景下,通过低价中标,中标之后再调整施工方案进而调整合同价款,这不符合签署合同应遵守的诚实信用原则,对其他投标者来说也不公平,不利于市场经济秩序的保持、稳定。

在单价合同或总价合同中,合同签署之后,虽然施工方案的调整仍然要经过业主(或业主委托的工程师)的批准、认可,但因为承包商的义务就是按照合同约定,保质、保量、保工期完成工程建设任务,承包商有权采取技术上、组织上的措施,履行合同约定义务。此时,承包商对其施工方案承担完全责任。

承包商具有确定施工方案(包括修改施工方案)的天然权利,但在单价合同或总价合同中,若因业主或设计原因或由业主而承担的风险(如工程地质的变化)引起的工程变更而导致原施工方案不再适用,此时,施工方案调整的责任应由业主来承担,合同价格要随着新的施工方案的实施而相应调整。

2) 以预算模式结算的合同中施工方案的变更

按照惯例,以预算模式结算的工程,其工程价款包括施工方案中的技术措施费。这样,在施工过程中施工方案的调整就涉及工程成本的变化、工程价款的调整。

理论上,不论在哪种计价模式下,施工方案的调整主要有由承包商承担的风险引起或业主承担的风险引起两种情况,其责任的认定根据风险的划分来决定,并以此来确定施工方案的调整是否涉及合同价格调整。在预算模式结算的工程中、几乎所有的风险都由业主来承担,因此施工过程中施工方案的调整往往都导致合同价格的变化。在预算模式中的施工合同中,因为业主几乎承担了工程施工中所有风险,承包商并无调整施工方案、决定施工方案的天然权利。

3) 成本加酬金合同

在工程实践中,成本加酬金合同适用的工程范围很小。一旦签署这种施工合同,按照约定,在施工过程中无论发生什么必须发生的费用(包括施工方案中的施工技术措施费),都由业主来承担。在施工过程中,施工方案调整的后果也是由业主承担。

但施工方案调整的权利的决定权根据合同原理中的权责平衡、对应的原则,几乎全是由业主来决定的。

10.4.3.2 工程变更价款的确定

我国施工合同示范文本所确定的工程变更估价原则如下:

(1) 合同中已有适用于变更工程的价格,按合同已有的价格变更合同价款;

(2) 合同中只有类似于变更工程的价格,可以参照类似价格变更合同价款;

(3) 合同中没有适用或类似于变更工程的价格,由承包人提出适当的变更价格,经工程师确认后执行。

FIDIC《土木工程施工合同条件》关于工程变更价款的确定较为复杂、严谨,尤其是工程变更数量超过规定幅度后,还应该调整工程单价或合同价款,具体内容参见本书有关部分。

古人论用人之道

用人当宥其错,惩其恶,严其限,密其责;宽以待人,专以责之,节以使之,明以考之,秘以察之,当以赏罚之。

阎锡山(山西)

本章总结

合同履行遵循实际履行原则,全面履行原则、协作履行原则、诚实信用原则及情事变更原则。合同分析是在合同实施前,通过合同分析、分解,将合同落实到具体事件上,保证合同能够顺利履行。

合同分析、实施时,可能发现已签署的合同有缺陷,此时需要合同当事人对其进行修正补充或作出解释。漏洞补充的方式有:约定补充、解释补充及法定补充。合同歧义解释的原则有:字面解释、整体解释、合同目的解释、交易习惯解释及诚实信用原则。

合同履行另一任务就是合同实施控制。合同实施控制工作有主动控制和被动控制两种方式。

工程变更管理是合同实施过程中经常碰到的一个问题,合同中要有相应的约定。

【思考题】

1. 试述施工合同履行的基本原则。
2. 简要叙述合同分析的作用。

3. 简要叙述施工合同歧义解释原则。
4. 叙述合同交底的作用和内容。
5. 什么是合同变更,什么是工程变更,二者区别是什么?
6. 工程变更有哪些内容,其程序是什么?

第 11 章　工程施工索赔管理

内容提要

本章从索赔概念、索赔处理程序及费用索赔、工期索赔几个方面介绍、论述索赔管理,并在阐述有关原理时列举一些工程上的案例来说明。索赔管理是合同管理的难点。

学习指导

索赔是合同一方基于合同约定,当对方没有适当的履行合同义务或发生理应由对方承担的风险,而造成自己权利的损害(失)时,向对方提出权利补偿的一种方法。索赔的提出须具备几个要件:一要有合同依据;二要有索赔事件发生,而该事件的发生原因是合同另一方没有恰当履行合同义务或发生合同约定应该由其承担的风险;三是确实给自己造成损失,三者缺一不可。

工程施工工期长,影响因素多,尤其是大工程,参与方众多,相互间协调工作量大,合同一方既要对方按合同约定行事,自己也要按合同约定恰当履行义务,防止对方因自己不恰当履行义务而向自己提出索赔。

索赔是双向的。有可能导致工程索赔的因素和事件很多。工程索赔成功,要有及时、恰当的证据,履行相应的程序。

11.1　概述

11.1.1　索赔含义及分类

11.1.1.1　索赔含义

索赔,在朗曼词典中是指作为合法的所有者,根据自己的权利提出的有关某一资格、财产、金钱等方面的要求;在牛津词典中是指要求承认其所有权或某种权利,或根据保险合同约定提出的赔款。即,索赔是索赔主体对某事、某物权利所申明的一种主张或要求。工程索赔通常是指在工程合同履行过程中,合同当事人一方因非自身原因或对方不履行或未能正确履行合同约定而受到经济损失或权利损害时,为保证自身权利的实现向对方提出经济或时间补偿的要求。索赔是一种正当的权利要求,它是发包人、工程师和承包人之间一项正常的、大量发生而且普遍存在的合同管理业务。

索赔有以下特征。

(1) 索赔是双向的,不仅承包人可以向发包人索赔,发包人同样也可以向承包人索赔。由于实践中发包人向承包人索赔发生的频率相对较低,而且在索赔处理过程中,发包人往往处于主动地位,当发包人认为承包人的行为给发包人造成损失时,他会直接从应付工程款中抵扣,或者通过没收承包人的履约保函、扣留保留金甚至留置承包商的材料设备作为抵押等来实现补偿自己损失的要求。因此在工程实践中,大量发生的、处理比较困难的是承包人向发包人的索赔,这也是索赔管理的主要对象和重点内容。

(2) 只有实际发生了经济损失或权利损害,一方才能向另一方索赔。经济损失是指发生了合同以外的额外支出,如人工费、材料费、机械费、管理费等额外开支;权利损害是指虽然没有经济上的损失,但造成了权利上的损害,如由于恶劣气候条件对工程进度的不利影响,承包人有权要求工期延长等。

(3) 索赔是一种未经对方确认的单方行为,它与施工现场签证不同。在施工过程中现场签证是承发包双方就额外费用补偿或工期延长等达成一致的书面证明材料和补充协议,它可以直接作为工程款结算或最终增减工程价款的依据;而索赔则是单方面行为,对对方尚未形成约束力。索赔要求能否得到最终实现,还要通过相应程序(如双方协商、谈判、调解或仲裁、诉讼)来确认。

(4) 索赔的依据是法律法规、合同文件及工程惯例,但重要是合同文件。

(5) 索赔发生的前提是自身没有过错,但自己在合同履行过程中遭受损失,其原因是合同另一方没有履行义务或没有恰当履行义务,或者是发生了合同约定由对方承担的风险。

(6) 有充分的证据证明自己的索赔。

实质上,索赔的性质属于经济补偿行为,并不是对对方的惩罚。索赔是一种正当的权利主张,是基于合同所赋予的权利或合同精神、原则而做出的合同行为。索赔的特点在于"索",不"索",就没有"赔"。

11.1.1.2 索赔作用

工程索赔的作用主要表现在以下方面。

(1) 索赔是基于合同或法律赋予合同履行者免受意外损失的权利,索赔是当事人保护自己、避免损失、提高经济效益的一种手段。

(2) 索赔既是落实和调整合同双方经济责权利关系的手段,也是合同双方风险分担的又一次合理再分配。离开了索赔,合同责任就不能全面体现,合同双方的责权利关系就不能平衡。索赔的发生,可以把原来考虑到合同条款中的风险责任落实为实际的工程费用,使合同价款的数额处于动态之中,工程造价计算更为合理。

(3) 索赔是合同实施、履行的保证措施。索赔是合同法律效力的具体体现,对合同双方形成约束，特别是能对违约者起到警戒作用。当违约方要承担违约后果时，索赔就能够减少违约行为的发生，促使合同平稳履行。

（4）索赔对提高企业和工程项目管理水平起着重要的促进作用。索赔有利于促进双方加强内部管理，严格履行合同，维护市场经济秩序。

（5）索赔有助于承发包双方更快地熟悉国际惯例，熟练掌握索赔和处理索赔的方法与技巧，有助于对外开放和对外工程承包的开展。

11.1.1.3 索赔分类

索赔贯穿于工程项目实施的全过程，其分类随划分标准、方法不同而不同。常见有以下几种分类方法。

1. 按索赔当事人分类

（1）承包人与发包人之间的索赔；

（2）总承包人与分包人之间的索赔；

（3）发包人或承包人与供货人、运输人之间的索赔；

（4）发包人或承包人与保险人之间的索赔。

前两种涉及工程项目建设过程中施工条件或施工技术、施工范围等变化引起的索赔，一般发生频率高，索赔费用大，有时也称为施工索赔。

后两种涉及工程项目实施过程中的物资采购、运输、保管、工程保险等方面活动引起的索赔事项，又称商务索赔。

2. 按索赔的依据分类

（1）合同内索赔。合同内索赔是指索赔所涉及的内容可以在合同文件中找到依据，并可根据合同规定界定责任。一般情况下，合同内索赔的处理和解决要顺利一些。

（2）合同外索赔。合同外索赔是指索赔所声明的内容和权利要求难以在合同文件中找到依据，但可从合同条文引申（隐含）含义和合同适用法律或政府颁发的有关法规中找到索赔的依据。

（3）道义索赔。道义索赔是指承包人在合同内或合同外都找不到可以索赔的依据，但承包人认为自己有要求补偿的道义基础，而要求发包人对其遭受的损失予以补偿，即道义索赔。

道义索赔的主动权在发包人手中，发包人一般在下面四种情况下，可能会同意并接受道义索赔：

① 业主若更换其他承包人，业主的工程支付费用会变大；

② 业主为了树立自己良好的道德形象；

③ 业主基于对承包人的同情；

④ 业主谋求建立与承包人更长久的合作关系。

3. 按索赔目的分类

（1）工期索赔。由于非承包人自身原因造成拖期，承包人要求发包人延长工期，推迟原规定的竣工日期,以避免因误期而罚款。工期索赔的实质也是费用索赔,避免因拖期而遭业主罚款。

(2) 费用索赔。即要求发包人补偿费用损失,调整合同价格,弥补经济损失。

4. 按索赔事件的性质分类

(1) 工程延期索赔。因发包人未按合同要求提供施工条件,如未及时交付设计图纸、施工现场或道路等,承包人由此提出索赔。

(2) 工程变更索赔。发包人或工程师指令增加或减少工程量或增加附加工程、修改设计、变更施工顺序等,造成工期延长和费用增加,承包人对此提出索赔。

(3) 工程终止索赔。由于发包人违约或发生了不可抗力事件等造成工程非正常终止,承包人因蒙受经济损失而提出索赔。

(4) 工程加速索赔。由于发包人或工程师指令承包人加快施工速度,缩短工期,引起承包人的人、财、物的额外开支而提出的索赔。

(5) 意外风险和不可预见因素索赔。在工程实施过程中,因人力不可抗拒的自然灾害、特殊风险以及一个有经验的承包人通常不能合理预见的不利施工条件或客观障碍,如地下水、地质断层、溶洞、地下障碍物等引起的索赔。

(6) 其他索赔。如因货币贬值、汇率变化、物价、工资上涨、政策法令变化等原因引起的索赔。这类索赔主要发生在国际工程中。

案例

华北某引水工程项目业主2000年收到承包商F的索赔报告,主要内容如下。

尊敬的先生:

鉴于

1.《中华人民共和国劳动法》第44条有节假日安排劳动者工作要支付劳动者加班工资的规定:"有下列情形之一的,用人单位按下列标准支付高于劳动者正常工作时间工资的工资报酬:安排劳动者延长工作时间的,支付不低于工资的150%的工资报酬;休息日安排劳动者工作而又不能安排补休的,支付不低于工资的200%的工资报酬;法定休息日安排劳动者工作的,支付不低于工资的300%的工资报酬。"

2. 1999年9月18日国务院发布的第27号令(见附件,略),修订了1949年12月23日政务院发布的《全国年节及纪念日放假办法》(见附件,略),每年国家法定节假日由7天改为10天,其中国庆节增加1天,国际劳动节增加2天。为庆祝澳门回归,国务院规定1999年12月20日为公众假日。

3. 在我单位与贵方1995年签订为期3年的施工合同时,我国执行1949年12月23日政务院发布《全国年节及纪念日放假办法》,每年年节及纪念日为7天。

由于国家法定节假日的增加,导致我单位在节假日施工时增加了费用支出(加班工资),业主应予以补偿。根据我单位的工资标准及已批复的进度计划、动态劳动力表,计算出实际加班工资需115 534元(计算过程略)。请批复!

分析

这份索赔报告是项目业主收到的众多报告里的唯一一份基于国家政策变化而提

出的索赔报告。

首先肯定，承包商F基于国家政策变化而提出的索赔报告的依据十分充分；其次，这份报告与众不同的地方在于，与项目业主同时签署合同的施工承包商有十余家，唯独承包商F提交了索赔报告，反映出只有承包商F具有索赔意识并抓住了这一索赔机会。

至于索赔数额，则应该按照有关约定、规定进行计算。

案例

某高速公路1号大桥的施工临时用地费用，在招标文件和标前会议的澄清中约定：投标人应在投标书中提供临时用地计划，其临时用地计费标准按当地现行补偿标准如下：临时用地按年计费，青苗费按800元/(亩·年)计；一次性构造附着物补偿费按500元/亩计；一次性土地复耕费按1600元/亩计；各施工合同段用地数量由承包人自行考虑并计入报价内；用地手续由承包人自行办理，业主予以协调配合。该大桥开工后一年，为了规范对土地的使用管理，当地市政府专门下发了《××市耕地开垦费、耕地闲置费、土地复垦费收取与使用管理办法》，规定施工所占临时工用地复垦费10 005元/亩、青苗补偿费为1200元/(亩·年)，一次性构造附着物补偿为700元/亩。

在投标文件中，承包人临时用地面积8.25亩，临时用地时间为3年。承包人以因后继法律、法规的变化致使支付的临时用地费用超出了原投标报价为由，要求业主对超出的费用予以补偿。

分析

1. 一般情况下，在合同文件中对施工中临时工用地的处理（数量、价格）是由承包人自行测算、确定，其费用由承包人自行调查并包含在合同价格中。施工单位在办理临时用地租用手续时，业主往往会给予相应协助。在这种情况下，即使实际占地面积、支出价格与投标时所申报的不一样，索赔也不成立。

2. 在本案例中，施工临时用地的费用组成及单价都在业主的招标文件中已经明确"按××市现行补偿标准"，承包人有理由认为，施工临时用地的费用组成及单价承包人无权更改。基于这样的认识，当实际必须支出的费用组成及单价发生变化，依据权利、义务对等原则，业主都有义务予以补偿、支出。

3. 若在新的法律、法规颁布之前承包人已经将所有3年临时用地费用全部支出，有关临时用地手续已经办妥，占地程序已经完成，鉴于法律不追溯既往的原则，可以不再涉及补偿事宜；若实际补偿是按年度分批进行的，则因新的法律、法规颁布而导致补偿标准发生变化，补偿年限应该以实计算。

5. 按索赔处理方式分类

（1）单项索赔。单项索赔就是采取一事一索赔的方式，即在每一件索赔事项发生后，索赔人报送索赔通知书，编报索赔报告，要求对方就此给予补偿，不与其他的索赔事项混在一起。

单项索赔是针对某一干扰事件提出的,即在影响原合同正常履行的干扰事件发生时或发生后,合同管理人员立即进入索赔程序,在合同规定的索赔有效期内向发包人或工程师提交索赔报告。单项索赔通常原因单一,责任单一,分析起来相对容易。因此合同双方应尽可能用此种方式来处理索赔。

(2) 综合索赔。综合索赔又称一揽子索赔,即将整个工程(或某项工程)中所发生的数起索赔事件,综合在一起进行索赔。一般在工程竣工前和工程移交前,承包人将工程实施过程中因各种原因未能及时解决的单项索赔集中起来进行综合考虑,提出一份综合索赔报告,由合同双方在工程交付前后进行最终谈判,以一揽子方案解决索赔问题。

实际上,由于在一揽子索赔中许多干扰事件交织在一起,影响因素复杂而且相互交叉,责任分析和索赔值计算都很困难,索赔涉及的金额较大,双方都不愿或不容易做出让步,使索赔的谈判和处理都很困难,因此综合索赔的成功率比单项索赔要低得多。

11.1.2 索赔的特点和原则

11.1.2.1 索赔的特点

1. 索赔工作贯穿于工程项目始终

缺乏工程承包经验的承包人,由于对索赔工作的认识不到位,往往在招投标阶段不注意研究指标文件中关于合同责任的划分,工程开始时并不重视合同中关于风险的约定,等到发现不能获得应当得到的偿付,或自身违约导致对方的索赔时,才匆忙研究合同的索赔条款,但已经陷入被动局面。索赔发生是在短时间内发生的,可索赔管理却贯穿于工程项目始终。

2. 索赔是一门融工程技术和法律于一体的综合学问和艺术

索赔工作既要求索赔人员具备丰富的工程技术知识与实际施工经验,又要求索赔人员通晓法律与合同知识。争议比较大的索赔还有可能要通过既有进攻又有妥协的谈判来解决,索赔文件的准备、编制和谈判等方面具有一定的艺术性,这使得索赔的解决表现出一定程度的伸缩性和灵活性。

3. 影响索赔成功的相关因素多

索赔能否获得成功,除了以上所述的特点外,还与企业的项目管理基础工作密切相关。如在合同管理方面收集、整理施工中发生事件的一切记录,包括图纸、订货单、会谈纪要、来往信件、变更指令、气象图表、工程图像等,能够形成一个清晰描述和反映整个工程施工全过程的数据库,也为提出索赔提供了有效的技术支持和有力证据。

11.1.2.2 索赔的原则

1. 客观性

确实发生了索赔事件,并对索赔人造成了工期上的或经济上的损失或权利的损害。合同当事人要认真、及时、全面地收集有关证据,来支持自己提出的索赔要求。

2. 合法性

索赔事件非承包人自身原因引起,按照法律法规、合同文件或工程惯例,应当得到补偿。一般情况下,索赔的依据是合同文件。合同文件是合同当事人在履行合同过程中首先应当遵循的"最高法律",由它来判定索赔事件的责任应该由谁来承担,承担多大的责任。实际上,不同的工程项目具有不同的合同文件,不同的合同文件的约定也会有所不同。同一个索赔事件,采用不同的合同文件,就会有不同的处理结果。

3. 合理性

索赔要求应合情合理,一方面要采取科学合理的计算方法和计算基础,真实反映索赔事件所造成的实际损失,另一方面也要结合工程的实际情况,不要滥用索赔,漫天要价。承包人一定要证明索赔事件的存在,证明索赔事件的责任,证明自己受到了损失,并且证明自己的损失与索赔事件之间存在着因果关系。不合理的索赔对方不会给予支持。

11.2 索赔事件及索赔处理程序

11.2.1 索赔事件

在合同实施过程中,经常会发生一些非承包商责任引起的,而且承包商不能左右的事件,这些事件使得原合同状态发生变化,最终引起施工工期和费用的增加。这些事件就是索赔事件,又称干扰事件。

一个导致索赔成功的索赔事件,一般要符合以下条件,即索赔事件的发生确实导致承包商施工工期和费用的变化或增加,同时,导致索赔事件发生的原因不是承包商的原因造成的,并且按约定,它不属承包商应该承担风险的范畴。

在工程实践中,承包人可能提出的索赔事件通常有以下几种。

1. 发包人合同风险

1) 发包人(业主)未按合同约定完成基本工作

如发包人未按时交付合格的施工现场及入场道路、接通水电等;未按合同规定的时间和数量交付设计图纸和资料;提供的资料不符合合同标准或有错误(如工程实际地质条件与合同提供资料不一致)等。

2) 发包人(业主)未按合同规定支付预付款及工程款等

一般合同中都有支付预付款和工程款的时间限制及延期付款计息的利率要求。如果发包人不按时支付,承包人可据此规定向发包人索要拖欠的工程款及其滋生的利息,若因发包人(业主)未按合同规定支付预付款及工程款而导致工程停工,承包人有权提出相应的赔偿要求。

3) 发包人(业主)应该承担的风险发生

由于业主承担风险的发生而导致承包人的费用损失增大时,承包人可据此提出索赔。许多合同规定,承包人不仅对由此而造成工程、业主或第三人的财产的破坏和损失及人身伤亡不承担责任,而且业主应保护和保障承包人不受上述特殊风险后果的损害,并免于承担由此而引起的与之相关的一切索赔、诉讼及费用。除此之外,承包人还可以得到由此损害引起的任何永久性工程及其材料的付款与合理的利润,以及一切修复费用、重建费用及上述特殊风险而导致的费用增加。如果由于特殊风险而导致合同终止,承包人除可以获得应付的一切工程款和损失费用外,还可以获得施工机械设备的撤离费用和人员遣返费用等。

4) 发包人或工程师要求工程加速

当工程项目的施工计划进度受到干扰,导致项目不能按时竣工、发包人的经济效益受到影响时,有时发包人或工程师会要求承包人加班赶工来完成工程项目,以加快施工进度。

如果工程师指令提前完成工程,或者发生可原谅延误,但工程师仍指令按原合同完工日期完工,承包人就必须加快施工速度,承包人在单位时间内投入比原计划更多的人力、物力与财力进行施工,此时的施工加速是应该得到补偿的;如果承包人发现自己的施工比原计划落后了,而自己加速施工以赶上进度,则发包人不仅没有给予补偿的义务,承包人还应赔偿发包人一笔由此多支付的监理费。

案例

某高速公路1号大桥位于城市郊区,桥头两岸需要拆迁的建筑物、管线较多,土地征用和拆迁的难度较大,导致南引桥的施工场地移交比合同约定延迟2个月,致使承包人南引桥的基础开挖、预制场地的平整及梁的预制等工作均延迟2个月才开始施工。由于该项工程影响面大,业主要求原定竣工时间不变。为了在既定的竣工时间完成工程,承包商需加速施工。为此,承包商需要增加各种投入,如要增加的临时工程有:预制场地的面积、预制台座的数量和定型模板数量也需要增加,晚上还要加班(人、机效率下降)。

为此,承包商向监理工程师提交了索赔报告。

分析

1. 承包商以业主推迟移交施工场地而提出索赔,有合同依据,因此索赔成立。

2. 索赔费用应该由以下两部分组成。

(1) 推迟移交现场而导致承包人费用的增加部分。

因推迟移交现场而导致承包人费用的增加,主要包括窝工、闲置的人工费和机械费。但闲置人工工日数应扣减在闲置期间临时安排了其他工作的人员的工日数,并且以实际人数为准;闲置的机械设备台数不能以计划进场数量和时间计算,而应以实际进场的数量和时间为准,且在机械费用的计算时,不能以机械台班为计算基础,而只能是机械台班中的一部分,不能包括机械台班费用中的人工、燃料、电力等可变费用,因为只有这样才符合"实际损失"的原则。

当然,按照上述原则处理有关费用时,需要监理工程师提供真实、独立的第一手资料,反映承包人人员、机械记备的闲置情况。

(2) 推定赶工费用。

在竣工之前,在施工过程中因为实际工期已经拖期,业主强调必须在合同规定的竣工时间完工,即使没有明确指示赶工,也认定为"推定赶工"。在本案例中,赶工措施包括增加箱梁预制场地、定型模板、临时建筑、机械设备及加夜班。

因承包商的原因施工工期拖后,为保证在合同规定的竣工时间完工而进行的赶工,赶工费用自然由承包商负担;因业主的风险而导致的工期拖后,为保证在合同规定的竣工时间完工而进行的赶工,赶工费用理应由业主负担。在后一种情况,业主补偿的费用应该仅限于因赶工而增加的费用,如需要增加的箱梁预制场地、定型模板、临时建筑,以及增加的大型机械设备的进出场费用、因晚上作业操作工人及机械效率下降而导致的完成同样工作需要增加的成本等应该予以补偿。

5) 设计与指令错误

设计错误、发包人或工程师错误的指令或提供错误的数据等造成工程修改、停工、返工、窝工;发包人或工程师变更原合同规定的施工顺序,打乱了工程施工计划;由于发包人和工程师原因造成的临时停工或施工中断,特别是根据发包人和工程师不合理指令造成了工效的大幅度降低,从而导致费用支出增加等,承包人可提出索赔。

案例

某高速公路4号大桥系预应力钢筋混凝土连续钢构桥,采用挂篮悬浇法施工。原设计箱梁底宽5.5 m,承包人投标时按原设计报价,挂篮重420 t,按使用4个月摊销。在合同签署后箱梁施工之前,箱梁底宽设计变更为5.95 m,导致已经加工好的挂篮需要进行改制。新挂篮尺寸加大,重量增加,挂篮总重1069 t。承包人就此提出了对挂篮设备摊销费的索赔。

分析

1. 本案例的索赔就是由于设计变更导致施工机械设备、施工设施投入变化而产生的索赔。一般而言,对施工机械设备、设施的变化进行索赔,针对交通工程通常是指在示范文本工程量清单第100章中列项的大型临时设施或临时工程或专用设备等,其工程变更(设计变更)有可能导致其发生根本改变,特别是一些特大桥工程施工常常如此。对一般的临时设施或临时工程或常规施工设备,而通常没有单独列支付细目,而是包含在合同工程量清单中的各分项工程单价或总额中的,不能进行单独索赔。

2. 工程变更(包括设计变更),除可能导致需要重新确定变更工程的单价、费率,对合同工程量清单中工程细目的单价或总额进行变更,对合同总价中的管理费进行调整外,还可能产生由于打乱了承包人的施工部署或施工计划而导致承包人提出费用、工期的索赔,也可能使承包人需要赶工,或工效降低,或施工难度增加,或施工机械设备、设施投入变化,或施工时间延长而导致承包人提出费用和/或工期的索赔。

3. 各个工程项目的合同专用条件有差异,工程量清单中的工程项目(细目)及包含的工程(工作)内容、费用支付的范围有差异。在本案例中,通常情况下挂篮改制费、安装费、拆除费应当补偿。若挂篮、吊机(悬臂吊机或塔吊)摊销费按照合同报价规则,分摊在合同工程量清单单价中的,则按照合同摊销费可在调整合同单价及总额时予以考虑,或对摊销费增加部分进行补偿。

6) 发包人不正当地终止工程

由于发包人不正当地终止工程,承包人有权要求赔偿损失。其数额是承包人在被终止工程上的人工、材料、机械设备的全部支出,以及各项管理费用、保险费、贷款利息、保函费用的支出(减去已结算的工程款),甚至在国际工程中还包括承包商因差遣雇员而必然发生的费用,同时有权要求赔偿其应有赢利损失。

2. 不利的自然条件和客观障碍

不利的自然条件和客观障碍是指一个有经验的承包人无法合理预料的不利自然条件和客观障碍。"不利自然条件"中不包括一个有经验的承包商应该预见的正常气候条件,而是指投标时经过现场调查及根据发包人所提供的资料都无法预料到的其他不利自然条件,如地下水、地质断层、溶洞、沉陷等。"客观障碍"是指经现场调查无法发现、发包人提供的资料中也未提到的地下(上)人工构筑物及其他客观存在的障碍物,如下水道、公共设施、坑、井、隧道、废弃的旧建筑物、其他水泥砖砌物以及埋在地下的树桩等。

由于不利的自然条件及客观障碍,常常导致涉及变更、工期延长或成本大幅度增加,承包人可以据此提出索赔要求。

案例

某高速公路K标段路基挖方施工中发生大面积滑坡,导致已开挖的路基(施工边坡已经达到设计要求)被推移、掩埋,土石方施工机械十余台被损毁的后果。

大滑坡发生后承包人按照监理工程师的指示对土石方进行了清除。在土方清除前,承包人声明,保留要求补偿费用和工程延期的权利。该路段路基施工完成后,承包人向监理工程师报送了正式的索赔报告,提出了费用和工期索赔。

分析

1. 鉴于设计资料没有指明该路段山体存在滑移带或可能存在滑移带,也没有关于滑坡的处理措施,属于不利工程地质条件。而不利的工程地质条件是一个有经验的承包商不能够合理预见的风险,依据合同,属于业主承担的风险。故索赔理由成立。

2. 在索赔费用的核定计算中,不能考虑对承包人机械设备的损失进行补偿,根据《公路工程施工合同范本》合同通用条款22.1款的规定:"……承包人还应为已经运抵现场的承包人装备办理财产保险,其投保金额应足以现场重置。在本合同工程的施工和缺陷修复过程中业主对承包人雇员的人身死亡或伤残,或财产(设备)的损失不予赔偿……"

3. 土石方清理费的单价不能按原合同中"路基填土"清单计价。因为"路基填土"清单计价中单价包括了开挖、装卸、运输、碾压及相应的管理、各种税费及合理的利润,土石方还要符合填料的粒径要求。此处土石方清理作为废方处理,只需计算装、运及弃土场弃方处理等费用,可按运输路途远近核定。弃土场土地征用应由业主解决。

4. 已完成的建筑产品或半成品(路基)若受到损坏而需要修复的,其修复费用应予以补偿。

5. 关于工期的延期较为复杂。工期延期与否,不能凭直觉或按承包人的施工"横道图"来确定,要看受影响的施工工程是否在网络计划中处于关键线路上。是否处于关键线路不能只看监理工程师在工程开工时已经批准的施工组织设计中的总进度计划,而应结合已完成工程和未施工工程重新绘制的现阶段具有可操作性的"适时"网络图,通过计算时间参数分析确定。

3. 工程变更

由于发包人或工程师指令增加或减少工程量、增加附加工程、修改设计、变更施工顺序等,造成工期延长和费用增加,承包人可对此提出索赔。

需要指出的是,由于工程变更减少了工作量,也有可能进行索赔。比如在工程进行过程中,发包人减少了工程量,承包人可能对管理费、保险费、设备费、材料费(如已订货)、人工费(多余人员已到)等进行索赔。

4. 工期延长和延误

承包人有权利提出要求偿付由于非承包人原因导致工程延误而造成的损失。如果工期拖延的责任在承包人方面,则承包人无权提出索赔。

5. 工程师指令和行为

如果工程师在工作中出现问题、失误或行使合同赋予的权力造成承包人的损失,业主应该承担相应的合同责任。之所以这样的规定,是因为工程师属于业主聘用的人员,在工程实施过程中代表业主利益进行工作。

6. 合同缺陷

合同缺陷常常表现为合同文件规定不严谨甚至前后矛盾、合同规定过于笼统、合同中存在遗漏或错误。一般情况下,发包人作为合同起草人,他要对合同中的缺陷负责,这是解释合同争议(缺陷)所遵循的一个原则。

7. 物价上涨

由于物价上涨,带来了人工费、材料费、施工机械费的增加,导致工程成本上升、承包人的利润受到影响,这也会引起承包人提出索赔要求。

8. 国家政策及法律、法规变更

国家政策及法律法规变更,通常是指直接影响到工程造价的某些政策及法律法规的变更,比如限制进口、外汇管制或税收及其他收费标准的提高。

国际工程合同通常都规定:如果在投标截止日期前的第 28 天以后,由于工程所在的国家或地方的任何政策和法规、法令或其他法律、规章发生了变更,导致承包人成本增加,对承包人由此增加的开支,发包人应予以补偿;相反,如果导致费用减少,则也应由发包人收益。国内工程则因国务院各有关部门、各级建设行政主管部门或其授权的工程造价管理部门公布的价格调整,比如定额、取费标准、税收、上缴的各种费用等,可以调整合同价款;如未予调整,承包人可以要求索赔。

9. 货币及汇率变化

国际工程合同一般规定:如果在投标截止日期前的第 28 天以后,工程所在国政府或其授权机构对支付合同价格的一种或几种货币实行货币限制或货币汇兑限制,发包人应补偿承包人因此而受到的损失。如果合同规定将全部或部分款额以一种或几种外币支付给承包人,则这项支付不应受上述指定的一种或几种外币与工程所在国货币之间的汇率变化的影响。

10. 其他承包人干扰

其他承包人干扰是指其他承包人未能按时、按序进行并完成某项工作,各独立承包人之间配合协调不好等而给本承包人的工作带来干扰。大中型土木工程,往往会有几个分别与业主签订合同的承包商在现场施工,由于各承包人之间没有合同关系,工程师有责任代表组织协调好各个承包人之间的工作;否则,将会给整个工程和各承包人的工作带来严重影响,引起承包人的索赔。比如,某承包人不能按期完成他那部分工作,其他承包人的相应工作也会因此而拖延,此时,被迫延迟的承包人就有权向发包人提出索赔。在其他方面,如场地使用、现场交通等,各承包人之间也都有可能发生相互干扰的问题。

案例

某高速路 K 标段在施工期中需要修建一条长 2.6 km 的临时便道作为材料、设备的进出运输通道,耗资 129 万元,每年维护费用需 8 万元,便道使用期 3 年,每年土地租用费 6 万元,便道复耕费 30 万元。按招标文件及工程量清单,其临时道路的修建、维护、复耕等费用不单独列项支付,而是包含在单价和总价款中。

道路施工一年后,项目业主就高速公路服务区建设而与其他承包人签订了服务区施工承包合同。业主考虑到高速公路在附近已修建有临时道路,因此在服务区项目施工合同中约定,临时道路由业主负责提供。服务区承包人进场前,监理工程师应业主要求,向 K 标段承包商发出了要求允许服务区承包商使用临时道路的监理工程师通知,K 标段承包商执行了监理工程师的指示。

在监理工程师发出了要求允许服务区承包商使用临时道路的监理工程师通知 14 天后,K 标段承包商向监理工程师递送了索赔意向书,声明保留要求费用补偿的权利;K 标段施工结束之际,正式提出索赔报告。在索赔报告中,要求业主补偿该临时道路的修建、养护与拆除复耕费用。

监理工程师经过审核,认为在业主与 K 标段承包商签署的合同工程量清单中,业主已经全额支付了临时道路的修建及拆除复耕费用,仅认可因给服务区承包商使用临时道路而增加的养护费用。

分析

监理工程师的认可从理论上说是正确的。

但在工程量清单计价的合同中,对本案例中所涉及的事项的规定还可能有两个情况:

1. 在合同的工程量清单中,将临时道路的修建、养护与拆除复耕等工作,作为一个工程细目列入清单中,并按该细目总额支付;

2. 在合同的工程量清单中,没有将临时道路的修建和维护及拆除复耕作为单独的一个工程细目让承包人报价,而是要承包人将其费用包含在清单已有清单细目的各单价和总额中(实际工程建设中常有这种处理方式)。

无论上述哪一种情况出现,K 标段承包商都难以接受监理工程师的意见。原因如下:

1. 合同的工程量清单在只有临时道路的修建、养护与拆除复耕一个工程细目总额时,监理工程师区分不出来修建、养护与拆除复耕分别是多少;

2. 在投标竞争激烈的时候,一般投标者对临时工程的费用往往考虑不足,即在承包人的报价中临时道路这部分费用是否全额计入,很难确认。

此时若 K 标段承包商认为监理工程师认可的费用偏少,甚至会导致 K 标段承包商不愿再为其他承包人提供临时道路的使用权。因此在费用核定时,监理工程师应与承包人、业主反复磋商,达成共识。

11. 其他第三人原因

其他第三人的原因通常表现为因与工程有关的其他第三人的问题而引起的对本工程的不利影响,如银行付款延误、邮路延误、港口压港等。如发包人在规定时间内依规定方式向银行寄出了要求向承包人支付款项的付款申请,但由于邮路延误,银行迟迟没有收到该付款申请,因而造成承包人没有在合同规定的期限内收到工程款。在这种情况下,由于最终表现出来的结果是承包人没有在规定时间内收到款项,所以,承包人往往向发包人索赔。

11.2.2 索赔的依据及证据

11.2.2.1 索赔的依据

索赔的依据主要是法律、法规及工程建设惯例,尤其是双方签订的工程合同文件。由于不同的具体工程有不同的合同文件,索赔的依据也就不完全相同,合同当事人的索赔权利也不同。下述两表(表11-1、表11-2)分别给出了我国《建设工程施工合同(示范文本)》(GF—1999—0201)中业主和承包商的索赔依据,FIDIC《施工合同条件》(1999年第一版)承包商可引用的索赔条款,仅作参考。

11.2.2.2 索赔的证据

索赔证据是当事人用来支持其索赔成立及与索赔有关的证明文件和资料。索赔证据作为索赔报告的组成部分,在很大程度上关系到索赔的成功与否。证据不全、不足或没有证据,索赔是很难成功的。

表 11-1 施工合同示范文本(GF—1999—0201)中的索赔依据

序号		条款序号	条款主要内容
01	业主向承包人索赔的依据	4.1	承包人在约定期间内将图纸泄密
02		7.3	情况紧急时承包人采取应急措施
03		9.2	承包人未能履行 9.1 款各项义务
04		12	承包人原因暂停施工
05		14.2	承包人原因不能按期竣工
06		15	承包人原因工程质量达不到约定的标准
07		18	工程师重新检验隐蔽工程不合格
08		19.5	承包人采购的设备导致试车不合格
09		20.1	承包人安全措施不利造成事故的
10		22	承包人原因造成重大伤亡及其他安全事故
11		27.3	承包人保管业主按期供应的设备发生丢失损坏
12		28	承包人使用未经工程师认可的代用材料
13		29.2	承包人擅自进行工程设计变更
14		29.3	未经工程师同意的承包人合理化建议
17	承包人向业主索赔的依据	6.2	工程师指令错误
18		6.3	工程师未能按合同约定履行义务
19		7.3	情况紧急时承包人采取应急措施
20		8.2	承包人代行业主合同义务
21		8.3	业主未履行合同义务
22		9.1	承包人完成施工图设计或与工程配套的设计,向业主提供现场临时设施,按业主要求对已竣工工程采取特殊保护
23		11.2	业主原因延期开工
24		12	业主原因暂停施工
25		13	业主原因或不可抗力延误工期
26		14.3	业主要求提前竣工
27		16.3	工程师检查、检验影响正常施工
28		18	工程师重新检验隐蔽工程合格

续表

序号		条款序号	条款主要内容
29	承包人向业主索赔的依据	19.5	设计方原因、业主采购的设备导致试车不合格,未包括在合同价款内的试车费用
30		20.2	业主原因导致的安全事故
31		21	承包人提出且工程师认可的特殊危险场所安全防护措施
32		22	业主原因造成的重大伤亡及其他安全事故
33		23.3	可调价格合同中约定的价款调整因素
34		24	预付款延期支付利息
35		26.3	进度款延期支付利息
36		27.4	业主供应材料设备单价与合同不符,业主供应材料设备规格型号与合同不符并由承包人调剂串换,承包人保管业主提前到货的材料设备
37		27.5	业主供应材料设备由承包人负责检验和试验
38		29.1	业主提出的设计变更
39		29.3	经工程师同意的承包人合理化建议
41		33.3	竣工结算价款延期支付利息
42		39.3	不可抗力发生
43		40.2	运至现场材料和待安装设备保险
44		40.3	委托承包人办理的保险
45			
46		42.1	业主要求使用专利技术与特殊工艺
47		43	施工中发现文物及地下障碍物

表 11-2　FIDIC 施工合同条件(1999 年第一版)承包商可引用的索赔条款

序号	条款序号	条款主要内容	可索赔内容	备注
01	1.3	通信交流	T+C+P	隐含条款
02	1.5	文件的优先次序	T+C	隐含条款
03	1.8	文件有缺陷或技术性错误	T+C+P	隐含条款
04	1.9	延误的图纸或指示	T+C+P	明示条款
05	1.13	遵守法律	T+C+P	隐含条款
06	2.1	业主未提供现场	T+C	明示条款

续表

序号	条款序号	条款主要内容	可索赔内容	备注
07	2.3	业主人员引起的延误、妨碍	T+C	隐含条款
08	2.5	业主的索赔	C	隐含条款
09	3.2	工程师的授权	T+C+P	隐含条款
10	3.3	工程师的指示	T+C+P	明示条款
11	4.2	履约保证	C	隐含条款
12	4.7	因工程师数据差错，放线错误	T+C+P	明示条款
13	4.10	业主应提供现场数据	T+C	隐含条款
14	4.12	不可预见的外界物质条件	T+C	明示条款
15	4.20	业主设备或免费供应的材料	T+C	隐含条款
16	4.24	发现有化石、硬币或有价值的文物	T+C	明示条款
17	5.2	对指定分包商的反对	T+C+P	隐含条款
18	7.3	检查	T+C+P	隐含条款
19	7.4	工程师改变规定实验细节或附加实验	T+C+P	明示条款
20	8.1	工程开工	T+C	隐含条款
21	8.3	进度计划	T+C+P	明示条款
22	8.4	竣工时间的延长	T(+C+P)	明示条款
23	8.5	当局造成的延长	T	明示条款
24	8.9	暂停施工	T+C	明示条款
25	8.12	复工	T+C+P	隐含条款
26	10.2	业主接受或使用部分工程	C+P	明示条款
27	10.3	工程师对竣工实验干扰	T+C+P	明示条款
28	11.8	工程师指令承包商调查	C+P	明示条款
29	12.1	需测量的工程	C+P	隐含条款
30	12.3	实际完成的工程量数量超出工程量表的10%	T+C+P	隐含条款
31	12.4	删减	C	明示条款
32	13	工程变更	T+C+P	明示条款
33	13.7	法规改变	T+C	明示条款
34	13.8	成本的增加或减少	C	明示条款
35	14.8	付款的延误	T+C+P	明示条款

续表

序号	条款序号	条款主要内容	可索赔内容	备注
36	15.5	业主终止合同	C+P	明示条款
37	16.1	承包商暂停工作的权利	T+C+P	明示条款
38	16.4	终止时的付款	T+C+P	明示条款
39	17.4	业主的风险	T+C(+P)	明示条款
40	18.1	当业主应投保而未投保时	C	明示条款
41	19.4	不可抗力	T+C	明示条款
42	20.1	承包商的索赔	T+C+P	明示条款

说明：T—工期；C—成本；P—利润。

一般认为，一个索赔或反驳、答辩的质量以及能否成功取决于一个方面，那就是证据。因此，证据收集、整理工作是承包商、业主及工程师的一项日常重要事物。

对承包商来说，常见的索赔证据如下。

1. 合同文件

合同文件包括工程合同及附件、中标通知书、投标书、标准和技术规范、图纸、工程量清单、工程报价单或预算书、有关技术资料和要求等。具体的如发包人提供的水文地质、地下管网资料，施工所需的证件、批件、临时用地占地证明手续、坐标控制点资料等。

2. 经工程师批准的文书

经工程师批准的文书包括承包人施工进度计划、施工方案、施工项目管理规划等。各种施工报表包括：

（1）驻地工程师填制的工程施工记录表，这种记录能提供关于气候、施工人数、设备使用情况等情况；

（2）施工进度表；

（3）施工人员计划表和人工日报表；

（4）施工用材料和设备报表。

3. 各种施工记录

各种施工记录包括施工日志及工长工作日志、备忘录等。

4. 工程形象进度照片

工程形象进度照片包括工程有关施工部位的照片及录像等。

5. 有关各方往来文书

有关各方往来文书包括往来信件、电话记录、指令、信函、通知、答复等。

6. 工程会议纪要

工程会议纪要包括工程各项会议纪要、协议及其他各种签约、定期与业主雇员的谈话资料等。

业主与承包人、承包人与分包人之间定期或临时召开的现场会议讨论工程情况的会议记录,能被用来追溯项目的执行情况,查阅业主签发工程内容变动通知的背景和签发通知的日期,也能查阅在施工中最早发现某一重大情况的确切时间。另外,这些记录也能反映承包人对有关情况采取的行动。

7. 发包人(工程师)发布的各种书面指令书和确认书

即发包人或工程师发布的各种书面指令书和确认书,以及承包人的要求、请求、通知书。

8. 气象资料

气象资料包括气象报告和资料,如有关天气的温度、风力、雨雪的资料等。

9. 投标前业主提供的各种工程资料

10. 施工现场记录

施工现场记录包括设计交底记录、图纸变更、变更施工指令,工程送电、送水、道路开通、封闭的日期记录,工程停电、停水和干扰事件影响的日期及恢复施工的日期记录等。

11. 业主或工程师签认材料

即工程各项经业主或工程师签认的资料。

12. 工程财务资料

工程财务资料包括工程结算资料和有关财务报告,如工程预付款、进度款拨付的数额及日期记录、工程结算书、保修单等。

13. 各种检查验收报告和技术鉴定报告

这些报告如质量验收单、隐蔽工程验收单、验收记录、竣工验收资料、竣工图。

14. 各类财务凭证

即需要收集和保存的工程基本会计资料,包括工卡、人工分配表、工人福利协议、经会计师核算的劳务工资报告单、购料订单收讫发票、收款票据、设备使用单据等。

15. 其他

包括分包合同、官方的物价指数、汇率变化表以及国家、省、市有关影响工程造价及工期的文件和规定等。

在施工过程中,作为工程惯例承包商应有自己独立的记录系统。为做好记录,需要大量受过良好训练的现场施工管理人员常驻工地。需要时,随时编写专题报告,向项目经理报告,以使项目经理对工程进展和存在的问题有一个清晰的认识,并及时采取相关行动。

许多问题都不是突然发生的,都有一个缓慢的发展过程,最后才突然爆发。如果工程管理人员能够做好平时的记录,根据记录情况就能够对问题进行预警,并在问题刚一出现就可以将其根除,或为以后有可能出现的索赔提供丰富、有力的第一手资料。

11.2.2.3 索赔的证据要求

一个支持有力的索赔证据应满足以下要求。

1. 真实性

索赔证据必须是在实施合同过程中确实存在和实际发生的,是施工过程中产生的真实资料,能经得住推敲。

2. 及时性

索赔证据的取得应当及时,它能够客观反映工程施工过程中发生的索赔事件。有些索赔事件,若不及时收集、整理有关证据,过后弥补起来可能会很困难。甚至,合同对有关合同事件的处理都有时间要求。

3. 全面性

所提供的证据应能说明事件的全部内容。索赔报告中涉及的索赔理由、事件过程、影响、索赔额度等都应有相应证据。

4. 关联性

索赔的证据应当与索赔事件有必然联系,并能够互相说明、符合逻辑。

5. 系统性

索赔证据应能够系统地反映索赔事件的全貌,从时间、空间、原因、过程、结果等方面系统地予以证明索赔事件的存在及其影响。

6. 有效性

索赔证据必须具有法律效力。不同的证据其证据的有效性不一样。书面证据比口头证据更为有效;经过业主或工程师签字、认可的资料其证据的有效性比承包人的自身施工记录强;能够说明问题的实物照片具有客观性,自然也具有强有力的证明力;官方的规定、文件可以作为直接的证据。

11.2.3 索赔事件的分析方法

在实际工程中,干扰事件产生的原因比较复杂,有时双方都有责任;甚至,干扰事件也有时先后发生,前一事件发生是后一事件的原因,或影响重叠。此时,索赔事件原因的分析、责任的界定是一件复杂的工作。下面所介绍的"三种状态"分析方法有助于理清责任,分析各干扰事件的实际影响,以准确地计算索赔值。

11.2.3.1 合同的三种状态

1. 合同状态分析

1)合同状态概念

这里不考虑任何干扰事件的影响,仅对合同签订的情况做重新分析。

施工合同所确定工期和价格的基础是"合同状态",即合同签订时的合同条件、工程环境和实施方案。在工程施工中,由于干扰事件的发生,造成"合同状态"的变化,原"合同状态"被打破，应按合同的规定，重新确定合同工期和价格。新的工期和价格必须在"合同状态"的基础上分析计算。

合同状态（又被称为计划状态或报价状态）的基础数据及计算方法是整个工程的假设状况，也是分析索赔事件影响的基础。

2）合同状态的分析基础

合同状态分析是重新分析合同签订时的合同条件、工程环境、实施方案和价格。其分析基础为招标文件和各种报价文件，包括合同条件、合同规定的工程范围、工程量表、施工图纸、工程说明、规范、总工期、双方认可的施工方案和施工进度计划，以及人力、材料、设备的需要量和计划安排、里程碑事件、承包商合同报价时的价格水平等。

3）合同状态的分析内容

包括各分项工程的工程量，按劳动组合确定人工费单价，按材料采购价格、运输、关税、损耗等确定材料单价，按所需用机械确定机械台班单价，按生产效率和工程量确定总劳动力用量和总人工费，通过网络计划分析确定具体的施工进度和工期，劳动力需求曲线和最高需求量，工地管理人员安排计划和费用，材料使用计划和费用，机械使用计划和费用，各种附加费用，各分项工程单价、报价，工程总报价等。

合同状态分析实质上和合同报价过程相似。合同状态分析确定的是，在合同条件、工程环境、实施方案等没有变化的情况下，承包商应在合同工期内，按合同规定的要求（质量、技术等）完成工程，并得到相应的合同价格。

2. 可能状态分析

合同状态仅为计划状态或理想状态。在任何工程中，干扰事件是不可避免的，所以合同状态很难保持。要分析干扰事件对施工过程的影响，必须在合同状态的基础上进行干扰事件的分析。为了区分各方面的责任，这里的干扰事件必须不是由承包商自己引起，而且不在合同规定的承包商应承担的风险范围内，才符合合同规定的赔偿条件。

仍然引用上述合同状态的分析方法和分析过程，需要时借以网络计划分析，再一次进行工程量核算，确定这种状态下的劳动力、管理人员、机械设备、材料、工地临时设施和各种附加费用的需要量，最终得到这种状态下的工期和费用。这种状态实质上仍为一种计划状态，是合同状态在受外界干扰后的可能情况，所以被称为可能状态。

3. 实际状态分析

按照实际的工程量、生产效率、人力安排、价格水平、施工方案和施工进度安排等确定实际的工期和费用。这种分析以承包商的实际工程资料为依据。

比较上述三种状态的分析结果，可以得到如下结论。

（1）实际状态和合同状态之差即为工期的实际延长和成本的实际增加量。这里包括所有因素的影响，如业主责任的、承包商责任的、其他外界干扰的。

(2) 可能状态和合同状态结果之差即为按合同规定承包商真正有理由提出工期和费用索赔的部分。它可以直接作为工期和费用的索赔值。

(3) 实际状态和可能状态结果之差为承包商自身责任造成的损失和合同规定的承包商应承担的风险。它应由承包商自己承担，得不到补偿。

案例

某大型路桥工程，业主认为工程总价8350万美元。本工程采用FIDIC《土木工程施工合同条件》，某承包商中标合同价7825万美元，工期24个月，并约定工期拖延罚款95 000美元/天。

在桥墩开挖中，由于地质条件异常，淤泥深度比招标文件所示深得多，基岩高程低于设计图纸3.5 m，图纸多次修改。工程结束时，承包人提出6.5个月工期和3645万美元费用索赔。

业主、工程师接到承包商索赔报告后，对合同的三种状态分析如下。

1. 合同状态分析。业主全面分析承包商报价，经详细核算后，预算总价应为8350万美元。工期24个月，承包商将报价降低了525万美元（8350万美元－7825万美元），这是他在投标时认可的损失，应当由承包商自己承担。

2. 可能状态分析。由于复杂的地质条件、修改设计、迟交图纸等原因（这里不计承包商责任和承包商风险的事件），造成承包商费用增加，经核算可能状态总成本应为9874万美元，工期约为28个月，则承包商有权提出的索赔仅为1524万美元（9874万美元－8350万美元）和4个月工期索赔。由于承包商在投标时已认可了525万美元损失，则仅能赔偿999万美元（1524万美元－525万美元）。

3. 实际状态分析。承包商提出的索赔是在实际总成本和总工期（即实际状态）分析基础之上的，实际总成本为11 470万美元（7825万美元＋3645万美元），实际工期为30.5个月。

实际状态与可能状态成本之差1 596万美元（11 470万美元－9874万美元），为承包商自己管理失误造成的损失，或因提高索赔值造成的，由承包商自己负责。

由于承包商原因造成工期拖延2.5个月，对此业主要求承包商支付误期违约金：

误期赔偿金＝95 000美元/天×76天＝7 220 000美元

最终双方达成一致：业主向承包商支付为

999万美元－722万美元＝277万美元。

分析

本案例非常有代表性，工期拖延既有承包商的原因，又有业主应承担的风险；在费用上，既有承包商为中标而自愿放弃的利益（低价策略），又有因业主应承担的风险而导致的承包商费用的增加。本案例中的工程师对三种合同状态的分析思路正确，分析合理，将合同双方的责任、义务恰到好处地予以界定、区分。

当然，在实际工程上，承包商要索赔成功，还必须按合同条款的约定，在规定的时间里提出索赔意向及索赔报告，准备齐全能够支持自己索赔的证据，如工程照片及有关因工程地质有变化而产生的往来信函、会议纪要、工程师的指示等资料。

11.2.3.2 合同分析的注意事项

三种分析方法从总体上将双方的责任区分开来，同时又体现了合同精神，比较科学和合理。分析时应注意以下几点。

1. 索赔处理方法不同，分析的对象也会有所不同

在日常的单项索赔中仅需分析与该干扰事件相关的分部分项工程或单位工程的各种状态；而在一揽子索赔（总索赔）中，必须分析整个工程项目的各种状态。

2. 在"三种状态"分析中，对相同的分析对象采用相同的分析方法、分析过程和分析结果表达形式

这样能够方便对方对索赔报告的阅读、审查分析，使谈判人员能清楚了解干扰事件的影响，方便索赔的谈判和最终解决。

3. 分析要详细

分析要详细，能分出各干扰事件、各费用项目、各工程活动（合同事件），这样使用分项法计算索赔值便会很方便。

4. 准确计算索赔值

在实际工程中，不同种类、不同责任人、不同性质的干扰事件常常搅在一起，要准确地计算索赔值，必须将它们的影响区别开来，由合同双方分别承担责任。这常常是很困难的，会带来很大的争执。例如造成工期拖延的干扰事件就有如下几种情况：

（1）承包商责任造成的工期拖延，则工期和费用都得不到补偿；

（2）业主责任造成的工期拖延，则工期和费用都能得到补偿；

（3）由于其他方面干扰，如恶劣的气候条件造成的工期拖延，工期能得到补偿，而费用有时却得不到补偿等。

如果这几类干扰事件集中在一起，互相影响，则分析起来就很困难。这里特别要注意各干扰事件的发生和影响之间的逻辑关系，即先后顺序关系和因果关系。这样干扰事件的影响分析和索赔值的计算才是合理的。

5. 借用计算机技术分析索赔事件影响

对于复杂的工程或重大索赔，分析资料多，采用人工处理必然花费许多时间和人力，常常无法满足索赔的期限（索赔有效期限制）和准确度要求，此时，借用计算机技术进行数据处理能极大地提高工作效率。

6. 采用差异分析的方法

在工程成本管理中人们经常采用差异分析的方法来分析各种影响因素的影响值，这种方法十分有效，经常被用于干扰事件的影响分析。

11.2.4 索赔程序

11.2.4.1 承包人的索赔

不同的施工合同条件对索赔程序的规定会有所不同。但在工程实践中,比较完整的索赔程序主要由以下步骤组成。

1. 索赔意向通知

在工程实施过程中,承包人发现索赔或意识到存在潜在的索赔机会后,要做的第一件事,就是要在合同规定的时间内将自己的索赔意向用书面形式及时通知业主或工程师,亦即向业主或工程师就某一个或若干个索赔事件表示索赔愿望、要求或声明保留索赔的权利。

索赔意向通知一般包括以下内容:索赔事由发生的时间、地点、事件发生过程和发展动态,索赔所依据的合同条款和主要理由,索赔事件对工程成本和工期产生的不利影响。

施工合同要求承包人在规定期限内首先提出索赔意向,是基于以下考虑:

(1) 提醒业主或工程师及时关注索赔事件的发生、发展的全过程;

(2) 为业主或工程师的索赔管理作准备,如可进行合同分析、搜集证据等;

(3) 如属业主责任引起索赔,业主有机会采取必要的改进措施,防止损失的进一步扩大。

2. 索赔资料的准备

从提出索赔意向到提交索赔文件,是属于承包人索赔的内部处理阶段和索赔资料准备阶段。此阶段的主要工作有:① 跟踪和调查干扰事件;② 分析干扰事件产生的原因,划清各方责任;③ 损失或损害的调查或计算;④ 搜集证据;⑤ 起草索赔报告。

3. 索赔报告的提交

承包人必须在合同规定的索赔时限内向业主或工程师提交正式的书面索赔报告。

4. 工程师对索赔文件的审核

工程师根据业主的委托或授权,对承包人索赔的审核工作主要分为判定索赔事件是否成立和核查承包人的索赔计算是否正确、合理两个方面,并可在业主授权的范围内做出自己独立的判断。

5. 工程师与承包人协商补偿额和工程师索赔处理意见

工程师经过对索赔文件的认真评审,并与业主、承包人进行了较充分的讨论后,应提出自己的索赔处理决定。通常,工程师的处理决定不是终局性的,对业主和承包人都不具有强制性的约束力。

6. 业主审查、处理

当索赔数额超过工程师权限范围时,由业主直接审查索赔报告,并与承包人谈判解决,工程师应参加业主与承包人之间的谈判,工程师也可以作为索赔争议的调解人。索赔报告经业主批准后,工程师即可签发有关证书。对于数额比较大的索赔,一般需要业主、承包人和工程师三方反复协商才能做出最终处理决定。

7. 承包商提出仲裁或诉讼

如果承包人同意接受最终的处理决定,索赔事件的处理即告结束。如果承包人不同意,则可根据合同约定,将索赔争议提交仲裁或诉讼,以使索赔争议得到最终解决。在仲裁或诉讼过程中,工程师作为工程全过程的参与者和管理者,可以作为见证人提供证据,做答辩。

11.2.4.2 发包人的索赔

根据我国《建设工程施工合同(示范文本)》规定,因承包人原因不能按照协议书约定的竣工日期或工程师同意顺延的工期竣工,或因承包人原因工程质量达不到协议书约定的质量标准,或承包人不履行合同义务或不按合同约定履行义务或发生错误而给发包人造成损失时,发包人也应按合同约定的索赔时限要求,向承包人提出索赔。

11.2.5 索赔报告

索赔报告编写是否完善,直接关系索赔能否成功。一个有经验的工程承包商,应该具备编制一个高质量的索赔报告书的能力。

11.2.5.1 内容组成

在国内建设工程施工索赔中,对索赔报告的内容组成并没有一个统一的格式要求。在一个完整的国际工程索赔报告中,它必须包括以下4~5个组成部分。至于每个部分的文字长短,则根据每一索赔事项的具体情况和需要来决定。

1. 总论部分

每个索赔报告书的首页,应该是该索赔事项的一个综述。它概要地叙述发生索赔事项的日期和过程;说明承包商为了减轻该索赔事项造成的损失而做过的努力;索赔事项对承包商施工增加的额外费用;以及自己的索赔要求。

总论部分字数不多。最好在上述论述之后附上一个索赔报告书编写人、审核人的名单,注明其职称、职务及施工索赔经验,以表示该索赔报告书的权威性和可信性。

总论部分应包括:① 序言;② 索赔事项概述;③ 具体索赔要求,即工期延长天数或索赔款额;④ 报告书编写及审核人员。

2. 合同引证部分

合同引证部分是索赔报告关键部分之一,它的目的是承包商论述自己有索赔权,这是索赔成立的基础。

合同引证的主要内容,是该工程项目的合同条件以及工程所在国有关此项索赔的法律规定,说明自己理应得到经济补偿或工期延长,或二者均应获得。

3. 索赔款额计算部分

在论证索赔权以后,接着计算索赔款额,具体论证合理的经济补偿款额。这也是索赔报告书的主要部分,是经济索赔报告的第三部分。

款额计算的目的,是以具体的计价方法和计算过程说明承包商应得到的经济补偿款额。如果说合同论证部分的目的是确立索赔权,则款额计算部分的任务是决定应得的索赔款。前者是定性的,后者是定量的。

在款额计算部分中,承包商应首先注意采用合适的计价方法。至于采用哪一种计价法,应根据索赔事项的特点及自己掌握的证据资料等因素来确定。其次,应注意每项开支的合理性,并指出相应的证据资料的名称及编号,(这些资料均列入索赔报告书中)。只要计价方法合适,各项开支合理,则计算出的索赔总款额就有说服力。

4. 工期延长论证部分

承包商在施工索赔报告中进行工期论证的目的,首先是为了获得施工期的延长,以免承担误期损害赔偿费的经济损失;其次可能在此基础上探索获得经济补偿的可能性,因为如果承包商投入了更多的资源时,就有权要求业主对其附加开支进行补偿。

承包商在索赔报告中,应该对工期延长、实际工期、理论工期等工期的长短(天数)进行详细的论述,说明自己要求工期延长(天数)或加速施工费用(款数)的根据。

5. 证据部分

证据部分通常以索赔报告书附件的形式出现,它包括了该索赔事项所涉及的一切有关证据资料以及对这些证据的说明。

11.2.5.2 编写要求

有经验的承包商都十分重视索赔报告书的编写工作,使自己的索赔报告书充满说服力,逻辑性强,符合实际,论述准确,使阅读者感到合情合理,有根有据。编制索赔报告书,应注意做到以下几点。

1. 事实的准确性

索赔报告书对索赔事项的事实真相,应如实而准确地描述。对索赔款的计算,或对工期延误的推算,都应准确无误、无懈可击。任何的计算错误或歪曲事实,都会降低整个索赔的可信性,给索赔工作造成困难。

为了证明事实的准确性,在索赔报告书的最后一部分中要附以大量的证据资料,如照片、录像带、现场记录、单价分析、费用支出收据等。并将这些证据资料分类编号,当文字论述涉及某些证据时,随即指明有关证据的编号,以便索赔报告的审阅者随时查对。

2. 论述的逻辑性

合乎逻辑的因果关系,是指索赔事项与费用损失之间存在着内在的、直接的关系。只有这样的因果关系,才具有法律上的意义。如果仅仅是外在的、偶然性的联系时,则不能认定二者之间有因果关系。比如,承包商在施工期间遇到了业主原因引起的暂停施工两个月,工程被迫较原定竣工期推迟了两个月,对承包商来说,这两个月是属于可原谅的和应补偿的延误。如果在这两个月的延误期间,碰巧遇到了工程所在地的政治性罢工,又使工期拖了半个月,则这半个月的延误不能与前两个月的延误等同对待,这是属于政治性的特殊风险,是一种可原谅、且不予补偿的延误。但是,由于业主原因的两个月的延误(暂停施工),必然要引起承包商在雨季施工,因雨季施工而形成的工期延误,以及由此引起的工作效率降低而形成的施工费用增加,承包商均有权获得索赔。

3. 善于利用案例

为了进一步证明承包商索赔要求的合理性和逻辑性,索赔报告书中还可以引证同类索赔事项的索赔前例,即引用已成功的索赔案例,来证明此一同类型的索赔理应成功的道理。这是 FIDIC 合同条件所属的普通法体系的判案原则——按例裁决的原则。国际工程的承包商,应学会熟练地应用这一索赔判案原则。

在施工索赔实践中,当论证索赔款额时,通常会遇到三种难度不同的新增费用。

1) 第一类费用——客观性较强的费用

所谓客观性较强的一类施工费用,是指人工费、材料费、设备费、施工现场办公费等直接费用。这些费用都发生在施工现场,有目共睹,只要有完备的现场记录资料,在索赔计价时一般容易通过。

2) 第二类费用——客观性较弱的费用

这一类费用包括新增的工地及总部管理费,在冬季和雨季施工时的工效降低费,发生工程变更时的新增成本的利息等。这些费用一般都是存在的,但其具体客观性不如第一类费用那么明显,故称为客观性较弱的新增费用。

虽然客观性较弱,但多年来仍为业主所接受,按照前例可循的原则向承包商支付,只是在确定索赔款额时要进行一些讨价还价。

3) 第三类费用——主观性判断的费用

这一类费用一般没有精确的计算方法,在相当大的程度上依赖主观判断。例如:发生施工现场条件变更时或更换工人时,由于工人们在开始阶段操作不熟练而使工效降低所引起的施工费用增加,即国际工程承包界通称的新工人通过熟练曲线所花的费用;工人劳动情绪因受干扰而降低所发生的新增费用;由于工期延长而使承包商失去下一个工程项目的承包机会,因而失去施工利润机会的费用,等等。这些费用款额的决定,往往带有相当大的主观判断成本,故被称为主观性判断的费用。承包商想要取得这些费用,是相当不容易的,除非有类似的前例可循;业主即使同意支付这类费用,也要对承包商所提的款额削减。

4. 文字简练,论理透彻

编写索赔报告书时应该牢记:索赔报告的阅读者,除了咨询工程师(监理工程师)

和业主代表以外,主要可能是业主的决策者,他们是承包商索赔工作成功与否的最终决策者。因此,索赔报告的文字一定要清晰简练,避免啰唆重复,有根有据,论述透彻。

5. 逐项论述,层次分明

索赔报告书的结构,通常采用"金字塔"的形式,首先在最前面的1~2页里简明扼要地说明索赔的事项、理由和要求的款额或工期延长,让阅读者一开始就了解你的全部要求。这就是索赔报告书的汇总部分。其次,逐项详细地论述事实和理由,展示具体的计价方法或计算公式,列出详细的费用清单,并附以必要的证据资料。这样,在汇总表中的每一个数字,就延展为整段落的文字叙述,许多的表格和分项费用以及一系列的证据资料。

11.3 工期索赔

11.3.1 概述

工程延误是指工程实施过程中任何一项或多项工作实际完成日期迟于计划规定的完成日期,从而可能导致整个合同工期的延长。工程延误对合同双方一般都会造成损失。业主因工程不能及时交付使用、投入生产,就不能按计划实现投资效果,失去赢利机会,损失市场利润;承包人因工期延误而会增加工程成本,如现场工人工资开支、机械停滞费用、现场和企业管理费等,生产效率降低,企业信誉受到影响。因此,工程延误的后果在形式上表现的是时间损失,实质上仍然是经济损失。

11.3.2 工期延误的分类与处理原则

11.3.2.1 工程延误的分类和识别

1. 按工程延误原因划分

1) 因业主及工程师自身原因或合同变更原因引起的延误

(1) 业主拖延交付合格的施工现场;

(2) 业主拖延交付图纸;

(3) 业主或工程师拖延审批图纸、施工方案、计划等;

(4) 业主拖延支付预付款或工程款;

(5) 业主提供的设计数据或工程数据延误,如有关放线的资料不准确;

(6) 业主指定的分包商违约或延误;

(7) 业主未能及时提供合同规定的材料或设备;

(8) 业主拖延关键线路上工序的验收时间,造成承包人下道工序施工延误;

(9) 业主或工程师发布指令延误,或发布的指令打乱了承包人的施工计划;

(10)业主设计变更或要求修改图纸,业主要求增加额外工程,导致工程量增加、工程变更或工程量增加引起施工程序的变动等等。

2)因承包商原因引起的延误

由承包商引起的延误一般是由于其内部计划不周、组织协调不力、指挥管理不当等原因引起的。这类延误不可谅解、不予补偿。

3)不可控制因素导致的延误

(1)人力不可抗拒的自然灾害导致的延误,如有记录可查的特殊反常的恶劣天气、不可抗力引起的工程损坏和修复;

(2)特殊风险,如战争、叛乱、革命、核装置污染等造成的延误;

(3)不利的自然条件或客观障碍引起的延误等,如施工现场发现化石、古钱、文物或未探明的障碍物;

(4)施工现场中其他承包人的干扰;

(5)罢工及其他经济风险引起的延误,如政府抵制或禁运而造成工程延误。

2. 按工程延误的可能结果划分

1)可索赔延误

可索赔延误是指非承包人原因引起的工程延误,包括业主或工程师的原因和双方不可控制的因素引起的延误,并且该延误工序或作业一般应在关键线路上,此时承包人可提出补偿要求,业主应给予相应的合理补偿。

根据补偿内容的不同,可索赔延误可进一步划分为以下三种情况。

(1)只可索赔工期的延误。这类延误是由业主、承包人双方都不可预料、无法控制的原因造成的延误,如不可抗力、异常恶劣气候条件、特殊社会事件、其他第三方等原因引起的延误。对于这类延误,一般合同规定:业主只给予承包人延长工期,不给予费用损失的补偿。

(2)只可索赔费用的延误。这类延误是指由于业主或工程师的原因引起的延误,但发生延误的活动对总工期没有影响,而承包人却由于该项延误负担了额外的费用损失。在这种情况下,承包人不能要求延长工期,但可要求业主补偿费用损失,前提是承包人必须能证明其受到了损失或发生了额外费用,如因延误造成的人工费增加、材料费增加、劳动生产率降低等。

(3)可索赔工期和费用的延误。这类延误主要是由于业主或工程师的原因而直接造成工期延误并导致经济损失。

2)不可索赔延误

不可索赔延误是指因可预见的条件,或在承包人控制之内的情况,或由于承包人自己的问题与过错而引起的延误。如果承包人因未能按期竣工还造成第三人(如其他承包商)的损害,则还应支付相应的误期损害赔偿费。

3. 按延误事件之间的时间关联性划分

1)单一延误

单一延误是指在某一延误事件从发生到终止的时间间隔内,没有其他延误事件的发生,该延误事件引起的延误称为单一延误或非共同延误。

2）共同延误

当两个或两个以上的单个延误事件从发生到终止的时间完全相同时,这些事件引起的延误称为共同延误。共同延误的补偿分析比单一延误要复杂。图 11-1 列出了共同延误发生的部分可能性组合及其索赔补偿分析结果。

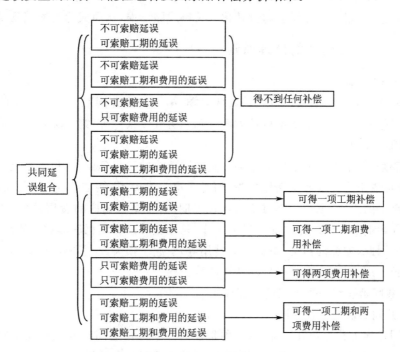

图 11-1　共同延误组合分析

3）交叉延误

当两个或两个以上的延误事件从发生到终止只有部分时间重合时,称为交叉延误。由于工程项目是一个复杂的系统工程,影响因素众多,常常会出现多种原因引起的延误交织在一起,这种交叉延误的补偿分析比较复杂。实际上,共同延误是交叉延误的一种特殊情况。

4. 按延误发生的时间分布划分

1）关键线路延误

关键线路延误是指发生在工程网络计划关键线路上活动的延误。由于在关键线路上全部工序的总持续时间即为总工期,因而任何工序的延误都会造成总工期的推迟。因此,非承包人原因引起的关键线路延误,必定是可索赔延误。

2）非关键线路延误

非关键线路延误是指在工程网络非关键线路上活动的延误。

由于非关键线路上的非关键工作可能存在机动时间,因而当非承包人原因发生非关键线路延误时,会出现两种可能性。

(1) 延误时间少于该工作的机动时间。在此种情况下,所发生的延误不会导致整个工程的工期延误,因而业主一般不会给予工期补偿;但若因延误发生额外开支时,承包人可以提出费用补偿要求。

(2) 延误时间大于该工作的机动时间。此时,非关键线路会因此而转变成关键线路,非关键线路上的延误会部分转化为关键线路延误,从而成为可索赔延误。

11.3.2.2 工程延误的处理原则

1. 一般原则

工程延误的影响因素可以归纳为两大类:第一类是合同双方均无过错的原因或因素而引起的延误,主要指不可抗力事件和恶劣气候条件等;第二类是由于业主或工程师原因造成的延误。

一般来说,根据工程惯例对于第一类原因造成的工程延误,承包人只能要求延长工期,很难或不能要求业主赔偿损失;而对于第二类原因,假如业主的延误已影响了关键线路上的工作,承包人既可要求延长工期,又可要求相应的费用赔偿;如果业主的延误仅影响非关键线路上非关键的工作,且延误后的工作仍属非关键线路,而承包人能证明因此(如劳动窝工、机械停滞费用等)引起了损失或额外开支,则承包人不能要求延长工期,但完全有可能要求费用赔偿。

2. 共同延误和交叉延误的处理原则

1) 共同延误的处理原则

共同延误可分为两种情况:第一种是在同一项工作上同时发生两项或两项以上延误;第二种是在不同的工作上同时发生两项或两项以上延误。

第一种情况主要有以下几种基本组合。

(1) 可索赔延误与不可索赔延误同时存在。在这种情况下,承包人无权要求延长工期和费用补偿。可索赔延误与不可索赔延误同时发生时,则可索赔延误就变成不可索赔延误,这是工程索赔的惯例之一。

(2) 两项或两项以上可索赔工期的延误同时存在,承包人只能得到一项工期补偿。

(3) 可索赔工期的延误与可索赔工期和费用的延误同时存在,承包人可获得一项工期和费用补偿。

(4) 两项只可索赔费用的延误同时存在,承包人可得两项费用补偿。

(5) 一项可索赔工期的延误与两项可索赔工期和费用的延误同时存在,承包人可获得一项工期和两项费用补偿。即对于多项可索赔延误同时存在时,费用补偿可以叠加,工期补偿不能叠加。

第二种情况比较复杂。由于各项工作在工程总进度表中所处的地位和重要性不同,同等时间的相应延误对工程进度所产生的影响也就不同,所以对这种共同延误的分析就不像第一种情况那样简单。比如,不同工作上业主延误(可索赔延误)和承包人延误(不可索赔延误)同时存在,承包人能否获得工期延长及经济补偿。

对此应通过具体分析才能回答。首先,要分析不同工作上业主延误和承包人延误分别对工程总进度造成的影响,然后将两种影响进行比较,对相互重叠部分按第一种情况的原则处理。最后,看剩余部分是业主延误还是承包人延误造成的。如果是业主延误造成的,则应该对这一部分给予延长工期和经济补偿;如果是承包人延误造成的,则不能给予任何工期延长和经济补偿。对其他几种组合的共同延误也应具体问题具体分析。

2) 交叉延误的处理原则

对于交叉延误,可能会出现如图 11-2 所示的几种情况,具体分析如下。

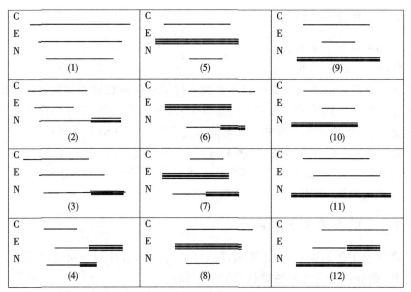

注:C为承包商原因造成的延误,E为业主或工程师原因造成的延误,N为双方不可控制因素造成的延误;
——为不可得到补偿的延期,▬▬为可以得到时间补偿的延期,▬▬▬为可以得到时间和费用补偿的延期

图 11-2　工程延误的交叉与补偿分析图

(1) 在初始延误是由承包人原因造成的情况下,随之产生的任何非承包人原因的延误都不会对最初的延误性质产生任何影响,直到承包人的延误原因和影响已不复存在。因而在该延误时间内,业主原因引起的延误和双方不可控制因素引起的延误均为不可索赔延误,见图 11-2 中的(1)~(4)。

(2) 如果在承包人的初始延误已解除后,业主原因的延误或双方不可控制因素造成的延误依然在起作用,那么承包人可以对超出部分的时间进行索赔。在图 11-2 中(2)和(3)的情况下,承包人可以获得所示时段的工期延长,并且在图 11-2 中(4)等情况下还能得到费用补偿。

(3) 如果初始延误是由于业主或工程师原因引起的,那么其后由承包人造成的延误将不会使业主脱卸(尽管有时或许可以减轻)其责任,此时承包人将有权获得从业主延误开始到延误结束期间的工期延长及相应的合理费用补偿,如图11-2中(5)～(8)所示。

(4) 如果初始延误是由双方不可控制因素引起的,那么在该延误时间内,承包人只可索赔工期,而不能索赔费用,见图11-2中的(9)～(12)。只有在该延误结束后,承包人才能对由业主或工程师原因造成的延误进行工期和费用索赔,如图11-2中的(12)所示。

11.3.3 工期索赔的分析和计算方法

11.3.3.1 工期索赔证据

工期索赔的证据主要有:
(1) 合同规定的总工期计划;
(2) 合同签订后由承包商提交的并经过工程师审核同意的详细的进度计划;
(3) 合同双方共同认可的对工期的修改文件,如会谈纪要、来往信件等;
(4) 业主、工程师和承包商共同商定的月进度计划及其调整计划;
(5) 受干扰后实际工程进度,如施工日记、工程进度表、进度报告等。

承包商在每个月月底以及在干扰事件发生时都应分析对比上述资料,以发现工期拖延以及拖延原因,提出有说服力的索赔要求。

11.3.3.2 工期索赔基本思路

干扰事件对工期的影响,即工期索赔值可通过原网络计划与可能状态的网络计划对比得到,而分析的重点是两种状态的关键线路。

分析的基本思路为:假设工程施工一直按原网络计划确定的施工顺序和工期进行,现发生了一个或一些干扰事件,使网络中的某个或某些活动受到干扰,如延长持续时间,或活动之间逻辑关系变化,或增加新的活动。将这些影响代入原网络中,重新进行网络分析,得到一个新工期。则新工期与原工期之差即为干扰事件对总工期的影响,即为工期索赔值。通常,如果受干扰的活动在关键线路上,则该活动的持续时间的延长即为总工期的延长值。如果该活动在非关键线路上,受干扰后仍在非关键线路上,则这个干扰事件对工期无影响,故不能提出工期索赔。

这种考虑干扰后的网络计划又作为新的实施计划,如果有新的干扰事件发生,则在此基础上可进行新一轮分析,提出新的工期索赔。

这样在工程实施过程中进度计划是动态的,不断地被调整。而干扰事件引起的工期索赔也可以随之同步进行。

11.3.3.3 工期索赔分析与计算方法

1. 网络分析法

承包人提出工期索赔,必须确定干扰事件对工期的影响值,即工期索赔值。工期索赔分析的一般思路是:假设工程一直按原网络计划确定的施工顺序和时间施工,当一个或一些干扰事件发生后,使网络中的某个或某些活动受到干扰而延长施工持续时间。将这些活动受干扰后的新的持续时间代入网络中,重新进行网络分析和计算,即会得到一个新工期。新工期与原工期之差即为干扰事件对总工期的影响,即为承包人的工期索赔值。

网络分析是一种科学、合理的计算方法,它是通过分析干扰事件发生前、后网络计划之差异而计算工期索赔值的,通常适用于各种干扰事件引起的工期索赔。但对于大型、复杂的工程,手工计算比较困难,需借助于计算机来完成。

2. 比例类推法

前述的网络分析法是最科学的,也是最合理的。但它需要的前提是,对于较大的工程,它必须有计算机的网络分析程序,否则分析极为困难,甚至不可能。因为稍微复杂的工程,网络活动可能有几百个,甚至几千个,人工分析几乎不可能。

在实际工程中,干扰事件常常仅影响某些单项工程、单位工程或分部分项工程的工期,要分析它们对总工期的影响,可采用较简单的比例类推法。比例类推法可分为两种情况。

1) 按工程量进行比例类推

当计算出某一分部分项工程的工期延长后,还要把局部工期转变为整体工期,这可以用局部工程的工作量占整个工程工作量的比例来折算。

案例

某工程基础施工中,出现了不利的地质障碍,业主指令承包人进行处理,土方工程量由原来的 2760 m³ 增至 3280 m³,原定工期为 45 天。因此承包人可提出工期索赔值为

$$工期索赔值 = 原工期额 \times 新增加工程量/原工程量$$
$$= 45 \times (3280 - 2760)/2760 = 8.5(天)$$

若本案例中合同规定10%范围内的工程量增加为承包人应承担的风险,则工期索赔值为

$$工期索赔值 = 45 \times (3280 - 2760 \times 110\%)/2760 = 4(天)$$

分析

以工程量进行比例类推来推算工期拖延的计算法,一般仅适用于工程内容单一的情况,若不顾适用条件而去套用,将会出现不尽科学、合理的现象,甚至有时会发生不符合工程实际的情况。

2) 按造价进行比例类推

若施工中出现了很多大小不等的工期索赔事由,较难准确地单独计算且又麻烦

时,可经双方协商,采用造价比较法确定工期补偿天数。

案例

某工程合同总价为1000万元,总工期为24个月,现业主指令增加额外工程90万元,则承包人提出工期索赔为

$$工期索赔值 = 原合同工期 \times 额外或新增加工程量价格 / 原合同价格$$
$$= 24 \times 90/1000 = 2.16(月)$$

分析

当业主指令工程变更,使得因此而造成的工期索赔的详细计算变得不可能或没有必要时,采用按造价进行比例类推法计算不失为一个合适的方法。

比例类推法简单、方便,易于被人们理解和接受,但不尽科学、合理,有时不符合工程实际情况,且对有些情况如业主变更施工次序等情况不适用,甚至会得出错误的结果,在实际工作中应予以注意,正确掌握其适用范围。

3. 直接法

有时干扰事件直接发生在关键线路上或一次性地发生在一个项目上,造成总工期的延误,这时可通过查看施工日志、变更指令等资料,直接将这些资料中记载的延误时间作为工期索赔值。如承包人按工程师的书面工程变更指令,完成变更工程所用的实际工时即为工期索赔值。

4. 工时分析法

某一工种的分项工程项目延误事件发生后,按实际施工的程序统计出所用的工时总量,然后按延误期间承担该分项工程工种的全部人员投入来计算要延长的工期。

11.4 费用索赔

11.4.1 概述

费用索赔是指承包人在非自身因素影响下而遭受经济损失时向业主提出补偿其额外费用损失的要求。因此,费用索赔应是承包人根据合同条款的有关规定,向业主索取的合同价款。索赔费用不应被视为承包人的意外收入,也不应被视为业主的不必要开支。

引起费用索赔的原因是由于合同环境发生变化使承包人遭受了额外的经济损失。归纳起来,费用索赔的产生主要有以下几种原因。

1. 业主违约

案例

我国云南鲁布革水电站引水系统工程,在合同实施后,日本大成建设株式会社(承包人)提出了一项业主违约索赔。合同规定,业主要为承包人提供三级路面标准

的现场交通公路;但由于业主指定的工程局(指定分包人)在修路中存在问题,现场交通道路在相当长的一段时间内未达到合同标准,使得承包人的运输车辆只能在块石垫层路面上行驶,造成轮胎严重的非正常消耗。承包人提出费用索赔,要求业主给予400多条超耗轮胎的补偿,最后业主批准了208条轮胎及其他零配件的费用补偿,共计1900万日元。

分析

云南鲁布革引水系统工程的实施对我国工程界来说,无疑是一次洗礼和震撼,对"一字千金"有了切身体会。合同是维系工程实施双方关系的最高法律,合同要严谨,合同中所涉及的技术指标或标准应该有严格的定义、含义。合同中的承诺非同儿戏。

2. 工程变更

案例

某工程施工中,业主对原定的施工方案进行变更,尽管采用改进后的方案使工程投资大为节省,但同时也引发了索赔事件。在基础施工方案专家论证过程中,业主确认使用钢栈桥配合挖土施工,承包人根据设计图纸等报价139万人民币。在报价的同时,承包人为了不影响总工期,即开始下料加工。后来业主推荐租用组合钢栈桥施工方案,费用为72万元,节约费用67万元。但施工方案变更造成承包人材料运输、工料等损失,承包人即向业主提出费用索赔。后经双方友好协商,承包人获得12.5万元的补偿。

分析

一旦承包商的投标书为业主接受,经过评审,业主认为承包商响应了招标人的条件,技术(如施工方案)、商务均能够满足招标人的要求,业主即可授标承包商。此时,承包商的投标书即构成合同有效内容之一,对合同双方均具有约束力。承包商的报价文件建立在承包商的工程施工方案基础之上,当业主指令改变施工方案,承包商由此而提出索赔,索赔理由成立。在工程实践中,尤其是单价合同中(如 FIDIC《土木工程合同条件》),承包商对工程施工方案的适用性、合同单价的齐备性负完全责任,业主或工程师若执意改变承包商的施工方案,一般情况下,承包商会由此而提出索赔的。

3. 业主拖延支付工程款或预付款

案例

某工程发生业主拖欠工程款和预付款情况。业主从1995年1月1日至2月底应付给承包人以下款项:

(1) 1994年12月底工程款积欠　　49.6697万元
(2) 1995年工程预付款　　　　　1250.00万元
(3) 1995年1月份工程款　　　　328.8076万元
(4) 1995年2月份工程款　　　　367.0963万元
(5) 1994年商品混凝土材料款　　369.00万元

业主在1995年3月15日时已支付情况为：
(1) 1995年1月份预付款　　　　200.00万元
(2) 1995年2月份预付款　　　　300.00万元
(3) 1995年1月份工程款　　　　328.807 69万元
两者相抵，业主拖欠工程款和预付款共计1 535.766万元。

双方签订的施工合同规定：预付款于每年1月15日前支付，拖欠工程款的月利率为1‰，同时承包人同意给予业主15天的付款缓冲期，即业主在规定付款日期之后15天内不需支付欠款利息。

于是承包人提出拖欠工程款（包括利息）索赔（截止1995年3月15日）。具体计算略。

分析

工程项目施工中，业主首要义务就是按照工程条款约定支付工程进度款。在工程实践中，因业主拖欠工程进度款而发生的纠纷比较多。因业主不能及时支付，或虽然业主已从自己的账户中划拨出去，但因故（第三人原因）而导致承包商没有收到工程款，按照国际惯例，业主应承担相应的风险。

4. 工程加速

案例

某工程地下室施工中，发现有残余的古建筑基础，按规定报知有关部门。有关部门在现场对所出现的古建筑基础进行了研究处理，然后由承包人继续施工。其间共延误工期50天。该事件后，业主要求承包人加速施工，赶回延误损失。因此承包人向业主提出工程加速索赔累计达131万人民币。

分析

施工现场发现古文物或有价值的古建筑基础，无论是我国施工合同范本还是国际工程施工合同条件，均规定应属业主承担的风险。承包商有责任积极配合有关部门处理有关事项，但由此而造成的承包商费用增加和工期拖延业主应承担完全责任。

5. 业主或工程师责任造成的可索赔费用的延误

6. 非承包人原因的工程中断或终止

案例

某项水利工程，要求进行河流拓宽，修建2座小型水坝。工程于1990年11月签订合同，合同价为4000万美元，工期为2年。该河流的上游有一个大湖泊，这是一个自然保护区，大量的动植物在这块潮湿地生活、生长，河流拓宽后，将会导致湖泊水位下降，对生态环境造成不良影响，所以国际绿色和平组织不断向该国政府及有关人员施加压力，要求取消合同，最后业主于1991年1月解除了合同，承包人对此提出索赔，要求业主补偿这2个月所发生的所有费用，外加完成全部工程所应得的利润。经过谈判，业主支付了1200万美元的补偿。

分析

因工程所在国家或地区的政治原因导致合同中断或失效，这个风险在各种国际工程承包合同中,都属于业主承担的风险。

7. 工程量增加(不含业主失误)

案例

某工程采用FIDIC《施工合同条件》(1999年第一版),约定土方单价为20元/m^3。在基础工程施工中,因地质条件与合同规定不符,发生了工程量增大,原工程量清单为4500 m^3,实际达到5780 m^3,合同规定承包人应承担10%的工程量变化的风险。因此,承包人提出如下费用索赔:

承包人应承担的土方量	$4500 \times (1+10\%) = 4950 (m^3)$
业主应承担的土方量	$5780 - 4950 = 830 (m^3)$
土方挖、运、回填直接费	$830 \times 20 = 16600$(元)
管理费(综合)20%	$16600 \times 20\% = 3320$(元)
合计:	$16600 + 3320 = 19920$(元)
承包人提出费用索赔	25320元

分析

工程施工中场地地质条件与由业主提供的场地工程地质勘探报告有出入,这在工程实践中经常发生。工程地质勘探报告无论多么详细,总不可能完全反映场地地下条件,这是工程地质勘探方法和技术条件所决定的。承包商因此而提出的索赔是否能被工程师或业主认可,其关键是要证明实际工程地质条件是否为一个有经验的承包商所预见,或者,要证明实际工程地质条件是否与业主提供的场地工程地质勘探报告有实质出入,而正是因此导致承包商的费用大量增加,这是该索赔能否被认可的关键。

在我国施工合同范本中明确要求,"发包人向承包人提供施工场地的工程资料和地下管线资料,对资料的真实准确性负责",但FIDIC(1999年第一版)关于该问题的表述则稍有区别,规定:"承包商施工过程中遇到的不利于施工的、招标文件未提供或与提供资料不一致的地表以下的地质和水文条件属业主承担的风险和义务",但"承包商对业主提供资料的理解和适宜性负责"。

另外,按FIDIC《施工合同条件》(1999年第一版),当工程量清单中的工程量变化超过±10%时,工程量单价应该予以适当调整。

8. 其他

如业主指定分包商违约、合同缺陷、国家政策及法律、法令变更等。

11.4.2 费用索赔计算原则及方法

费用索赔是合同索赔的最终目标。工期索赔在很大程度上也是为了费用索赔。目前,还没有大家统一认可的、通用的计算方法。而选用不同的计算方法,对索赔值影响很大。

只有计算方法合理,符合大家所公认的基本原则,费用计算才能被业主、工程师、调解人或仲裁人接受。

11.4.2.1 计算原则

费用索赔有以下几个计算原则。

1. 实际损失原则

费用索赔都以赔（补）偿实际损失为原则。在费用索赔计算中，需注意以下两点。

（1）实际损失，即为干扰事件对承包商工程成本和费用的实际影响。这个实际影响即可作为费用索赔值。按照索赔原则，承包商不能因为索赔事件而受到额外的收益或损失，索赔对业主不具有任何惩罚性质。实际损失包括两个方面，即直接损失和间接损失。间接损失是承包商可能获得的利益的减少，例如由于业主拖欠工程款，使承包商失去这笔款的存款利息收入。

（2）所有干扰事件引起的实际损失，以及这些损失的计算，都应有详细的具体的证明，在索赔报告中必须出具这些证据。没有证据，索赔要求是不能成立的。

当干扰事件属于对方的违约行为时，如果合同中有违约金条款，按照法定原则，先用违约金抵充实际损失，不足的部分再赔偿。

2. 合同原则

费用索赔计算方法应符合合同的规定。赔偿实际损失原则，并不能理解为必须赔偿承包商的全部实际费用超支和成本的增加。

在索赔值的计算中还必须考虑：

（1）扣除承包商自己责任造成的损失，即由于承包商自己管理不善、组织失误等原因造成的损失由其自己负责；

（2）符合合同规定的赔（补）偿条件，扣除承包商应承担的风险；

（3）合同规定的计算基础。合同是索赔的依据，又是索赔值计算的依据。合同中的人工费单价、材料费单价、机械费单价、各种费用的取值标准和各分部分项工程合同单价都是索赔值的计算基础。

3. 合理性原则

（1）符合规定的或通用的会计核算原则。索赔值的计算是在成本计划和成本核算基础上，通过计划和实际成本对比进行的。实际成本的核算必须与计划成本（报价成本）的核算有一致性，而且符合通用的会计核算原则，例如采用正确的成本项目的划分方法、各成本项目的核算方法、工地管理费和总部管理费的分摊方法等。

（2）符合工程惯例，即采用能为业主、调解人、仲裁人认可的、在工程中常用的计算方法。例如在我国实行工程量清单报价的工程，则应符合《建设工程工程量清单计价规范》及有关规定。在国际工程中应符合大家一致认可的典型案例所采用的计算方法。

4. 有利原则

承包商在索赔时如果选用不利的计算方法，会使索赔值计算过低，使自己的实际损失得不到应有的补偿,或失去可能获得的利益。通常情况下,一个合理的索赔值的拟定应该将对方的可能反索赔值及索赔最终解决时自己的让步也包括进去,以使谈判过程留有回旋余地。

11.4.2.2 计算方法

对于索赔事件的费用计算,一般是先计算与索赔事件有关的直接费,如人工费、材料费、机械费、分包费等,然后计算应分摊在此事件上的管理费、利润等间接费。每一项费用的具体计算方法基本上与工程项目报价相似。

通常,干扰事件对费用的影响,即索赔值的计算方法有两种。

1. 总费用法

总费用法的基本思路是把固定总价合同转化为成本加酬金合同,以承包商的额外成本为基点加上管理费和利润等附加费作为索赔值。

案例

某国际工程原工程报价分析如下。

工地总成本:(直接费+工地管理费)	3 800 000 元
公司管理费:(总成本×10%)	380 000 元
利润:(总成本+公司管理费)×7%	292 600 元
合同价:	4 472 600 元

在实际工程中,由于完全非承包商原因造成实际工地总成本增加至 4 200 000 元。现用总费用法计算索赔值如下。

总成本增加量:(4 200 000-3 800 000)	400 000 元
总部管理费:(总成本增量×10%)	40 000 元
利润:(仍为7%)	30 800 元
利息支付:(按实际时间和利率计算)	4000 元
最终索赔值:	474 800 元

分析

由于完全非承包商的原因、按合同应由业主承担的风险而导致的承包商的费用增加,承包商提出索赔要求,索赔依据成立。具体索赔款项的确定(包括利润)需视风险类型、合同条款的约定及索赔证据完备程度综合确定。

总费用法这是一种最简单的计算方法,但通常用得较少,且不容易被对方、调解人和仲裁人认可,因为它的使用有以下几个条件。

1. 合同实施过程中的总费用核算是准确的;工程成本核算符合普遍认可的会计原则;成本分摊方法、分摊基础选择合理;实际总成本与报价总成本所包括的内容一致。

2. 承包商的报价是合理的,反映实际情况。如果报价计算不合理,则按这种方法计算的索赔值也不合理。

3. 费用损失的责任,或干扰事件的责任完全在于业主或其他人,承包商在工程中无任何过失,而且没有发生承包商风险范围内的损失。

4. 合同争执的性质不适用其他计算方法。例如由于业主原因造成工程性质发生根本变化,原合同报价已完全不适用。这种计算方法常用于对索赔值的估算。有时,业主和承包商签订协议,或在合同中规定,对于一些特殊的干扰事件,例如特殊的附加工程、业主要求加速施工、承包商向业主提供特殊服务等,可采用成本加酬金的方法计算赔(补)偿值。

针对国内土木工程合同,因为建筑安装工程造价构成不同,费用组成、费用名称及计算数额不同,但上述思路同样适用。

2. 分项法

分项法是按每个(或每类)干扰事件以及这事件所影响的各个费用项目分别计算索赔值的方法,其特点有:

(1) 它比总费用法复杂,处理起来困难;

(2) 它反映实际情况,比较合理、科学;

(3) 它为索赔报告的进一步分析评价、审核,双方责任的划分,双方谈判和最终解决提供方便;

(4) 应用面广,人们在逻辑上容易接受。

所以,通常在实际工程中(包括本书中所列举的索赔案例中)费用索赔计算都采用分项法。但对具体的干扰事件和具体费用项目,分项法的计算方法又是千差万别。

用分项法计算,重要的是不能遗漏。在实际工程中,许多现场管理者提交索赔报告时常常仅考虑直接成本,即现场材料、人员、设备的损耗(这是由他直接负责的),而忽略计算一些附加的成本,例如工地管理费分摊;由于完成工程量不足而导致的企业管理费的损失;人员在现场延长停滞时间所产生的附加费,如探亲费、差旅费、工地住宿补贴、平均工资的上涨;由于推迟支付进度款而造成的财务损失;保险费和保函费用增加等。

11.4.3 工期拖延的费用索赔

对由于业主责任造成的工期拖延,承包商在提出工期索赔的同时,还可以提出与工期有关的费用索赔。但因为国际、国内工程建筑安装工程造价构成不同,即使在国内工程上,因为合同类型不一样,风险分担也不同,同一索赔事件处理的结果也会有差别。下面就以国际工程为例,介绍因工期拖延而导致的费用索赔。

11.4.3.1 人工费

在工期拖延情况下,人工费的损失可能有以下两种情况。

(1) 现场工人的停工、窝工。一般按照施工日记上记录的实际停工工时数(或工日)和报价单上的人工费单价(在我国还有用定额人工费单价)计算。

(2) 低生产效率的损失。由于索赔事件的干扰，工人虽未停工，却处于低效率施工状态。一段时间内，现场施工所完成的工作量未达到计划的工作量，但工人数量却依旧是计划数甚至增加。在这种情况下，要准确地分析和评价干扰事件的影响是极为困难的。通常人们以投标书所确定的劳动力投入量和工作效率为依据，与实际的劳动力投入量和工作效率相比较，以计算费用损失。

11.4.3.2 材料费

一般工期拖延中没有材料的额外消耗，但可能有以下情况。

(1) 由于工期拖延，造成承包商订购的材料现场保管期增加或必须推迟交货，而使承包商蒙受损失。这种损失凭实际损失证明索赔。

(2) 在工期延长的同时，恰逢材料价格上涨，由此而造成承包商额外损失。这种损失按材料价格指数和未完工程中材料费的含量调整。

11.4.3.3 机械费

机械费的索赔与人工费很相似。由于停工造成的设备停滞，一般按如下公式计算

$$机械费索赔 = 停滞台班数 \times 停滞台班费单价$$

停滞台班数按照施工日志计算；停滞台班费主要包括折旧费用、利息、保养费、固定税费等，但因在停滞期间不产生燃料或能源（电力）消耗，一般为正常设备台班费的60%～70%。

如果是租赁的机械，则按租金计算。

11.4.3.4 工地管理费

如果索赔事件造成整个总工期的拖延，则还必须计算工地管理费。由于在施工现场停工期间没有完成计划工程量，或完成的工程量不足，则承包商没有得到计划所确定的工地管理费。尽管停工，现场工地管理费的支出依然存在。按照索赔的原则，应赔偿的费用是这一阶段（停止情况下）工地管理费的实际支出。如果这阶段尚有工地管理费收入，例如在这一阶段完成部分工程，则应扣除工程款收入中所包含的工地管理费数额。但实际工地管理费的审核和分配是十分困难的，特别是在工程并未完全停止的情况下。所以工地管理费的计算是比较复杂的，一般有以下几种算法。

1. Hudson 公式

$$工期延误工地管理费索赔 = (合同中包括的工地管理费/合同工期) \times 延误期限$$

它的基本思路是，在正常情况下承包商应完成计划工作量，则在计划工作量价格中承包商会收到业主的工地管理费；而由于停止施工，承包商没有完成工作量，则造成收入的减少，业主应该给予赔偿。

在实际工程中,由于索赔事件的干扰,承包商现场没有完全停工,而是在一种低效率和混乱状态下施工。例如工程变更、业主指令局部停工等,则使用 Hudson 公式时应扣除这个阶段已完工作量所应占的工期份额。

案例

某工程合同工作量 1 856 900 美元,合同工期 12 个月,合同中工地管理费 269 251 美元,由于业主图纸供应不及时,造成施工现场局部停工两个月,在这两个月中,承包商共完成工作量 78 500 美元。则 78 500 美元相当于正常情况的施工期为:

$$78\,500 \div (1\,856\,900 \div 12) = 0.5 (月)$$

则由于工期拖延造成的工地管理费索赔为

$$(269\,251/12) \times (2 - 0.5) = 33\,656.37 (美元)$$

分析

由于 Hudson 公式计算简单方便,所以在不少工程案例中使用,但它不符合赔偿实际损失原则。它是以承包商应完成计划工作量的开支为前提的,而实际情况不是这样,在停工状态下承包商的实际工地管理费开支会减少。

2. 工程惯例

对于大型的或特大型的工程,按 Hudson 公式计算误差会很大,争执也很多。通常按工地管理费的分项报价和实际开支分别计算,即考虑施工现场停滞时间内实际现场管理人员开支及附加费,还考虑属于工地管理费的临时设施、福利设施的折旧及其营运费用、日常管理费等,再扣除这一阶段已完工程中的工地管理费份额。

这是一种比较精确的计算方法,大工程中用得较多。但对实际工地管理费的计算和审核比较困难,信息处理量大。

11.4.3.5 物价上涨引起的调价费用

由于业主原因或应由业主承担的风险而导致工期拖延,同时物价上涨,引起未完工程费用的增加,承包商可以要求相应的补偿。这个调整与通常合同中规定的由于市场材料价格、劳务价格等上涨对合同价格的调整规定有区别又有联系。如果合同中规定材料和人工费可以调整,则由于工期拖延和物价上涨引起的费用调整可按合同规定的调整公式直接调整,并在工程进度款中支付。而对固定总价合同,本项调整可按如下方法进行。

(1) 如果整个工程中断,则可以对未完工程成本按通货膨胀率做总的调整。

案例

某工程实行固定总价合同。由于业主原因使工程中断 4 个月,中断后尚有 3800 万美元计划工程量未完成。国家公布的年通货膨胀率为 5%。对由于工期拖延和通货膨胀造成的费用损失承包商提出的索赔为

$$38\,000\,000 \times 5\% \times 4 \div 12 = 633\,333 (美元)$$

分析

在实行固定总价合同的工程中,价格构成中已包含因通货膨胀率而导致的风险

金,业主不应另外支付此项费用。但由于业主原因或应由业主承担的风险而导致工期拖延,期间恰遇物价上涨,引起未完工程费用的增加,承包商可以要求相应的补偿。在此时,承包商索赔的费用应该仅限于工程费用增加的部分,不包括承包商的利润。本案例计算略有瑕疵,因为计算基数(3800万美元)中包括了利润。

(2) 如果由于业主拖期,工程一直处于低效施工状态,则分析计算较为复杂。

(3) 可以采用国际上通用的对工资和物价(或分别各种材料)按价格指数变化情况分别进行调整的方法计算。

(4) 对我国国内工程,由于材料和工资价格上涨,国家(或地方)预算定额和取费标准会有适当的调整,对执行国家预算的工程,则可以按照有关造价管理部门规定的方法和公布的调差系数调整拖期部分的合同价格。

在索赔值的计算中,由于物价调整造成的费用索赔一般不考虑总部管理费和利润收入。

11.4.3.6 总部管理费

对工期延误的费用索赔,一般先计算直接费(人工费、材料费、机械费)损失,然后单独计算管理费。按照赔偿实际损失原则,应将承包商总部的实际管理费开支,按一定的合理的会计核算方法,分摊到已计算好的工程直接费超支额或有争议的合同上。由于它以总部实际管理费开支为基础,所以其证实和计算都很困难。它的数额较大,争议也比较大。在这里,分摊方法极为重要,直接影响到索赔值的大小,关系到承包商利润。

1. 按总部管理费率计算

即在前面各项计算求和的基础上(扣除物价调整)乘以总部管理费分摊率。从理论上讲,应用当期承包商企业的实际分摊率,但对其审查和分析十分困难,所以通常仍采用报价中的总部管理费分摊率。这样比较简单,实际使用也比较多,完全取决于双方的协商。

2. 日费率分摊法

这种方法通常用于因等待变更或等待图纸、材料等造成工程中断,或业主(工程师)指令暂停工程,而承包商又无其他可替代工程的情况。承包商因实际完成合同额减少而损失管理费收入,向业主收取由于工程延期的管理费。工程延期引起的其他费用损失另行计算。

计算的基本思路:按合同额分配管理费,再用日费率法计算损失。其公式为

争议合同应分摊的管理费＝争议合同额×同期总部管理费总额/承包商同期完成的总合同额

日管理费率＝争议合同应分摊的管理费/争议合同实际执行天数

管理费索赔值＝日管理费率×争议合同延长天数

3. 总直接费分摊法

这种方法简单易行,说服力较强,使用面较广。基本思路为:按费用索赔中的直

接费作为计算基础分摊管理费。其公式为

$$每单位直接费应分摊到的管理费 = 合同执行期间总管理费 / 合同执行期间总直接费$$

$$争议合同管理费分摊额 = 每单位直接费分摊到的管理费 \times 争议合同实际直接费$$

案例

某争议合同实际直接费为400 000元,在争议合同执行期间,承包商同时完成的其他合同的直接费为1 600 000元,这个阶段总部管理费总额为200 000元。则

$$单位直接费分摊到的管理费 = 200\,000/(400\,000 + 1\,600\,000) = 0.1(元)$$

$$争议合同可分摊到的管理费 = 0.1 \times 400\,000 = 40\,000(元)$$

分析

这种分摊方法也有局限性。

1. 它适用于承包商在此期间承担的各工程项目的主要费用比例变化不大的情况,否则明显不合理,而且误差会很大。如材料费、设备费所占比重比较大的工程,分配的管理费比较多,则不反映实际情况。

2. 如果工程受到干扰而延期,且合同期较长,在延期过程中又无其他工程可以替代,则该工程实际直接费较小,按这种分摊方式分摊到的管理费也较小,使承包商蒙受损失。

4. 特殊基础分摊法

这是一种精确而又复杂的分摊方法。基本思路为,将管理费开支按用途分成许多分项,按这些分项的性质分别确定分摊基础,分别计算分摊额。这要求对各个分项的内容和性质进行专门的研究,如表11-3所示。

这种分摊方法用得较少,通常适用于工程量大、风险大的项目。

表 11-3 特殊基础分摊法

管理费分项	分摊基础
管理人员工资	直接费或直接人工费
与工资相关的费用,如福利、保险、税金等	人工费(直接生产工人+管理人员)
劳保费、工器具使用费	直接人工费
利息支出	总直接费

11.4.3.7 非关键线路活动拖延的费用

由于业主责任引起非关键线路活动的拖延,造成局部工作或工程暂停,且该非关键线路的拖延仍然在时差范围内,没有影响总工期,则不涉及总工期的索赔。

但这些拖延如果导致承包商费用的损失,则仍然存在相关的费用索赔,在此不再

详述。

11.4.4 工程变更

工程变更是施工中常见的现象,尤其是大型建筑工程,由于规模大、施工期长,以及受天气、地质等条件影响,施工中发生变更是不可避免的,由于工程变更,必然引起完工时间和工程造价的变化,引起施工索赔问题。

11.4.4.1 工程量变更

在每项工程合同文件中,均有明确的"工程范围"的规定,即该项施工合同所包括的工程有哪些。工程范围的界定是合同的基础,也是双方的合同责任范围。超出合同规定的合同范围,就超出了合同的约束范围,是与合同无关的工程。

1. 一般工程量变更

工程量变更是最为常见的工程变更,它是指属于原合同"工程量范围"以内的工作,只是在其工程量上有所变化(它包括工程量增加、减少和工程分项的删除)。它可能是由设计变更或工程师和业主有新的要求而引起的,也可能是由于业主在招标文件中提供的工程量表不准确造成的。

属于"工程量范围"以内的一般工程量变更,对于固定总价合同,因为工作量作为承包商的风险,一般只有在业主修改设计的情况下才给承包商以调整合同价款。而对单价合同,因为工程量的变化是业主的风险,故此时工程量的变更不需要履行特殊手续,工程量经过工程师计量即可以计价、付款。

对于单价合同(如 FIDIC《施工合同条件》),承包商必须对所报单价的准确性承担责任。一般单价是不允许调整的,但在国际工程中,有些合同规定,当某一分项工程量变更超过一定范围时,允许对该分项工程的单价进行调整。如 FIDIC《土木工程施工合同》(1999 年第一版)规定,在同时满足以下四个条件时,宜对有关工作内容采用新的费率或价格:

(1) 如果一项工作实际测量的工作量变动超过工程量表或其他明细表中列明的工程量的 10% 以上;

(2) 工程量的变化与该项工作规定的价格的乘积超过了中标的合同 0.01%;

(3) 由此工程量的变化直接造成该项工作量单价费用的变动超过 1%;

(4) 该项工作没有在合同中被标明为"固定单价项"。

案例

某工程发包时发包方提出的工程量清单土方量为 1500 m^3,合同中规定单价为 16 元/m^3,实际工程结束时完成土方量为 1800 m^3。因实际完成土方量超过工程量清单估计工程量的 10%,经协调,同意调整单价为 15 元/m^3。结算分析过程如下:

承包商应该承担的风险量(按原单价结算):　　1500×(1+10%)=1650(m^3)

按新单价结算的工程量:　　　　　　　　　　1800-1650=150(m^3)

最终本合同结算工程价款应该为：　　　　　　　　$1650 \times 16 + 150 \times 15 = 28\ 650$(元)

分析

在国际工程中，有些合同规定，当某一分项工程量变更超过一定范围时，允许对该分项工程的单价进行调整，这种调整主要针对合同单价组成中所分摊的固定费用（如管理费）。因为在一定的范围，固定费用并不随工程量的增加或减少而变化。一般人们将现场管理费和总部管理费作为固定费用。在本案例中，按照新单价结算的工程量应该是 150 m³，其余〔亦即 $1500 \times (1+10\%) = 1650$ m³〕应按旧单价结算。合同单价从 16 元/m³ 降至 15 元/m³，可以理解为在估计工程量为 1500 m³ 时，固定费用（管理费）为 1500 元，旧单价(16 元/m³)费用组成中有固定费用(管理费)1 元/m³，新单价中不再分摊此部分。

当然，按照 FIDIC 土木工程施工合同(1999 年第一版)规定，更改或采用新的合同单价还有其他限制条件，也应该满足。

按照 FIDIC 合同规定，业主可以删除部分工程，但这种删除仅限于业主不再需要这些部分工程的情况。业主不能将在本合同中删除的部分工程再另行发包给其他承包商，否则承包商有权对该被删除工程中所包含的现场管理费、总部管理费和利润提出索赔。

2. 合同内的附加工程

通常合同都赋予业主(工程师)以指令附加工程的权力，但这种附加工程通常被认为是合同内的附加工程。有些合同对工程范围有如下定义："合同工程范围包括在工程量表中列出的工程和供应，同时也包括工程量表中未列出的，但对本工程的稳定、完整、安全、可靠和高效率运行所必需的供应和工程。"

对合同内的附加工程，承包商无权拒绝。合同内的附加工程的工程量可以按附加工程的图纸或实际测量计算，单价通常由下表 11-4 确定。

表 11-4　合同内附加工程的费用确定

费用项目	条件	计算基础
同合同报价	合同中有相同的分项工程	按该分项工程合同单价和附加工程计算
	合同中仅有相似的分项工程	对该相似分项工程单价做调整，附加工程量
	合同既无相同、又无相似的分项工程	按合同规定的方法确定单价，附加工程量

11.4.4.2　合同外附加工程(工程范围变更)

合同外附加工程通常指新增工程与本合同工程项目没有必然的、紧密的联系，属于工程范围的变化。

通常承包商对于附加工程是欢迎的，因为增加新的工程分项至少可以降低现场许多固定费用的分摊。但在执行原有单价时，由于如下原因，承包商随着附加工程的增加反而亏损加大。

（1）合同单价是按工程开始前条件确定的，工程中由于物价的上涨，这个价格已经与实际背离，特别当合同规定不许调价时。

（2）承包商采用低价策略中标，合同单价过低。

（3）承包商报价中有重大错误或疏忽，致使承包商单价过低。

对合同外的附加工程，承包商有权拒绝接受，或要求重新签订协议，重新确定价格。

11.4.4.3 工程质量变化

由于业主修改设计，提高工程质量标准，或工程师对符合合同要求的工程"不满意"，指令要求承包商提高建筑材料、工艺、工程质量标准，都可能导致费用索赔。质量变化的费用索赔，主要采用量差和价差分析的方法来考虑。

11.4.4.4 工程变更和索赔关系

对于属于合同文件"工程范围"以内的工程量的变化，即一般统称为"工程变更"，其计量和支付应该在工程的实施过程中按照合同条款予以解决，是工程进度款支付中的正常工作，并不涉及施工索赔问题。

但在个别情况下，假如工程变更涉及的单价调整长期悬而不决，或者工程变更款的支付长期拖延，形成合同双方的争议，则此项争议即形成索赔问题。即由于工程变更问题未及时妥善解决而形成索赔问题，正如其他任何合同问题未及时解决而变成专项索赔问题一样。

工程变更与索赔的区别如下所述。

（1）在合同依据方面，工程变更和施工索赔有着不同的合同适用条款。

（2）就合同范围而言，工程变更往往属于合同"工程范围"以内的工作，系"附加工程"，索赔是对于超出合同"工程范围"的工作，属于"额外工程"。

（3）就款额而言，工程变更的款额有一定的限度，即不得超过该合同工程量清单中载明数量的10%或工程量的变化与该项工作规定的费率的乘积不超过中标的合同金额0.01%，否则，就要变更合同价款或费率，索赔款额没有上限，按具体索赔事项而定，该索赔多少就索赔多少。

（4）就计价支付的方式而言，工程变更款的计价一般系按投标书中的单价计算，仅在个别情况下需要调整单价，并在每月支付工程进度款时包括在内。索赔则要确定索赔单价（或总价），而且一般按专项申报支付。

（5）就发起人而言，工程变更主要由工程师及业主提出，并签发书面的"变更指令"，承包商只能按指令办事。施工索赔主要由承包商提出，向工程师和业主专项申报，业主同意后该项索赔方能成立、支付。

（6）就复杂程度而言，工程变更是一般的合同问题，按合同规定办理即可。索赔则属于合同争议的范畴,涉及合同责任及新单价(或总价)等问题,解决过程相当麻烦,往往要专案处理,要经过申请、编写索赔报告、工程师审核、业主决定等主要过程,在索赔谈判中还要讨价还价,解决起来颇费周折。

11.4.5 加速施工

11.4.5.1 能获得补偿的加速施工

通常在承包工程中,在如下情况下,承包商可以提出加速施工的索赔:

(1) 由于非承包商责任造成工期拖延,业主希望工程能按时交付,由工程师指令承包商采取加速措施;

(2) 工程未拖延,但由于其他原因,业主希望工程提前交付,与承包商协商后承包商同意采取加速措施。

11.4.5.2 加速施工的费用索赔

加速施工的费用索赔计算是十分困难的,这是由于整个合同报价的依据发生变化。它涉及劳动力投入的增加、劳动效率降低(由于加班、频繁调动、工作岗位变化、工作面减小等)、加班费补贴;材料(特别是周转材料)的增加、运输方式的变化、使用量的增加;设备数量的增加、使用效率的降低;管理人员数量的增加;分包商索赔、供应商提前交货的索赔等。通常加速施工的费用分析见表11-5。

表 11-5 加速施工的费用索赔

费用项目	内容说明	计算基础
人工费	增加劳动力投入,不经济地使用劳动力使生产效率降低;节假日加班,夜班补贴	报价中的人工费单价,实际劳动力使用量,已完成工程中劳动力计划用量;实际加班数,合同规定或劳资合同规定的加班补贴标准
材料费	增加材料投入,不经济地使用材料;因材料提前交货给材料供应商的补偿,改变运输方式材料代用	实际材料使用量,已完成工程中材料计划使用量,报价中的材料价格或实际价格;实际支出材料数量,实际运输价格,合同规定的运输方式的价格代用数量差,价格差
机械费	增加机械使用时间,不经济地使用机械;增加新机械投入	实际费用,报价中的机械费,实际租金等;增加新机械,投入新机械报价,新机械使用时间

续表

费用项目	内容说明	计算基础
工地管理费	增加管理人员的工资； 增加人员的其他费用，如福利费、工地补贴、交通费、劳保、假期等； 增加临时设施费； 现场日常管理费支出	计划用量，实际用量，报价标准； 实际增加人工数，报价中的费率标准； 实际增加量，实际费用； 实际开支数，原报价中包含的数量
其他	分包商索赔总部管理费	按实际情况确定
扣除：工地管理费	由于赶工，计划工期缩短，减少支出： 工地交通费、办公费、工器具使用费、设施费用等	缩短月数，报价中的费率标准
扣除：其他附加费	保函、保险和总部管理费等	

案例

在某工程中，合同规定某种材料须从国外某地购得，由海运运至工地，费用由承包商承担。现由于业主指令加速工程施工，经业主同意，该材料运输方式由海运改为为空运。对此，承包商提出费用索赔：

原合同报价中的海运价格为 2.61 美元/千克，现空运价格为 13.54 美元/千克，该批材料共重 28 366 千克，则

$$索赔费用 = 28\,366 \times (13.54 - 2.61) = 310\,324.04 (美元)$$

分析

在实际工程中，由于加速施工的实际费用支出的计算和核实都很困难，容易产生矛盾和争执。为了简化起见，合同双方在变更协议中拟定赶工费赔偿总额（包括赶工奖励），由承包商包干使用，这样确定也许方便一些。

11.4.6 索赔其他情况

11.4.6.1 工程中断

工程中断指由于某种原因工程被迫全部停工，在一段时间后又继续开工。工程中断索赔费用项目和其计算基础基本上同前述工程延期索赔。另外还可能有其他费用项目，见表 11-6。

表 11-6　工程中断费用索赔补充分析

费用项目	内容说明	计算基础
人工费	人员的遣返费、赔偿金以及重新招雇费用	实际支出
机械费	额外的进出场地费用	实际支出或按合同报价标准
其他费用	工地清理、重新计划、重新准备施工等	按实际支出

11.4.6.2　合同终止

在工程竣工前,合同被迫终止并不再履行,它的原因如下所述。

(1) 业主认为该项目已不再需要,如技术已过时、项目的环境出现大的变化,使项目无继续实施的价值;国家计划有大的调整,项目被取消;政府部门或环保部门的干预。

(2) 业主违约、业主濒于破产或已破产、业主无力支付工程款,此时按合同条件承包商有权终止合同。

(3) 不可抗力因素或其他原因。

一般解除(终止)合同并不影响当事人的索赔权力。索赔值一般按实际费用损失确定。这时工程项目已处于清算状态,首先必须进行工程的全盘清查,结清已完工程价款,结算未完工程成本,以核定损失,可以提出索赔的主要费用项目以及计算基础见表 11-7。

表 11-7　合同终止的费用索赔

费用项目	内容说明	计算基础
人工费	遣散工人的费用、给工人的赔偿金、善后处理工作人员的费用	按实际损失计算
机械费	已交付的机械租金、为机械运行已作的一切物质准备费用、机械作价处理损失、已交纳的保险费等	
材料费	已购材料、已订购材料的费用损失,材料作价处理损失	
其他费用	分包商索赔; 已交纳的保险费、银行费用等; 开办费和工地管理损失费	

11.4.6.3　特殊服务

对业主要求承包商提供的特殊服务,或完成合同规定以外的义务等,可以采用以下三种方法计算赔(补)偿值。

(1) 以日工计算。这里计日工价格除包括直接劳务费价格外,在索赔中还要考虑节假日的额外工资、加班费、保险费、税收、交通费、住宿费、膳食补贴、总部管理费等。

（2）用成本加酬金方法计算。

（3）承包商就特殊服务项目作报价，双方签署附加协议。这完全与合同报价形式相同。

11.4.6.4 材料和劳务价格上涨的索赔

如果合同允许对材料和劳务等费用上涨进行调整，则可以直接采用国际上通用的对工资和物价（或材料）按价格指数变化情况分别进行调整。

使用公式为

$$P = P_0 \times \sum I \times T_i / T_0$$

式中：P——为调整后的合同价格，$P-P_0$ 即为索赔值；

P_0——为原合同价格；

I——为某分项工程价格占总价格比例系数，$\sum I = 1$

T_i——为报告期该分项工程价格指数；

T_0——基准期该分项工程价格指数。

按上述公式进行计算需要对合同报价中的费用要素及比例进行拆分。

11.4.6.5 拖欠工程款

对业主未按合同规定支付工程款的情况，在我国，《建设工程施工合同（示范文本）》规定，业主可与承包商协商签订延期付款协议，经承包商同意后可延期支付，但业主应在协议签署后15天起计付利息。在国际工程承包中也有类似的规定。

11.4.6.6 分包商索赔

在承包商向业主提出的索赔报告中必须包括由于干扰事件对所属的分包商影响的索赔。这一项索赔一般独立列项，通常以承包商的实际成本乘上管理费率（或间接费）计算。

11.4.6.7 其他

1. 价值工程

即承包商提出合理化建议，使工程加速竣工，减低了施工或以后工程运营费用，提高了工程效率或价值，为业主带来了经济利益。此时，业主应该给予承包商一定的利益分成。

2. 额外服务

业主人员或其他独立承包商、其他公共机关人员在施工现场工作，由承包商提供帮助，造成承包商的损失，如给对方提供承包商自己的设备或临时工程。

3. 业主指令承包商修补工程缺陷,而缺陷非承包商责任等

另外,对由于设计变更以及设计错误造成返工,我国有关合同法规规定,业主(发包方)必须赔偿承包商由此而造成的停工、窝工、返工、倒运、人员和机械设备调迁、材料和构件积压的实际损失。

11.4.7 关于利润的索赔

尽管在我国《建设工程施工合同(示范文本)》(GF—1999—0201)中并没有对承包商索赔费用组成中是否应包括利润这一问题予以明确规定,但在工程量清单计价模式(单价合同)下,由于工程范围的变更和施工条件的变化引起的索赔,承包商索赔的费用自然包括预期利润。但对于延误工期引起的索赔,由于利润是包括在每项工程内容的价格之内的,而延误工期并没有影响、削减合同范围既定工程内容的实施,承包商的预期利润并没有减少,所以,延误工期引起的索赔往往并不必然计入利润索赔。但因非承包商的原因而导致的工期延误,承包商付出了损失"机会利润"代价,这是不争的事实。

FIDIC《施工合同条件》(1999年第一版)规定:"业主不向承包商负责赔偿承包商可能遭受的与合同有关的任何工程的使用损失、利润损失、任何其他合同损失,但由于业主的欺诈行为、故意违约或管理不善导致的责任除外。"

11.5 索赔策略

索赔工作既有科学严谨的一面,又有艺术灵活的一面。对于一个既定的索赔事件往往没有一个预定的、唯一确定的解决方法,它受制于双方签订的合同文件、各自的工程管理水平和索赔能力以及处理问题的公正性、合理性等因素。因此,索赔成功不仅需要令人信服的法律依据、充足的理由和正确的计算方法,索赔的策略、技巧和艺术也相当重要。

11.5.1 承包商基本方针

11.5.1.1 两种极端倾向

索赔管理不仅是工程项目管理的一部分,而且是承包商经营管理的一部分。如何看待和对待索赔,实际上是一个经营战略问题,是承包商对利益和关系、利益和信誉的权衡。

这里要防止两种倾向。

(1) 只讲关系、义气和情谊,忽视索赔,致使损失得不到应有补偿,正当的权益受到侵害。

对一些重大的索赔,这会影响企业正常的生产经营,甚至危及企业的生存。在国际工程中,若不能进行有效的索赔,业主会觉得承包商经营管理水平不高,常常会得寸进尺。承包商不仅会丧失索赔机会,而且还可能反被对方索赔,蒙受更大的损失。所以在这里不能过于强调"重义"。合同所规定的双方的平等地位、承包商的权益,在合同实施中,同样必须经过抗争才能够实现,这需要承包商自觉地、主动地保护、争取。如果承包商主动放弃这个权益而受到损失,法律也不会主动给承包商提供保护。

对此,我们可以用两个极端的例子来说明这个问题。

① 某承包商承包一工程,签好合同后,将合同文本锁进抽屉,不作分析和研究,在合同实施中也不争取自己的权益,致使失去索赔机会,损失 100 万美元。

② 另一个承包商在签好合同后,加强合同管理,积极争取自己的正当权益,成功地进行了 100 万美元的索赔,业主应当向他支付 100 万美元补偿。但他申明,出于友好合作,只向业主索要 90 万美元,另 10 万美元作为让步。

对前者,业主是不会感激的。业主会认为,这是承包商经营管理水平不高的表现。而对后者,业主是非常感激的,因为承包商作了让步,令业主少损失 10 万美元。

(2) 在索赔中,合同管理人员好大喜功,只注重索赔。

承包商以索赔额的高低作为评价工程管理水平或索赔小组工作成果的唯一指标,而不顾合同双方的关系、承包商的信誉和长远利益。在索赔中,管理人员好大喜功,只注重索赔。特别当承包商还希望将来与业主进一步合作,或在当地进一步扩展业务时,更要注意这个问题,应有长远的眼光。

索赔,作为承包商追索已产生的损失,或防止将产生的损失的手段和措施,是不得已而用之。承包商切不可将索赔作为一个基本方针或经营策略,这会将经营管理引入误区。

11.5.1.2 基本方针

1. 全面履行合同责任

承包商应以积极合作的态度履行合同责任,主动配合业主完成各项工程,建立良好的合作关系。具体体现在以下几方面。

(1) 按合同规定的质量、数量、工期要求完成工程,守信誉,不偷工减料,不以次充好,认真做好工程质量控制工作。

(2) 积极地配合业主和工程师搞好工程管理工作,协调各方面的关系。

(3) 对发生事先不能预见的由业主承担责任的干扰事件,应及时采取措施,降低影响,减少损失。

在友好、和谐、互相信任和依赖的合作气氛中,不仅合同能顺利实施,双方心情舒畅,而且承包商会有良好的信誉,业主和承包商在新项目上能继续合作。在这种气氛中,承包商实事求是地就干扰事件提出索赔要求,也容易被业主认可。

2. 着眼于重大索赔

对已经出现的干扰事件或对方违约行为的索赔,一般着眼于重大的、有影响的、索赔额大的事件,不要斤斤计较。索赔次数太多、太频繁,容易引起对方的反感。但承包商对这些"小事"又不能不问,应作相应的处理,如告诉业主,出于友好合作的诚意,放弃这些索赔要求,或作为索赔谈判中让步余地。

在国际工程中,有些承包商常常斤斤计较,寸利必得。特别在工程刚开始时,让对方感到其很精干,而且不容易作让步,利益不能受到侵犯,这样先从心理上战胜对方。这实质上是索赔的处理策略,不是基本方针。

3. 注意灵活性

在具体的索赔处理过程中要有灵活性,讲究策略,要准备并能够做出让步,力求使索赔的解决双方都满意,皆大欢喜。

承包商的索赔要求能够获得业主的认可,而业主又对承包商的工程和工作很满意,这是索赔的最佳解决结果。这看起来是一对矛盾,但有时也能够统一。这里有两个应注意问题。

1) 双方具体的利益所在和事先的期望

对双方利益和期望的分析,是制定索赔基本方针和策略的基础。通常,双方利益差距越大,事先期望越高,索赔的解决越困难,双方越不容易满足。

(1) 承包商的具体利益或目标。

① 使工程顺利通过验收,交付业主使用,尽快履行自己的合同义务,结束合同;

② 进行工期索赔,推卸或免去自己对工期拖延的合同处罚责任;

③ 对业主、总(分)包商的索赔进行反索赔,减少费用损失;

④ 对业主、总(分)包商进行索赔,取得费用损失的补偿,争取更多收益。

(2) 业主的具体利益或目标。

① 顺利完成工程项目,及早交付使用,实现投资目的;

② 其他方面的要求,如延长保修期、增加服务项目、提高工程质量,使工程更加完美,或责令承包商全面完成合同责任;

③ 对承包商的索赔进行反索赔,尽量减少或不对承包商进行费用补偿,减少工程支出;

④ 对承包商的违约行为,如工期拖延、工程不符合质量标准、工程量不足等,施行合同处罚,提出索赔。

从上述分析可见,双方的利益有一致的一面,也有不一致和矛盾的一面。通过对双方利益的分析,可以做到"知己知彼",针对对方的具体利益和期望采取相应的对策。

(3) 双方事先的期望。

在实际索赔解决中,对方对索赔解决的实际期望会暴露出来的。通常双方都将违约责任推给对方,表现出对索赔有很高的期望,而将真实期望隐蔽,这是常用的一种策略。它的好处如下

① 为自己在谈判中的让步留下余地。如果对方知道我方索赔的实际期望,则可

以直逼这条底线,要求我方再作让步,而我方已无让步余地。例如,承包商预计索赔收益为10万美元,而提出30万美元的索赔要求,即使经对方审核,减少一部分,再逐步讨价还价,最后实际赔偿10万美元,还能达到目标和期望。而如果期望10万美元,就提出10万美元的索赔,从10万美元开始谈判,最后可能连5万美元也难以达到。

② 使谈判能够得到有利的解决,而且能使对方对最终解决有满足感。由于提出的索赔值较高,经过双方谈判,承包商作了很大让步,好像受到很大损失,这使得对方索赔谈判人员对自己的反索赔工作感到满意,使问题易于解决。

索赔解决中,让步是双方面的,常常是对等的,承包商通过让步可以赢得对方对索赔要求的认可。

在实际索赔谈判中,要摸清对方的实际利益所在以及对索赔解决的实际期望往往会很困难的。"步步为营"是双方都常用的攻守策略,尽可能多地取得利益,又是双方的共同愿望,所以索赔谈判常常是双方智慧、能力和韧性的较量。

2) 让步

在索赔解决中,让步是必不可少的。由于双方利益和期望的不一致,在索赔解决中常常出现大的争执。而让步是解决这种不一致的手段。通常,索赔的最终解决双方都必须作出让步,才能达成共识。一位有经验的业内人士曾说,谈判就是让步,谈判艺术的最高境界就是恰到好处地让步。

让步作为索赔谈判的主要策略之一,也是索赔处理的重要方法,它有许多技巧。让步的目的是为了取得经济利益,达到索赔目标。但它又必然带来自己经济利益的损失。让步是为取得更大的经济利益而作出的局部牺牲。

在实际工程中,让步应注意如下几个问题。

(1) 让步的时机。让步应在双方争执激烈、谈判濒于破裂时或出现僵局时作出。

(2) 让步的条件。让步是为了取得更大的利益,所以,让步应是对等的,我方作出让步,应同时争取对方也作出相应的让步。这又应体现双方利益的平衡。让步不能轻易地作出,应使对方感到,这个让步是很艰难的。

(3) 让步应在对方感兴趣或利益所在之处作出。如向业主提出延长保修期、增加服务项目或附加工程、提高工程质量、提前投产、放弃部分小的索赔要求,直至在索赔值上作出让步,以使业主认可承包商的索赔要求,达到双方都满意或比较满意的解决。同时又应注意,承包商不能靠牺牲自己的"血本"作让步,不能过多地损害自己的利益。

(4) 让步应有步骤地进行。必须在谈判前作详细计划,设计让步的方案。在谈判中切不可一让到底,一下子达到自己实际期望的底线。实践证明这样做常常会很被动。

索赔谈判常常要持续很长时间。在国际工程中,有些工程完工数年,而索赔争执仍没能解决。对承包商来说,自己掌握的让步余地越大,越有主动权。

4. 争取以和平方式解决争执

无论在国际还是在国内工程中,承包商一般都应争取以和平的方式解决索赔争执,这对双方都有利。当然,具体采用什么方法还应审时度势,从承包商的利益出发。

在索赔中,"以战取胜",即用尖锐对抗的形式,在谈判中以凌厉的攻势压倒对方,或在一开始就企图用仲裁或诉讼的方式解决索赔问题都是不可取的。这常常会导致如下结果。

(1) 失去双方之间的友谊,致使双方关系紧张,使合同难以继续履行,这样对承包商落实自己的利益更为不利。

(2) 失去将来的合作机会,由于双方关系搞僵,业主如果再有工程,绝不会委托给曾与他打过官司的承包商;承包商在当地会有一个不好的声誉,影响到将来在同一地区的继续经营。

(3) "以战取胜"即是不给自己留下余地。如果遭到对方反击,自己的回旋余地较小,这是很危险的。有时会造成承包商的保函和保留金回收困难。在实际工程中,常常干扰事件的责任都是双方面的,承包商也可能有疏忽和违约行为。对一个具体的索赔事件,承包商常常很难有绝对的取胜把握。

(4) 两败俱伤。双方争执激烈,最终以仲裁或诉讼解决问题,常常需花费许多时间、精力、金钱和信誉。特别当争执很复杂时,解决过程持续时间很长,最终导致两败俱伤。这样的实例是很多的。

(5) 有时难以取胜。在国际承包工程中,合同常常以业主或工程所在国法律为基础,合同争执也按该国法律解决,并在该国仲裁或诉讼。这对承包商极为不利。在另一国承包工程,许多国际工程专家告诫,如果争执在当地仲裁或诉讼,对外国的承包商不会有好的结果。所以在这种情况下应尽力争取在非正式场合,以和平的方式解决争执。除非万不得已,例如争执款额巨大,或自己被严重侵权,同时自己有一定成功的把握,一般情况下不要提出仲裁或诉讼。当然,这仅是一个基本方针,对具体的索赔,采取什么形式解决,必须审时度势,看是否对自己有利。

案例

在非洲某水电工程中,工程施工期不到3年,原合同价2500万美元。由于种种原因,在合同实施中承包商提出许多索赔,总值达2000万美元。监理工程师作出处理决定,认为总计补偿1200万美元比较合理。业主愿意接受监理工程师的决定。但承包商不肯接受,要求补偿1800万美元。由于双方达不成协议,承包商按合同约定向国际商会提出仲裁要求。双方各聘请一名仲裁员,由所聘请的两名仲裁员另外指定一名首席仲裁员。本案仲裁前后经历近3年时间,相当于整个建设期,仲裁费花去近500万美元。最终仲裁结果为:业主给予承包商1200万美元的补偿,即维持监理工程师的决定。

分析

我国公民一般认为,西方发达国家的公民倾向通过仲裁或诉讼来解决纠纷。其实,在工程界,合同双方有了矛盾,无论是在发达国家还是在发展中国家,通过仲裁或诉讼解决的并不多,绝大多数纠纷还是通过协商友好解决的。经过国际仲裁或诉讼,双方都会受到很大损失,没有赢家。如果双方各作让步,通过协商,友好解决争执,则不仅花费少,而且麻烦少,对双方均有利。正如国际工程承包界的一句格言所说:"一个好的诉讼远不如一个坏的友好解决(A poor settlement is better than a good lawsuit)。"

5. 变不利为有利,变被动为主动

在工程承包活动中,承包商常常处于不利的和被动的地位。从根本上说,这是由于建筑市场激烈竞争造成的。它具体表现在招标文件的某些规定和合同的一些不平等的、对承包商单方面约束性条款上,而这些条款几乎都与索赔有关。例如:加强业主和工程师对工程施工、建筑材料等的认可权和检查权;对工程变更赔偿条件的限制;对合同价格调整条件的限制;对工程变更程序的不合理的规定,FIDIC 条件规定索赔有效期为 28 天,但有的国际工程合同规定为 14 天,甚至 7 天;争执只能在当地,按当地法律解决,拒绝国际仲裁机构裁决,等等。

这些规定使承包商索赔很艰难,有时甚至不可能。承包商的不利地位还表现在:一方面索赔要求只有经业主认可,并实际支付赔偿才算成功;另一方面,出现索赔争执(即业主拒绝承包商的索赔要求),承包商常常必须(有时也只能)争取以谈判的方式解决。

要改变这种状况,在索赔中争取有利地位,争取索赔的成功,承包商主要应从以下几方面着手。

(1) 争取签订较为有利的合同。如果合同不利,在合同实施过程中和索赔中的不利地位就很难改变。这要求承包商重视合同签订前的合同文本研究,重视与业主的合同谈判,争取对不利的不公平的条款作修改;在招标文件分析中重视索赔机会分析。

(2) 提高合同管理以及整个项目管理水平,使自己不违约,按合同办事。同时积极配合业主和工程师搞好工程项目管理,尽量减少工程中干扰事件的发生,避免双方的损失和失误,减少合同的争执,减少索赔事件的发生。实践证明,索赔有很大风险,任何承包商在报价、合同谈判、工程施工和管理中不能预先寄希望于索赔。

在工程施工中要抓好资料收集工作,为索赔(反索赔)准备证据;经常与监理工程师和业主沟通,遇到问题多书面请示,以避免自己的违约责任。

(3) 提高索赔管理水平。一旦有干扰事件发生,造成工期延长和费用损失,应积极地进行有策略的索赔,使整个索赔报告,包括索赔事件、索赔根据、理由、索赔值的计算和索赔证据无懈可击。对承包商来说,索赔解决得越早越有利、越拖延越不利。所以一经发现索赔机会,就应进行索赔处理,及时地、迅速地提出索赔要求;在变更会议和变更协议中就应对赔偿的价格、方法、支付时间等细节问题达成一致;提出索赔报告后,就应不断地与业主和监理工程师联系,催促尽早地解决索赔问题;工程中的每一单项索赔应及早独立解决,尽量不要以一揽子方式解决所有索赔问题。索赔值积累得越大,其解决对承包商越不利。

(4) 在索赔谈判中争取主动。承包商对具体的索赔事件,特别对重大索赔和一揽子索赔应进行详细的策略研究。同时,派最有能力、最有谈判经验的专家参加谈判。在谈判中,尽力影响和左右谈判方向,使索赔能得到较为有利的解决。项目管理的各职能人员和公司的各职能部门应全力配合和支持谈判。

在索赔解决中,承包商的公关能力、谈判艺术、策略、锲而不舍的精神和灵活性是至关重要的。

(5) 搞好与业主代表、监理工程师的关系,使他们能理解、同情承包商的索赔要求。

11.5.2 索赔策略

如何才能够既不损失利益,取得索赔的成功,又不伤害双方的合作关系和承包商的信誉,从而使合同双方皆大欢喜,对合作满意。这个问题不仅与索赔数量有关,而且与承包商的索赔策略、索赔处理的技巧有关。

索赔策略是承包商经营策略的一部分。对重大的索赔(反索赔),必须进行策略研究,作为制订索赔方案、索赔谈判和解决的依据,以指导索赔小组工作。

索赔策略必须体现承包商的整个经营战略,体现承包商长远利益与当前利益、全局利益与局部利益的统一。索赔策略通常由承包商亲自把握并制定,而项目的合同管理人员则提供索赔策略制定所需要的信息和资料,并提出意见和建议。

1. 确定目标

1) 提出任务

提出任务,确定索赔所要达到的目标。承包商的索赔目标即为承包商的索赔基本要求,是承包商对索赔终期望。它由承包商根据合同实施状况,承包商所受的损失和总的经营战略确定。对各个目标应分析其实现的可能性。

2) 分析实现目标的基本条件

除了进行认真、有策略的索赔外,承包商特别应重视在索赔谈判期间的工程施工管理。在这时期,若承包商能更顺利地、圆满地履行自己的合同责任,使业主对工程满意,这对谈判是个促进。相反,如果这时出现承包商违约或工程管理失误,工程不能按业主要求完成,这会给谈判甚至整个索赔罩上阴影。

当然,反过来说,对于不讲信誉的业主(例如严重拖欠工程款,拒不承认承包商合理的索赔要求),则承包商要注意控制(放慢)工程进度。一般施工合同规定,承包商在索赔解决期间,仍应继续努力履行合同,不得中止施工。但工程越接近完成,承包商的索赔地位越不利,主动权越少。对此,承包商可以提出理由,如由于索赔解决不了,造成财务困难,无力支付分包工程款,无钱购买材料、发放工资等,工程无法正常进行,此时放慢施工速度或许是比较好的选择。

3) 分析实现目标的风险

在索赔过程中的风险是很多的,主要包括如下几种。

(1) 承包商在履行合同责任时的失误,这可能成为业主反驳的攻击点。如承包商没有在合同规定的索赔有效期内提出索赔、没有完成合同规定的工程量、没有按合同规定工期交付工程、工程没有达到合同所规定的质量标准、承包商在合同实施过程中有失误等。

(2) 工地上的风险,如项目试生产出现问题,工程不能顺利通过验收,已经出现、可能还会出现工程质量问题等。

(3) 其他方面风险,如业主可能提出合同处罚或索赔要求,或者其他方面可能有不利于承包商索赔的证词或证据等。

2. 对对方的分析

对对方的分析包括分析对方的兴趣和利益所在以及分析对方商业习惯、文化特点、民族特性。对对方的兴趣和利益的分析目的如下所述。

(1) 在一个较和谐友好的气氛中将对方引入谈判。在问题比较复杂、双方都有违约责任的情况下,或用一揽子方案解决工程中的索赔问题时,往往要注意这点。如果直接提交一份索赔文件,提出索赔要求,业主常常难以接受,或不作答复,或拖延解决。在国际工程中,有的工程索赔能拖几年。因此选择逐渐进入谈判,循序渐进会较为有利。

(2) 分析对方的利益所在,可以研究双方利益的一致性、不一致性和矛盾性。这样在谈判中,可以在对方感兴趣的地方,而又不过多地损害承包商自己利益的情况下作让步,使双方都能满意。

分析合同的法律基础的特点和对方商业习惯、文化特点、民族特性,这对索赔处理方法的选择影响很大。如果对方来自法制健全的工业发达国家,则应多花时间在合同分析和合同法律分析上,这样提出的索赔法律理由充足。对业主(对方)的社会心理、价值观念、传统文化、生活习惯,甚至包括业主本人的兴趣、爱好的了解和尊重,对索赔的处理和解决也有极大的影响,有时直接关系到索赔甚至整个项目的成败。现在西方的(包括日本的)承包商在工程投标、洽商、施工、索赔(反索赔)中特别注重研究这方面的内容。实践证明,他们更容易取得成功。

3. 承包商的经营战略分析

承包商的经营战略直接制约着索赔策略和计划。在分析业主的目标、业主的情况和工程所在地(国)的情况后,承包商应考虑如下问题。

(1) 有无可能与业主继续进行新的合作,如业主有无新的工程项目。

(2) 承包商是否打算在当地继续扩展业务,扩展业务的前景如何。

(3) 承包商与业主之间的关系对在当地扩展业务有何影响。

这些问题是承包商决定整个索赔要求、解决方法和解决期望的基本出发点,由此决定承包商整个索赔的基本方针。

4. 承包商主要对外关系分析

在合同实施过程中,承包商有多方面的合作关系,如与业主、监理工程师、设计单位、业主的其他承包商和供应商、承包商的代理人或担保人、业主的上级主管部门或政府机关等。承包商对各方面要进行详细分析,利用这些关系,争取各方面的同情、合作和支持,造成有利于承包商的氛围,从各方面向业主施加影响。这往往比直接与业主谈判更为有效。

在索赔过程中,以至在整个工程过程中,承包商与监理工程师的关系一直起关键作用。因为监理工程师代表业主作工程管理,许多作为证据的工程资料需他认可、签证才有效。他可以直接下达变更指令、提出有指令作用的工程问题处理意见、验收隐蔽工程等。索赔文件首先由他审阅、签字后再交业主处理。出现争执,他又首先作为调解人,提出调解方案。所以,与监理工程师建立友好和谐的合作关系,取得他的理解和帮助,不仅对整个合同的顺利履行影响极大,而且常常决定索赔的成败。

在国际承包工程中,承包商的代理人(或担保人)通常起着非常微妙的作用。他可以办承包商不能或不好出面办的事。他懂得当地的风俗习惯、社会风情、法律特点、经济和政治状况,他又与其他方面有着密切联系。由他在其中斡旋、调停,能使承包商的索赔获得在谈判桌上难以获得的有利解决。

在实际工程中,与业主上级的交往或双方高层的接触,常常有利于问题的解决。许多工程索赔问题,双方具体工作人员谈不成,争执很长时间,但在双方高层人员的眼中,从战略的角度看都是小问题,故很容易得到解决。

所以承包商在索赔处理中要广泛地接触、宣传、提供各种说明信息,以争取广泛的同情和支持。

5. 对对方索赔的估计

在工程问题比较复杂、双方都有责任,或工程索赔以一揽子方案解决的情况下,应对对方已提出的或可能还要提出的索赔进行分析和估算。在国际承包工程中,常常有这种情况:在承包商提出索赔后,业主作出反索赔对策和措施,如找一些借口提出罚款和扣款,在工程验收时挑毛病,提出索赔,用以平衡承包商的索赔。这是必须充分估计到的。对业主已经提出的和可能还将提出的索赔项目进行分析,列出分析表,并分析业主这些索赔要求的合理性,即自己反驳的可能性。

6. 可能的谈判过程

一般索赔最终都在谈判桌上解决。索赔谈判是合同双方面对面的较量,是索赔能否取得成功的关键。一切索赔计划和策略都要在此付诸实施,接受检验;索赔(反索赔)文件在此交换、推敲、反驳。双方都派最精明强干的专家参加谈判。索赔谈判属于合同谈判,更大范围地说,属于商务谈判。

索赔谈判包括如下四个阶段。

(1)进入谈判阶段。如何将对方引入谈判,这里有许多学问。当然,最简单的是递交一份索赔报告,要求对方在一定期限内予以答复,以此作为谈判的开始。在这种情况下往往谈判气氛比较紧张,不利问题的解决。

要在一个友好和谐的气氛中将业主引入谈判,通常要从他关心的议题或对他有利的议题入手,以此开始谈判,可以缩短双方的心理距离。

这个阶段的最终结果为达成谈判备忘录。其中包括双方感兴趣的议题、双方商讨的大致谈判过程和总的时间安排。承包商应将自己与索赔有关的问题纳入备忘录中。

(2) 事态调查阶段。对合同实施情况进行回顾、分析、提出证据,这个阶段重点是弄清事件真实情况。这一阶段承包商不应急于提出费用索赔要求,应多提出证据,以推卸自己的责任。

事态调查应以会谈纪要的形式记录下来,作为这阶段的结果。

(3) 分析阶段。对干扰事件的责任进行分析。这里可能有不少争执,比如对合同条文的解释不一致。双方各自提出事态对自己的影响及其结果,承包商在此提出工期和费用索赔。这时事态已比较清楚,责任也基本上落实。

(4) 解决问题阶段。对于双方提出的索赔,讨论解决办法。经过双方的讨价还价,或通过其他方式得到最终解决。

对谈判过程,承包商事先要作计划,用流程图表示出可能的谈判过程,用横道图作时间计划。对重大索赔没有计划就不能取得预期的成果。

7. 可能的谈判结果

这与前面分析的承包商的索赔目标相对应。用前面分析的结果说明这些目标实现的可能性,实现的困难和障碍。如果目标不符合实际,则可以进行调整,重新确定新的目标。

8. 索赔谈判注意事项

(1) 注意谈判心理,搞好私人关系,发挥公关能力。在谈判中尽量避免对工程师和业主代表当事人的指责,多谈干扰的不可预见性,少谈个人的失误。通常只要对方认可我方索赔要求,赔偿损失即可,而并非一定要对方承认错误。

(2) 多谈困难,多诉苦,强调不合理的地方解决对承包商的财务、施工能力的影响,强调对工程的干扰。无论索赔能否解决,或解决程度如何,在谈判中以及解决后,都要以受损失者的面貌出现。给对方、给公众一个受损失者的形象。这样不仅能争取同情和支持,而且争取一个好的声誉和保持友好关系。索赔和拳击不同,即使非常成功,取得意想不到的利益,也不能以胜利者的姿态出现。

11.5.3 索赔艺术与技巧

1. 充分论证索赔权

要进行施工索赔,首先要有索赔权。如果没有索赔权,无论承包商在施工中承受了多么大的亏损,也无权获得任何经济补偿。

索赔权是索赔要求能否成立的法律依据,其基础是施工合同文件。因此,索赔人员应通晓合同文件,善于在合同条款、施工技术规程、工程量表、工作范围、合同函件等全部合同文件中寻找索赔的法律依据。

在全部施工合同文件中,涉及索赔权的一些主要条款,大都包括在合同通用条件中,尤其是涉及工程变更的条款,如工程范围变更、工作项目变更、施工条件变更、施工顺序变更、工期延长、单价变更、物价上涨、汇率调整,等等。对这些条款的含义要研究透彻,做到熟练运用,来证明自己索赔要求的合理性。

2. 合理计算索赔款

在确立了索赔权以后,下一步的工作就是计算索赔款额,或推算工期延长天数。如果说论证索赔权是属于定性的,是法律论证部分;则确定索赔款就是定量的,是经济论证部分。这两点,是索赔工作成功与否的关键。

计算索赔款的依据,是合同条件中的有关计价条款以及可索赔的一些费用。通过合适的计价方法,求出要求补偿的额外费用。

3. 按时提出索赔要求

在工程项目的合同文件中,对承包商提出施工索赔要求均有一定的时限。在我国施工合同范本和FIDIC合同条件中,均规定这个时限是索赔事项初发时起的28天以内,而且要求承包商提出书面的索赔通知书,报送工程师,抄送业主。

按照合同条件的默示条款,晚于这一时限的索赔要求,业主和工程师可以拒绝接受。他们认为,承包商没有在规定的时限内提出索赔要求,是他已经主动放弃该项索赔权。但同时,FIDIC合同条件也明确要求工程师在收到索赔报告或该索赔的任何进一步的详细证明报告后42天内或者在其他约定的合理时间里表示批准或不批准,并就索赔的原则作出反应。

一个有经验的国际工程承包商的做法是:当发生索赔事态时,立即请工程师到出事现场,要求他做出指示;对索赔事态进行录像或详细的论述,作为今后索赔的依据;并在时限以内尽早地书面正式提出索赔要求。

4. 编写好索赔报告

在索赔事项的影响消失后的28天以内,写好索赔报告书,报送给业主和工程师。对于重大的索赔事项,如隧洞塌方,不可能在编写索赔报告书时已经处理完毕,但仍可根据塌方量及处理工作的难度,估算出所需的索赔款额以及所必需的工期延长天数。

索赔报告书应清晰准确地叙述事实,力戒潦草、混乱甚至自相矛盾。在报告书的开始,以简练的语言综述索赔事项的处理过程以及承包商的索赔要求,然后逐项地详细论述和计算,最后附以相应的证据资料。

对于重大的索赔事项,应将工期索赔和经济索赔分别编写,以便工程师和业主的审核。对于较简单、费用较小的索赔事项,可将工期索赔和经济索赔写入同一个索赔报告书中。

5. 提供充分的索赔证据

在确立索赔权、计算索赔款之后,重要的问题是提供充分的论证资料,使自己的索赔要求建立在可靠证据的基础上。

证据资料应与索赔款计算书的条目相对应,对索赔款中的每一项重要开支附上收据或发票,并顺序编号,以便核对。

6. 力争友好解决

承包商在报出索赔报告书以后的 10~14 天,即可向工程师查询其对索赔报告的意见。对于简单的索赔事项,工程师一般应在收到报告书之日起的 28 天内提出处理意见,征得业主同意后,正式通知承包商。

咨询(监理)工程师对索赔报告书的处理建议,即是合同双方会谈协商的基础。在一般情况下,经过双方的友好协商,或由承包商一方提供进一步的证据后,工程师即可提出最终的处理意见,经双方协商同意,使索赔要求得到解决。

即使合同双方对个别的索赔问题难以协商一致,承包商亦不应急躁地将索赔争端提交仲裁或法庭,亦不要以此威胁对方,而应寻求通过中间人(或机构)调停的途径,解决索赔争端。实践证明,绝大多数提交中间人调停的索赔问题,均能通过调解协商得到解决。

7. 随时申报,按月结算

正常的施工索赔做法,是在发生索赔事项后随时随地提出单项索赔要求,力戒把数宗索赔事项合为一体索赔。这样做,使索赔问题交织在一起,解决起来更为困难。除非迫不得已,数宗索赔事项纵横交错、难以分解时,才以综合索赔的形式提出。

在索赔款的支付方式上,应力争单项索赔、单独解决、逐月支付,把索赔款的支付纳入按月结算支付的轨道,同工程进度款的结算支付同步处理。这样,可以把索赔款化整为零,避免积累成大宗款额,使其解决较为容易。

8. 必要时施加压力

施工索赔是一项复杂而细致的工作,在解决过程中往往各执一词,争执不下。个别的工程业主,对承包商的索赔要求采取拖延的策略,不论合理与否,一律不作答复,或要求承包商不断地提供证据资料,意欲拖延到工程完工,遂不了了之。

对于这样的业主,承包商可以考虑采取适当的强硬措施,对其施加压力,或采取放慢施工速度的办法;或予以警告,在书面警告发出后的限期内(一般为 28 天)对方仍不按合同办事时,则可暂停施工。这种做法在许多情况下是见效的。

承包商在采取暂停施工时,要引证工程项目的合同条件或工程所在国的法律,证明业主违约,如:不按合同规定的时限向承包商支付工程进度款;违反合同规定,无理拒绝施工单价或合同价的调整;拒绝承担合同条款中规定属于业主承担的风险;拖付索赔款,不按索赔程序的规定向承包商支付索赔款,等等。

索赔既是一门科学,同时又是一门艺术,它是一门融自然科学、社会科学于一体的边缘科学,涉及工程技术、工程管理、法律、财会、贸易、公共关系等在内的众多学科知识。因此索赔人员在实践过程中,应注重对这些知识的有机结合和综合应用,不断学习、不断体会、不断总结经验教训,这样才能更好地开展索赔工作。

11.6 工程量清单计价模式下的索赔管理

11.6.1 工程量清单计价概述

11.6.1.1 工程量清单计价基本概念

（1）工程量清单计价方法，是建设工程招标投标中，招标人按照国家统一的工程量规则提供工程量清单，投标人依据工程量清单、拟建工程的施工方案，结合自身实际情况并考虑风险后自主报价的工程造价计价模式。

（2）工程量清单，是表现拟建工程的分部分项工程项目、措施项目、其他项目名称和相应数量的明细清单。

11.6.1.2 工程量清单计价的作用

1. 实行工程量清单计价是规范建设市场秩序、适应社会主义经济发展的需要

工程量清单计价是市场形成工程造价的主要形式，工程量清单计价有利于发挥企业自主报价的能力，实现由政府定价向市场定价的转变；有利于规范业主在招标中的行为，有效避免招标单位在招标中盲目压价的行为，从而真正体现公开、公平、公正的原则，适应市场经济规律。

2. 实行工程量清单计价是促进建设市场有序竞争和健康发展的需要

工程量清单招标投标，对招标人来说，由于工程量清单是招标文件的组成部分，招标人必须编制出准确的工程量清单，并承担相应的风险，促进招标人提高管理水平。由于工程量清单是公开的，将避免工程造表中弄虚作假、暗箱操作等不规范行为。对投标人来说，要正确进行工程量清单报价，必须对单位工程成本、利润进行分析，精心选择施工方案，合理组织施工，合理控制现场费用和施工技术措施费用。此外，工程量清单对保证工程款的支付、结算都起到重要作用。

3. 实行工程量清单计价有利于我国工程造价政府管理职能的转变

实行工程量清单计价，将过去由政府控制的指令性定额计价转变为制定适应市场经济规律需要的工程量清单计价方法，由过去政府直接干预转变为对工程造价依法监督，有效加强了政府对工程造价的宏观调控。

4. 实行工程量清单计价是适应我国加入世界贸易组织（WTO），融入世界大市场的需要

随着我国改革开放的进一步加快，中国经济日益融入全球市场，特别是我国加入世界贸易组织（WTO）后，建设市场将进一步对外开放。国外的企业以及投资的项目越来越多地进入国内市场，我国企业走出国门在海外投资和经营的项目也在增加。为了适应这种对外开放建设市场的形式，就必须与国际通行的计价方法相适应，为建设市场主体创造一个与国际惯例接轨的市场竞争环境。工程量清单计价是国际通行的计价方法。在我国实行工程量清单计价,有利于提高国内建设各方主体参与国际化竞争的能力。

11.6.1.3 工程量清单计价规范的特点

1. 强制性

按照计价规范规定,全部使用国有资金后国有资金投资为主的大中型建设工程,都应执行工程量清单计价方法。同时凡是在建设工程招标投标实行工程量清单计价的工程,都应遵守计价规范。

计价规范从资金来源方面,规定了强制实行工程量清单计价的范围,即"全部使用国有资金或国有资金投资为主的大中型建设工程应执行本规范。""国有资金"是指国家财政性的预算内或预算外资金、国有机关、国有企事业单位和社会团体的自有资金及借贷资金,国家通过对内发行政府债券或向外国政府及国际金融机构举借主权外债所筹集的资金也应视为国有资金。"国有资金投资为主"包括国有资金占总投资额50%以上或虽不足50%,但国有资产投资者实质上拥有控股权的过程。"大、中型建设工程"的界定按国家有关部门的规定执行。

2. 统一性

工程量清单是招标文件组成部分,招标人在编制工程量清单时必须做到四个统一,即统一项目编码、统一项目名称、统一计量单位、统一工程量计算规则。

3. 实用性

计价规范中,项目名称明确清晰,工程量计算规则简洁明了,特别是列有项目特征和工程内容,便于确定工程造价。

4. 竞争性

一是在工程量清单中只有"措施项目"一栏,具体采用什么措施,由投标人根据施工组织设计及企业自身情况报价。二是工程量清单中人工、材料和施工机械没有具体的消耗量,也没有单价。投标人既可以依据企业的定额和市场价格信息,也可以参照建设行政主管部门发布的社会平均消耗量定额进行报价。

5. 通用性

采用工程量清单计价能与国际惯例接轨,复核工程量计算方法标准化、工程量计算规则统一化、工程造价确定市场化的要求。

11.6.2 工程量清单计价模式下合同管理的意义

我国于2008年12月1日施行的《建筑工程工程量清单计价规范》(GB 50500—2008)是我国工程造价管理改革的一项重要举措,是依据国家宏观调控、市场竞争形成价格的原则制定的。新"计价规范"总结了《建设工程工程量清单计价规范》(GB 50500—2003)实施以来的经验,针对执行中存在的问题,修编了原规范中不尽合理、可操作性不强的条款,增加了采用工程量清单计价如何编制工程量清单和招标控制价、投标报价,合同价款约定以及工程计量与价款支付,工程价款调整、索赔、竣工结算,工程计价争议处理等内容。工程量清单计价是改革和完善工程价格管理体制的一个重要组成部分。它相对于传统的定额计价方法是一种新的计价模式,或者说是一种市场定价模式,是建设产品的买方和卖方根据建设市场供求情况进行的自由竞价,从而使双方最终能够签订工程合同价格的方法。对于这一计价模式下的合同管理的研究和实施有利于计价模式的进一步完善,有利于制定与之配套的合同示范文本等文件体系,有利于提高我国建筑业的合同管理水平,建立公开、公平、公正的市场竞争秩序,推动我国工程造价改革迈上新的台阶。

(1) 构建工程量清单计价模式下的合同示范文本,以配合工程量清单计价模式的推广和实施,使之满足新形势下建筑市场需要,能够更好地规范建设各方行为。目前,我国工程模式已由传统的"量价合一"的计划模式向"量价分离"的市场模式转变。从建筑市场经济活动及交易行为看,由于缺乏与工程量清单计价模式相配套的合同示范文本,工程建设的参与各方在运用工程量清单计价这种方法进行计价的过程中产生了一些问题,进而更加不利于建筑市场经济秩序的维护。因此,研究构建工程量清单计价模式下的合同示范文本,能够促使合同双方有章可循、有法可依,规范市场主体的交易行为,促进建筑市场的健康稳定发展。

(2) 建立工程量清单计价模式下的合同管理体系,对于促进合同管理法制化、完善我国的项目管理、加强工程的风险管理有重要作用。基于历史与现实的原因,我国建筑业科技含量比较低,研究工程量清单计价模式下的合同管理,将有助于吸收一些先进的项目管理、风险管理理念,对加快合同法制化的建设步伐,促进建筑业的平稳健康发展有积极作用。

(3) 加强工程量清单计价模式下的合同管理,是建筑业迎接国际性竞争的需要。工程量清单计价模式与 FIDIC 合同条件的计价模式都是单价合同,具有一定相似性。因此,采用工程量清单计价模式将有助于我们加深对 FIDIC 条款的认识,更好地遵循市场规则和国际惯例,加强建设工程施工合同的规范管理,建立行之有效地合同管理制度。

11.6.3 工程量清单计价模式下索赔的特点及注意的问题

11.6.3.1 工程量清单计价模式下索赔的特点

从索赔管理的角度分析工程量清单计价模式下合同管理的特点,主要有合同的订立、合同的履行和索赔的处理等三个方面的内容。

1. 合同的订立

对于招标工程,工程量清单是合同的组成部分;对于非招标工程,其计价活动也必须遵守《计价规范》的规定,所以订立合同的内容必然涵盖工程量清单。工程量清单是合同的组成部分。

1) 计价方式

根据工程量清单计价的特点,实行工程量清单计价的工程宜采用单价合同,即合同约定的工程价款中所包含的工程量清单项目综合单价在约定条件内是固定的,不予调整,工程量允许调整。工程量清单项目综合单价在约定的条件外,允许调整。但调整方式、方法应在合同中约定。

一般认为,工程量清单计价是以工程量清单作为投标人投标报价和合同协议书签订时合同价格的唯一载体,在合同协议书签订时,经标价的工程量清单的全部或者绝大部分内容被赋予合同约束力。

工程量清单计价的实用性不受合同形式的影响。实践中常见的单价合同和总价合同两种主要合同形式,均可以采用工程量清单计价,区别仅在于工程量清单中所填写的工程量的合同约束力。采用单价合同形式时,工程量清单是合同文件必不可少的组成内容,其中的工程量一般具备合同约束力(量可调),工程款结算时按照合同中约定应予计量并实际完成的工程量计算进行调整,由招标人提供统一的工程量清单则彰显了工程量清单计价的主要优点。而对总价合同形式,工程量清单中的工程量不具备合同约束力(量不可调),工程量以合同图纸的标示内容为准,工程量以外的其他内容一般均赋予合同约束力,以方便合同变更的计量和计价。

2) 风险约定

工程量清单计价规范规定了工程风险的确定原则,在招标文件或合同中明确风险内容及其范围(幅度),不得采用无限风险、所有风险或类似语句规定风险内容及其范围(幅度)。显而易见,这一新模式的计价方式,对工程量清单中出现漏项、工程量计算偏差、工程变更引起工程量的增减以及法律、法规、规章或有关政策出台导致工程税金、规费、人工发生变化等所带来的风险应由承包商承担;对承包商根据自身技术水平、管理、经营状况引起的风险应由承包商承担;对于主要由市场价格导致的价格风险应由业主、承包商之间合理分摊;为了在合同的履行中更好地界定和计算因风险所承担的责任和费用的支出,合同中应进一步明确有关风险约定的条款。

3) 工程计价争议处理

在工程计价中,对工程造价计价依据、办法以及相关政策规定发生争议事项的,由工程造价管理机构负责解释。

业主对工程质量有异议,拒绝办理工程竣工结算的,已竣工验收或已竣工未验收但实际投入使用的工程,其质量争议按该工程保修合同执行,竣工结算按合同约定办理;已竣工未验收且未实际投入使用的工程以及停工、停建工程的质量争议,双方应就有争议的部分委托有资质的检测鉴定机构进行检测,根据检测结果确定解决方案,或按工程质量监督机构的处理决定执行后办理竣工结算,无争议部分的竣工结算按合同约定办理。

发、承包双方发生工程造价合同纠纷时,应通过下列办法解决:

(1) 双方协商；
(2) 提请调解，工程造价管理机构负责调解工程造价问题；
(3) 按合同约定向仲裁机构申请仲裁或向人民法院起诉。

2. 合同的履行

如果订立合同是基础，那么履行合同则是关键。工程量清单计价模式下合同履行的内容如下。

1) 工程变更计价

工程变更计价一般做法见本章相关内容，此外还应注意以下一些问题。合同中的综合单价因工程量变更需调整时，应按照下列办法确定：合同中因非承包人原因引起的工程量增减，该项工程量变化在合同约定幅度以内的，应执行原有的综合单价；该项工程量变化在合同约定幅度以外的，其综合单价及措施费应予以调整；因分部分项工程量清单漏项或非承包人原因的工程变更，引起措施项目发生变化，造成施工组织设计或施工方案变更，原措施费中已有的措施项目，按原有措施费的组价方法调整；原措施费中没有的措施项目，由承包人根据措施项目变更情况提出适当的措施费变更费用，经发包人确认后调整；若发包人与承包人协商不一致，按合同争议处理方式解决。

2) 计量支付及竣工结算

单价合同在合同管理中具有便于计算、支付及竣工结算的特点，且合同的公正性及可操作性相对较好。在合同履行过程中，发包人按照合同约定的时间和方式，以工程师确认符合质量要求完成的项目工程量和对应的清单单价计算的价款额，再计入确定的变更金额、索赔金额、工程价款调整额以及应抵扣的预付款等支付工程进度款。当承包人按照合同规定的内容完成全部工程，经验收合格后，根据清单项目实际完成的工程量和对应单价，并考虑变更金额、确定的索赔金额、调价以及其他合同规定应计入款额，计算出竣工结算价款。

3. 索赔的处理

在传统的招标方式中，"低价中标、高价索赔"的现象屡见不鲜。而设计变更、现场签证、技术措施费用及价格是索赔较多关注的内容。在工程量清单计价的合同结构下，其单项工程的综合单价不因施工难易程度、施工技术措施差异变化而调整，从而减少了承包人的索赔机会。

然而，若发包人提供的清单工程量与实际差异较大时，承包人的索赔机会将增加。

(1) 工程量的错误使承包人不仅可能通过不平衡报价获取超额利润，而且还可能提出索赔。

(2) 工程量的错误还将增加变更工程的处理难度，甚至升级为索赔事件。承包人采用了不平衡报价，在合同发生涉及变更而引起工程量清单中工程量的增减时，可能使得发包人不得不与承包人协商确定新的单价，容易升级为索赔事件。

工程量清单是确定合同价款、计算工程变更价款、支付工程进度款、竣工结算和处理索赔的依据。准确、全面、规范的工程量清单既有利于工程造价管理，又有利于发包人和承包人对工程目标的控制。

11.6.3.2 工程量清单计价模式下索赔管理的条件

(1) 熟悉工程量清单；
(2) 研究分析招投标文件、合同文件；
(3) 熟悉施工图纸和工程变更；
(4) 熟悉工程量计算规则、计价方式、计价程序；
(5) 了解施工组织设计；
(6) 熟悉加工订货的有关情况；
(7) 明确主材和设备的来源情况。

11.6.3.3 工程量清单计价模式下索赔管理应重点关注的问题

(1) 工程量清单类别；
(2) 工程量清单计价的合同形式；
(3) 工程量清单计价的工程价款结算和支付；
(4) 工程变更与工程价款调整；
(5) 变更适用计价方式；
(6) 工程价款调整。

案例

××市人民医院是一所集医疗、预防、教学、科研于一体的三级甲等医院，该项目由门诊楼、医技楼、住院楼、传染病区及配套附属设施组成，平面布局呈"U"字形。建筑总面积77 490 m^2，住院床位1315张。其中：A区为地下一层，地上十五层，框剪结构，建筑总高58.7 m，建筑面积26 602 m^2；B区为地上十层，建筑总高43.7 m，框架结构，建筑面积13 208 m^2；C区为地下一层，地上十二层，框架结构，建筑总高49.1 m，建筑面积22 310 m^2；传染病区为二层砖混结构，建筑面积1658.87 m^2，建成病房20间，床位40张。经市建设工程招标投标管理办公室批准，以工程量清单计价方式公开招标，国内某一级建筑公司中标总承包。2006年7月12日开工，2009年6月30日竣工。中标合同价348 425 428元（为说明问题本合同价不含暂定金额）。合同范围：综合医疗大楼、后勤保障中心、辅助用房、室外配套工程等，结算方式：工程量清单中标价加签证变更。工程竣工验收后承包商向业主提交工程竣工结算报告，要求工程最终结算38 694.88万元，其中：合同价34 842.54元，索赔3852.34万元，索赔过程符合合同要求。主要索赔事项如下所述。

1. 业主提供的工程量清单编制粗糙，清单内容和图纸内容不一致，出现清单C40连续梁、A区铝塑板贴面等二十余项漏、错现象，要求增加286万元。

争议原因：承包商认为清单工程量有误，应属于业主风险，理应按相应的调整报价来确定合同价；而业主认为在合同文件的解释次序中规定图纸是优先于清单的，因此这属于投标人的核查风险，投标人在报价中应考虑此风险，故报价不予调整。

2. 业主提供的图纸结构总说明中钢筋锚固长度 $15d$，现行规范要求，造成了图纸内容不满足规范要求，承包商要求增加 199 万元。

争议原因：中标人认为图纸有误完全是业主方风险，价格应作相应调整，这无可厚非。但招标（业主）认为图纸内容有误或违反规范要求，作为有经验的承包商可以合理预知，因此属于承包商风险，至少投标人应事先向业主提出图纸有误，征求业主答复。

3. 施工过程中，业主、监理工程师发布工程变更令，对 A 区 1~5 层大厅取消独立柱，改预应力钢绞索密肋板、B 区九层、十层大会议室改井字梁板结构、卫生间 PVC 吊顶改轻钢龙骨铝扣板吊顶等多项变更。承包商要求增加 845 万元。

争议原因：业主承认承包商提出变更要求增加费用的事实，只是对索赔的金额提出质疑。

4. 因工程变更引起施工方案改变，承包商要求措施费增加 186 万元。

争议原因：业主认为实行清单计价的一个最重要的特点就是实体性费用与措施费的分离，措施费更要能体现企业实际水平。因此措施费的范围完全由投标人决定，而措施费的报价具有包干性，承包商认为措施费的增加是因业主变更工程原因造成的，理应由业主承担。

5. C 区基础设计为 60 个独立柱基，土方工程量清单为开挖坚土基坑，工作内容只包括挖土、基底钎探（土方运输不考虑），垫层尺寸：3.00 m×3.00 m，深 2.0 m，根据施工组织设计，放坡系数 0.5，每边增加工作面 30 cm。实际施工中，因设计变更，垫层尺寸改为 2.00 m×2.00 m，其他不变。由于此变更，承包商提出调整挖土单价要求。

争议原因：业主认为应执行原综合单价，承包商认为此工程变更不仅工程量发生变化，亦引起了综合单价的变化，不能单纯调整清单土方数量。

6. 人、材、机涨价，本项目在 2006 年开工时，人工工日单价 25 元，主要材料单价钢材 3600 元/t，商品混凝土 230 元/m³，汽油 4.7 元/mL；施工过程中政府造价主管部门对人工费用进行了两次调整，2007 年单价从 25 元调整为 30 元；2008 年单价从 30 元调整为 36 元；建筑市场原材料价格猛涨，钢材从 3600 元/t 一路飙升至 6200 元/t，商品混凝土从 230 元/m³ 涨至 360 元/m³。承包商施工出现严重亏损，期间承包商按照惯例向业主提出书面合同索赔，要求补偿施工期间人工费用 488 万元，建筑材料涨价差额 1300 万元，施工机械费用 199 万元。

争议原因：业主在施工过程中，实际已部分默认事实，在进度款支付中也考虑了部分涨价因素，但结算时，业主提出双方工程合同为总价合同，人、材、机的涨价风险应由承包商自己承担，业主只承担工程变更签证的费用。承包商提出业主把所有风险完全转嫁给承包商的做法是不合理的,市场风险应双方共同承担。

7. 工程在土方施工过程中,项目所在地村民阻挡道路通行,要求承包土方运输任务,而且价格高出施工单位中标时的土方价格,业主为顺利施工,构筑和谐、安定的施工环境,从中多方协调,最终承包商以每方土高出报价3元的价格让村民运输土方。由此承包商向业主提出总价86万元的损失,其中直接损失55万元,利润损失31万元。

争议原因:业主承认从中协调事实的发生,但认为是给承包商调解纠纷,调解的当事人是承包商,与业主没有利害关系,不应该承担此项费用;承包商认为业主也是事件的当事人,协调与项目周边村民的关系是业主的责任,业主理应承担自己的损失。

8. 2007年7月18日项目所在地发生罕见的特大暴雨,此事件除造成工期延误外,给项目及承包商带来巨大损失,承包商共提出262万元的补偿要求,其中:已完工程修复费用105万元,施工现场建筑材料损失65万元,施工机械修理费用、架杆、模板、工具等48万元,现场道路、临时设施恢复44万元。

争议原因:业主只同意支付已完工程修复费用,其他承包商自理;承包商认为因双方存在合同关系才造成自己的损失,业主应该承担全部损失。

9. 2008年8月业主考虑专业施工的优越性,与承包商协商把A区400 m^2 玻璃幕墙工程,18部载人、载物电梯安装,以及8800 m^2 真空彩铝外窗、洁净手术室、高压氧舱分包给另外三家专业施工单位,涉及造价1896万元。承包商因业主把合同内容分包,损害了自己的利益,以此承包商提出管理费、利润损失474万元,由于三家施工单位进入现场施工增加了现场组织管理的难度以及增加了配合的工作,承包商提出协调配合费94.8万元(1896×5‰=94.8万元)。

争议原因:业主认为分包工程中幕墙工程、电梯安装工程承包商不具备工程施工的资质,真空彩铝外窗也不能保证施工质量,况且分包过程也征得了承包商的同意,承包商不应提出利润要求,承包商也不能提供因为此项工程分包对公司管理费用造成额外支出,业主同意给承包商适当的现场协调配合费。

10. 三年施工过程中发生如下原因造成停窝工。

(1) 电力部门检修线路停电25天。

(2) 供水部门检修、发生事故停水累计18天。

(3) 项目所在市创建全国卫生城市,累计影响施工7天。

(4) 因本项目为本省重点工程,各种检查、参观多,直接影响施工累计15天。

承包商提出施工现场平均工人186人,日平均工资75元,机械设备、周转材料日平均租赁费6250元,索赔费用如下。

直接费:65(总天数)×186×75+65×6250=131.3(万元)

管理费:131.3×9%(管理费率)=11.82(万元)

利　润:(131.3+11.82)×8%(利润率)=11.45(万元)

小　　计：　　　　　　　　　　154.57万元
规　　费：131.3×5.7%（经核准的规费率）＝7.48（万元）
税　　金：(154.57＋7.48)×3.41%（当地税率）＝5.53（万元）
合　　计：　　　　　　　　　　167.58万元

争议原因：业主认为承包商漫天要价，只同意给承包商的实际直接损失以适当补偿，并扣除节假日等法定休息日，承包商不应因停窝工获得额外收益。

11. 业主单位办公楼局部小修补、修理卫生间、搬家等借用承包商工人累计380工日，承包商以市场工日单价加各项费用向业主提出索赔4.5万元。

争议原因：业主只同意按省造价主管部门规定的签证工计价，承包商认为业主借用的工人大部分为公司中高级技工，省造价主管部门规定的签证工单价不足以弥补自己给这部分工人的实际开支。

鉴于双方在结算中分歧较大，业主经慎重考虑，委托省内一所规模较大、执业信誉好的甲级工程造价咨询公司帮助业主进行结算审核，在造价咨询公司深入了解情况，逐项复核承包商提出的索赔证据的基础上，经业主、承包商、咨询公司近一个月的艰苦核对、谈判，最终达成一致意见，形成项目工程竣工结算成果文件。

最终结算36 485.50万元，其中合同价34 842.54元，索赔1642.96万元。

分析

1. 《建设工程工程量清单计价规范》条文4.5.3：“工程计量时，若发现工程量清单中出现漏项、工程量计算偏差，以及工程变更引起工程量的增减，应按承包人在履行合同义务过程中实际完成的工程量计算。”工程量应按承包人在履行合同义务过程中实际完成的工程量计量。清单中出现漏项、错项、工程量计算偏差，应按实调整，正确计量。

2. 图纸内容有误或违反规范要求，必须是有经验的承包商可以合理预见的，作为有经验的承包商应该熟悉本工程所使用的规范、规程，能合理预见的应在投标报价中考虑。

3. 工程变更引起工程量的变化，应按增减变化的工程量依实计量；综合单价按下列方法确定。

(1) 合同中已有适用的综合单价，按合同中已有的综合单价确定。直接采用适用的项目单价的前提是其采用的材料、施工工艺和方法相同，亦不因此增加关键线路上工程的施工时间。

(2) 合同中有类似的综合单价，参照类似的综合单价确定。采用适用的项目单价的前提是其采用的材料、施工工艺和方法基本相似，不增加关键线路上工程的施工时间，可仅就其变更后的差异部分，参考类似的项目单价由发、承包双方协商新的项目单价。

(3) 合同中没有适用或类似的综合单价，由承包人提出综合单价，经发包人确认后执行。

无法找到适用或类似的项目单价时,应采用招投标时的基础资料,按成本加利润的原则,由发、承包双方协商新的综合单价。

4. 本条涉及工程变更引起措施项目发生变化的情况,根据《建设工程工程量清单计价规范》条文 4.7.4:"因分部分项工程量清单漏项或非承包人原因的工程变更,引起措施项目发生变化,造成施工组织或施工方案变更,原措施费中已有的措施项目,按原措施费的组价方法调整;原措施费中没有的措施项目,由承包人根据措施项目变更情况,提出适当的措施费变更,经发包人确认后调整。"

5. 因为工程的变更,不仅使工程量发生了变化,也使得单位清单工程量的工作内容发生了变化,导致了综合单价的改变:

新旧组价对照项目	清单工程量/m³	实际土方量/m³	直接费/元	管理费/元	利润/元	合计/元	综合单价/(元/m³)
3.00×3.00	1080	2027	43 943	3955	3832	51 730	47.90
2.00×2.00	480	1163	25 159	2264	2194	29 617	61.70

工程量的变更引起了综合单价的变化,对于这种情况的价款调整,就不能单纯调整清单土方数量,执行原清单单价,而应该根据原投标报价时的综合单价分析表中的内容,根据变更后的实际情况,进行新的单价的确定。这种变化根本原因在于两种不同尺寸基坑的放坡土方量在工程总量所占比重的不同。

6. 实行工程量清单计价的工程,宜采用单价合同,综合单价在约定条件内是固定的,不予调整,工程量允许调整。总价合同适用于合同工期较短且工程合同总价较低的工程项目。显然本项目不适用总价合同。

《建设工程工程量清单计价规范》条文 4.1.9:"采用工程量清单计价的工程,应在招标文件或合同中明确风险内容及其范围(幅度),不得采用无限风险、所有风险或类似语句规定风险内容及其范围(幅度)。"

在工程施工阶段,业主和承包商都面临许多风险,但不是所有的风险以及无限度的风险都应由承包商承担,而是应按风险共担的原则,对风险进行合理分摊。根据国际惯例并结合我国工程建设的特点,业主和承包商双方对工程施工阶段的风险宜采用如下分摊原则。

(1) 对于主要由市场价格波动导致的价格风险,如工程造价中的建筑材料、燃料等价格风险,业主和承包商双方应当在招标文件中或在合同中对此类风险的范围和幅度予以明确约定,进行合理分摊。

根据工程特点和工期要求,规范在条文说明中提出承包人可承担5%以内价格风险,10%的施工机械使用费的风险。

(2) 对于法律、法规、规章或有关政策出台导致工程税金、规费、人工发生变化,并由省级、行业建设行政主管部门或其授权的工程造价管理机构根据上述变化发布的政策性调整,承包人不应承担此类风险,应按照有关调整规定执行。

(3) 对于承包人根据自身技术水平、管理、经营状况能够自主控制的风险,如承包人的管理费、利润的风险,承包人应结合市场情况,根据企业自身实际合理确定、自主报价,该部分风险由承包人全部承担。

7. 独立自主施工是承包商的权责;使施工场地具备施工条件、保证施工场地与城乡道路的畅通是业主的义务。

8. 《建设工程工程量清单计价规范》条文 4.7.7:"因不可抗力事件导致的费用,发、承包双方应以下原则分别承担并调整工程价款。"

(1) 工程本身的损害、因工程损害导致第三方人员伤亡和财产损失以及运至施工场地用于施工和材料和待安装的设备的损害,由发包人承担;

(2) 发包人、承包人人员伤亡由其所在单位负责,并承担相应费用;

(3) 承包人的施工机械设备损坏及停工损失,由承包人承担;

(4) 停工期间,承包人应发包人要求留在施工场地的必要的管理人员及保卫人员的费用,由发包人承担;

(5) 工程所需清理、修复费用,由发包人承担。

9. 规范说明中要求,在编制招标控制价时,总承包服务费应按照省级或行业建设主管部门的规定计算,并列出参考数值:当总承包人仅对分包工程进行总承包管理协调时,按分包的专业工程估算造价 1.5% 计算;当总承包人除了对分包工程进行总承包管理协调,并同时提供配合服务时,按分包的专业工程估算造价 3%~5% 计算。

山西省建设工程计价依据规定:招标人对总承包单位有能力承担的分部分项工程进行分包,总承包单位可按分包工程费的 2%~5% 向建设单位计取总承包服务费;招标人对于总承包单位无能力承担的分部分项工程进行分包,总承包单位可按分包工程费的 1%~3% 向建设单位计取总承包服务费。

10. 山西省建设工程计价依据规定:如因设计或建设单位责任造成停窝工损失的费用,由建设单位负责。内容包括:现场施工机械在停窝工期间的停滞费和现场工人在停窝工期间的工资以及周转性材料的维护和摊销费。

施工机械停窝工损失费:定额中机械台班的停滞费×停滞台班量;

工人停窝工损失费:每工单价(25元)×停窝工总工日数,再以停窝工工资总额的 30% 作为管理费;

周转性材料的停窝工损失费可按实结算。

按上述规定计算的停窝工损失费总和,只计取税金,其中,机械停滞台班量和工人停窝工总工日数,均应扣除法定节假日。

11. 山西省建设工程计价依据规定:建筑安装工程签证工为 30 元,装饰装修工程的签证工为 35 元,2007 年调增 20%,2008 年调增 20%;签证工除可计取税金外,不得计取其他各项费用。

11.7 国际工程施工索赔综合案例

11.7.1 工程项目概况

11.7.1.1 工程简介

山西省万家寨引黄工程是一项大型跨流域引水工程,主要任务是从根本上解决太原、大同和朔州等重工业城市的水资源紧缺问题。工程引水水源为黄河万家寨水利枢纽。整个引水工程由总干线、北干线、南干线和连接段组成。输水线路总长452.41 km,设计年引水量为12亿 m^3。

工程南干线全长101.76 km,主要由7条隧洞组成,设计流量25.8 m^3/s,年引水6.4亿 m^3。南干线被划分为两个国际标标段,其中国际Ⅱ标输水线路全长49.48 km,沿线构筑物包括4号隧洞、西平沟渡槽、5号隧洞、木瓜沟埋涵、6号隧洞、温岭埋涵,其中隧洞总长47.7 km;国际Ⅲ标输水线路全长41.447 km,沿线构筑物包括7号隧洞北段、7号隧洞南段、出口节制闸、消力池、明渠等,其中隧洞总长40.975 km。

各隧洞除进出口共计1690 m的局部洞段采用常规方法开挖衬砌外,其余86.98 km长的洞段采用4台隧洞掘进机(TBM)施工。如此大规模的TBM施工在我国尚属首例。

TBM 是 Tunnel Boring Machine 的缩写,即隧洞掘进机。它自20世纪50年代在国外发展,经过不断地改进完善,近十多年来得到越来越广泛的应用。

TBM借助于机械推力,使装在刀盘上的若干个滚刀旋转和顶推,使岩石在切割和挤压作用下破碎。掘进时,通过推进缸给刀盘施加压力,滚刀旋转削碎岩体,由安装在刀盘上的铲斗转至顶部通过皮带机将石碴运至机尾,卸入其他运输设备运走。在条件适合的情况下,TBM施工具有掘进速度快、支护及衬砌工作量小、电力驱动污染小等优点。

由于隧洞长而施工工期短,隧道衬砌设计采用了适用于TBM高速掘进的"蜂窝管片"系统,包括管片、机械连接销、导向杆、止水条等组件。每个衬砌环由底拱、两侧边拱和顶拱等4块管片组成,沿洞轴方向呈蜂窝状排列。管片呈六边形,沿洞轴方向宽度1.4 m。管片的厚度根据地质条件的不同,Ⅱ标为22 cm,Ⅲ标为25 cm。在管片的周边预先安装有橡胶止水条,在管片安装后起到环纵向缝和环向缝的止水作用。岩石开挖面和管片之间的环状空腔用豆砾石回填灌浆处理,即在每环管片安装后立即喷入粒径5~10 mm的级配豆砾石,随后再进行水泥回填灌浆。

11.7.1.2 合同授予

引黄工程土建国际Ⅱ标、国际Ⅲ标工程作为世行贷款建设项目,通过国际竞争性招标方式选择承包商，施工合同被组合授标于意大利英波吉洛公司(牵头公司)(48％股份)、意大利 CMC 公司(42％股份)和中国水利水电建设第四工程局(10％股份)组成的万龙联营体(WLJV)。

业主最初任命山西黄河水利工程咨询有限公司(YREC)为工程师，2000 年 3 月起改由中国水利水电建设工程咨询北京公司(BBC)担任工程师。宾尼布莱克·维奇、麦克唐纳联营体(BBV/MM)担任施工监理咨询。

工程的设计方为水利部天津水利水电勘测设计研究院。由加华电力公司和 D2 联营体(CCPI/D2)担任设计咨询。CCPI 公司还向业主提供了合同管理协助咨询服务。

本项目业主为山西省万家寨引黄工程总公司(YRDPC)。

11.7.1.3 合同数据

国际Ⅱ/Ⅲ标合同的主要数据如表 11-8 所示：

表 11-8 国际Ⅱ/Ⅲ标合同的主要数据

	Ⅱ标	Ⅲ标
开工令颁发日期	1997 年 9 月 1 日	1997 年 9 月 1 日
合同竣工日期	2001 年 8 月 31 日	2001 年 8 月 31 日
基本完工日期(按照和解协议)	2001 年 10 月 31 日	2001 年 10 月 31 日
缺陷责任期	2 年	2 年
投标价格	US＄103 746 608(等值)	US＄106 773 192(等值)
合同价格	US＄95 555 077(等值)： RMB350 930 973＋ US＄18 824 696.95＋ ITL47 236 302 018.15＋ FFr38 422 402.20	US＄98 623 028(等值)： RMB345 341 928＋ US＄19 605 948.12＋ ITL50 865 346 674.04＋ FFr43 199 656.77
完工签证金额	US＄115 975 719(等值)	US＄108 066 698(等值)
履约保函(按合同价比例)	10％	10％
预付款(按合同价比例)	15％	15％
保留金(以保函替代)	5％	5％
最低支付签证	US＄750 000(等值)	US＄750 000(等值)
误期损害赔偿金(每日)	US＄30 000	US＄30 000
材料信贷	75％	75％

11.7.1.4 争议解决机制

1. DRB

DRB 是 Disputes Review Board 的缩写,即争议评审委员会。它首先于 20 世纪 80 年代在美国的地下工程合同中得到应用,以后推广到其他工程项目及世界其他地方,包括在世行贷款项目中经常采用。

为了从组织、形式上保证 DRB 解决争议的公正性,DRB 是由业主和承包商各选一位与本工程各方无瓜葛的资深专家作为委员,再由这两位委员推举一位同样条件的专家作为委员会的第三成员,并由第三名成员来担任 DRB 的主席。这三位委员都要得到业主和承包商双方的认可,他们的一切开支则由合同双方分担。

DRB 应是本项工程领域内的专家,并具有相当的权威性,他们当中应有人熟悉工程合同管理及有关法律。DRB 一般在签订合同时就写入合同中,在签订合同后很快组建起来,它的功能是设法避免产生合同争议和在发生争议之后及时予以解决。

国际Ⅱ/Ⅲ合同规定了两阶段的争议解决程序,即争端审议委员会(DRB)程序和仲裁程序。

按照合同,所有争议必须首先提交 DRB 听证并出具建议书。如果一方或双方拒绝了 DRB 的建议,并且在收到建议书后 14 天内发出仲裁意向通知,争议才可以进入仲裁程序。

1998 年 1 月,按照世界银行标准招标文件的要求,业主和承包商任命了各自的争议审议委员会委员,两位委员指定了一名主席,三名成员共同组成国际Ⅱ/Ⅲ标 DRB。这三位委员分别是:

Mr. Harry A. Foster,主席;

Mr. Anthony E. Pugh,业主任命的成员;

Mr. James J. Brady,承包商任命的成员。

按照合同特殊条款第 67 条,DRB 程序的步骤依次如下:

合同一方向另一方发出书面"争议通知"(以信函形式),详细说明争议的缘由,要求另一方在 14 天内作出答复;

若对方未在规定时间内作出答复,任一方均有权将争议提交给 DRB,请求 DRB 作出建议;

DRB 召集合同双方及工程师举行听证会;

DRB 在收到提出方"建议书申请"后的 56 天内作出建议书。

2. 国际Ⅱ、Ⅲ标的 DRB 程序

国际Ⅱ、Ⅲ标实际采用的 DRB 程序如下。

1) 听证前

(1) 承包商提交立场报告;

(2) 业主提交立场报告。

2) 听证中

(1) 承包商陈述;

(2) 业主陈述；
(3) 承包商反驳；
(4) 业主反驳；
(5) 承包商最终意见；
(6) 业主最终意见。
3) 听证后

双方提交最后的书面反驳(如果有的话)，回答 DRB 听证时提出的问题或作其他评论。

DRB 应于听证结束后 56 日内提交建议书。

合同规定仲裁机构为瑞典斯德哥尔摩商会仲裁院(SCC)。仲裁规则为斯德哥尔摩商会仲裁规则，仲裁语言为英语，仲裁地点为斯德哥尔摩。

需要说明的是，在 1999 年第一版 FIDIC 中规定的争议解决机制是 DAB(Dispute Adjudication Board)委员会机制，其性质与组成、功能与 DRB 相同。

11.7.2 争议与 DRB 建议

国际Ⅱ/Ⅲ标合同执行过程中，承包商向 DRB 递交了 16 项较大的争议。这 16 项争议如表 11-9 所示，其中的"主题"分别列出了承包商立场报告的标题和 DRB 建议书的标题。

表 11-9 国际Ⅱ/Ⅲ标合同执行过程中的 16 项较大争议

争议序号	主题	听证时间
DRB1	WLJV:要求延期和赶工指令(涉及 1997.9 至 1998.12 期间) DRB:工期延长	
DRB2	WLJV:衬砌设计对规定要求的适应性，DRB 决定其合同后果和双方合同下的责任 DRB:管片设计/质量	1999 年 11 月
DRB3	WLJV:工程师未能按合同 60 款签证 DRB:签证不足	
DRB4	WLJV:混凝土规范的不同解释及其后果 DRB:混凝土技术规范	
DRB5	WLJV:未能就所遇到的影响隧道掘进和永久衬砌的条件发布恰当及时地指令 DRB:影响隧道掘进和衬砌的条件	2000 年 5 月
DRB6	WLJV:要求延期和支付推断赶工 (涉及 1997.9 至工程完工的时间) DRB:第 2 号延期/推断赶工	2000 年 11 月
DRB7	WLJV:现场治安/环境——缺乏业主的协助 DRB:现场治安/环境	

续表

争议序号	主题	听证时间
DRB8	WLJV:豆砾石回填灌浆和工程移交(4号洞和6号洞) DRB:豆砾石回填灌浆	2001年5月
DRB9	WLJV:当地币价格调整——适当指数和评估 DRB:当地币价格调整	
DRB10	WLJV:止水条指令变更——工程师未能按52款适当的签证款额 DRB:止水条	
DRB11	WLJV:关税/增值税返还 DRB:海关税	
DRB12	WLJV:4号洞进口01支洞封堵的支付 DRB:01支洞封堵	2001年10月
DRB13	WLJV:管片混凝土强度和额外混凝土试验 DRB:额外的混凝土试验	
DRB14	WLJV:TBM拆卸洞室的支付(Ⅲ标) DRB:拆卸洞室	
DRB15	WLJV:T7:管理地下水 DRB:管理地下水	2001年10月
DRB16	WLJV:工程师权利,移交签证和所谓的缺陷 DRB:工程师的权利	2002年2月

这16项争议出现后,DRB先后组织了6次听证会,并对每个争议出具了建议书。承包商、业主对DRB的16项建议书同时都接受的少,大部分争议(金额超过1亿美元)按照合同争议解决的规定,走完DRB程序,进入最后仲裁程序。

11.7.3 争议解决

业主在积极进行仲裁准备的同时,也没有放弃通过协商解决双方存在的争议。

从2001年5月起,业主仲裁准备工作组根据引黄总公司确定的"不希望仲裁,但也不怕仲裁"、"仲裁、协商两手准备"的方针,与承包商开始就协商解决的可能性进行讨论,以期找到一种双方都能接受的方式,这种方式应保证即使友好解决不成,双方在DRB或仲裁程序中的立场也不会受到损害。

2001年7月,CCPI、BBV/MM和工程师应用不同的方法,对业主在仲裁中的潜在责任进行了分析,并对协商解决的最低责任费用进行了评估。然后三方将各自得到的最终金额进行了比较及分析。

2001年12月,业主组织工程师对所有的争议、潜在争议及承包商声称未解决的变更、业主的反索赔进行了详细的评估,并提出了建议的谈判方案。

为了加快解决引黄工程国际Ⅱ/Ⅲ标的合同争议进程,业主在组织认真准备仲裁工作的同时,与承包商就通过友好协商解决合同争议问题进行了多次讨论。在取得基本共识的条件下,2002年1月9日至11日及2月2日至3日,应承包商方面提议,双方进行了两轮谈判,但在费用补偿额度上未能取得一致。2月23日至3月4日,应万龙联营体董事长马万尼先生和英波吉洛、CMC两公司的邀请,王新义局长、卫耕润副总经理等对两公司总部进行了友好访问,双方借此机会又进行了第三轮会谈。通过艰苦的协商,双方就合同争议涉及的费用补偿和其他问题达成了一揽子解决的协议。

1. 第一轮谈判

2002年1月9日至11日,双方在太原举行了第一轮正式谈判。双方通过充分讨论,签署了保密协议和有关谈判基础的谅解备忘录。对费用的谈判,承包商首先提出他们愿意把仲裁申请中的索赔额由1.06亿美元降到7000万美元。而业主提出能够补偿给承包商的最高费用金额不超过960万美元。随后承包商考虑到通过友好协商解决争议,可以节省费用,承包商开始将要求得到的补偿降至5600万美元,继而又把要求降为4000万美元。而业主提出可补偿承包商的最高额度不超过2000万美元。在业主对承包商的要求逐项反驳后,承包商把补偿要求又降低至3800万美元,而业主坚持最高可补偿的费用不能超过2200万美元。由于双方无法取得一致,承包商建议双方休会,择日再谈。

2. 第二轮谈判

同年2月2日至3日,双方在太原进行了第二轮谈判。双方在上次谈判到2200万美元和3800万美元补偿费用的基础上进行了认真的深入讨论,承包商基本上认可了业主关于双方都回到DRB建议的基础上来的意见。并把总的补偿要求降到3500万美元。业主在经过认真分析和研究后,提出同意补偿2390万美元。双方对争议涉及的具体问题进行了详细的讨论,以期能够促进相互的理解,尽量达成一致。最后承包商提出他们的补偿要求无论如何不能低于3360万美元。由于承包商不愿再作让步,使得双方的谈判又停顿下来。

3. 第三轮谈判

1) 准备情况

第二轮会谈结束后,业主负责人会见了承包商代表。会见结束时,万龙联营体董事长马万尼先生和CMC代表弗斯迪先生分别代表两公司总裁及万龙联营体邀请业主负责人等人于2月底或3月初(即3月中旬斯德哥尔摩仲裁听证会开始之前)赴意大利英波吉洛和CMC总部访问,并表示希望届时继续讨论解决争议问题。

为了争取在下一轮谈判时掌握主动,业主组织工程师、律师和国际咨询专家对通过仲裁可能做出的裁决结果以及下一轮谈判时承包商可能作出让步的程度和谈判可能取得的结果进行了分析。专家和律师们认为,仲裁作出补偿承包商相当于其索赔额30%～40%的可能性较大。即使按承包商申请数额的30%计算,仅前10项争议的费用就要3500万美元,加上BOQ和变更应支付340万美元,则总的费用为3840万美元,扣除通过反索赔可以扣回的费用(根据工程师分析,业主可能得到仲裁庭支持的部分仅为180万美元),业主最终支付给承包商的费用要在3600万美元以上。加上到2003年6月所需支出的律师费、专家费用和仲裁费用约800万美元,总支出可能最少在4400万美元左右。显然如果能够通过友好协商解决问题,无论从费用补偿方面考虑还是从下一步工作安排方面考虑,都利大于弊。

考虑到在通过前两轮谈判后,双方的差距虽然仍然较大,但承包商基本上接受了业主提出的双方均应以DRB建议为基础进行讨论的建议,而且双方在大多数问题上基本取得一致,且鉴于双方的差距已由原来非常悬殊的数额缩小到约900万美元,说明谈判双方都是有诚意的,通过第三轮谈判解决所有争议较有希望,因此,经请示省政府并经办公会议研究,业主决定接受承包商的邀请,赴意大利对英波吉洛和CMC公司进行访问,并借此机会继续与承包商进行谈判。

2) 会谈情况

同年2月25日至3月1日,双方在米兰就费用问题和一揽子协议的有关条款进行了为期5天的谈判。同前两次一样,会谈开始,首先由双方代表进行谈判。双方经过长时间的讨论,承包商坚持所要求的费用无论如何不得低于3200美元,而业主根据预先研究确定的方案,提出可补偿费承包商的费用最高不会超过2800万美元。由于双方的谈判难以继续往下进行,使得原定双方负责人的会见时间一推再推,最后业主负责人和英波吉洛总裁罗白尼先生亲自参加,双方进行了长达5个小时的艰苦谈判。先是承包商要求的3200万美元,一分不降。最后业主负责人提出为了表明业主的友好和合作诚意,业主愿意在已经让步的基础上再让一步,即一揽子补偿额度为3000万美元,双方不再讨价还价。为了获得更多的补偿,承包商希望暂停谈判,第二天继续进行,业主坚持必须当天谈定,要么承包商接受业主的提议,要么双方继续走仲裁的路子。承包商最后坚持认为实在无法接受3000万美元,即使再增加50万美元也可。业主当即予以回绝。

双方最终同意了3000万美元的补偿数额,这其中包括争议涉及的补偿费用2960万美元(含双方签署协议日期之前发现的任何正式的或潜在的争议,无论是否向DRB或仲裁庭提出),由于承包商责任引起的缺陷责任和未完工程扣款300万美元,以及按照BOQ和变更令应由工程师签证支付给承包商的其他工程费用340万美元。双方还同意将人民币和外币的比例调整为人民币和美元各50%。即人民币12 414.75万元(相当于1500万美元),美元1500万美元。

关于和解协议的谈判,双方是以承包商及其律师准备的草稿开始讨论的,双方进行了多个回合的谈判,十易其稿,最后达成一致。在谈判过程中,业主充分发挥了咨询专家和律师的作用,咨询专家和律师在谈判文稿上从语言、法律、合同上进行把关。

11.7.4 业主对谈判结果的评价

业主认为,要准确地分析国际Ⅱ/Ⅲ标所有争议涉及的费用到底应该是多少,是非常困难的事情。因为双方争议的焦点主要集中在设计是否有缺陷和由于地质原因、设计变更的原因和业主场地迟交等原因是否给承包商带来工期延误和费用损失。根据 DRB 所做的建议,这些方面对业主都是不利的,因此通过仲裁获得更好结果的可能性并不是非常大。双方最终达成的结果基本上是以 DRB 建议为基础计算的,这对双方来说都应该是一个较为合适的结果。因为至少双方都省去了一笔律师费。而且根据专家们的分析,通过仲裁业主支付的费用可能会更高(估计最少在 4400 万美元左右)。而目前双方通过协商达成的总补偿费用仅占承包商仲裁申请费用的约 26%。

考虑双方签署的一揽子协议后,国际Ⅱ/Ⅲ标合同的总价值将达到 2.24 亿美元(已支付 1.94 亿 + 协议确定的 3000 万美元),占原合同价(1.942 亿美元)的 115.3%,占工程概算(2.34 亿美元)的 95.7%。争议补偿费用(2960 万美元)占原合同价格的比例为 15.2%。

古人论成功

胜与败皆由过错而致,若无过错,本无胜败。胜由对方过错而生,败由自己过错而致。

阎锡山(山西)

本章总结

工程索赔是指在工程合同履行过程中,合同当事人一方因非自身原因或对方不履行或未能正确履行合同约定而受到经济损失或权利损害时,为保证自己合同利益的实现而向对方提出经济或时间补偿的要求。索赔的目的一是经济上的补偿,二是工期上的补偿。工期补偿其实质仍然是经济上的补偿。

索赔遵循客观性原则、合法性原则及合理性原则。

从承包商角度来讲,可导致向对方提出索赔的事件有:发包人未按合同履行基本义务,发包人未及时拨付工程款项,发生了发包人应承担的风险,设计及指令错误,发包人要求加速施工,发包人不正当地终止工程及其他能够导致索赔的事件。

不同的合同文本对合同义务的约定不一样,自然合同履行起来索赔的依据会略有不同,但索赔的证据、程序、分析方法基本是相同的。

【思考题】

1. 总价合同是承包商完成合同规定的工作,获得一批固定的工程款额,这个总款额中包含着一定的预防风险的金额。因此,不少业主认为,总价合同款额中已考虑了承包施工的风险,因此不应再要求索赔。你同意这种观点吗? 如果你认为这个观点不符总价合同的条件,那么请你逐条列出你的理由,或者用国际合同条件来论证你的观点的正确性。

2. 在我国一些工程项目上（对外国的承包商来说，我国的项目是他们从事的海外工程），有的已经采用了 DAB 委员会来解决合同争论（主要是索赔争端）问题。你认为，这种调停方式的优缺点是什么？

3. 在国际工程施工索赔实践中，要索赔到利润和利息比较困难些，但仍是可索赔的。请你详细写出在哪种情况下可索赔到，哪些情况下难以索赔到，哪些情况下根本不能索赔？

4. 施工索赔是工程合同管理工作中的一个组成部分，但由于其重要性和困难性，往往被国际工程合同专家们视为一门专门的学问。有人把施工索赔说成"是合同管理知识的集中表现"，"是维护各自合同利益的高级形式"。请谈谈你的看法。

5. 在承包商的合同管理工作中，应把索赔管理放在重要地位，并贯彻在工程合同管理的全过程。你认为承包商在索赔管理工作中最主要的是抓好哪几项工作？

6. 有人把工程变更引起的工程款增收列入施工索赔款的范畴内，使索赔款的总额变得很大。这样做对吗，为什么？请你举例说明工程变更与索赔的关系。

7. 每个工程项目的合同条件中，或多或少地总是包含着一些对业主的"开脱性条款"，这就给承包商进行索赔工作设下陷阱。因此，在投标报价以前就要仔细识别这些陷阱，以免亏损或破产。请你选取一个工程项目的合同条件文本，详细列出其中包含的这种开脱性条款。

8. 在国际工程施工索赔实践中，业主对承包商反索赔的案例比承包商对业主索赔的案例要少得多，这是为什么？请你详细地列出原因。

9. 在施工索赔实践中，"道义索赔"的成功意味着业主、承包商和工程师之间存在着良好的合作关系。良好的合作关系是在工程实践中的合同双方都应争取做到的，它对合同双方利益的实现都有益处，有助于合同目的的实现。请你论述如何达到良好的合作。

10. 在国际工程承包施工中，既然索赔是必不可少的、正常的现象，但为什么又要提出预防索赔或减少索赔的要求，这是为什么？预防索赔是否对承包商也有益处？

参考文献

[1] 赵雷,等.中华人民共和国招标投标法通论及适用指南[M].北京:中国建材工业出版社,1999.
[2] 李春亭,李燕.工程招投标与合同管理[M].北京:中国建筑工业出版社,2004.
[3] 沈林.做出正确的工程投标决策[J].建造师,2008(11).
[4] 何佰洲.工程建设法规与案例[M].2版.北京:中国建筑工业出版社,2004.
[5] 王平,李克坚.招投标·合同管理·索赔[M].北京:中国电力出版社,2006.
[6] 朱宏亮,成虎.工程合同管理[M].北京:中国建筑工业出版社,2006.
[7] 何增勤.工程项目投标策略[M].天津:天津大学出版社,2004.
[8] 宁素莹.建设工程招标投标与管理[M].北京:中国建材工业出版社,2003.
[9] 全国造价工程师职业资格考试培训教材编审委员会.工程造价计价与控制[M].4版.北京:中国计划出版社,2006.
[10] 陈代华,岳秀芬.新编建筑工程概预算与定额[M].北京:金盾出版社,2006.
[11] 全国造价工程师职业资格考试培训教材编审委员会.建设工程技术与计量[M].4版.北京:中国计划出版社,2006.
[12] 《标准文件》编制组.中华人民共和国标准施工招标文件2007年版[M].北京:中国计划出版社,2008.
[13] 中华人民共和国住房和城乡建设部.中华人民共和国国家标准建设工程工程量清单计价规范(GB 50500—2008)[S].北京:中国计划出版社,2008.
[14] 《建设工程工程量清单计价规范》编制组.中华人民共和国国家标准《建设工程工程量清单计价规范》(GB 50500—2008)宣贯辅导教材[M].北京:中国计划出版社,2008.
[15] 田恒久.工程招投标与合同管理[M].2版.北京:中国电力出版社,2008.